高等学校新工科计算机类专业系列教材

编译原理基础

（第三版）

王献青　张立勇　张淑平　刘坚　**编著**

西安电子科技大学出版社

内 容 简 介

本书系统地介绍了程序设计语言翻译的基本原理与技术，主要从以下三个方面进行讨论。

一方面介绍语言翻译的基本原理与方法，主要内容包括编译器构造的所有重要阶段：词法分析、语法分析、语义分析与中间代码生成、代码优化、运行时的存储分配，以及目标代码的生成等。

另一方面讨论编译器构造和程序分析技术中需要重点关注的原理和方法，主要包括语法制导翻译与属性计算、类型与类型检查、数据流分析等。

再一方面探讨构造编译器的一些技术，主要包括手工编写词法/语法分析器的相关方法、自动生成工具 LEX/YACC 的工作原理与使用方法，以及配合教学的编译器前端 AMCC。

本书既可作为高等院校计算机相关专业或非计算机专业本科生、研究生的教材，也可作为软件技术人员和程序设计语言爱好者的参考书。

图书在版编目（CIP）数据

编译原理基础 / 王献青等编著. --3 版. -- 西安 ：西安电子科技
大学出版社, 2025. 8. -- ISBN 978-7-5606-7737-8

Ⅰ. TP314

中国国家版本馆 CIP 数据核字第 2025EM5258 号

编译原理基础(第三版)

BIANYI YUANLI JICHU (DI SAN BAN)

策　　划　高樱
责任编辑　高樱
出版发行　西安电子科技大学出版社（西安市太白南路 2 号）
电　　话　（029）88202421　88201467　　　邮　编　710071
网　　址　www.xduph.com　　　　　　　　电子邮箱　xdupfxb001@163.com
经　　销　新华书店
印刷单位　西安日报社印务中心
版　　次　2025 年 8 月第 3 版　　　　2025 年 8 月第 1 次印刷
开　　本　787 毫米 ×1092 毫米　1/16　　印　张　24
字　　数　564 千字
定　　价　64.00 元
ISBN 978-7-5606-7737-8

XDUP 8038003-1

*** 如有印装问题可调换 ***

前　言

随着计算机技术的发展和互联网与人工智能的应用普及，计算机在日常生活和工作中的作用日益突显。所有计算机应用都依托于软件为人类提供服务，而几乎所有软件的构建与运行都依赖编译器或解释器。编译器是一个庞大而复杂的系统/软件，是将理论成功应用到实际工程的典范，其工作过程中运用了很多计算机科学领域的经典模型和算法，如有限自动机(词法分析)、下推自动机(语法分析)、贪心算法(寄存器分配)、动态规划(指令选择)、图算法(代码优化)、不动点计算(数据流分析)等。

"编译原理"是国内外高校计算机相关专业的重要课程之一，系统介绍程序设计语言翻译的原理与技术，是一门理论与实践并重的课程，在培养学生的科学思维、系统思维、计算思维，以及提高学生解决实际问题能力等方面均有重要的作用。虽然只有很少人能参与实际编译器或解释器的开发，但其中所涉及的理论、方法和技术也可被广泛应用于其他软件构造，如程序理解/分析/测试、不同语言之间的翻译、领域特定语言的处理等。

本书面向的主要读者是计算机相关专业本科生，侧重于编译相关的基本原理、方法和技术，并适当介绍了国内外最新的发展。但是限于篇幅，书中有关现代编译器中的优化技术、代码生成技术和最新发展的内容涉及不多。本次修订的主要目的是提高本书的易理解性及易学性，缩短理论与工程实践之间的距离，培养学生的创新意识和工匠精神，激发学生科技报国的家国情怀和使命担当。第三版的主要修订内容如下：

(1) 针对编译技术近些年来的发展，适当增加了相关内容，其中包括对国产编译器的介绍；

(2) 鉴于国内高校已经很少讲授 Pascal 语言，因此将绝大部分 Pascal 代码修改为等价的 C 语言代码，此外也增加了一些仓颉语言的例子；

(3) 针对在历年教学过程中同学们经常提出的疑问，本书对主要概念和算法用通俗的语言补充了详细的解释/说明，并增加了多个例子；

(4) 扩充了从 DFA 到词法分析器的构造策略，并给出了示例性的核心程序代码；

(5) 增加了对作者开发的编译器前端 AMCC 的介绍，它是一个完整的前端实现，有关的介绍可提高读者对编译器/解释器的感性认识。

本书正文部分共 7 章，包括基本原理与方法、专题论述两部分。少于 50 学时的本科生课程可以仅教授基本原理与方法部分。专题论述部分均用"*"标注，内容涉及现代编译器构造所使用的原理、工具与技术，可以作为超过 50 学时课程的补充内容，或者作为研究生课程的内容。

基本原理与方法　第 1 章介绍有关程序设计语言和语言翻译的基本概念；第 2 章讨论词法规则、词法分析原理和词法分析器的构造；第 3 章讨论文法的作用与分类和语法分析方法；第 4 章讨论基于语法制导翻译进行静态语义分析的一般方法；第 5 章介绍编译器为保证程序正确执行所提供的程序运行时内存组织策略和过程的动态特性；第 6 章简要介绍代码生成所需考虑的问题和在一个假想计算机模型上如何生成基本块的目标代码；第 7 章简要介绍优化的范围与基本方法。

专题论述　2.4.4 小节介绍一种从正规式直接构造 DFA 的子集构造方法；3.6 节讲述 LR(1)和 LALR(1)分析方法；3.7 节介绍 LEX 与 YACC 的基本工作原理和如何利用它们构造词法分析器、语法分析器；4.2 节讨论属性及其性质、属性的一般计算方法以及在语法制导翻译过程中属性的同步计算；4.11 节介绍类型系统中的类型表达式、类型计算和类型检查方法；7.3 节介绍数据流分析的基本概念和三种典型的数据流分析算法。

为帮助读者缩短理论与工程实践之间的距离，本书在讨论相关原理和方法之外，还在多处讨论了编译器相关部件的构造思路和方法。1.5 节简略指出辅助编译器开发的一些工具；2.5 节介绍从 DFA 构造词法分析器的若干问题和解决思路以及词法分析器核心的实现策略，并给出相应的示例代码；3.4.5 小节给出递归下降分析器的一般构造方法，本次修订中对该小节内容进行了优化调整；3.7 节以实例说明使用 LEX/YACC 构造词法分析器、语法分析器的一般方法，并指出一些其他的同类工具。附录 A 介绍本书作者开发的一款编译器前端 AMCC 的高层结构、工作原理和具体实现，读者可通过访问西安电子科技大学出版社网站，在本书资源页面中获取 AMCC 的下载网址。

本书编写组希望通过阅读本书可以达到以下目标：

(1) 了解程序设计语言的特点和工作机理，从而提高学习新语言的能力；

(2) 掌握编译系统的作用、工作原理、相关方法与构造技术；

(3) 掌握形式语言与自动机理论在语言分析中的应用，并能将所学知识运用到语言分析相关软件的工程实践；

(4) 具备设计/实现小型编译器前端或解释器的能力，通过实践进一步提高对语言翻译所涉及理论和方法的理解，提高综合运用所学知识解决软件工程中的复杂问题的能力。

本书的编写与修订工作凝聚着课程组教材建设团队全体教师的心血。刘坚教授编写了本书第一版和第二版，并为本次修订工作提供了指导建议。王献青完成了第 1、2 章的修订和附录 A 的编写，张立勇完成了第 3 章的修订，张淑平完成了第 4 章的修订，王献青、张立勇、张淑平共同完成了第 5、6、7 章的修订和全书的统稿工作。

本书的编写得到了西安电子科技大学和西安电子科技大学出版社的支持，龚杰民教授审阅了本书第一版和第二版全书，在此一并表示诚挚的谢意。本书在编写过程中参考和引用了国内外优秀教材、著作和文献中的相关内容，在此谨向原文作者(译者)深表敬意和感谢。

本书第一版荣获陕西省普通高等学校优秀教材二等奖，第二版被列入国家级"十一五"规划教材，第三版被列入校级核心课程规划教材。作者力图反映编译技术及其相关领域的基础知识与发展方向，并且力图用通俗的语言讲述抽象的原理。但是限于作者水平，书中难免存在不足之处，恳请读者批评指正。

作　者

2025 年 2 月

第二版前言

"编译原理"是国内高校计算机科学与技术专业的必修专业课程之一，系统介绍程序设计语言翻译的原理与技术，是一门理论与实践并重的课程，在引导读者进行科学思维和提高解决实际问题能力两方面均有重要的作用。

全书共 7 章，分为基本原理与方法、专题论述两部分。50 学时左右的本科生课程可以仅教授基本原理与方法部分。专题论述部分均用"*"标注，内容涉及现代编译器构造所使用的原理、工具与技术，可以作为超过 50 学时课程的补充部分，或者作为研究生课程的内容。

基本原理与方法　第 1 章引言，介绍有关程序设计语言和语言翻译的基本概念，内容包括：高级语言与低级语言，编译与解释，编译器基本框架，构造编译器的方法与工具。第 2 章词法分析，从构词规则和词法分析两个方面讨论词法分析器的构造，内容包括：模式的描述与记号的识别，状态转换图与词法分析器，正规表达式与有限状态自动机。第 3 章语法分析，从原理上和方法上详细讨论文法和不同的语法分析方法，内容包括：语法分析器在编译器中的位置和作用，上下文无关文法与上下文有关文法、文法的二义性及其消除，自上而下的 LL 分析和自下而上的 LR 分析。第 4 章静态语义分析，介绍语法制导翻译生成中间代码的一般方法，内容包括：语法与语义、属性与语义规则，中间代码的表现形式，名字信息的保存，声明性语句的语法制导翻译，可执行语句的语法制导翻译。第 5 章运行环境，内容包括：过程的动态特性、活动树与控制栈、名字的绑定，存储分配策略、栈式存储分配与非本地数据的访问。第 6 章代码生成，简单介绍代码生成所需考虑的问题和在一个假想的计算机模型上如何生成基本块的目标代码。第 7 章代码优化，介绍优化的范围与基本方法，内容包括：局部优化、独立于机器的优化以及全局优化。

专题论述　3.6 节 LR(1)与 LALR(1)分析，内容包括：在基于 LR(0)分析的基础上讨论向前看符号（lookaheads）的作用，重点讨论最实用的 LALR(1)分析器的构造。3.7 节编译器编写工具，主要介绍 LEX 与 YACC 的基本工作原理和如何利用它们进行词法分析器、语法分析器的设计，并给出了详细的设计实例。4.2 节属性的计算，从原理上讨论属性及其性质、属性的一般计算方法以及在自下而上分析和自上而下分析中属性的同步计算。4.11 节类型检查，介绍类型系统在程序设计语言与编译器中的地位、类型与程序设计范型，详细讨论了类型表达式、类型等价、单态与多态的类型检查方法。7.3 节数据流分析简介、7.4 节数据流分析的数学基础，数据流分析是代码优化和程序分析技术的基础，在编译器构造、软件安全分析和逆向工程中均起重要作用。7.3 节介绍数据流分析的基本概念和三种典型的数据流分析算法，7.4 节对不同的数据流分析进行归纳总结，并且给出统一的数学模型。

为配合编译教学的实施，本书作者提供由西安电子科技大学软件工程研究所开发的类 LEX/YACC 工具 XDCFLEX/XDYACC，其中的 XDCFLEX 可以生成对中文注释和字符串的识别。XDCFLEX/XDYACC 基于 C/C++，可分别运行在 PC 的 DOS 和 Windows 环境，稍加修改，也可在其他环境(如 UNIX 或 LINUX)上运行。读者可以通过访问"http://www.xduph.com"，在本书页面下载该软件。

本书的编写得到了西安电子科技大学出版社的支持，龚杰民教授审阅了全书，郭强和张学敏等同学为 XDCFLEX/XDYACC 的研制开发作出了贡献，在此一并表示诚挚的谢意。

本书已被列为国家级"十一五"规划教材。作者力图反映编译及其相关领域的基础知识与发展方向，并且力图用通俗的语言讲述抽象的原理。但是限于作者水平，书中难免存在不足之处，恳请读者批评指正。

作　者

2008 年 6 月

第一版前言

"编译原理"是国内高校计算机科学与技术专业的必修专业课之一，是一门理论与实践并重的课程，对引导读者进行科学思维和提高解决实际问题的能力有重要的作用。

"编译原理"课程系统地介绍程序设计语言翻译的原理与技术，涉及的知识面比较广泛。目前国内大部分的编译原理教科书都存在越编越厚的现象，而由于授课时数的限制和学生接受能力的差异，教科书的内容往往并不能被充分利用，从而给学生带来不必要的经济负担。根据目前编译原理教学的实际情况，我们把"编译原理"课的内容分为基础篇和提高篇，其中基础篇的授课学时约为 50 学时，提高篇的授课学时约为 40 学时。本书是"编译原理"课的基础篇，供本科教学使用。我们编写的另一本教材《编译原理与技术》则是"编译原理"课提高篇的内容，可供研究生使用。

本书介绍程序设计语言翻译的基本原理与方法，全书分为 6 章。第 1 章引言，介绍有关程序设计语言和语言翻译的基本概念，内容包括：高级语言与低级语言，编译与解释，编译器基本框架，构造编译器的方法与工具。第 2 章词法分析，从构词规则和词法分析两个方面讨论词法分析器的构造，内容包括：模式的描述与记号的识别，状态转换图与词法分析器，正规表达式与有限状态自动机。第 3 章语法分析，从原理上和方法上详细讨论了文法和不同的语法分析方法，内容包括：语法分析器在编译器中的位置和作用；上下文无关文法与上下文无关语言、文法的二义性及其消除；自上而下的 LL 分析和自下而上的 LR 分析。第 4 章语法制导翻译生成中间代码，介绍了语法制导翻译生成中间代码的一般方法，内容包括：语法与语义、属性与语义规则；中间代码的表现形式；名字信息的保存；声明性语句的语法制导翻译；可执行语句的语法制导翻译。第 5 章运行环境，内容包括：过程的动态特性、活动树与控制栈、名字的绑定；存储分配策略、栈式存储分配与非本地数据的访问。第 6 章代码生成，简单介绍了代码生成所需考虑的问题和在一个假想的计算机模型上如何生成基本块的目标代码。书中标有"*"的章节和习题是可选内容，可根据教学情况选择使用。

为配合编译教学的实施，本书作者提供由西安电子科技大学软件工程研究所开发的类 LEX/YACC 工具，XDCFLEX/XDYACC，其中的 XDCFLEX 可以接受部分中文描述。XDCFLEX/XDYACC 基于 C/C++，可分别运行在 PC 的 DOS 和 Windows 环境，稍加修改，也可在其他环境，如 UNIX 或 LINUX 上运行。

XDCFLEX/XDYACC 放在西安电子科技大学的网站上，具体下载地址如下：

http://www.xidian.edu.cn/soft/xdtools/xdtools.zip

或　ftp://ftp.xidian.edu.cn/soft/xdtools/xdtools.zip

本书的编写得到了西安电子科技大学研究生院和西安电子科技大学出版社的支持，龚杰民教授审阅了全书，郭强和张学敏等同学为 XDCFLEX/XDYACC 的研制开发作出了贡献，在此一并表示诚挚的谢意。

作者力图反映编译及其相关领域的基础知识与发展方向，并且力图用通俗的语言讲述抽象的原理。但是限于作者水平，书中难免存在不足之处，恳请读者批评指正。

作　者

2001 年 11 月

目 录

第1章 引 言

人类通过语言进行交流，人与计算机也通过语言进行交流。编译原理所讲述的主要问题是如何把符合人类思维方式的、用文字描述的意愿(源程序)翻译成计算机能够理解和执行的形式(目标程序)。具体实现从源程序到目标程序转换的程序，称为编译程序或编译器。

1.1 从面向机器的语言到面向人类的语言

计算机硬件只能识别由0、1序列组成的机器指令程序，机器指令的集合称为机器语言，这是最基本的计算机语言。在计算机刚刚问世的年代，人们只能向计算机输入机器指令程序来指挥它进行简单的数学计算。由于机器指令程序不易理解，用它编写程序既困难又容易出错，于是人们就用容易记忆的符号(即助记符)来代替机器指令。用助记符表示的指令称为汇编指令，汇编指令的集合称为汇编语言，由汇编语言编写的指令序列称为汇编语言程序。虽然汇编指令比机器指令在阅读和理解上有了长足的进步，但是二者之间并无本质区别，它们均要求程序设计人员根据指令工作的方式思考和解决问题。因此，人们称这类语言为面向机器的语言或低级语言。

随着计算机应用需求的不断增长，人们希望能有功能更强和抽象级别更高的语言来支持程序设计，于是就产生了面向各类应用的程序设计语言。这些语言的共同特征是便于人们理解和使用，因此称为面向人类的语言或高级语言。表 1.1 列举了几种面向机器和面向人类的语言及其表现形式。

表 1.1 面向机器和面向人类的语言及其表现形式

分 类		语言表现形式举例
面向机器	机器语言	0000 0011 1111 0000
	汇编语言	add si, ax
面向人类	通用程序设计语言	x = a + b;　　sort(list);　　if (x) a else b;
	数据查询语言	SELECT id_no, name FROM student_table;
	形式化描述语言	E : E '+' E | E '*' E | id ;

根据应用的不同，人们设计了各种各样面向人类的高级语言，其中典型的有以下形式。

1. 通用程序设计语言

通用程序设计语言是继汇编语言之后发展起来的应用最广泛的一类语言，如 Ada83/

Ada95、Pascal、C/C++、Java、Python 等，以及不断涌现的新语言如 Go、Rust、仓颉等。这类语言的特征是：语言结构符合人类的思维特征，如直接使用表达式进行数学运算；具有很高的抽象程度，如引入过程与类等机制；程序设计中强调逻辑过程，即程序员要考虑事情的前因后果，不但要设计做什么，还要考虑怎么做，如条件或循环的判断等。

2．数据查询语言

与通用程序设计语言相比，数据查询语言的抽象程度更高。它只要求程序员具有清晰的逻辑思维能力，设计好做什么，而忽略怎么做，从而使得对大量复杂数据的处理变得轻松、简单。

3．形式化描述语言

形式化描述语言的代表之一是编译器构造中常用的工具 YACC 的语言，其核心部分是基于数学基础的产生式。软件开发人员只需利用产生式描述目标语言结构，该工具就可以生成识别目标语言的语法分析器。

4．其他面向特定应用领域的语言

随着计算机应用领域的不断拓展，先后出现了多种面向特定应用领域的高级语言，如面向软件分析与设计的 UML，面向系统工程的 SysML，面向互联网应用的 HTML、XML，面向集成电路设计的 VHDL、Verilog，面向虚拟现实的 VRML 等。

计算机语言推动了计算机应用的飞速发展，使得计算机成为人类生活中不可缺少的部分。

1.2　语言之间的翻译

尽管人类可以借助高级语言与计算机进行交互，但是计算机硬件真正能够识别的语言仍是 0、1 组成的机器指令序列，这就需要在高级语言和机器语言之间建立若干桥梁，将高级语言逐步过渡到机器语言。换句话来讲，我们需要若干"翻译"，把人类懂得的高级语言翻译成计算机懂得的机器语言。

由于应用的不同，语言之间的翻译是多种多样的。图 1.1 给出了一些常见语言之间的翻译模式，其中将语言分为三个层次：高级语言(与特定机器无关)、汇编语言(与特定机器相关)、机器语言。设分别有两个高级语言 L1 和 L2，两个汇编语言 A1 和 A2，以及两个机器语言 M1 和 M2。虽然汇编语言和机器语言同属于低级语言，但是由于从汇编语言到机器语言也需要翻译，所以把它们分为不同的层次。高级语言之间的翻译一般称为**转换**，如 Fortran 到 Ada 的转换等，或者称为**预处理**，如嵌入式 SQL 到 C/C++的预处理等。将高级语言翻译成汇编语言，或直接翻译成机器语言的过程称为**编译**。从汇编语言到机器语言的翻译称为**汇编**。高级语言是与具体计算机无关的，而汇编语言和机器语言均是与具体计算机有关的。将一个汇编语言程序汇编为可在另一机器上运行的机器指令，称为**交叉汇编**，而建立在交叉汇编基础之上的编译模式，如首先将 L2 编译成 A2，再将 A2 汇编为 M1，有时也称为**交叉编译**。上述这些翻译模式一般被认为是正向工程。在一些特定情况下需要逆向工程，如把机器语言翻译成汇编语言，或者把汇编语言翻译成高级语言，分别称它们为

反汇编和**反编译**。值得一提的是,反编译是一件十分困难的事情。承担这些翻译任务的软件一般称为某某程序或某某器,本书统一采用后一种方式,即将这些翻译软件称为预处理器、汇编器、编译器等。

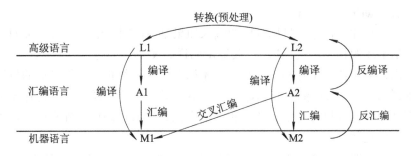

图 1.1　语言之间的翻译模式

上述语言之间的翻译模式虽然各不相同,但是基本方法,特别是对源语言的分析方法是相同的。由于高级语言之间的转换和在从汇编语言到机器语言的翻译过程中,源程序和目标程序之间的结构变化不大,其处理方法相对编译器来讲一般比较简单,因此我们以编译器为例,讲述把高级语言中应用最广泛的通用程序设计语言翻译成汇编语言程序所涉及的基本原理、技术和方法。这些原理、技术和方法也同样适用于其他各类翻译器,同时有些技术和方法也可以用于其他软件设计。在后续讲述中,我们约定源程序是指通用程序设计语言程序,而目标程序是指汇编语言程序。

1.3　编译器与解释器

编译器(Compiler)一词是 Grace Murray Hopper 在 20 世纪 50 年代初提出来的,而被公认为最早的编译器是 20 世纪 50 年代末研制的 Fortran 编译器。

从用户的观点来看,编译器是一个黑盒子,如图 1.2(a)所示(为简明起见,图中忽略了对目标程序的汇编和链接过程)。源程序的翻译和翻译后程序的运行是两个独立的不同阶段。首先是编译阶段,用户输入源程序,经过编译器的处理,生成目标程序。然后是目标程序的运行阶段,根据目标程序的要求进行适当的数据输入,最终得到运行结果(即输出)。

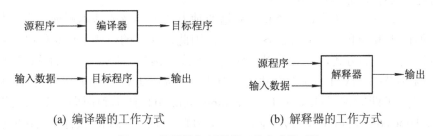

(a) 编译器的工作方式　　　　　　　(b) 解释器的工作方式

图 1.2　编译器与解释器工作方式的对比

解释器(Interpreter)采用另一种方式翻译源程序。它不像编译器那样把源程序的翻译和目标程序的运行分割开来,而是把翻译和运行结合在一起进行,翻译一段源程序,紧接着就执行它，这种方式称为解释。在计算机应用中，凡是可以采用编译方式的地方，几乎都可以采用解释的方式。图 1.2(b)所示是一个解释器的工作模型。

假设有源程序：

    read(x);   write("x=", x);

则编译器的输入是此源程序。目标程序的输入如果是 3，则输出是 x=3。而对于解释器，其输入既包括上述源程序，又包括 3，其输出同样是 x=3。

可以看出，编译器的工作相当于翻译一本原著，而计算机运行编译后的目标程序相当于阅读一本译著，原著(或原作者)和译著者并不在场，主角是译著。而解释器的工作相当于进行同声翻译，计算机运行解释器，相当于人们直接通过翻译听外宾讲话，外宾和翻译均需到场，主角是翻译。

解释器与编译器的主要区别在于：运行目标程序时的控制权在解释器而不在目标程序。因此，与编译器相比，解释器有以下两个优点：

(1) 具有较好的动态特性。解释器运行时，由于源程序也参与其中，因此数据对象的类型可以动态改变，并允许用户对源程序进行修改，且可提供较好的出错诊断，从而为用户提供交互式的跟踪调试功能。

(2) 具有较好的可移植性。解释器一般也是用某种程序设计语言编写的，因此，只要对解释器进行重新编译，就可以使解释器在不同的环境中运行。

由于解释器的动态特性和可移植性，因此在某些特定的应用中必须采用解释的方法。典型的例子是数据库系统中的动态查询语句和 Java 的字节码：前者利用了解释器的动态特性，在程序运行时根据输入数据动态生成查询语句，然后解释执行；后者利用了解释器的可移植性，可在任何机器上对字节码进行解释执行，习惯上将 Java 解释器称为 Java 虚拟机(Java Virtual Machine，JVM)。

由于解释器把源程序的翻译和目标程序的运行过程结合在一起，因此，与编译器相比，它在运行时间和空间上的消耗较大，运行效率较低。

(1) 时间上：在运行过程中，解释器需要时间来检查源程序。例如，每一次引用变量，都要进行类型检查，甚至需要重新进行存储空间分配，从而大大降低了程序的运行速度。用早期 Basic 编写的源程序，编译后运行和解释执行的时间比约为 1∶10。

(2) 空间上：执行解释时，不但要为用户程序的运行分配内存空间，而且要为解释器和相应的运行支撑系统分配内存空间。

从语言翻译的角度来讲，编译和解释这两种方式所涉及的基本原理、方法与技术是相似的。但由于编译和解释的方法各有特点，因此，现有的一些编译系统既提供编译的方式，也提供解释的方式，或者采用某种混合方式。例如，Java 语言的编译器将源程序翻译为 Java 字节码，JVM 负责解释执行字节码。为提高 Java 程序的运行效率，其语言处理系统中引入了即时编译(Just-in-Time compilation, JIT)技术和面向字节码的提前编译(Ahead-of-Time compilation, AOT)技术。其中，JIT 编译器由 JVM 执行，它在应用程序运行过程中将频繁执行的字节码(称作热代码)翻译为机器代码，而 AOT 编译器则是在应用程序运行之前将其字节码或源程序翻译为机器代码。JIT 编译技术的历史可追溯到 1960 年的 LISP 语言，现在已被多种依赖特定虚拟机的托管类语言采用，如 Java、Python、C#、

JavaScript 等。可认为传统意义的编译器都属于 AOT 编译器，如 C/C++ 语言的编译器，它们在应用程序执行前就将其源程序翻译为可在机器上直接执行的目标代码。近些年来，AOT 编译技术也被多种托管类语言采用。微软公司开发的.NET 平台采用 JIT 编译技术提高程序性能，也采用 Native AOT 编译技术生成针对特定平台的机器代码。谷歌公司开发的 Web 开发框架 Angular 以 TypeScript 为编程语言，其核心是声明式组件和 HTML 模板，但 Web 浏览器不支持这些内容，所以在构建应用软件过程中，Angular 利用 AOT 编译技术将 TypeScript 程序和 HTML 模板翻译为浏览器支持的 JavaScript 程序，这种编译技术称为"source-to-source"翻译。

采用编译器的程序设计语言，其语言处理系统除了编译器之外，往往还包含构建和维护程序的其他工具，它们形成了所谓的编译工具链。这些工具包括预处理器、汇编器、链接器、其他处理二进制程序文件的实用工具等。例如，C/C++语言的源程序在编译之前，一般先由预处理器(Preprocessor)对其进行预先处理，如将#include 结构展开为被包含的文件文本、将宏引用根据其定义展开为相应的文本等，预处理器的输出才是编译器的真正输入。此外，中、大型软件通常由多个模块构成，不同模块的源程序往往存储在不同的源文件中，一个源文件中的程序又会引用其他程序，或被其他程序引用。这就需要编译器和汇编器对这些源文件分别编译成可重定位的目标代码文件，然后由链接器(Linker)处理不同文件之间的符号引用关系，将所有目标代码构建为一个例程库文件(分为静态链接库和动态链接库/共享库)，或将源文件的目标代码与所需要的例程库(如 C 语言的标准库)组装成可执行的目标程序文件。

1.4 编译器的工作原理与基本组成

1.4.1 通用程序设计语言的主要成分

通用程序设计语言的典型特征之一是抽象，其抽象程度是以程序设计语言所支持的基本结构为特征的，可以大致划分为三种形式：过程、抽象数据类型(Abstract Data Type, ADT)和类。以过程为基本结构的程序设计语言的典型代表有 C、Pascal 等；以 ADT 为基本结构的程序设计语言的典型代表是 Ada83；而以类为基本结构的程序设计语言有 C++、Java 和 Ada95 等。这三种形式的每一次演变都使得程序设计语言的抽象程度得到一次提高，同时也对这些程序设计语言的编译器提出了新的要求。

类概念的引入为利用程序设计语言构造类型提供了真正的支持，也是面向对象程序设计语言的重要特征之一。程序设计语言提供的机制与程序设计的风格有着密切的关系，以过程为基本抽象的程序设计语言支持的是过程式的程序设计范型(Paradigm)；以类为基本抽象的程序设计语言支持的是面向对象的程序设计范型；以 ADT 为基本抽象的程序设计语言介于二者之间，一般被认为是面向过程的语言，但也被认为是基于对象的语言。有些面向对象的程序设计语言是由过程式的语言发展而来的，如 C++、Ada95 等，它们实质上是支持多范型的程序设计语言。华为技术有限公司(华为)开发的仓颉程序设计语言支持函数式、命令式、面向对象和泛型等多范型，融合了高阶函数、代数数据类型、模式匹配等函数式语言的先进特性，还有封装、接口、继承、子类型多态等支持模块化开发的面向对象语言特性，以及值类型、全局函数等简洁高效的命令式语言特性。

由于篇幅和授课时间所限，本书后续章均以最简单的、以过程为基本结构的程序设计语言为背景进行讲述。因为无论何种形式的程序设计语言，均是由声明和操作这两类基本元素构成的，所不同的是声明和操作的范围及复杂程度。本书在未指明特定语言的情况下，"过程"这一术语通常是对"过程""函数""主程序"和"子程序"的统称，对于有返回值的过程，往往称之为函数。

以过程为基本结构的程序设计语言的特征是将整个程序看作由若干过程构成。过程由两类语句组成：声明性语句和操作性语句。一般来讲，声明性语句提供操作对象的性质，如数据类型、值、作用域等；而操作性语句确定操作的计算次序，完成实际操作。过程由过程头和过程体两个部分组成，对应的声明性语句和操作性语句用例 1.1 加以说明。

【例 1.1】　一个 C 语言的过程(即函数)如下所示：

(1)　　void　　sample (int y)
(2)　　{
(3)　　　　int x;
(4)　　　　x = y;
(5)　　　　if (x > 100) x = 0;
(6)　　}

该程序中，(1)是过程头，它是一个声明性语句，为使用者提供调用信息，包括过程名、参数个数及类型、返回值类型(如果有的话)等。

(2)~(6)是过程体，它是一个语句序列，语句序列中既包括声明性语句，也包括操作性语句。(3)是声明性语句，而(4)和(5)是操作性语句。

对于编译器来讲，它对声明性语句的处理一般是生成相应的环境(存储空间)，而对操作性语句的处理则是生成此环境中的目标代码。为了便于编译器的处理，通常要求操作性语句中使用的每个操作对象均应在使用前进行声明，即遵循**先声明后引用**的原则。

1.4.2　以阶段划分编译器

自然语言(如英语)的翻译有这样几个主要阶段：识别单词，识别句子，理解意思，译成中文并对译文进行合理的修饰。编译器对程序设计语言的翻译也需要经历类似的几个阶段：首先进行词法分析，识别出合法的单词；其次进行语法分析，得到由单词组成的句子结构；然后进行语义分析，并且生成目标程序。为了生成更高效的目标程序，编译器往往在语义分析之后先生成某种形式的中间表示，然后对中间表示进行优化，最后根据优化后的中间表示生成目标程序。编译器的整体工作过程可用图 1.3 简单表示，其中符号表管理和出错处理的工作贯穿编译器工作的始终，为了说法统一，也把它们称为编译过程的两个阶段。每个阶段的工作在逻辑上由一个程序模块承担，这些模块通常称为某某器，如词法分析器、语法分析器等。

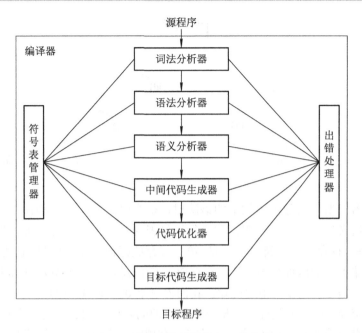

图 1.3　编译器中的模块与工作阶段

应注意的是，本小节给出的编译器结构和工作过程仅仅是概念性的、简化的，真实的编译器要更加复杂。

1.4.3　编译器各阶段的工作

本小节以仅包含一条声明语句和一条可执行语句的 C 语言源程序为例，说明编译器分阶段处理的全过程。例子中每个前一阶段的输出是后一阶段的输入。为了便于理解，本小节图示和叙述采用概念性和示意性的方法。其中，表示变量名称的标识符用 id1、id2、id3 表示，目的是强调标识符的内部表示与输入序列的区别；而程序中的关键字和特殊符号以及像 60 这样的数字字面量等，均采用其原本的表示，目的是使其直观。

【例 1.2】　有一个 C 语言源程序片段如下所示：

double x, y, z; x = y + z * 60;

编译器从左到右扫描该程序，首先进行的是词法分析。词法分析器的输入是源程序(此时被看作字符流)，输出是识别出的记号流，如图 1.4 所示。

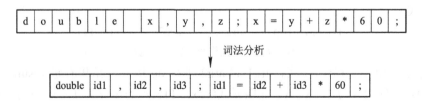

图 1.4　词法分析

语法分析器以词法分析器识别出的记号流为输入构造句子的结构，并以树的形式表示出来，语法树是其中一种表示方法，如图 1.5 所示。

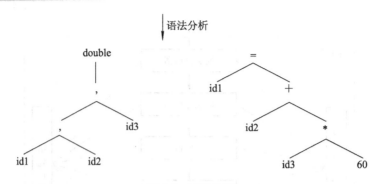

图 1.5　语法分析

　　语义分析器根据语法分析器构造的语法树，检查语法正确的结构在语义上是否合法，并进行适当的语义处理。对于声明语句进行符号表的查填。从概念上可以将符号表看作由若干行组成，每一行存放一个符号的信息。第一行存放标识符 x 的信息，它的类型是 double，为它分配的存储单元的地址是 0；第二行存放 y 的信息，它的类型是 double，为它分配的存储单元的地址是 8；等等。由此可知，我们为每个 double 类型的变量分配一个大小为八个单位的存储空间。对于可执行语句检查结构合理的表达式的运算是否有意义。由于 x、y、z 均是 double 类型的实数，而 60 被认为是 int 类型的整数，因此，语义检查时需要进行把整数 60 转换为实数 60.0 的处理。反映在语法树上，就是增加一个新结点 itr，表示将整数转换为实数的操作，如图 1.6 所示。

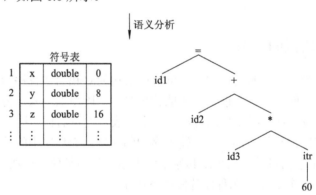

图 1.6　语义分析

　　下面开始生成中间代码，仅涉及源程序中的操作性语句。中间代码生成器对语法树进行遍历，并生成某种形式的中间表示。很多编译器会生成一种被称为四元式的中间表示，其基本形式为

$$(序号)　(op,　　arg1,　　　arg2,　　　result)$$
操作符　第一操作数　第二操作数　　结果

　　上式表示第(序号)个四元式，arg1 和 arg2 进行 op 运算，结果存进 result。如四元式 (+, x, y, T) 表示的运算为 T = x + y，而四元式 (=, x, , T) 表示的运算为 T = x。为了书写上的直观，有时也把四元式直接表示为 T = x + y 和 T = x 的形式。这似乎与程序设计语言中的表达式在表示上没有什么区别，因此有时需要根据上下文来确定是表达式还是四元式。另外，四元式的一个特征是 "=" 的右边最多只有一个操作符和两个操作数。图 1.7 给出了为示例

程序生成的四元式序列，其中 t1、t2、t3 为编译时生成的临时量。

下一步就可以对中间代码进行优化了。分析图 1.7 所示的 4 个四元式可以看出，60 是编译时已经知道的常数，所以把它转换成 60.0 的工作可以在编译时完成，没有必要生成(1)号四元式。再看(4)号四元式，它的作用仅是把 t3 的值传给 id1(这样的运算称为复写传播)，不难看出，这条四元式也是多余的。因此，可将图 1.7 所示的四元式减少为两个，如图 1.8 所示。

最后根据优化后的中间表示生成目标代码。为便于理解，这里的目标代码是汇编指令，如图 1.9 所示。其中，MOVF、MULF 和 ADDF 分别表示浮点数的传送、乘和加操作，R1 和 R2 代表目标机器的两个寄存器。对于二元运算 MULF 和 ADDF，操作形式为"OP source，target"，它表示 target = source op target，即 source 与 target 进行 OP 运算，结果存进 target。对于传送操作 MOVF，其形式为"MOVF source，target"，它表示 target = source，即将 source 中的内容移进 target 中。

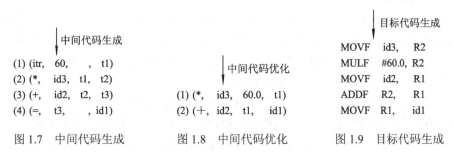

图 1.7　中间代码生成　　　　图 1.8　中间代码优化　　　　图 1.9　目标代码生成

归纳上述结果，我们把编译器各个阶段的工作总结如下。

1. 词法分析

词法分析器根据词法规则识别出源程序中的各个记号(token)，每个记号是由其所属类别和属性形成的对象。源程序中常见的记号可以归为以下几大类，其中每一类均可以再细分。

(1) **关键字**。如 if、else、while 等，它们在源程序中均有特定的含义，一般不作它用，在这种情况下也称为**保留字**。

(2) **标识符**。如 x、y、z、sort 等，它们在源程序中被用作变量名、过程名、类型名和标号等对象的名称。

(3) **字面量**。如 60、"Xidian University"等，它们也可以被细分为数字字面量、字符串字面量等。所有字面量都是常量。

(4) **运算符**。如"="" +"等，每个运算符均有不同的含义，往往可以被细分为多个种类。

(5) **分隔符**。如";""("")"等，它们均有特定的用途。

2. 语法分析

语法分析器根据语法规则识别出记号流中的结构(短语、句子等)，并构造一棵能够正确反映该结构的语法树。以后我们会看到，除了反映语言结构外，有些语法树也反映语法分析的关键步骤。因此，语法树可以是隐含的，也可以确有其"树"。语法树的数据结构一般采用典型的二叉树结构，因为任何形态的树均可以转化为二叉树。

3．语义分析

语义分析器根据语义规则对语法树中的语法单元进行静态语义检查，如类型检查和转换等，其目的在于保证语法正确的结构在语义上也是合法的。

当分析到声明性语句时，语义分析器将相应的环境信息记录在符号表中，以便在后续的操作性语句中使用。如例 1.2 中的三个变量都是 double 类型，而 60 被认为是 int 类型。不同类型的数据所占用的存储空间大小和对应的存储布局不同，例如 double 类型占用 8 个存储单元，所以为声明的 3 个变量分配的存储单元地址分别为 0、8、16。

当分析到操作性语句时，可以根据符号表中的信息判断各个操作数是否合法。由于 3 个变量均为 double 类型，而 60 是 int 类型，因此，此时的语义分析要增加一个操作 itr，即把整数 60 转换成实数 60.0。

4．中间代码生成

在将源程序翻译为目标程序的过程中，一个特定编译器可能产生一个或一系列中间表示(Intermediate Representation，IR)，用于支持不同的代码优化处理。中间表示可以有多种形式，但往往是一组数据结构描述了被编译程序的不同方面。如语法树就是一种中间表示形式，它通常在语法分析和语义分析中使用。

在语义分析完成之后，有些编译器生成某种低级的、类似机器语言的中间表示。这类表示可被看作某种抽象机器上运行的程序，通常具有几个重要特点：易于生成、易于优化、易于翻译为目标代码。第 4 章将给出几种中间表示形式，它们的共同特征是与具体机器无关。最常用的一种形式是三地址码，它的一种实现方式是四元式(如图 1.7 所示)。三地址码的优点是便于阅读和便于优化。

值得一提的是，无论是解释器还是编译器，其中间代码生成以前的各个阶段(即完成语义分析)是完全一样的。语义分析完成以后，语法树已经形成，执行计算的基本元素已经具备，因此，对于解释器来讲，此时就可以直接形成计算步骤并且进行计算，没有必要再做中间代码生成和其后的工作了。或者，解释器在语义分析完成以后，生成某种中间代码，统一对此中间代码进行解释执行。由于语法树和中间代码均不依赖任何机器，因此解释器是可移植的，其典型的例子是 Java 字节码与 Java 虚拟机。

5．中间代码优化

优化是编译器的一个重要组成部分，由于编译器将源程序翻译成中间代码的工作是机械的、按固定模式进行的，因此，生成的中间代码往往在时间上和空间上有很大的浪费。当需要生成高效目标代码时，就必须进行优化。

现代编译器中往往设计有多种优化处理，优化过程可以在中间代码生成阶段进行，也可以在目标代码生成阶段进行，也可以作为独立的阶段进行。由于中间代码是不依赖机器的，在中间代码一级考虑优化可以避开与机器有关的因素，把精力集中在对控制流和数据流的分析上。因此，优化的大部分工作在目标代码生成之前进行，只有少部分与机器有关的优化(如局部的优化或寄存器的分配等)工作放在目标代码生成时进行。

优化实际上是一个等价变换过程，变换前后的指令序列完成同样的功能，但是，优化后的代码序列在占用的空间上和程序执行的时间上都更节省、更有效。

6. 目标代码生成

目标代码生成是编译器的最后一个阶段。在生成目标代码时要考虑以下几个问题：计算机的系统结构、指令系统、寄存器的分配以及内存的组织等。

编译器生成的目标程序代码可以有多种形式。

(1) 汇编语言形式(Assembly Language Format)。编译器生成汇编语言形式的代码序列。一般来讲，生成汇编指令代码比生成二进制代码序列在处理上要简单、易读，而且由于汇编语言仍然是符号形式的，所以特别便于实现交叉编译。它的缺点是编译之后还要经过一次汇编。

(2) 可重定位二进制代码形式(Relocatable Binary Format)。这实际上是编译器常采用的一种目标代码。编译器生成二进制代码模块，模块内的地址以模块首地址相对寻址，经过链接程序进行链接。链接时还需把程序中所引用的预定义标准例程和其他已编译过的模块包括进来，最后形成一个可直接运行的代码序列。

(3) 内存形式(Memory-Image Format)。编译器生成的代码序列直接被装入原编译器所在的内存位置并被立即执行，反映在外部也就是编译后马上运行。这类形式在英文中也称为 Load-and-Go。由于这种形式不生成以文件形式存放在磁盘上的目标代码，也没有被链接的过程，因而特别适合初学者或在程序的调试阶段使用。它的缺点是运行一次就需要编译一次。

由于这三种形式各有其他形式无法替代的特点，因而有些编译器同时提供这三种或者其中两种形式，用户可以根据需要选择使用。

7. 符号表管理

符号表的作用是记录源程序中符号的必要信息，并加以合理组织，从而在编译器的各个阶段都能对它们进行快速、准确的查找和操作。符号表中的某些内容甚至要保留到程序的运行阶段。

8. 出错处理

由于例 1.2 中给出的是一个没有错误的源程序，因而出错处理是一个还未涉及的阶段。但是，用户编写的源程序中往往会有一些错误，这些错误可大致分为动态错误和静态错误。所谓动态错误，是指源程序中的逻辑错误，它们发生在程序运行时，也称为动态语义错误，如变量取值为零时被作为除数，数组元素引用时下标越界等。静态错误又可分为语法错误和静态语义错误。语法错误是指有关语言结构上的错误，如单词拼写错误、表达式中缺少操作数、括号不匹配等。静态语义错误是指分析源程序时可以发现的语言意义上的错误，如加法的两个操作数中一个是浮点型变量名，而另一个是数组名等。

静态错误应该在编译的不同阶段被检查出来，并且采用适当的策略修复它们，使得分析过程能够继续下去，直到源程序分析结束。遇到一个错误就使编译器停止工作的做法是不负责任的，也是用户难以接受的。

1.4.4 编译器的分析/综合模式

对于编译器的各个阶段，逻辑上可以把它们划分为两个部分，即分析部分和综合部分。从词法分析到中间代码生成各个阶段的工作称为**分析**，而以后直到目标代码生成各个阶段的工作称为**综合**，图 1.10 所示是理想的分析/综合模式。分析部分也称为编译器的**前端**，专注于理解源程序；综合部分也称为编译器的**后端**，专注于将程序映射到目标机器。在这里，中间代码起了分水岭的作用，由于中间代码是与机器无关的，因此它把编译器分成了与机器有关和无关的两部分，从而提高了编译器开发和维护的效率。例如，对于一种程序设计语言，可以开发一个共同的前端，再针对不同的机器设计不同的后端，并且语言结构的修改往往只涉及前端的维护。还可以针对一种机器开发一个共同的后端，而对于不同的语言设计各自的前端，生成同一种中间代码，从而得到一个机器上的若干编译器。这种组合前端和后端的方法可以大大减少开发编译器的工作量，只要开发 m 个语言的前端和 n 个针对不同机器的后端，就可以很容易地得到 m×n 个编译器。

另外，编译器和解释器的区别也往往是在形成中间代码之后开始的：编译器根据中间代码生成目标代码，而解释器解释中间代码得到运行结果。值得注意的是，编译器和解释器所需的中间代码形式可能不同。

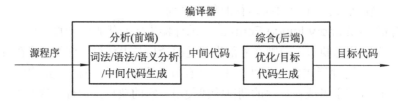

图 1.10　编译器的分析/综合模式

随着计算机体系结构的高速迭代，针对不同硬件平台和计算模型的优化处理已经成为编译器构造过程中的重点，它与目标代码生成是最复杂和最灵活的部分。为能产生可充分发挥硬件性能、具有更高运行效率的目标代码，现代编译器中往往设计有多种不同形式的中间表示以及基于中间表示的多阶段优化器。如华为开发的方舟编译器中采用 MAPLE IR 来支持对多种语言源程序的表示和多阶段优化。通过采用多层次的中间表示，编译过程中更容易实施多种不同的优化策略。如跨平台的开源编译器框架 LLVM 设计了一种可扩展可定制的多层中间表示设施 MLIR，MLIR 经过多遍优化后被转换为低级的 LLVM IR，后者再次经过优化处理后交由针对特定硬件平台的后端生成相应的目标代码。

在引入多层中间表示和优化处理的编译器中，优化器的数量和所用算法因编译器而异，其简化的内部结构可用图 1.11 说明。前端包括词法分析到中间代码生成，后端仅有目标代码生成。每个优化器都是一个从 IR 到 IR 的转换器，如分析一种 IR，重写它或产生另一种 IR，所有优化器的根本目的都是为能产生更高效的目标代码。"高效"通常意味着执行更快，占用空间更少，或如代码体积更小或能耗更低等其他特性。靠近前端的中间表示更接近源程序，通常被看作高层次形式；靠近后端的中间表示更接近目标程序，通常被看作低层次形式。前端、后端和优化器共享同一套基础设施，如符号表管理器、出错处理器等。

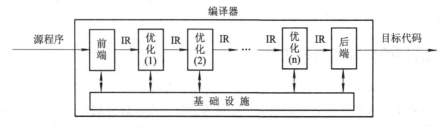

图 1.11　多遍优化的编译器结构

1.4.5　编译器扫描的遍数

在图 1.3 所示的编译器模型中，编译器工作的每个阶段都对以某种形式表示的完整程序的一遍分析，这意味着整个编译过程对源程序进行了多遍扫描。例如，词法分析器对输入的源程序进行第一遍扫描，把源程序分解成一系列记号，并进行必要的符号登记工作(由符号表管理器处理)。语法分析器进行第二遍扫描，它以词法分析器输出的记号流为输入，识别出语言结构，如赋值语句、过程定义等，并建立和输出对应的语法树。依次类推，最后生成目标程序。但是，这样一个阶段对应一遍扫描的工作方式只是逻辑上的。由于多次扫描的方式需要大量的存储空间存放中间表示，并且也会增加一些不必要的输入/输出操作，因此，真实的编译器往往把若干阶段的工作组合在一起，对应进行一遍扫描，从而减少对程序的总体扫描遍数。原理上若希望扫描的遍数越少越好，就必须保证以下两点：

(1) 为编译器的运行提供足够大的内存空间。由于若干阶段的工作合并在一遍扫描中完成，所以处理各个阶段工作的程序都随时准备运行，而且各个阶段所需的信息也要同时放在内存中。随着计算机硬件技术的发展，内存空间已不成问题。

(2) 从语言的设计上和编译技术上为减少扫描遍数提供支持。在语言设计上，尽量使得编译器可以仅由已扫描过的内容就能得到足够的信息。例如，许多程序设计语言都要求对标识符先声明后引用，这就保证了无须扫描标识符后面的程序即可确定标识符的性质。另外，也可以采用一些专门的技术来达到类似目的。最典型的例子是转移语句的翻译。大多数程序设计语言允许向后(即尚未分析到的语句)转移的 goto 语句，由于在遇到向后转移的 goto 语句时，其具体转向并不知道，因此无法确定此语句的转向地址。对于这种情况，可以采用一种被称为"拉链/回填"的技术，把生成的转移指令中还无法确定的转移地址先暂时空起，等到地址确定后再回填进去。此外对布尔表达式及控制语句的翻译也可以采用拉链/回填技术。

虽然从编译器工作效率的角度来讲，将所有阶段组合为一遍扫描是最好的。但是，由于各种原因，多遍扫描也是不可少的。例如，由于中间代码界定了前端和后端，并且两个部分的工作有很大区别，因此，往往至少将前端组合为一遍扫描。另外，为了生成高效的目标代码，需要对中间代码、目标代码进行优化，而优化过程可能需要多遍扫描。总之，对一个具体的编译器，要确定用几遍扫描来完成，需要综合考虑各种因素，折中取得最佳效果。

附录 A 中介绍了作者开发的一个示例性编译器前端 AMCC，可将 AMC 源程序翻译为中间代码。该程序的工作过程可划分为词法分析、语法分析、符号表构建以及中间代码生成四个阶段，前面阶段的输出就是后续阶段的输入，因此它是一个按阶段划分、分阶段执行的多遍翻译器。

1.5　编译器的编写

编译器本身也是一种程序，那么用什么编写编译器呢? 早期人们用汇编语言编写编译器。众所周知，人工可以编写出效率很高的程序，但由于编译器本身是一个十分复杂的系统(如早期的 Fortran 用了 18 人年才完成)，而用汇编语言编写编译器的效率很低，往往会给实现带来很大的困难。因此，除了特别需要，人们早已不再用汇编语言编写完整的编译器。现在常用通用程序设计语言编写编译器，其开发效率比汇编语言要高得多。为能更高效地编写编译器，人们还开发了一些专业的辅助工具，主要包括以下几类。

(1) 词法分析器生成器：根据描述词法规则的正规式生成词法分析器。

(2) 语法分析器生成器：根据描述语法规则的上下文无关文法生成语法分析器。

(3) 语法制导翻译引擎：可生成一组通过遍历分析树或语法树来进行语义分析和中间代码生成的程序。

(4) 目标代码生成器的生成器：根据一组将中间代码翻译为机器语言的规则生成目标代码生成器。

(5) 数据流分析引擎：提供收集数据流信息的设施，主要用于代码优化。

(6) 编译器构造工具集：提供用于构造编译器不同模块的程序集合。例如基于开源的编译器基础架构可快速构造翻译一门新语言或针对一种新平台目标代码的编译器，如 LLVM、MLIR、GCC、方舟编译器等。

在这些工具中，除了被广泛使用的 LLVM 和 GCC 外，比较成熟和通用的工具有词法分析器生成器和语法分析器生成器，如被广泛应用的 LEX 和 YACC。这些生成器工具的共同特点是，仅需要将目标语言相应部分的特征进行描述，而把生成算法的细节隐蔽起来，同时所生成的程序可以很容易地与编译器的其他部分集成。因此，这些工具往往与某种程序设计语言联系在一起，如与 LEX 和 YACC 联系的程序设计语言是 C 语言。另外，人们还为其他程序设计语言开发了多种 LEX 和 YACC 的实现，也开发了其他各有特色的生成器。如 Linux 环境中使用较多的 flex 和 bison，它们的功能和性能强于 LEX/YACC。再如用 Java 语言编写的工具 ANTLR 可以生成词法分析器、语法分析器、基于语法树遍历的语法制导翻译程序，该工具所生成的源程序可以选用 Java、C++、C#、Python 等多门语言。

1.6　本　章　小　结

编译原理是一门理论和实践并重的课程，应掌握好学习的方法，在此我们强调两点：

(1) 牢固掌握基本概念，这要进行大量的阅读，通过阅读加深理解。

(2) 灵活使用基本方法，这要在阅读理解的基础上完成习题和实验。

做到这两点，学好这门课程就不会成为难事。正所谓"难者不会，会者不难"。

本章介绍了有关程序设计语言和编译器的以下几个重要概念。

1. 语言的翻译

• 面向人类的高级语言：如通用程序设计语言 Fortran、C/C++、Java、Ada，以及一些有特定应用领域的语言等。

• 面向机器的低级语言：如汇编语言和二进制机器代码等。

• 编译器与汇编器：把高级语言翻译成低级语言的程序称为编译器，把汇编语言翻译成机器代码的程序称为汇编器。

• 编译器与解释器。编译器把源代码翻译成目标代码，但不负责目标代码的执行；解释器一边翻译源代码，一边执行解释后的代码。

2. 编译器的基本组成

以阶段划分编译器，包括词法分析器、语法分析器、语义分析器、中间代码生成器、中间代码优化器、目标代码生成器、符号表管理器及出错处理器等组成部分。

3. 编译器的分析/综合模式

编译器分为前端和后端。前端称为分析，它的输出与机器无关；后端称为综合，以前端的输出为输入，其输出与具体机器指令密切相关。编译器的这种划分方式有利于编译器的开发、维护与移植。

4. 编译器的扫描遍数

对程序(源程序、中间表示等)的一次完整的扫描称为一遍扫描。影响扫描遍数的因素是多样的，减少扫描遍数的思路也是多样的。真实的编译器往往将多个阶段组合为一遍扫描，也需要对源程序或中间表示进行多遍扫描。

5. 编译器的编写工具

特别需要了解的是词法分析器和语法分析器的编写工具。

习 题

1.1 列举出你所使用过的所有计算机语言和所有的"翻译"程序(编译、解释、汇编等)。

1.2 如果在 C 语言源程序中出现以下情况，请分别指出它们是什么类型的错误，可能在哪个编译阶段诊断出来。

(1) 12x；

(2) 2*/3；

(3) 3.5 + "end"；

(4) x/y（运行时 y = 0）；

(5) x/(a%2；

(6) 未结束的块注释，即一个以"/*"开始的注释，没有对应的结束标志"*/"。

1.3 从你使用过的编译器中选择一个最熟悉的，写出从编写到运行一个应用程序的全过程。

1.4 对于你所听说过的每一门高级程序设计语言，了解它们的翻译器是编译器还是解释器，或是二者皆有。

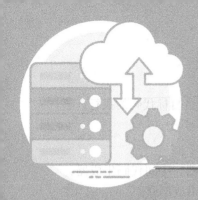

第2章 词法分析

在人类社会中，为了维持社会的正常运转，必须制定各种法律并且有相应的执法机构保证法律的贯彻执行。程序设计语言的基本元素——单词的集合，也是这样的一个"社会"，必须为这一集合制定"法律"并设立相应的检查和执行机构。因此，本章讨论的词法分析具有双重含义：

(1) 规定单词形成的规则，也称为构词规则或词法规则。它的作用相当于立法，即规定什么样的输入序列是语言所允许的合法单词。

(2) 根据构词规则识别输入序列，也称为词法分析。它的作用相当于执法，即根据规则识别出合法的单词并指出非法的输入序列。

本章首先简单介绍若干个与词法分析有关的基本概念和相关问题，然后对单词形成的规则、词法分析的原理，以及构造词法分析器的方法进行理论和方法上的详细讨论。

 ## 2.1 词法分析中的若干问题

2.1.1 记号、模式与单词

自然语言中的句子通常由一个个单词和标点符号组成，可以根据其在句子中的作用，将它们划分为动词、名词、形容词、标点符号等不同的种类。程序设计语言与此相类似，组成语句的基本单元也可根据其在句子中的作用进行分类，最基本的分类有五类。

(1) **关键字(保留字)**。这类单词在程序设计语言中有固定的意义，如 for、if、else 等。若在程序设计语言中不允许再用关键字表示其他的意思，则这类单词也称为保留字。

(2) **标识符**。标识符是程序设计语言中最大的一个类别，它的作用是为程序中的某个实体起一个名字，以便引用，如 draw_line、sort 等。可以用标识符来命名的实体包括类型、变量、过程、常量、类、对象、程序包、标号等，即类型名、变量名、过程名、常量名等。

(3) **字面量**。字面量是指直接以其字面值所表示的常量，如 25、true、"This is a string"等。值得注意的是，字面量与常量是两个不同的概念，常量可以是一个字面量(直接表示)，也可以是一个常量名(命名表示)。例如，在 C 程序中声明 const int max_length = 25，显然 25 是一个常量，max_length 也是一个常量，我们称 25 为字面量，而不称 max_length 为字面量。根据字面量的内容，可以将它们再进行更细的划分，如整数字面量、实数字面量、枚举字面量、字符串字面量等。

(4) **运算符**。运算符是表示某种运算的符号，每个运算符均有不同的语义。例如，在 C

语言中的赋值类运算符包括=、+=、*=等，关系运算符有==、!=、<=等。

(5) **分隔符**。分隔符类似自然语言中的标点符号，每个符号均有特殊用途。例如，在 C 语言中用分号表示语句结束，用一对圆括号可以改变表达式中的运算次序。

需要说明的是，源程序中用于辅助提升代码可读性和可维护性的注释(通常包括行注释与块注释)，其构成规则的定义与识别通常也是在词法分析阶段完成的，但由于编译器或解释器中的语法分析及其后的阶段并不对注释进行分析，即注释通常在词法分析阶段识别出后被滤掉，因此这里不将注释单独列为一类记号。

在词法分析范畴内，可将关键字、标识符、字面量、运算符和分隔符统称为单词。一个单词究竟是标识符、关键字，还是其他类别，需要根据一定的构词规则来产生和识别。我们将产生和识别单词的规则称为**模式**(pattern)，按照某个模式(规则)识别出的元素称为**记号**(token)，而**单词**(lexeme)是指构成记号的字符串。

【**例 2.1**】 对于语句 position = initial + rate * 60，词法分析器可以识别出下述序列：

(标识符, position),	(运算符, =),	(标识符, initial),
(运算符, +),	(标识符, rate),	(运算符, *),
(字面量, 60)。		

其中，position、initial、rate 均被识别为标识符，因为它们均符合同一条规则，即以字母打头的字母数字串。记号至少含有两个信息：一个是记号的类别，如"标识符"；另一个是记号的值，如字符序列"position"。显然，如果把模式看作数据类型，那么每个记号就是某个数据类型的一个具体实例，单词则是该实例的值或属性。由于我们总是说识别出一个标识符，而不说识别出一个 position 或 rate，因而将词法分析器识别出的序列称为**记号流**。

记号的类别、模式以及单词三者之间的关系可以用表 2.1 所示的 C 语言符号加以说明。其中，const 和 if 分别是被细分的关键字，它们的特点是一个记号类别对应的单词总是固定的字符串；relation 表示关系运算符，assign 表示赋值类运算符，id 表示标识符，num 表示数字字面量，string 表示字符串字面量，comment 表示 C 语言的块注释，它们的特点是一个记号类别可以对应若干个不同单词。由于语法分析及其后面的阶段并不对注释进行分析，因而可在词法分析阶段中滤掉注释，即词法分析器可以不向语法分析器提供 comment。而其他记号均是源程序中的有效成分，需要提供给语法分析器。

表 2.1 记号、模式与单词

记号的类别	单词举例	模式的非形式化描述
const(1)	const	const
if(3)	if	if
relation(81)	<, <=, !=, ==, >, >=	< 或 <= 或 != 或 …
assign(82)	=, +=, *=, /=, &=, ^=	= 或 += 或 *= 或 …
id(83)	Pi, count, D2, draw_line	以字母打头的字母数字串
num(84)	3.1416, 0, 6.02E23	任何数值常数
string (85)	"AMCC is a frontend"	双引号之间的字符序列
comment	/* x is an integer */	"/*" 和 "*/" 之间的字符序列

为了方便语法分析阶段区分记号，通常需要对记号类别进行细分。下述类别划分涵盖了程序设计语言中的大部分记号，其中对关键字、运算符和特殊符号的类别划分是很多词法分析器和语法分析器中的常见做法。

(1) 所有标识符归为一个记号类别。

(2) 每个关键字各有一个记号类别。

(3) 每个运算符各有一个记号类别，也可将多个运算符划分成一个记号类别(如表 2.1 中的 relation 和 assign)。

(4) 每个特殊符号各有一个记号类别，如左圆括号、右圆括号、分号等。

(5) 不同类型的字面量各有一个记号类别，如数字字面量、字符字面量、字符串字面量等，也可以将数字字面量再细分为整数字面量和实数字面量。

(6) 对于空格、制表符、换行符等，可以按需定义相应的记号类别。

(7) 对于注释，可以为注释整体确定一个记号类别，也可以仅为注释开始标志、结束标志确定对应的记号类别。不同选择意味着词法分析器对注释的处理方式不同。

2.1.2　记号的属性

从例 2.1 中已经知道，记号至少包含两个部分：记号类别和记号的其他信息。可以看出，记号的类别唯一标识一类记号，例如，所有的关系运算符均可以由 relation 来标识，而所有字符串字面量均可以由 string 来标识。所以，记号的类别可以认为是一类记号的名字或代表，在不引起混淆的情况下，可以将记号的类别简称为记号。记号的其他信息统称为记号的属性。例如，num 可以取值 3.1416，则称 3.1416 是 num 的值属性，而 literal 可以取值 "AMCC is a frontend"(不含引号)，则称 "AMCC is a frontend" 是 string 的值属性。由此可见，记号的类别标识一类记号，而记号的类别加属性标识一个记号实例。

记号的类别是语法分析所需的重要信息，而记号的属性主要供语法分析之外的其他阶段使用。例如，数字字面量 0 和 1.23，在语法分析阶段只需知道它们的记号类别是 num 即可，而它们的值则会影响到如何对其翻译。

在编译器内部，可以有不同的方式来表示记号的类别和属性。一般情况下，记号的类别可以用整型编码或枚举类型表示。表 2.1 中每个记号类别可以用括号中的整型编码表示，如 const 用 1 表示，id 用 83 表示等。根据记号类别的不同，记号的属性值可以有不同的表示方式。这里我们仅考虑如何表示记号的"值"属性。类别为 relation 的所有记号的值形成一个有限可枚举集合，可以用每个值在集合中的位置来表示它，如 1 表示 <，2 表示 <=，依次类推，当然也可用枚举类型表示。类别为 id 的所有记号的值形成一个无限可枚举集合，因此，只能用每个标识符的原始输入形式(字符串)来表示其值，如 "Pi" "draw_line" 等。对于各类字面量，表示值属性的方式也各不相同。数字字面量可由转义后的实际值（机内值）表示，如表示为双精度浮点数 3.1416 而不是字符串 "3.1416"，而字符串字面量则无须转义。

【例 2.2】 表达式 mycount>25 由表 2.2 所示的三个记号组成。其中，记号的类别编号参照表 2.1，标识符的值属性也可以由 mycount 在符号表中的入口(下标)来表示。

表 2.2 记 号 的 表 示

记号的类别	记号的值属性
83	"mycount"
81	5
84	25

在实际的编译过程中,除了关注记号的"值"属性之外,往往还关注记号的其他信息。例如,对于标识符这类记号,通常会关注它在源程序中出现的位置(主要用于报告错误和调试)、所命名的程序实体种类(即变量、过程或类型等)、所在作用域等信息。因此记号的属性通常是组合了若干信息的结构化数据,同时,对于不同类别的记号,描述属性的数据结构也可以不同(因为被关注的信息不完全相同)。有些信息(比如位置信息)可在词法分析阶段得到,但有些信息(比如作用域信息)只能在语法分析或语义分析阶段得到,可以将复杂的信息存储在符号表中。

2.1.3　词法分析器的作用

词法分析器是编译器中唯一与源程序打交道的部分,从某种意义来说,词法分析器也可以被认为是整个编译器的预处理器。它的主要工作包括:

(1) 识别记号,并交给语法分析器。这是词法分析器的主要任务,将在本章的后续各节中详细讨论。

(2) 滤掉源程序中的无用成分,如注释、空格、回车等。例如,表 2.1 中记号的类别除了 comment 之外,均有一个编码,表示需要递交给语法分析器进行后续处理,而 comment 没有对应编码,表示注释成分可以过滤掉,不需要递交,因为语法分析及其之后的各个阶段已经不再需要这些注释成分。

(3) 处理与具体平台有关的输入。不同的操作系统或相关软件构成的平台对某些特殊符号(如行结束符等)可能有不同的表示,因此需要在词法分析阶段分情况处理。

(4) 调用符号表管理器或出错处理器,进行相关处理。词法错误是源程序中常见的错误,如出现非法字符、拼错关键字、多或少字符等。值得注意的是,很多词法错误往往不是由词法分析器检查出来的,而是由语法分析器发现的。这是因为,源程序中除了非法字符之外的大部分字符或字符串都可以被词法分析器的某种模式所匹配,从而被识别成一个记号。而这些记号的正确与否,在没有上下文对照的情况下,是很难判断的。例如,12x 可被认为是一个非法的 C 语言标识符,但是,由于 12 可以被识别整型数的模式匹配,而 x 可以被识别标识符的模式匹配,因而词法分析器会分别识别出一个整型数和一个标识符,而不是报告一个错误。

2.1.4　词法分析器的工作方式

根据编译器的总体需求,词法分析器在整个编译器中可以有不同的工作方式。

(1) 作为语法分析器的子程序。最常采用也最容易实现的工作方式,是将词法分析器作为语法分析器的子程序,每当语法分析器需要一个记号时,就调用词法分析器,并得到一个识别出的记号。其工作方式如图 2.1 所示。

(2) 单独进行一遍扫描。另一种常用的工作方式是安排词法分析器单独进行一遍扫描，它以源程序为输入，输出是以记号流形式表示的源程序。当词法分析结束后，语法分析才开始工作。其工作方式如图 2.2 所示。

　图 2.1　作为子程序的词法分析器　　　　图 2.2　词法分析器单独进行一遍扫描

(3) 与语法分析器并行工作。在上述的两种工作方式中，词法分析器与语法分析器被认为是串行执行的。为了提高编译器的效率，可以借助一个共享队列，使词法分析器和语法分析器以生产者/消费者的形式并行工作。词法分析器将识别出的记号放入队列，语法分析器从队列中取得记号，只要队列中有记号且队列未满，词法分析器和语法分析器就可以同时工作。其工作方式如图 2.3 所示。

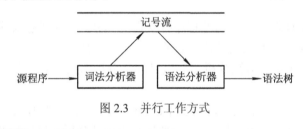

图 2.3　并行工作方式

2.2　模式的形式化描述

2.2.1　字符串与语言

从词法分析的角度看，程序设计语言是由记号组成的集合，每个记号又是由若干字符按照一定规则组成的字符串。为了讨论的简单性和准确性，本章对常用的术语以定义的方式给出。有一点需要强调，编译领域的很多名词术语的使用并不统一，因此希望读者掌握"是什么"，而不是"叫什么"。

在下述讨论中，我们首先定义一种泛泛的"语言"，然后在此基础上规定一个正规集，程序设计语言就是一个正规集。

定义 2.1　语言 L 是有限字母表 Σ 上有限长度字符串的集合。

定义 2.1 明确指出，语言是一个集合，集合中的元素是字符串，并且强调了两个有限：

(1) 字母表是有限的，即字母表中的元素个数是有限多个。

(2) 字符串的长度是有限的，即字符串中字符的个数是有限多个。

这是由于计算机所能直接表示的字符个数和字符串的长度都是有限的。定义中出现"字母表"的目的是强调语言 L 的每个字符串中的每个字符都是一个特定字符集合的元素。ASCII 字符集是计算机领域最常见的字母表，但它最多仅能表示 256 个不同的字符。Unicode 字符集是另一个常用的字母表，包含了世界上许多语种的文字。GB2312、GBK、GB18030 等是我国自 1980 年起陆续发布的超大型中文编码字符集，对汉字、多种少数民族文字和其他符号进行了统一编码，支撑了中文信息处理和交换需要。

字符串的有序性使得以字符串作为元素的集合具有某些特性。字符串和字符串集合的基本概念及特性以表格的形式分别列在表 2.3 和表 2.4 中。其中，字符串的连接运算表示两个字符串首尾相接，形成一个新的字符串。例如，S_1="pre"，S_2="fix"，则 S_1S_2="prefix"。对于连接运算而言，空串是一个恒等元素，即对于任何字符串 s，均有 $s\varepsilon = \varepsilon s = s$。

表 2.3 字符串的基本概念

表示、术语	意　　义
|S|	字符串 S 的长度，即 S 中字符的个数
ε	空串，即长度为 0 的字符串
S_1S_2	字符串 S_1 和 S_2 的连接
S^n	字符串 S 的 n 次方，表示 S 自身连接 n 次。其中： $S^0 = \varepsilon$，$S^k = S^{k-1}S = SS^{k-1}$ (k>0)
S 的前缀 X	去掉 S 尾部 0 个或若干个连续的字符后所得的字符串
S 的后缀 X	去掉 S 头部 0 个或若干个连续的字符后所得的字符串
S 的子串 X	去掉 S 的某个前缀和/或某个后缀后所得的字符串
S 的真前缀、真后缀、真子串 X	X 是 S 的一个前缀、后缀或子串，并且具有性质： ① X≠S;　　② |X|>0
S 的子序列 X	去掉 S 中 0 个或若干个不一定连续的字符后所得的字符串

表 2.4 字符串集合的基本运算

表示、术语	意　　义
Φ	空集合，即元素个数为 0 的集合
$\{\varepsilon\}$	空串作为唯一元素的集合
X=L∪M	X 是集合 L 和 M 的并：　X = { s | s∈L or s∈M }
X=L∩M	X 是集合 L 和 M 的交：　X = { s | s∈L and s∈M }
X=LM	X 是集合 L 和 M 的连接：　X = { st | s∈L and t∈M }
X=L－M	X 是集合 L 与 M 的差：X = { s | s∈L and s∉M }
$X=L^*$	X 是集合 L 的闭包：　$X = L^0 \cup L^1 \cup L^2 \cup \cdots \cup L^\infty$
$X=L^+$	X 是集合 L 的正闭包：$X = L^1 \cup L^2 \cup L^3 \cup \cdots \cup L^\infty$

在词法分析相关处理中，字符串集合的并、连接和闭包运算非常重要。字符串集合的

连接运算是指以各种可能的方式，从第一个集合中任取一个元素，再从第二个集合中任取一个元素，然后将二者连接后得到的所有串形成的集合。例如，若 L = {"pre", "post"}，M = {"fix"}，则 LM = {"prefix", "postfix"}，L∩M = Φ，L∪M = {"pre", "post", "fix"}。表 2.4 中的 L^* 称为 L 的闭包(Kleene 闭包，星闭包)，它是将 L 自身连接零次或任意次后得到的所有串形成的集合，其中 L^0 = {ε}，$L^k = L^{k-1}L = LL^{k-1}$ (k>0)。正闭包 L^+ 是将集合 L 自身连接一次或更多次后得到的所有串形成的集合。根据表 2.4 可知，字符串集合的星闭包和正闭包这两个集合满足关系 $L^* = L^0 \cup L^+$，$L^+ = LL^* = L^*L$。值得注意的是，当且仅当 L 中有 ε 时，L^+ 中才会有 ε。通常，在没有特别指出时，集合的"闭包"均指星闭包。

【例 2.3】 设集合 L 表示全体英文字母形成的集合{A, B, ···, Z, a, b, ···, z}，集合 D 表示数字字符集合{0, 1, ···, 9}。若将 L 和 D 均看作字符串集合，则可构造出下列字符串集合(语言)：

(1) L∪D 是所有字母和数字形成的集合，即一个元素要么是字母，要么是数字字符。

(2) LD 是一个字母后面紧跟一个数字字符形成的所有串的集合。该集合共有 520 个字符串，长度均为 2，如 A0，A1，z9 等。

(3) D^3 是由 3 个数字字符形成的所有串的集合。该集合共有 10^3 个字符串，长度均为 3，如 000，001，012，999 等。

(4) D^* 是由任意个数字字符形成的所有串的集合。该集合包含空串 ε。

(5) D^+ 是由一个或多个数字字符形成的所有串的集合。该集合不包含空串 ε。

(6) $L(L \cup D)^*$ 是所有以字母开头的字母数字串形成的集合。

2.2.2　正规式与正规集

定义 2.2 令 Σ 是一个有限字母表，则 Σ 上的正规式及其表示的集合递归定义如下：

(1) ε 是正规式，它表示集合 L(ε) = { ε }。

(2) 若 a 是 Σ 中的字符，则 a 是正规式，它表示集合 L(a) = { a }。

(3) 若正规式 r 和 s 分别表示集合 L(r) 和 L(s)，则

① r|s 是正规式，表示集合 L(r)∪L(s)；

② rs 是正规式，表示集合 L(r)L(s)；

③ r*是正规式，表示集合(L(r))*；

④ (r)是正规式，表示的集合仍然是 L(r)。

可用正规式描述的语言称为正规语言或正规集。

在有些文献中，正规式(regular expression)也译为正则表达式，正规语言(regular language)也译为正则语言，正规集(regular set)也译为正则集合。

定义 2.2 中，(1)和(2)规定了正规式的基本操作数(即基本正规式)。定义 2.2 的(3)给出了正规式上的三种运算：或运算①、连接运算②①和闭包运算③。对于由多个操作数和操作符组成的复合正规式，可以利用④定义的括号语法(即(r)形式)显式规定运算次序。如果对

---

① 连接运算的运算符在有些书中用"·"表示，例如 r 和 s 的连接表示为 r·s。本书采用通用的简化形式，忽略"·"，将 r·s 表示为 rs。

或、连接和闭包运算进行如下约定，则正规式中不必要的括号可以省略：

(1) 三种运算均具有左结合性质。

(2) 运算的优先级按从高到低的顺序排列：闭包运算、连接运算、或运算。

例如，$(a)|((b)^*(c))$ 可以简化成 $a|b^*c$。这两个正规式表示同一个集合，其元素要么是 a，要么是 0 个或若干个 b 后面再跟一个 c 形成的串。

【例2.4】 设字母表 $\Sigma = \{a, b, c\}$，部分 Σ 上的正规式和正规式所表示的正规集如表 2.5 所示。

表 2.5 正规式及其表示的正规集

正 规 式	正 规 集
a，b，c	$\{a\}$，$\{b\}$，$\{c\}$
a|b	$\{a\} \cup \{b\} = \{a, b\}$
(a|b)(a|b)	$\{a, b\}^2 = \{a, b\}\{a, b\} = \{aa, ab, ba, bb\}$，长度为 2 的 a/b 串
(a|b)*	$\{a, b\}^* = \{\varepsilon, a, b, aa, ab, ba, bb, \cdots\}$，任意的 a/b 串
a(a|b)*	$\{a\}\{a, b\}^* = \{a, aa, ab, aaa, aab, aba, abb, \cdots\}$，以 a 打头的 a/b 串
(a|b|c)*	$\{\varepsilon, a, b, c, aa, ab, ac, ba, bb, bc, ca, cb, cc, abc, \cdots\}$，该集合就是 Σ^*

【例2.5】 设字母表 $\Sigma = \{a, b, c\}$，考虑 Σ 上的 b 仅出现 1 次的所有串形成的集合。显然该集合的每个元素中，字符 b 有且仅有一个，而 a 和 c 的出现数量均未约束，所以可用正规式 $(a|c)^*b(a|c)^*$ 描述该集合。尽管字符 b 出现在正规式的正中间，但其两侧的闭包运算使得字符 b 可位于字符串的开头或结尾。如字符串 b、ab、bc、abc、ccab 等都是该集合的元素，它们均可被该正规式匹配；但如 ε、ac、bb、abcb 等这些没有 b、或有多于一个 b 的串都不是该集合的元素，它们不能被该正规式匹配。

【例2.6】 将例 2.5 中的集合修改为 Σ 上 b 最多出现 1 次的所有串形成的集合。该集合的每个元素中，字符 b 的数量为 0 或 1，对 a 和 c 的出现数量仍未约束。可对例 2.5 给出的正规式稍作修改，得到可表示该集合的正规式 $(a|c)^*(b|\varepsilon)(a|c)^*$。该集合也可用其他正规式表示，如 $(a|c)^*b(a|c)^* | (a|c)^*$，或 $(a|c)^*b(a|c)^* | (a^*c^*)^*$ 等。

正规集是字符串的集合，而正规式是表示正规集的一种形式化方法。例 2.6 表明不同的正规式可以表示同一个正规集，即正规式与正规集之间是多对一的关系。

定义 2.3 若正规式 P 和 Q 表示同一个正规集，则称 P 和 Q 是等价的，记为 P = Q。

【例2.7】 令 $L(x) = \{a, b\}$，$L(y) = \{c, d\}$，则

$L(x|y) = \{a, b, c, d\}$

$L(y|x) = \{a, b, c, d\}$

显然 x|y 和 y|x 表示同一个正规集，因此两个正规式等价，记为 x|y = y|x。

【例 2.8】 将例 2.5 中的集合修改为Σ上含有偶数个 a 的所有串形成的集合。该集合的每个元素中，字符 a 有偶数个，对字符 b 和 c 的出现数量并未约束。首先考虑含有两个 a 的所有串形成的集合，可用正规式$(b|c)^*a(b|c)^*a(b|c)^*$描述(将该正规式记为 R)，即两个 a 的左边、右边或中间均可以有任意个 b 和/或 c。若将此类字符串重复两次或更多次，则可得到所有包含更多个 a 且 a 有偶数个的字符串，表示这些串的正规式就是R^+。最后考虑 0 也是偶数，即 a 可不出现，则最终正规式为$(R|(b|c)^*)^*$，即$((b|c)^*a(b|c)^*a(b|c)^*|(b|c)^*)^*$。该集合也可用其他正规式描述，如$((a(b|c)^*a)^*|(b|c)^*)^*$等。请读者思考$(R|(b|c)^*)^*$与$((a(b|c)^*a)|b|c)^*$、$((b|c)^*a(b|c)^*)^*(b|c)^*$是否等价。

　■

正规式之间的恒等关系称为正规式的代数性质。表 2.6 给出了正规式的若干代数性质，其中 r、s、t 是任意正规式。利用这些性质，可以对复杂的正规式进行化简，即可用最简单形式的正规式表示一个集合。而简单的正规式意味着其所对应的词法分析器的构造也是简单的。

表 2.6　正规式的代数性质

公　　理	公　　理
$r|s = s|r$	$(rs)t = r(st)$
$r|(s|t) = (r|s)|t$	$\varepsilon r = r\varepsilon = r$
$r(s|t) = rs|rt$	$r^* = (r^+|\varepsilon) = (r|\varepsilon)^*$
$(s|t)r = sr|tr$	$r^{**} = r^*$

2.2.3　记号的说明

表 2.1 中用自然语言对模式进行了非形式化的描述，例如，标识符模式的非形式化描述是"以字母打头的字母数字串"。这一描述很不精确，存在一些问题，如哪些符号是字母，哪些符号是数字，字母数字串的长度可以是多少等。

由于正规式是严格的数学表达式，采用正规式来描述模式解决了精确描述模式的问题。另外，从词法分析的角度看程序设计语言，用正规式说明的记号是一个正规集。

用正规式说明记号的公式：记号名 = 正规式。其含义是(左边这一类)记号的模式可用(右边)正规式表示。通常，在不引起混淆的情况下，也把说明记号的公式简称为正规式或者规则。

【例 2.9】 表 2.1 中的 relation、id 和 num 分别是 C 语言的关系运算符、标识符和数字字面量，表示它们的正规式如下所示：

relation = < | <= | > | >= | == | !=

id = (_|a|b|c|d|e|f|g|h|i|j|k|l|m|n|o|p|q|r|s|t|u|v|w|x|y|z

　　　　|A|B|C|D|E|F|G|H|I|J|K|L|M|N|O|P|Q|R|S|T|U|V|W|X|Y|Z)

　　　(_|a|b|c|d|e|f|g|h|i|j|k|l|m|n|o|p|q|r|s|t|u|v|w|x|y|z

　　　　|A|B|C|D|E|F|G|H|I|J|K|L|M|N|O|P|Q|R|S|T|U|V|W|X|Y|Z|0|1|2|3|4|5|6|7|8|9)*

$$\text{num} = (0|1|2|3|4|5|6|7|8|9)(0|1|2|3|4|5|6|7|8|9)^*$$
$$(\varepsilon|.(0|1|2|3|4|5|6|7|8|9)(0|1|2|3|4|5|6|7|8|9)^*)$$
$$(\varepsilon|E(+|-|\varepsilon)(0|1|2|3|4|5|6|7|8|9)(0|1|2|3|4|5|6|7|8|9)^*)$$

上述正规式给出了标识符的精确定义，用自然语言可以描述为"字母是下画线或大小写英文字母中的任何一个，数字是十进制阿拉伯数字中的任何一个，标识符是以字母打头的、其后可跟随 0 个或若干个字母或数字的字符串"，通常口头上总是简单地陈述为"字母打头的字母数字串"。需要注意的是，该例子中的数字字面量未考虑 C 语言标准中定义的其他字面量特征，如整型数可以是八进制或十六进制形式，有小数部分的实型数的整数部分可省略(如.123)、小数点后面的数字序列可省略(如 123.)等。

上述描述方式虽然精确，但是书写烦琐且不易阅读。实际应用中常采用以下两种方法来简化对记号的说明。

1. 扩展的正规式形式

为了简化正规式的描述，许多文献和软件工具中定义了多种针对正规式的扩展，下面仅介绍几种常见的扩展形式，本书 3.7.1 小节还将给出工具 LEX 定义的其他扩展形式。

(1) 正闭包。

若 r 是表示 L(r)的正规式，则 r^+ 是表示 $(L(r))^+$ 的正规式，且下述等式成立：
$$r^+ = rr^* = r^*r, \quad r^* = r^+ | \varepsilon$$
正闭包、星闭包具有相同的运算优先级和结合性。

(2) 可缺省(可省略)。

若 r 是正规式，则 r? 是表示 $L(r) \cup \{\varepsilon\}$ 的正规式，且下述等式成立：
$$r? = r | \varepsilon$$
该结构与星闭包具有相同的优先级和结合性。

(3) 字符组。

若一个正规式是由若干字符进行或运算形成的，则可将这些字符书写在一对方括号里面。方括号里面的内容有三种书写形式：

① 枚举形式：将参与或运算的字符罗列在方括号里面。如[abc]，它等价于 a|b|c；

② 分段形式：如果参与或运算的若干字符恰好对应字母表中的一个连续范围，不妨假设该范围所包含的字符依次为 c_1，c_2，…，c_n，则可结合连字符书写为 $[c_1\text{-}c_n]$ 的形式。如表示任意一个数字字符的正规式可写为[0-9]，它等价于[0123456789]和 0|1|2|3|4|5|6|7|8|9；

③ 混合形式：枚举形式和分段形式可同时出现在方括号里面。如[0-9a-zABC]，它等价于[0123456789abcdefghijklmnopqrstuvwxyzABC]。

(4) 非字符组。

若[S]是一个字符组形式的正规式，则[^S]是表示 Σ–L([S])的正规式。例如，若Σ={a, b, c, d, e, f, g}，则 L([^abc]) = {d, e, f, g}。显然，非字符组形式描述的是"不是 S 中那些字符的其他任意一个字符"。

(5) 串。

若 r 是若干字符进行连接运算形成的正规式，则串 "r" 与 r 等价，即 r = "r"。如 if = "if"，

const = "const" 等。特别地，ε = ""，a = "a"。引入串的表示可以避免与正规式中运算符的冲突。例如："a|b" = a"|"b ≠ a|b。在有些文献和工具软件中，使用一对单引号代替双引号，其目的是相同的。

2. 引入辅助定义式

引入辅助定义式是为较复杂或需要重复书写的正规式命名，这样可用辅助定义的名字代替相应的正规式。应注意的是，虽然辅助定义的书写形式与记号的说明相同，但是只有说明记号的正规式才是对模式的形式化表示，而辅助定义并不表示任何模式。

【例 2.10】 采用正规式的扩展形式和辅助定义式，可将例 2.9 中描述 id 和 num 的正规式重写如下：

letter	= [a-zA-Z_]
digit	= [0-9]
digits	= digit$^+$
optional_fraction	= (. digits)?
optional_exponent	= (E (+ | −)? digits)?
id	= letter (letter | digit)*
num	= digits optional_fraction optional_exponent

【例 2.11】 当模式中含有控制字符和一些特殊字符时，通常在正规式中采用类似 C 语言定义的转义形式书写这些字符，下面给出几个例子。

(1) 正规式 //[^\n\r]* 描述 C++ 和 Java 语言的行注释。

(2) 正规式 [\t]$^+$ 描述由空格、制表符形成的空白字符序列。

(3) 正规式 [^\"\\^] 表示除字符 '"'、'\' 和 '^' 之外的其他任意一个字符。

(4) 正规式 a\|b* 等价于串形式的正规式 "a|b*"，它描述的是由 'a'、'|'、'b' 和 '*' 这四个字符连接所得的字符串。

2.3   记号的识别——有限自动机

用正规式对模式进行形式化的描述，解决了说明记号的问题。而对记号的识别，可以用有限自动机来完成。根据其下一状态转移是否确定，可以将有限自动机划分为不确定的有限自动机(Nondeterministic Finite Automata，NFA)和确定的有限自动机(Deterministic Finite Automata, DFA)。

2.3.1   不确定的有限自动机

定义 2.4   NFA 是一个五元组(5-tuple)   M = (S, Σ, move, s0, F)，其中：

(1) S 是有限个状态(state)的集合。

(2) Σ 是有限个输入字符的集合，其中可包含表示空字符的符号 ε。

(3) move 是一个状态转移函数，每一个状态转移 move(s, ch)=t 表示在状态 s 下若遇到输入字符 ch，则转移到状态 t，其中 s∈S，t∈S，ch∈Σ。

(4) s_0 是唯一的初态(也称开始状态)，且 $s_0∈S$。

(5) F 是终态集(也称接受状态集)，它是 S 的子集，包含了所有的终态。

■

有限自动机是一个抽象的概念，可以用两种直观的方式——状态转换图和状态转换矩阵来表示，这两种方式分别简称为转换图和转换矩阵。

转换图是这样一个有向图：NFA 的每个状态对应转换图中的一个结点；NFA 的每个状态转移 move(s, ch) = t 对应转换图中的一条有向边，该有向边从状态 s 对应的结点出发，进入状态 t 对应的结点，ch 是边上的标记；NFA 的初态由一条没有出发结点的入边指明，即初态是转换图中唯一可以没有前驱的结点；NFA 的终态在转换图中用有别于其他结点的方法表示。例如，若非终态结点用圆圈表示，则终态结点可以用加粗的圆圈或者双圈表示。

转换矩阵是一个二维表格，所以也称为转换表，它以 NFA 的状态为行下标，以 Σ 中的元素为列下标，每个矩阵元素 M[s, ch] 中的内容是从状态 s 经 ch 到达的所有下一状态。在转换矩阵中，一般以矩阵第一行所对应的状态为初态，而终态需要特别指出。

【例 2.12】 识别由正规式 $(a|b)^*abb$ 说明的正规集的 NFA 定义如下：

S = {0, 1, 2, 3}，   Σ = {a, b}， $s_0 = 0$，   F = {3}

move = { move(0, a) = 0, move(0, a) = 1, move(0, b) = 0,

move(1, b) = 2, move(2, b) = 3 }

它的转换图和转换矩阵表示如图 2.4 所示。在转换矩阵中，需指出状态 0 是初态，状态 3 是终态。

■

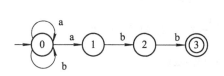

	a	b
0	{0, 1}	{0}
1	—	{2}
2	—	{3}
3	—	—

(a) 转换图表示的 NFA   (b) 转换矩阵表示的 NFA

图 2.4 识别 (a|b)*abb 的 NFA

NFA 的特点是它的**不确定性**，即在当前状态下，对同一个字符 ch，可能有多于一个的下一状态转移，或者存在 ε_转移。第一种不确定性反映在 NFA 的定义中，就是 move 是一个多值函数；反映在转换图中，就是从某个/些结点出发，通过多于一条标记相同字符的边转移到不同的状态；反映在转换矩阵中，就是某个/些元素不是一个单一状态，而是一个状态的集合，正因如此，转换矩阵中的所有非空单元格均写成集合形式。第二种不确定性反映在 NFA 的定义中，就是字母表 Σ 中包含 ε，并且存在如 move(s, ε)=t 这样的 ε_转移；反映在转换图中，就是存在用 ε 标记的有向边；反映在转换矩阵中，就是某一列以 ε 为列下标。

　　用 NFA 识别输入序列的方法是：从 NFA 的初态开始，对于输入序列中的每一个字符，寻找它的下一状态转移，直到没有下一状态转移为止。若此时所处状态是终态，则从初态到终态路径上的所有标记构成了一个识别出的记号；否则沿原路返回，并在返回过程中遇到的每一个结点上试探可能的下一条路径，直到遇到一个终态，或者一直返回到初态也没有遇到终态。对于一个输入序列，若试探了所有的路径也不能到达一个终态，则 NFA 不接受该序列，说明它不是语言中的合法记号。若到达一个终态，则 NFA 接受该序列，说明它是语言中的一个合法记号。换句话说，对于任意一个输入序列 ω，NFA 接受它的充要条件是：当且仅当(在 NFA 的状态转换图中)存在一条从初态到某个终态的路径，该路径上的所有标记依次拼接所得字符串恰好就是 ω。拼接中应忽略路径中的标记 ε，除非整个串为空串。**一个 NFA 可接受的所有字符串形成了该 NFA 所接受(识别)的正规集。**

　　NFA 的不确定性给用 NFA 识别记号带来一个困惑：在当前状态下，当遇到同一个字符有多个状态转移时应该转移到哪个状态。

　　【例 2.13】 用例 2.12 中的 NFA 来识别输入序列 abb 和 abab。识别过程如图 2.5 所示，有向边上标注的数字是对应字符在输入序列中的位置序号。

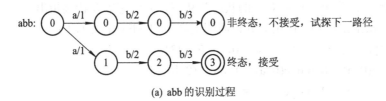

(a) abb 的识别过程

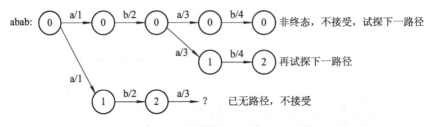

(b) abab 的识别过程

图 2.5　NFA 识别输入序列 abb 和 abab

　　对 abb 的识别有两条路径，如图 2.5(a)所示。先沿着第一条路径(记为 0a0b0b0)识别：从状态 0 出发，经过字符 a 到达状态 0，经过字符 b 到达状态 0，再经过字符 b 到达状态 0，此时输入序列已经结束，但是没有到达终态，所以这条路径不接受输入序列 abb。此时进行回溯，一直沿原路回退到最开始的状态 0，然后试探第二条路径(记为 0a1b2b3)：从状态 0 出发，经过字符 a 到达状态 1，经过字符 b 到达状态 2，最后经过字符 b 到达状态 3。由于状态 3 是一个终态，所以，字符串 abb 被 NFA 接受，或者说被 NFA 识别。该过程称为识别过程，其中第二条路径 0a1b2b3 称为识别路径，而标记该路径的字符串 abb 是 NFA 所能识别的一个记号。

　　再来看对 abab 的识别过程。从初态 0 出发遇到第一个 a 时有两条路径可选，当沿着路径 0<u>a</u>0<u>b</u>0 遇到第二个 a 时，又有两条路径可选。因此，NFA 对 abab 的识别有图 2.5(b) 所示的三条路径可走，分别是 0<u>a</u>0<u>b</u>0<u>a</u>0<u>b</u>0，0<u>a</u>0<u>b</u>0<u>a</u>1<u>b</u>2，0<u>a</u>1<u>b</u>2。但是三条路径均不能到达终态，且再无其他路径可以试探，所以 NFA 不接受输入序列 abab，也就是说，abab 不是一个合法的记号。

实际上，例 2.12 中的 NFA 所接受的字符串都是以 abb 结尾的 a/b 串，因为从初态 0 出发到达终态 3 的每一条识别路径的末尾都必然是 0<u>a</u>1<u>b</u>2<u>b</u>3。

从例 2.13 可以看出，用 NFA 识别记号存在下述问题：

(1) 只有尝试了全部可能的路径，才能确定一个输入序列不被接受，而这些路径的条数随着路径长度的增长呈指数级增长。

(2) 识别过程中需要大量回溯，时间成本随着输入序列长度的增长呈指数级增长，且算法复杂。

造成这种情况的原因是 NFA 的不确定性，即在当前的状态下，遇到的下一个字符可能有多于一条的路径可走，而这些路径中的哪条路径可以到达终态或者全部路径均不能到达终态都是不可知的。

【例 2.14】　识别由正规式 aa*|bb* 所描述正规集的 NFA 定义如下：

$S = \{0, 1, 2, 3, 4\}$，　$\Sigma = \{a, b, \varepsilon\}$，　$s_0 = 0$，　$F = \{2, 4\}$

move = { move(0, ε) = 1, move(0, ε) = 3,

　　　　　move(1, a) = 2, move(2, a) = 2,

　　　　　move(3, b) = 4, move(4, b) = 4 }

它的转换图和转换矩阵表示如图 2.6 所示。在转换矩阵中，状态 0 是初态，状态 2 和 4 是终态。此 NFA 识别的语言是仅含 a 或仅含 b 的非空串。例如，从初态出发到达终态 2 的最短路径是 0<u>ε</u>1<u>a</u>2，它识别字符串 a；若继续沿着状态 2 上的环进行若干次状态转移，可有路径 0<u>ε</u>1<u>a</u>2<u>a</u>2、0<u>ε</u>1<u>a</u>2<u>a</u>2<u>a</u>2、0<u>ε</u>1<u>a</u>2<u>a</u>2<u>a</u>2<u>a</u>2 等，它们识别的字符串依次为 aa、aaa、aaaa 等。需要注意的是，路径上的标记 ε 在拼接字符串过程中应被丢弃。

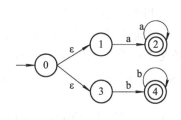

	a	b	ε
0	—	—	{1, 3}
1	{2}	—	—
2	{2}	—	—
3	—	{4}	—
4	—	{4}	—

(a) 转换图表示的 NFA　　　　(b) 转换矩阵表示的 NFA

图 2.6　识别 aa*|bb* 的 NFA

2.3.2　确定的有限自动机

定义 2.5　DFA 是 NFA 的一个特例，其中：

(1) 没有状态具有 ε_转移，即状态转换图中没有标记 ε 的边。

(2) 对于每一个状态 s 和每一个字符 a，最多有一个下一状态。

【例 2.15】 识别由正规式 (a|b)*abb 所描述正规集的 DFA，其转换图和转换矩阵表示如图 2.7 所示。根据转换图，读者不难写出此 DFA 的定义。用它识别输入序列 abb 和 abab 的过程如图 2.8 所示。

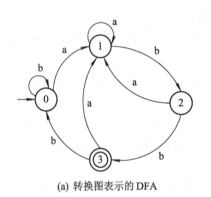

	a	b
0	1	0
1	1	2
2	1	3
3	1	0

(a) 转换图表示的 DFA　　　　　　(b) 转换矩阵表示的 DFA

图 2.7　识别 (a|b)*abb 的 DFA

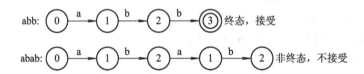

图 2.8　DFA 识别输入序列 abb 和 abab

根据定义 2.5 可知，DFA 也是 NFA，但与一般意义的 NFA 相比，DFA 的特点就是它的**确定性**，即在当前状态下，对同一个字符 ch，最多有一个下一状态转移。确定性反映在 DFA 的定义中，就是 move 是一个单值函数；反映在转换图中，就是从一个结点出发的任何不同边上标记的字符均不同；反映在转换矩阵中，就是其每个元素 M[s, ch] 中最多只有一个状态，也无须写成集合形式。另外，DFA 的字母表 Σ 中一定不包含 ε。

由于在 DFA 上识别输入序列时，在任何一个当前状态下遇到任何输入字符，其下一状态转移均是唯一确定的，因此，无论是接受还是不接受，均经历一条确定的路径，而无其他任何路径可走。也就是说，在 DFA 上识别输入序列无须回溯，从而大大简化了记号的识别过程。

DFA 识别输入序列的过程可总结为算法 2.1，它称为模拟器(模拟 DFA 的行为)，也称为驱动器(用 DFA 的数据驱动分析动作)。模拟 DFA 算法的最大特点是方法与模式无关，它在逐字符扫描输入序列的过程中，仅根据 DFA 的当前状态和状态转移进行一系列的动作，直到回答 yes 或者 no。而所有与模式相关的信息均包含在 DFA 中。

算法 2.1　模拟 DFA

输入　DFA D 和输入字符串 x。x 以文件结束符 eof 终止，D 的初态为 s_0，终态集为 F。

输出　若 D 接受 x，则回答 "yes"，否则回答 "no"。

方法 用下述过程识别 x。

```
s = s0 ;                  // 从初态开始
a = nextChar( );          // 读取 x 的第一个字符
while ( a ≠ eof ) {
    s = move( s, a );     // 查询下一状态
    a = nextChar( );      // 读取 x 的下一个字符
}
if ( s ∈ F ) { return "yes"; }   // 到达某个终态
else         { return "no"; }
```

【**例 2.16**】 识别表 2.1 中记号 id、num 和 relation 及个别其他运算符的 DFA 的转换图如图 2.9 所示，id 和 num 的转换图依据的是例 2.10 中简化的正规式。不难看出，转换图识别的每一个记号实质上就是从初态开始到某个终态的路径上的标记。例如，在图 2.9(a)中，从初态 0 开始到终态 2 的路径标记是 "<="，表示在终态 2 处识别出该关系运算符；从初态 0 开始到终态 5 的路径标记是 "="，表示在终态 5 处识别出赋值运算符，尽管赋值运算并不属于关系运算，但由于在程序设计语言中赋值运算符也是合法的记号，因此这里将状态 5 标记为终态(状态 3 标记为终态的原因类似)；在图 2.9(c)中，从初态 11 到终态 12 的路径可识别出整数字面量和实数字面量的整数部分，从初态 11 到终态 14 的路径可识别出含有小数部分的实数字面量，从初态 11 到终态 17 的路径可识别出含有指数部分的实数字面量。

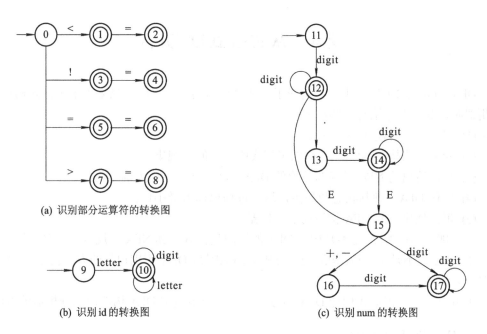

(a) 识别部分运算符的转换图

(b) 识别 id 的转换图

(c) 识别 num 的转换图

图 2.9 状态转换图

在图 2.9(a)中，进入终态 2、4、6、8 的有向边均用等号标记，能否将它们合并为一个状态呢？是否合并各有利弊，其关键取决于是否区分各终态所识别的记号类别，以及编译

器开发人员做出的设计权衡。例如，令终态 2 对应记号类别 LE，令终态 4 对应记号类别 NE 等(见 2.5.2 小节)，这种区分终态的策略使得语法分析阶段仅需根据记号类别即可做出决定。反之，若不区分这四个终态所识别的记号类别，则可以合并它们，但语法分析阶段可能需要结合记号类别和记号属性才能做出决定。

2.3.3　有限自动机的等价

NFA 和 DFA 统称为有限自动机(FA)。所谓有限，是指自动机的状态数是有限的，因此，有些文献中也称其为有限状态自动机(FSA)。与正规式的等价相似，有限自动机之间也存在等价问题。

定义 2.6　若有限自动机 M_1 和 M_2 识别同一个正规集，则称 M_1 和 M_2 是等价的，记为 $M_1 = M_2$。

图 2.4 和图 2.7 所示的 FA 均识别正规式 $(a|b)^*abb$ 所表示的正规集，两个 FA 是等价的。由于 DFA 上识别记号的确定性和简单性，往往希望用 DFA 而不是 NFA 来识别记号。很幸运，对于任何一个 NFA，均可以找到一个与它等价的 DFA。这一结果意味着，对于任何正规集，均可以构造一个 DFA 去识别它。

实际上，正规式和有限自动机之间也存在等价性，即若一个正规式 r 所描述的语言 L(r) 与一个 FA M 所识别的语言 L(M) 相同，则称正规式 r 和 FA M 等价。因此，人们认为一个正规集除了可用自然语言或正规式描述之外，还可以用有限自动机描述。

2.4　从正规式到 DFA

DFA 和算法 2.1 实际上已经构成了词法分析器的核心，因此当采用手工方式构造词法分析器时，其一般方法与步骤如下：

(1) 用正规式对模式进行描述。

(2) 为正规式构造 NFA，它识别正规式所表示的正规集。

(3) 将构造出的 NFA 转换为等价的 DFA，这一过程也称为确定化。

(4) 优化 DFA，使其状态数最少，这一过程也称为最小化。

(5) 根据优化后的 DFA 构造词法分析器。

由正规式构造 NFA 而不是构造 DFA 的原因是正规式到 NFA 有规范的一对一的构造算法。由 DFA 而不是由 NFA 构造词法分析器的原因是 DFA 识别记号的方法优于 NFA 识别记号的方法。

本节介绍根据正规式构造 DFA 的方法，下节介绍根据 DFA 构造词法分析器的方法。

2.4.1　从正规式到 NFA

对任何正规式，可以用下述的 Thompson 算法构造一个 NFA，它识别正规式所表示的正规集。

算法 2.2 Thompson 算法

输入 字母表Σ上的正规式 r。

输出 接受 L(r)的 NFA N。

方法 首先，将 r 分解成最基本的正规式。由于分解是构造的逆过程，因此分解从正规式的最右端开始，然后按如下规则构造。每次构造的新状态都需恰当命名，以使得所有状态的名字均不同。

(1) 对 ε，构造 NFA 如图 2.10(a)所示。其中，s0 为初态，f 为终态，该 NFA 接受{ε}。

(2) 对Σ上的每一个字符 a，构造 NFA 如图 2.10(b)所示。其中，s0 为初态，f 为终态，该 NFA 接受{a}。

(3) 若 N(p)和 N(q)是正规式 p 和 q 的 NFA，则：

① 对正规式 p|q，构造 NFA 如图 2.10(c)所示。其中，s0 为初态，f 为终态，该 NFA 接受 L(p)∪L(q)；

② 对正规式 pq，构造 NFA 如图 2.10(d)所示。其中，s0 为初态，f 为终态，该 NFA 接受 L(p)L(q)；

③ 对正规式 p*，构造 NFA 如图 2.10(e)所示。其中，s0 为初态，f 为终态，该 NFA 接受 L(p*)。

(4) 对于正规式(p)，使用 p 本身的 NFA，不再构造新的 NFA。

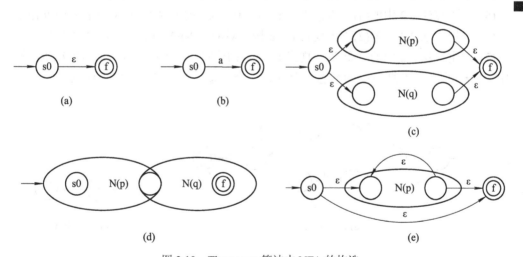

图 2.10 Thompson 算法中 NFA 的构造

【**例 2.17**】 用 Thompson 算法构造正规式 r=(a|b)*abb 的 NFA N(r)。

第一步：对正规式进行分解，得到如图 2.11(a)所示的树结构[①]。这种树称为分析树，也可用语法树表示正规式的结构(见 2.4.4 小节)。第 3 章将给出这两种树的正式定义。

第二步：自下而上遍历树，并逐步构造整个正规式的 NFA。其具体步骤如下：

---

① Thompson 算法本身并不涉及如何得到正规式对应树结构的问题，实际上尽管正规式描述的是线性结构，但正规式自身却是非线性结构的，因此识别正规式的结构需要使用第 3 章介绍的语法分析手段才能完成。

(1) 运用算法 2.2 中的(2)为正规式 $r_1=a$ 构造对应的 NFA $N(r_1)$，如图 2.11(b)所示。

(2) 运用算法 2.2 中的(2)为正规式 $r_2=b$ 构造对应的 NFA $N(r_2)$，如图 2.11(c)所示。

(3) 运用算法 2.2 中的(3)①为正规式 $r_3=r_1|r_2$ 构造对应的 NFA $N(r_3)$，如图 2.11(d)所示。

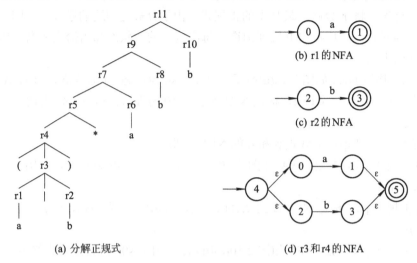

(a) 分解正规式   (d) r3 和 r4 的 NFA

图 2.11   构造正规式(a|b)*abb 的 NFA(1)

(4) 根据算法 2.2 中的(4)可知，正规式 r_4 的 NFA 和 r_3 的 NFA 相同。

(5) 运用算法 2.2 中的(3)③为正规式 $r_5=r_4^*$ 构造对应的 NFA $N(r_5)$，如图 2.12(a)所示。

(6) 运用算法 2.2 中的(2)为正规式 $r_6=a$ 构造对应的 NFA $N(r_6)$，如图 2.12(b)所示。

(7) 运用算法 2.2 中的(3)②为正规式 $r_7=r_5r_6$ 构造对应的 NFA $N(r_7)$，如图 2.12(c)所示。其中，$N(r_5)$ 的终态 7 和 $N(r_6)$ 的初态 8 合并为一个状态，并用状态 7 作为代表。

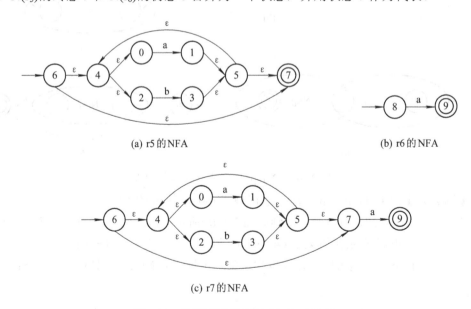

(a) r5 的 NFA   (b) r6 的 NFA

(c) r7 的 NFA

图 2.12   构造正规式(a|b)*abb 的 NFA(2)

(8) 按照上述方法，依次为正规式 $r_8=b$、$r_9=r_7r_8$、$r_{10}=b$、$r_{11}=r_9r_{10}$ 构造对应的 NFA $N(r_8)$、

N(r_9)、N(r_{10})、N(r_{11}),其中 N(r_{11})如图 2.13(a)所示。

(9) 对上步所得 N(r_{11})的全体状态重新命名,最终得到如图 2.13(b)所示的 NFA N(r),其中 0 为初态,10 为终态。图 2.13 中的两个 NFA 仅状态名称不同(常称为同构的 NFA),都是正规式 r 对应的 NFA。

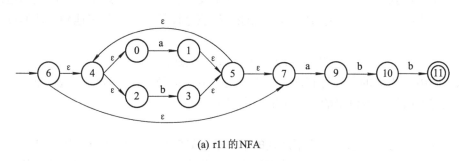

(a) r11 的 NFA

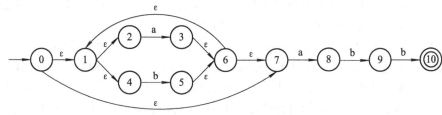

(b) 对状态重新命名的 NFA

图 2.13 构造正规式(a|b)*abb 的 NFA(3)

2.4.2 从 NFA 到 DFA

1. NFA 识别记号的"并行"方法

前文所述的用 NFA 识别记号是在 NFA 上顺序地、逐条路径试探的过程。因为需要进行回溯,所以算法构造复杂且工作效率低下。事实上,用 NFA 识别记号并不采用这种"串行"的方法,而是采用一种"并行"的方法,从而可以消除识别时的不确定性,以避免回溯。

【例 2.18】 从甲地到乙地,可以乘小汽车也可以骑自行车,具体路线如图 2.14 所示,其中 c 表示乘车,b 表示骑自行车。现在要求从甲地到乙地,只许乘车而不许骑自行车,该如何走?

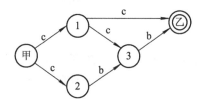

图 2.14 甲地到乙地的所有路径

将此问题进行抽象,就是如何在图 2.14 中找到一条从甲地到乙地的路径,其每条边上的标记均为 c。首先,按照常规思路逐条路径试探:

　　甲<u>c</u>2　　　　　　　无路可走，退回到甲地，试探下一路径

　　甲<u>c</u>1<u>c</u>3　　　　　无路可走，退回到 1 处，试探下一路径

　　甲<u>c</u>1<u>c</u>乙　　　　　到达乙地，成功

　　为了避免回溯，设想有足够多的小汽车同时走若干条路。假设从甲地出发，到达的第一站是乘车所能到达地点的全体，再从第一站出发，到达的第二站是乘车所能到达地点的全体，依次类推，直到某一站中包含了乙地。按照这样的方法，从甲地到乙地的过程与路径如下所示：

$$甲\underline{\ c\ }\{1,2\}\underline{\ c\ }\{3,乙\}　　到达乙地，成功$$

　　从识别由 c 组成的路径标记的角度看，两种方法的效果是一样的，但是第二种方法仅有一条确定的路径，所付出的代价是需要有足够多的小汽车。

　　第二种方法的基本思想是**将不确定的下一状态确定化**：如果从当前状态出发经 c 可能到达不止一个状态，则将所有这些状态组成一个集合，而虚拟地认为到达这一状态集。显然从当前状态出发经 c 到达这一状态集的路径是唯一确定的。

　　将这种确定化的思想应用于例 2.18 中特定交通工具的任何一种组合方式，从甲地出发的一条路径或者达到乙地，或者不能到达乙地，均是确定的，无须也再无其他路径可以试探。例如，若要求从甲地到乙地，先乘车，再骑自行车，然后乘车，即要求在图 2.14 中找到一条标记为 cbc 的路径，则用这种确定化的方法所找到的路径是：甲<u>c</u>{1,2}<u>b</u>{3}，由于在 3 处没有通过乘车可以到达乙地的路径，可以断定按上述要求无法从甲地到达乙地。

　　将确定化的思想用于 NFA 上记号的识别，可得到下述与算法 2.1 相似的模拟 NFA 的算法 2.3。该算法中利用了两个函数 smove(S, a) 和 ε_闭包(T) 来计算下一状态集，其中，S 和 T 均为状态集合，a 是一个非 ε 字符。与算法 2.1 中的状态转移函数 move(s, a) 比较，smove(S, a) 将状态扩展为状态集，它表示从状态集合 S 中的任何状态 s 出发，经字符 a 可直接到达状态的全体，即 move 针对的是单个状态，而 smove 针对的是状态集。ε_闭包(T) 表示从状态集合 T 出发，经 ε 所能到达状态的全体，更精确的定义在算法 2.3 之后给出。

算法 2.3　模拟 NFA

输入　NFA N 和输入字符串 x。x 由文件结束符 eof 终止，N 的初态为 s_0，终态集为 F。

输出　若 N 接受 x，则回答 "yes"，否则回答 "no"。

方法　用下面的过程对 x 进行识别，S 是一个状态的集合。

```
S = ε_闭包( {s0} );              // 所有可能初态的集合
a = nextChar( );                 // 读取 x 的第一个字符
while ( a ≠ eof )
{
    S = ε_闭包( smove ( S, a ) );  // 所有下一状态的集合
    a = nextChar( );             // 读取 x 的下一个字符
}
if ( S ∩ F ≠ Φ ) { return "yes"; }  // 状态集 S 含有终态
else               { return "no"; }
```

与模拟 DFA 的算法 2.1 相比，算法 2.3 中有三点不同，如表 2.7 所示。

表 2.7　算法 2.1 与算法 2.3 的区别

算法 2.1	算法 2.3	区　　别
初态	初态集	从初态 s_0 出发改变为从初态集出发
下一状态	下一状态集	当前状态对字符 a 的下一状态改变为下一状态集
$s \in F$	$S \cap F \neq \Phi$	判断输入序列被接受的条件由最后一个状态是否为终态集中的一个状态，改变为最后一个状态集与终态集的交集是否不为空集

定义 2.7　状态集 T 的 ε_闭包(T)是一个状态集，且满足：

(1) T 中的所有状态属于 ε_闭包(T)。

(2) 任何 smove(ε_闭包(T)，ε) 属于 ε_闭包(T)。

(3) 再无其他状态属于 ε_闭包(T)。

有关定义 2.7 中三个条件的说明如下：状态集 T 的所有状态均在闭包中；若某状态已在闭包中，则从此状态出发的任何经 ε 转移所到达的下一状态也在闭包中。由此可知，ε_闭包(T)就是从状态集 T 出发，经过 0 次或任意次 ε 转移所能达到的状态的全体。对于 ε_闭包(T)中的任一状态 s，若 s∈T，则将 s 称为 ε_闭包(T)的核心状态，否则称为非核心状态，即非核心状态是从某个核心状态经历至少一次 ε 转移所到达的状态。

根据 ε_闭包的定义，不难得到计算 ε_闭包的算法。由于 ε_闭包是递归定义的，而反映递归的最佳数据结构是栈，所以算法中用一个栈来存放所有可能需要计算 ε 状态转移的状态。

算法 2.4　求 ε_闭包

输入　状态集 T。

输出　状态集 T 的 ε_闭包。

方法　用下面的函数计算状态集合 U，其最终结果就是 ε_闭包(T)。

```
function  ε_闭包( T )  {
    for ( T 中的每个状态 t ) {
        加入 t 到 U;
        push( t );                    // 将核心状态 t 压入栈中
    }
    while ( 栈不空 ) {
        t = pop( );                   // 弹出栈顶状态
        for ( smove( t, ε )中的每个状态 u )
        {
            if ( u 不在 U 中 )
            {
                加入 u 到 U;
                push( u );            // 将状态 u 压入栈中
            }
```

```
    }  // for 循环结束
  } // while 循环结束
  return U;  // 此时，集合 U 就是最终的 ε_闭包(T)
}
```

【例 2.19】用算法 2.3 在图 2.13 (b)所示的 NFA 上识别记号 abb 和 abab 的过程分别如下。对于每个 ε_闭包(T)，用下画线标注了其中的核心状态。

(1) 识别 abb。

① 计算初态集：

ε_闭包({0}) = {$\underline{0}$, 1, 2, 4, 7}，该集合记为 A。

② 计算从状态集 A 出发，经 a 所到达的下一状态集：

ε_闭包(smove(A, a)) = {$\underline{3}$, $\underline{8}$, 6, 7, 1, 2, 4}，该集合记为 B。

③ 计算从状态集 B 出发，经 b 所到达的下一状态集：

ε_闭包(smove(B, b)) = {$\underline{5}$, $\underline{9}$, 6, 7, 1, 2, 4}，该集合记为 C。

④ 计算从状态集 C 出发，经 b 所到达的下一状态集：

ε_闭包(smove(C, b)) = {$\underline{5}$, $\underline{10}$, 6, 7, 1, 2, 4}，该集合记为 D。

⑤ 输入序列已经结束，且 D∩{10}={10}，abb 被接受。

故 abb 的识别路径为 A $\underline{a}$ B $\underline{b}$ C $\underline{b}$ D。

(2) 识别 abab。

① ε_闭包({0})={$\underline{0}$, 1, 2, 4, 7}，该集合记为 A。

② ε_闭包(smove(A, a)) = {$\underline{3}$, $\underline{8}$, 6, 7, 1, 2, 4}，该集合记为 B。

③ ε_闭包(smove(B, b)) = {$\underline{5}$, $\underline{9}$, 6, 7, 1, 2, 4}，该集合记为 C。

④ ε_闭包(smove(C, a)) = {$\underline{3}$, $\underline{8}$, 6, 7, 1, 2, 4}，此状态集为 B。

⑤ ε_闭包(smove(B, b)) = {$\underline{5}$, $\underline{9}$, 6, 7, 1, 2, 4}，此状态集为 C。

⑥ 输入序列已经结束，但由于 C∩{10}=Φ，所以 abab 不被接受。

故 abab 的识别路径为 A $\underline{a}$ B $\underline{b}$ C $\underline{a}$ B $\underline{b}$ C。

2. "子集法"构造 DFA

虽然用算法 2.3 在 NFA 上识别输入序列的过程也是确定的，无须回溯，但是它付出的代价是每走一步就要计算一次下一状态转移的集合。该计算分两步走：首先，计算当前状态集的 smove 函数，得到一个集合；然后，计算此集合的 ε_闭包。ε_闭包的计算是递归的，需耗费大量时间，使得用 NFA 识别输入序列的效率很低。

事实上，算法 2.3 的每次执行都是将一条路径确定化。延伸这一观点，预先将 NFA 上的全部路径均确定化，并且把它们记录下来，得到一个与 NFA 等价的 DFA，而对记号的识别在 DFA 上进行，从而在识别过程中无须再次计算状态集，这样就可以提高识别效率。

【例 2.20】 将图 2.14 中的所有路径确定化得到图 2.15。图 2.15 中从甲地到乙地允许的合法走法为 cc，ccb 和 cbb 三条路径，与图 2.14 中的合法路径完全相同，所以二者是等价的。用图 2.15 分别识别 cc 和 cbc 的过程：

甲 $\underline{c}$ {1,2} $\underline{c}$ {3,乙}，接受

甲 <u>c</u> {1,2} <u>b</u> {3} <u>c</u> ?，不接受

与用图 2.14 识别的结果完全相同。

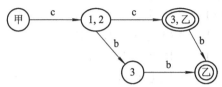

图 2.15　确定化后的甲地到乙地的所有路径

　　将所有路径确定化以构造 DFA 的算法被归纳在算法 2.5 中。由于新构造的 DFA 中的每个状态是原 NFA 所有状态的一个子集，所以也将此算法称为构造 DFA 的"子集法"。 算法中用 Dstates 存放 DFA 的状态，Dstates 中每个状态是 NFA 全体状态的一个子集；smove(T, a) 与算法 2.3 中的 smove(S, a) 意义相同；Dtran 是一个状态转换矩阵，用它存放 DFA 的状态转移，即若 ε_闭包(smove(T, a))=U，则 Dtran[T, a] 中存放 U。

　　值得注意的是，由于 DFA 的一个状态是 NFA 全体状态的一个子集，所以在最坏情况下，一个有 n 个状态的 NFA，其等价 DFA 的状态数可能是 $O(2^n)$ 级的。当遇到这种特殊情况且 n 很大时，往往不将 NFA 确定化为 DFA，而是直接利用 NFA 和算法 2.3 对输入序列进行分析，也就是每分析一次，仅确定一条路径，从而减少了对存储空间的需求。

　　算法 2.5　从 NFA 构造 DFA(子集法)

　　输入　一个 NFA N。其初态为 s_0，终态集为 F。

　　输出　一个接受同一正规集的 DFA D。其中，DFA 的初态为 ε_闭包($\{s_0\}$)，所有含有 NFA 终态的 DFA 状态构成 DFA 的终态集。

　　方法　用下述过程构造 DFA。

```
    计算 ε_闭包({s₀})，将其加入 Dstates，且尚未标记;        // DFA 的初态
    while ( Dstates 中有尚未标记的状态 T ) {
        标记 T;
        for ( 每一个输入字符 a ) {                  // 计算从 T 出发的所有转移
            U = ε_闭包( smove( T, a ) );
            if ( U 非空且不在 Dstates 中 ) {
                将 U 加入 Dstates，且尚未标记;
            }
            Dtran[T, a] = U;   // 若 U 为空则表明不存在从 T 出发经 a 的转移
        }
    }
```

　　【例 2.21】 将算法 2.5 应用于图 2.13 (b)所示的 NFA 上，计算步骤如下所示。其中，标有 * 的集合第一次出现，在后面步骤中需要被标记并处理。对于每个 ε_闭包(T)，用下画线标注了其中的核心状态。为方便起见，将 DFA 的状态分别命名为 A、B、C 等。所得的 DFA 用转换图和转换矩阵表示如图 2.16 所示，其中 A 是初态，E 是终态集中仅有的终态。

　　　ε_闭包({0})　　　　　　　　　= {<u>0</u>, 1, 2, 4, 7}*　　　　　A

$\varepsilon\_闭包(\,smove(\,A,a\,)\,)$ $= \{\underline{3},\,\underline{8},\,6,\,7,\,1,\,2,\,4\}*$ B

$\varepsilon\_闭包(\,smove(\,A,b\,)\,)$ $= \{\underline{5},\,6,\,7,\,1,\,2,\,4\}*$ C

$\varepsilon\_闭包(\,smove(\,B,a\,)\,)$ $= \{\underline{3},\,\underline{8},\,6,\,7,\,1,\,2,\,4\}$ B

$\varepsilon\_闭包(\,smove(\,B,b\,)\,)$ $= \{\underline{5},\,\underline{9},\,6,\,7,\,1,\,2,\,4\}*$ D

$\varepsilon\_闭包(\,smove(\,C,a\,)\,)$ $= \{\underline{3},\,\underline{8},\,6,\,7,\,1,\,2,\,4\}$ B

$\varepsilon\_闭包(\,smove(\,C,b\,)\,)$ $= \{\underline{5},\,6,\,7,\,1,\,2,\,4\}$ C

$\varepsilon\_闭包(\,smove(\,D,a\,)\,)$ $= \{\underline{3},\,\underline{8},\,6,\,7,\,1,\,2,\,4\}$ B

$\varepsilon\_闭包(\,smove(\,D,b\,)\,)$ $= \{\underline{5},\,\underline{10},\,6,\,7,\,1,\,2,\,4\}*$ E

$\varepsilon\_闭包(\,smove(\,E,a\,)\,)$ $= \{\underline{3},\,\underline{8},\,6,\,7,\,1,\,2,\,4\}$ B

$\varepsilon\_闭包(\,smove(\,E,b\,)\,)$ $= \{\underline{5},\,6,\,7,\,1,\,2,\,4\}$ C

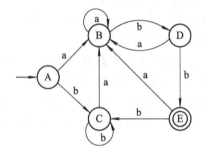

	a	b
A	B	C
B	B	D
C	B	C
D	B	E
E	B	C

(a) 转换图表示的DFA   (b) 转换矩阵表示的DF

图 2.16   用子集法构造的识别(a|b)*abb 的 DFA

【例 2.22】 在图 2.16 所示的 DFA 上识别输入序列 abb 和 abab，其结果与在 NFA 上识别的结果完全相同，步骤如下：

识别 abb: A <u>a</u> B <u>b</u> D <u>b</u> E   接受

识别 abab: A <u>a</u> B <u>b</u> D <u>a</u> B <u>b</u> D   不接受

2.4.3   最小化 DFA

比较图 2.7 和图 2.16 所示的 DFA，它们接受相同的正规集，说明两个 DFA 是等价的，但是它们的状态数不同。一般来说，对于若干个等价的 DFA，总是希望由状态数最少的 DFA 构造词法分析器。将一个 DFA 等价变换为另一个状态数最少的 DFA 的过程称为最小化 DFA 或化简 DFA，所得 DFA 称为最小 DFA。对于任何正规集，可识别它的最小 DFA 一定是唯一的(不考虑仅状态名字不同的情况)。

定义 2.8   对于 DFA 中的任何两个状态 t 和 s，若从其中一个状态出发接受某个输入字符串 ω，而从另一状态出发不接受 ω，或者从 t 出发和从 s 出发到达不同的接受状态，则称 ω 对状态 t 和 s 是可区分的。

例如，字符串 "bb" 可区分图 2.16 中的状态 A 和 B，因为从 A 出发经过标记为 bb 的路径会到达非终态 C，而从 B 出发经过标记为 bb 的路径会到达终态 E。在图 2.9(a)中，字

符串 "=" 可区分状态 0 和 5，因为在状态 0 下遇到等号转向终态 5，而从状态 5 出发遇到等号则转向终态 6，但终态 5 和 6 所接受的记号是不同性质的运算符。此外，DFA 中的终态和非终态一定是可区分的。

反方向思考定义 2.8，假设任何输入序列 ω 对状态 s 和 t 均是不可区分的，则说明分别从 s 出发和从 t 出发来分析任何输入序列 ω，均得到相同结果。因此，s 和 t 可以合并成一个状态。图 2.16 中的状态 A 和 C 是不可区分的，因为它们都不是接受状态，且对于任何输入，从它们出发总是转向同一状态：遇到 a 均转向状态 B，遇到 b 均转向状态 C。

算法 2.6 用来最小化 DFA 的状态数，它的基本思想就是反复利用可区分的概念，将可区分的状态划分到不同的状态组。一开始，仅有非终态和各终态是可区分的，经过一系列划分，把可区分的状态分离出来，直到不可再分离为止。根据可区分的概念可知，所有不可区分的状态可以合并成一个状态。该算法最终构造出一个状态组划分 Π_{final}，其每个状态组就是最小 DFA 的一个状态，并且同一个状态组内的所有状态都是不可区分的，但任意两个不同状态组的状态一定是可区分的。

算法 2.6　最小化 DFA 的状态数

输入　一个 DFA D=(S, Σ, move, s_0, F)。

输出　一个 DFA D'=(S', Σ, move', s_0', F')，它和 D 接受同一正规集，但状态数最少。

方法　按如下步骤最小化。

(1) 构造状态集 S 的初始划分 Π={S-F, F_1, F_2, …}，其中 F_1、F_2、… 均是 F 的子集且两两互不相交，它们接受不同类别的记号。

(2) 应用下述过程构造新的划分 Π_{new}：

　　　先令 $\Pi_{new} = \Pi$；

　　　for (Π 的每一个状态组 G) {

　　　　　　对 G 进行划分，G 中的任意两个状态 s 和 t 被划分在同一组中的充要条件是：

　　　　　　对任何输入字符 a，move(s, a) 和 move(t, a) 在 Π 的同一组中，或均没有下一状态；若 G 被划分，则将 Π_{new} 中的 G 替换为对 G 划分所得的新状态组；

　　　}

(3) 若 Π_{new} 与 Π 相同，令 $\Pi_{final} = \Pi$，并转向步骤(4)；否则，令 $\Pi = \Pi_{new}$ 并重复步骤(2)。

(4) 在 Π_{final} 的每个状态组 G 中任选一个状态 s 作为该组的代表，使得从 G 中所有状态出发的状态转移在 D' 中均从 s 出发，所有转向 G 中状态的状态转移在 D' 中均转向 s。包含 D 中初态 s_0 的状态组 G_k 的代表状态 s_k 是 D' 的初态 s_0'，Π_{final} 中每一个包含 D 中终态的状态组 G_a 的代表状态 s_a 是 D' 的一个终态，所有这些终态构成 D' 的终态集 F'。

(5) 删除 D' 中的死状态和不可达状态，这两类状态在识别记号时没有意义。死状态是指既不是终态，且从它出发无法到达任何终态的状态。比如对于所有输入字符均转向其自身的非终态就是一种死状态。不可达状态是指从初态出发无法到达的状态。

算法 2.6 可以归纳为三个重要环节：

(1) 初始划分：将所有的状态按照终态与非终态分组(步骤(1))；

(2) 利用可区分的概念，反复分裂划分中的每个组 G，直到不可再分裂(步骤(2))；

(3) 由最终划分构造 D'，关键是选代表和修改状态转移(步骤(4))。

对于算法步骤(4)中状态转移的修改可以用图 2.17 所示说明。假设最终划分 Π_{final} 中有一个状态组 G = {s, t, u}，选其中的状态 s 作为最小 DFA 的一个状态。然后按下述方法修改相应的状态转移：

① 对于进入 G 的状态转移，即原来从其他状态组到达 G 内任一状态的转移，现在均转向代表状态 s；

② 对于离开 G 的状态转移，即原来从 G 内任一状态出发到达其他状态组的转移，现在均从代表状态 s 出发；

③ 对于 G 内部的状态转移，均改为状态 s 上的环。

此外，若 G 中含有 D 的初态 s_0，则其代表状态 s 就是最小 DFA D'的初态 s_0'，若 G 中含有 D 的终态，则其代表状态 s 就是最小 DFA D'的一个终态。

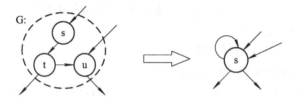

图 2.17　最小化 DFA 中选代表与修改状态转移

【例 2.23】 用算法 2.6 对图 2.16 中的 DFA 进行状态化简。

(1) 构造初始划分 Π_1 = {{A, B, C, D}, {E}}。

(2) 考察当前划分 Π_1。E 自成一个组，不能再分，A、B、C、D 在一个组，查看它们的状态转移：

$$move(A, a) = B, \quad move(A, b) = C$$
$$move(B, a) = B, \quad move(B, b) = D$$
$$move(C, a) = B, \quad move(C, b) = C$$
$$move(D, a) = B, \quad move(D, b) = E$$

其中，A、B、C 对 b 的转移结果 C、D 属于 Π_1 的同一组，而 D 对 b 的转移结果 E 属于 Π_1 的另一组，使得 A、B、C 与 D 可区分，但 A、B、C 此时尚不可区分，因此将 D 分离出来，形成新的划分：

$$\Pi_2 = \{\{A, B, C\}, \{D\}, \{E\}\}$$

(3) 因为 $\Pi_2 \neq \Pi_1$，重复算法第 2 步。

(4) 考察当前划分 Π_2。A、B、C 在一个组，查看它们的状态转移：

$$move(A, a) = B, \quad move(A, b) = C$$
$$move(B, a) = B, \quad move(B, b) = D$$
$$move(C, a) = B, \quad move(C, b) = C$$

其中，A、C 对 b 的转移结果为 C，而 B 对 b 的转移结果 D 与 C 不在同一组，使得 A、C 与 B 可区分，但 A、C 此时尚不可区分，因此将 B 分离出来，形成新的划分：

$$\Pi_3 = \{\{A, C\}, \{B\}, \{D\}, \{E\}\}$$

(5) 因为 $\Pi_3 \neq \Pi_2$，重复算法第 2 步。

(6) 考察当前划分 Π_3。A、C 在一个组，查看它们的状态转移：

    move(A, a) = B,   move(A, b) = C

    move(C, a) = B,   move(C, b) = C

显然 A 和 C 是不可区分的，使得

    $\Pi_4 = \Pi_3 = \{\{A, C\}, \{B\}, \{D\}, \{E\}\}$

(7) 因为 Π_4 与 Π_3 相同，所有状态组不可再分裂，令 $\Pi_{final} = \Pi_3$。

(8) 在 Π_{final} 的每个状态组中各选一个代表，其中用 A 代表状态组 $\{A, C\}$，其余均自己代表自己，最后形成仅有 4 个状态的最小 DFA D'，其中 A 为 D'的初态，E 为 D'的终态。如果将状态 A、B、D、E 分别换名为 0、1、2、3，则 D'如图 2.7 所示。

【例 2.24】 先用算法 2.2 为正规式 $r = aa^*|bb^*$ 构造对应的 NFA N，再用算法 2.5 将 N 转换为等价的 DFA D_1，最后用算法 2.6 计算与 D_1 等价的最小 DFA D_2。

第一步：用算法 2.2 为正规式 r 构造对应的 NFA，具体步骤如下。

(1) 先对正规式进行分解，分解结果可用如图 2.18(a)所示的分析树表示。

(2) 自下而上遍历树，并依次为正规式 r_1、r_2、…、r_9 构造对应的 NFA，最终可得到正规式 r 对应的 NFA N，如图 2.18(b)所示。N 与图 2.6 中给出的 NFA 等价。

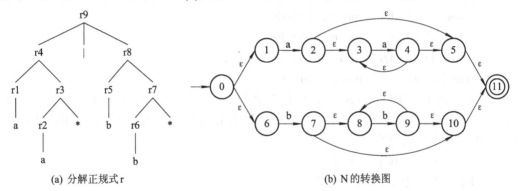

    (a) 分解正规式 r   (b) N 的转换图

图 2.18   构造正规式 aa*|bb* 的 NFA

第二步：用算法 2.5 将 N 转换为等价的 DFA D_1，具体步骤如下。其中标有*的集合是其第一次出现，在后面步骤中被标记并处理。为方便起见，将 D_1 的状态分别命名为 A、B、C 等。所得的 DFA D_1 用转换图和转换矩阵表示如图 2.19(a)、(b)所示，其中 A 是初态，而 B、C、D、E 等均含有 N 的终态 11，它们都是 D_1 的终态，一起形成 D_1 的终态集。

ε_闭包({0})	= {0, 1, 6}*	A
ε_闭包(smove(A, a))	= {2, 3, 5, 11}*	B
ε_闭包(smove(A, b))	= {7, 8, 10, 11}*	C
ε_闭包(smove(B, a))	= {4, 3, 5, 11}*	D
ε_闭包(smove(B, b))	= Φ	
ε_闭包(smove(C, a))	= Φ	
ε_闭包(smove(C, b))	= {9, 8, 10, 11}*	E
ε_闭包(smove(D, a))	= {4, 3, 5, 11}	D

ε_闭包(smove(D, b))　　　　= Φ

ε_闭包(smove(E, a))　　　　= Φ

ε_闭包(smove(E, b))　　　　= {9, 8, 10, 11}　　　　　E

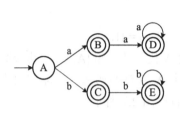

	a	b
A	B	C
B	D	—
C	—	E
D	D	—
E	—	E

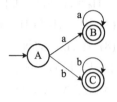

(a) D_1 的转换图　　　　　　(b) D_1 的转换矩阵　　　(c) 最小 DFA D_2 的转换图

图 2.19　对 N(r)进行确定化、最小化

第三步：用算法 2.6 对 D_1 进行最小化，具体步骤如下。

(1) 先构造初始划分 Π_1 = {{A}, {B, C, D, E}}。

(2) 考察当前划分 Π_1。A 自成一个组，不能再分，B、C、D、E 在一个组，查看它们的状态转移：

$$move(B, a) = D, \quad move(B, b) = \Phi$$
$$move(C, a) = \Phi, \quad move(C, b) = E$$
$$move(D, a) = D, \quad move(D, b) = \Phi$$
$$move(E, a) = \Phi, \quad move(E, b) = E$$

其中，move(B, a) = D 和 move(C, a)= Φ 使得 B 与 C 可区分，同理，B 与 E 可区分，C 与 D 可区分。此时 B 与 D、C 与 E 尚不可区分，因此将 B 与 D 分离出来并在同一组，且 C 与 E 在同一组，从而形成新的划分：

$$\Pi_2 = \{\{A\}, \{B, D\}, \{C, E\}\}$$

(3) 因为 $\Pi_2 \neq \Pi_1$，重复算法第 2 步。

(4) 考察当前划分 Π_2。B 与 D 在同一组、C 与 E 在同一组。先查看 B、D 的状态转移：

$$move(B, a) = D, \quad move(B, b) = \Phi$$
$$move(D, a) = D, \quad move(D, b) = \Phi$$

显然 B 和 D 不可区分。再查看 C、E 的状态转移：

$$move(C, a) = \Phi, \quad move(C, b) = E$$
$$move(E, a) = \Phi, \quad move(E, b) = E$$

显然 C 和 E 不可区分。所以

$$\Pi_3 = \Pi_2 = \{\{A\}, \{B, D\}, \{C, E\}\}$$

(5) 因为 Π_3 与 Π_2 相同，所有状态组不可再分裂，令 $\Pi_{final} = \Pi_2$。

(6) 在 Π_{final} 的每个状态组中各选一个代表，其中用 A 代表自己，用 B 代表{B, D}，用 C 代表{C, E}，最后得到仅有 3 个状态的最小 DFA D_2，如图 2.19(c)所示。其中 A 为 D_2 的初态，B 和 C 均为 D_2 的终态，二者形成 D_2 的终态集。

2.4.4*　DFA 的"短路"计算

构造 DFA 的"子集法"的时间复杂度和空间复杂度都比较高。首先，从正规式构造 NFA 的 Thompson 算法中引入大量的 ε 状态转移和转移所到达的状态，占用大量空间。其次，对具有 n 个状态的 NFA 进行确定化的过程中，其中的关键步骤是计算 ε_闭包(smove(S, a))，若 smove(S, a) 有 m 个状态，则最坏情况下 ε_闭包(smove(S, a)) 的时间复杂度为 O(m*n)，且用"子集法"构造的 DFA 在最坏情况下的状态数是 2^n 个，每个新状态又都是通过计算 ε_闭包(smove(S, a)) 产生的。也就是说，最坏情况下可能进行 $O(2^n)$ 次求 ε_闭包(S) 的计算，从而使得算法效率很低，并且需要大量的存储空间存放中间结果。

另外，NFA 的状态数 n 与字母表 Σ 的大小 |Σ| 和由 |Σ| 决定的模式复杂程度以及模式个数相关。当字母表仅是 ASCII 码或者扩展 ASCII 码集时，每个字符用一个字节表示，此时 |Σ|≤256，算法的时空复杂度较高的问题还不明显。而当字母表为双字节编码(如 Unicode)时，|Σ| 最多可达 2^{16}，状态数可能是一个很大的数，从而造成严重的效率问题。

短路计算的基本思想是避开由于 ε 状态转移而产生的大量状态和大量的 ε_闭包计算，使得构造 DFA 的时空复杂度降低，具体方法如下：

(1) 构造正规式的语法树。

(2) 通过遍历语法树计算构造 DFA 所需的信息。

(3) 根据所得到的信息构造 DFA。

1. 正规式的语法树

1) 拓广正规式与 NFA 的重要状态

我们称正规式 r 与特殊结束标记 # 连接所构成的正规式 r# 为 r 的**拓广正规式**。如果 NFA 上的状态 s 具有非 ε 的向外状态转移(non-ε out-transition)，就称 s 是 **NFA 的重要状态**。其他仅含 ε 向外状态转移的状态称为 NFA 的**非重要状态**。

换句话说，s 是 NFA 的重要状态当且仅当存在字符 a，使得 smove(s,a) ≠ Φ。

【例 2.25】仍然考虑正规式 r=(a|b)*abb，它的拓广正规式为 r#。利用 Thompson 算法为 r# 构造的 NFA 如图 2.20 所示。其中所有标记为数字的状态是 NFA 的重要状态，因为从每个状态出发，至少有一个非 ε 的向外状态转移；而标记为英文字母的状态是 NFA 的非重要状态，因为它们仅有 ε 的向外状态转移。状态 6 在为 r 构造的 NFA 中是一个终态，而在为 r# 构造的 NFA 中是一个重要状态，因为它有 # 的向外状态转移。

事实上，NFA 中有 # 的向外状态转移的状态均为终态。拓广正规式的目的就是使终态成为重要状态，以便简化状态的计算。

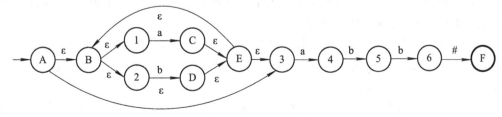

图 2.20　拓广正规式 (a|b)*abb# 的 NFA

2) 正规式的语法树

正规式的语法树与算术表达式的语法树是相似的，区别仅在于运算对象和运算符的不同[①]。构成正规式的三个基本运算的语法树如图 2.21 所示。三个运算对应的结点分别称为连接结点（cat-node）、或结点（or-node）和星结点（star-node）。注意：连接运算的运算符"."在正规式中被省略。

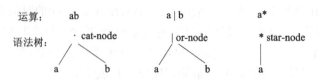

图 2.21　正规式基本运算的语法树

【例 2.26】　为拓广正规式 r#=(a|b)*abb# 构造的语法树如图 2.22 (a)所示。

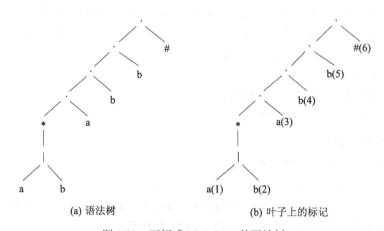

(a) 语法树　　　　　(b) 叶子上的标记

图 2.22　正规式(a|b)*abb# 的语法树

3) 语法树叶子上的标记和 NFA 的重要状态

在图 2.22(a)所示的语法树中，a 出现了两次，b 出现了三次。出现在不同位置的字符表示它在输入串中出现的不同位置，例如，语法树中左下角的 b 可以出现在串头，而右上角的 b 只能出现在串尾。为了区分字符在语法树中的不同出现位置，需要对每个叶子结点编上不同的编号，且称此编号为**叶子的标记**。例如，如图 2.22(b)中给出了对应语法树的一组可能标记。

标记的实际意义是表示字符在串中的位置，我们可以将语法树中叶子的标记 i 和叶子 a 的关系理解为"在当前位置 i 上遇到了输入字符 a"。与 DFA 中"在当前状态 i 下遇到字符 a 转向下一状态 j"比较，得出从语法树构造 DFA 的关键就是如何根据语法树和叶子的标记找到在当前位置 i 上遇到 a 时所能到达的下一位置 j 的全体。其中，正规式末尾添加的"#"在语法树中标记的位置称为接受位置。

对照图 2.20 和图 2.22(b)不难看出，NFA 上重要状态和语法树上叶子的标记是一一对应的，而且从重要状态出发的边上的字符正好就是叶子结点所标记的字符。这不是一个偶然的

---

① 算术表达式的语法树见定义 3.6。现阶段可以将正规式的语法树通俗地理解为运算符作为父结点、运算对象作为子结点的树。

巧合。用 Thompson 算法构造的 NFA 中，每个状态最多有一个非 ε 的向外状态转移，即一个重要状态 i 最多对应一个字符 a(不对应字符的显然是非重要状态)，它表示在 i 状态下可以经 a 转向下一状态，恰好与语法树中"在当前位置 i 上遇到了输入字符 a"一致。由于语法树中的叶子仅对应 NFA 中的重要状态，因而将仅有 ε 的向外状态转移的非重要状态短路掉了。

2. 从正规式构造 DFA

1) 语法树上的四个函数

从语法树构造 DFA(Short-circuit Construction)的过程：首先从语法树中获取构造 DFA 所必需的信息，然后根据这些信息构造 DFA。为此需要引入下述四个函数，其中函数名的后缀 pos 是英文 position(位置)的缩写，参数 n 是正规式对应语法树的根结点，参数 i 是字符在语法树中的标记。

(1) 计算首字符的位置集合的函数 firstpos：

firstpos(n) = { j | j 是 n 对应正规式所产生的字符串的首字符在语法树中的标记}

(2) 计算尾字符的位置集合的函数 lastpos：

lastpos(n) = { j | j 是 n 对应正规式所产生的字符串的尾字符在语法树中的标记}

(3) 计算后续字符的位置集合的函数 followpos：

followpos(i) = { j | 存在输入串…cd…，位置 i 对应 c，j 对应 d }

即 followpos(i)是跟随 i 所标记叶子的所有叶子标记的全体。换句话说，followpos(i)是所有可以跟随在字符 c 之后的字符 d 在语法树中位置的集合。

(4) 判定是否可产生空串的函数 nullable：

当且仅当以 n 为根的子树对应的子正规式可以产生空串时，nullable(n)为 true，否则为 false。

2) 函数的计算规则

函数 firstpos 和 nullable 在语法树上的计算规则归纳在表 2.8 中。

表 2.8　函数 firstpos 和 nullable 的计算规则

结点 n	nullable(n)	firstpos(n)
n 是 ε (叶子)	true	Φ
n 是叶子，标记为 i	false	{ i }
| (该结点记为 n) ／＼ c_1　c_2	nullable(c_1) or nullable(c_2)	firstpos(c_1) ∪ firstpos(c_2)
.(该结点记为 n) ／＼ c_1　c_2	nullable(c_1) and nullable(c_2)	if (nullable(c_1)) firstpos(c_1) ∪ firstpos(c_2) else firstpos(c_1)
*(该结点记为 n) | c_1	true	firstpos(c1)

函数 lastpos(n)的计算规则与 firstpos(n)的计算规则几乎相同，唯一的区别是当 n 是一个

cat-node 时，参数中的 c_1 和 c_2 需互换。

再来考虑 followpos(i)的计算规则，注意参数是叶子结点的标记 i 而不是根结点 n。根据函数 followpos(i)定义可知，仅当结点 n 的子结点之间有前后关系时才需要计算 followpos(i)，而或运算结点的子结点之间没有前后关系，故无须计算 or-node 的 followpos 函数。cat-node 和 star-node 的 followpos(i)的计算规则如下：

(1) 若 n 是一个 cat-node，它的左右孩子分别是 c_1 和 c_2 且 i 是 lastpos(c_1)中的一个元素，则所有在 firstpos(c_2)中的元素应在 followpos(i)中。

(2) 若 n 是一个 star-node 且 i 是 lastpos(n)中的一个元素，则所有在 firstpos(n)中的元素应在 followpos(i)中。

3) 从正规式构造 DFA

首先对每个正规式进行拓广，且为每个拓广正规式构造一棵语法树，并用 or-node 把所有的子树合并成一棵树。

然后对语法树进行两次遍历。首先对语法树进行后序遍历，自下而上计算 nullable、firstpos 和 lastpos；然后对语法树进行先序遍历，自上而下计算 followpos。由于遍历树的时间复杂度与结点的个数呈线性关系，所以获取信息的时间复杂度是 O(n)，n 是正规式中字符的个数，显然算法的效率是很高的。

从语法树构造 DFA 的具体算法如下。

算法 2.7　构造 DFA

输入　以 n 为根的语法树，根结点 n 的 firstpos(n)和所有叶子结点的 followpos(p)。

输出　DFA=(Dstates, Dtran, s_0=firstpos(n), F={s_i | s_i 中存在接受位置})。

方法　用下述过程构造 DFA。

```
将 firstpos(n)加入 Dstates 中，且尚未标记；    // 初态
while ( Dstates 中还有未标记的状态 T ) {        // 考察所有未标记状态
    标记 T;
    for ( 每一个输入字符 a ) {                  // 对 T 状态下所有 a
        令 U 为空集;
        for ( T 中对应 a 的每一个位置 p ) {      // 计算 T 状态下经 a 的转移
            U = U ∪ followpos(p);
        }
        if ( U 非空且不在 Dstates 中 ) {
            将 U 加入 Dstates，且尚未标记;      // 记录新状态
        }
        Dtran[T,a] = U;                         // 记录状态转移
    }
}
```

与"子集法"的 DFA 构造算法比较，不难看出这两种方法的基本框架相同，区别仅在于构造 DFA 所需信息的获取方法。

【例 2.27】　用"短路"计算的方法构造拓广正规式 r# = (a|b)*abb# 的 DFA。

第一步：构造 r 的语法树并为叶子结点做标记，得到有标记的语法树，如图 2.22(b) 所示。

第二步：遍历语法树并根据函数的计算规则计算四个函数。得到结点上附加了 firstpos 和 lastpos 集合的语法树如图 2.23 所示。其中，结点左边是 firstpos，右边是 lastpos。语法树中仅有 star-node 上的 nullable 为真，其他均为假。根的 firstpos 与各叶子结点的 followpos 如下：

firstpos(root) = {1, 2, 3}

followpos(1) = {1, 2, 3}

followpos(2) = {1, 2, 3}

followpos(3) = {4}

followpos(4) = {5}

followpos(5) = {6}

followpos(6) = Φ

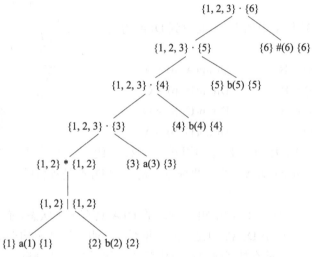

图 2.23　(a | b)*abb# 的语法树与 firstpos 和 lastpos

第三步：根据 firstpos 和 followpos 信息，用算法 2.7 构造 DFA。具体步骤如下：

(1) DFA 的初态 s_0 = firstpos(root) = {1, 2, 3}，记为 A，加入 Dstates。

(2) 取出 A 并标记，计算 A 状态下经 a 和 b 的下一状态转移(注意，1 和 3 对应 a，2 对应 b)：

followpos(1)∪followpos(3) = {1, 2, 3, 4}　　新状态，令其为 B

followpos(2) = {1, 2, 3}　　　　　　　　　　原有状态 A

B 是新状态，加入 B 到 Dstates。记录状态转移：

Dtran(A, a) = B　　　Dtran(A, b) = A

(3) 取出 B 并标记，计算 B 状态下经 a 和 b 的下一状态转移：

followpos(1)∪followpos(3) = {1, 2, 3, 4}　　原有状态 B

followpos(2)∪followpos(4) = {1, 2, 3, 5}　　新状态，令其为 C

C 是新状态，加入 C 到 Dstates。记录状态转移：

Dtran(B, a) = B　　　Dtran(B, b) = C

(4) 取出 C 并标记，计算 C 状态下经 a 和 b 的下一状态转移：

followpos(1)∪followpos(3) = {1, 2, 3, 4}   原有状态 B

followpos(2)∪followpos(5) = {1, 2, 3, 6}   新状态，令其为 D

D 是新状态，加入 D 到 Dstates。记录状态转移：

Dtran(C, a) = B   Dtran(C,b) = D

(5) 取出 D 并标记，计算 D 状态下经 a 和 b 的下一状态转移：

followpos(1)∪followpos(3)={1, 2, 3, 4}   原有状态 B

followpos(2) = {1, 2, 3}   原有状态 A

没有新状态可以加入 Dstates 中。记录状态转移：

Dtran(D, a) = B   Dtran(D, b) = A

(6) 再没有未标记的状态，算法结束。因为 D 状态中包含接受位置 6，它对应结束标记 #，因此 D 是 DFA 的终态，初态是 A。

将所有的状态转移集中如下，由此得到 DFA 的图形表示，如图 2.24 所示。

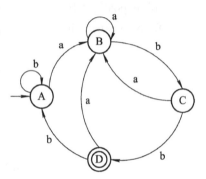

Dtran(A, a) = B   Dtran(A, b) = A

Dtran(B, a) = B   Dtran(B, b) = C

Dtran(C, a) = B   Dtran(C, b) = D

Dtran(D, a) = B   Dtran(D, b) = A

图 2.24   短路计算所得 DFA

将 DFA 的状态 A、B、C、D 分别用 0、1、2、3 代替，即得到图 2.7 所示的 DFA，所以两种方法构造的 DFA 是等价的。

回顾"子集法"的构造方法，由 NFA 构造的 DFA 具有 5 个状态，而图 2.24 所示的 DFA 只有 4 个状态，已经是最小 DFA。但是，我们并不能证明从语法树构造的一定是最小 DFA，所以在得到 DFA 后，还应该对其应用最小化算法，然后再构造分析表。

 ## 2.5   词法分析器的实现

词法分析器既可以借助词法分析器生成器（如 LEX/FLEX）来编写，也可以用通用程序设计语言来手工编写。虽然大多数教科书提倡使用生成器，但大部分商业和开源编译器都使用手工方式编写词法分析器。手工编写的词法分析器可以比自动生成的词法分析器更高效(因为其实现可以优化掉一部分开销)，而且有助于缜密实现词法分析器与 I/O 系统、与语法分析器之间的接口。由于词法分析器简单而且很少改变，因此许多编译器开发者认为"手工编写的词法分析器带来的性能优势，超出了自动化生成词法分析器的便利性"。本节以算法 2.1(模拟 DFA 算法)为基础，主要探讨编写词法分析器过程中涉及的若干技术问题。

2.5.1　输入缓冲区

词法分析器是编译器中读入源程序字符序列的唯一阶段，需要对输入逐字符扫描，也常常需要多向前看若干字符才能确定是否找到了正确的单词。例如，若读到的第一个字符是字母，还需继续读入更多的字符，直到读到一个既不是字母也不是数字的字符之后，才能确定当前到达了一个标识符末尾，但最后读到的这个字符并不是标识符的构成部分。再例如分析 C 语言源程序时，当读到的第一个字符是 <、+ 或 & 时，还需要多向前看一个字符，因为它们有可能只是运算符 << 或 <=、++ 或 +=、&& 或 &= 等的首字符。另外，在对一个规模较大的源程序文件进行编译的过程中，相当可观的时间消耗在词法分析阶段，所以加快词法分析是设计编译器时需要考虑的重要问题之一。

为降低读取源程序所需的 I/O 开销，可在编译器中设立输入缓冲区，词法分析器负责填充缓冲区、维护缓冲区状态。若使用词法分析器生成器来构造词法分析器，则生成器会提供读入和缓冲输入序列的例程；若手工编写词法分析器，就需要显式地维护输入缓冲区。

输入缓冲区是一块连续的内存区，其大小一般被设计为磁盘扇区大小的整数倍，如4096、8192 或更多字节。只需每次从源程序文件中读入多个字符(如 4096)，即可保证填满缓冲区所需调用的 I/O 操作次数尽可能少。输入缓冲区的安排一般采用单缓冲区或双缓冲区(缓冲区对)的方式，限于篇幅，下面仅介绍一种单缓冲区方式。

图 2.25 所示是一个单缓冲区的示意图。来自源程序文件的输入序列从缓冲区的起始位置开始存放，其末尾添加一个特殊标记字符(本节用 # 表示)。当缓冲区装不下当前剩余的源程序时，该特殊字符处于缓冲区的最后一个位置来表示缓冲区的结束(图中 EOB 指示)，否则表示整个输入序列的结束(图中 EOF 指示)。该特殊字符应是一个不会出现在源程序中的字符，例如，当使用 C 语言实现词法分析器时，可选用系统头文件 stdio.h 中声明的宏EOF，或直接选用字符 '\0'。

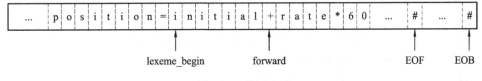

图 2.25　单缓冲区

输入缓冲区维护两个指针（或指示变量）：

(1) 指针 lexeme_begin：指向当前被分析单词的第一个字符；

(2) 指针 forward：指向向前扫描的当前字符，用于确定当前单词在何处结束。

在分析一个单词的开始时刻，两个指针均指向该单词的第一个字符，接着反复向右移动指针 forward 进行向前扫描，直到某个模式匹配成功。在图 2.25 所示的示例中，指针forward 指向了加号，意味着只有在看到加号后才能判定单词"initial"结束了，但加号是下一个单词的首字符，因此应令指针 forward 回退一个位置，即 forward 指向当前单词的最后一字符。此时在范围 [lexeme_begin, forward] 内的字符序列恰好就是一个新记号的构成文本，词法分析器应将其记录到新记号的属性中。

将当前单词处理完毕后，两个指针均指向紧跟该单词的下一个字符，该字符或是两个单词之间的分隔符(如空格、换行符等)，或是下一单词的第一个字符，或是缓冲区结束标志，或是输入结束标志或其他情况，对各种情况需要做不同的处理。

在指针 forward 向前扫描的过程中，当遇到特殊标记字符 # 时，若该字符在缓冲区的最后一个位置(图 2.25 中的 EOB 所示)，则需要更新缓冲区内容；否则说明遇到了输入序列的结束标志(图 2.25 中的 EOF 所示)，对源程序的扫描到此结束。每次更新缓冲区内容时，首先将指针 lexeme_begin 到 EOB 之间的字符序列(不包括特殊标记)移到缓冲区的起始位置，然后将源程序文件的剩余内容读进缓冲区，最后加上特殊标记字符。程序清单 2.1 给出了一个用 C 语言描述的更新缓冲区的参考算法。

程序清单 2.1　更新输入缓冲区

```
1   #define  BLOCK_SIZE  4096              // 磁盘扇区大小的整数倍
2   #define  BUFFER_SIZE (BLOCK_SIZE + …)  // 缓冲区的实际大小，见下文解释
3   char buffer[BUFFER_SIZE + 1];          // 数组形式的缓冲区
4   long offset = 0;                       // 已读取的源文件字符数量
5
6   // start 和 length 是仍需保留在缓冲区中字符序列的起始位置和长度
7   void  refresh_buffer (long start,  long length) {
8       // 将缓冲区中的剩余字符移到缓冲区头部
9       for ( long i = 0 ; i < length ; ++i )
10          buffer[i] = buffer[start+i];
11
12      // 重置指针 lexeme_begin 和 forward …
13
14      int num_to_read = BUFFER_SIZE - length; // 要读取的字符数量
15      if ( num_to_read > BLOCK_SIZE )
16          num_to_read = BLOCK_SIZE;
17
18      // 从上次读到的源文件位置开始，再读取指定数量的字符，并将
19      // 它们存储到缓冲区的后半部分。
20      // 假定这个函数返回本次读到的字符数量。
21      int sz = read_file ( buffer + length, offset, num_to_read );
22      offset += sz;
23      buffer[length + sz] = '\0';         // 填写特殊标记字符
24      buffer[BUFFER_SIZE] = '\0';         // 填写特殊标记字符
25  }
```

假设一个单词的最大长度不超过 max_length，则可以令缓冲区的实际大小是磁盘扇区大小的整数倍加上可能被扫描的单词的最大长度，即选择 BUFFER_SIZE = BLOCK_SIZE + max_length。这种策略能胜任大多数情况，但在向前扫描的字符个数超过缓冲区长度的极端情况下会失效。早期的程序设计语言通常采用开括号与闭括号的方式来标识注释，如果程序员不小心忘记书写闭括号，而词法分析器的设计又将注释作为一个完整的记号识别，就会出现被扫描字符个数超过缓冲区长度的情况。因此，后来设计的程序设计语言大多采

用仅有开括号，而默认用行结束标志作为闭括号的注释方式，如 C++ 语言中一个行注释以"//"开始直到行结束，这样就从根本上杜绝了这种极端情况。

2.5.2　将 DFA 用作识别器

算法 2.1 是一个简化了的抽象框架，它将整个输入看作一个单词，其输出也仅指出输入能否被接受，也忽略了实现相关的若干细节。实际的源程序文件中往往存在许多记号，这些记号的类别也不止一种，如何识别所有的有效单词、如何确定单词所属的记号类别、如何存储识别出的记号等，是实际编译器实现时需要解决的一系列问题。本节及后续各节尝试给出这些问题的一些解决思路，人们在实践中还提出了其他的解决思路，本章限于篇幅不再赘述。所有讨论建立在下述前提下。

(1) 以 DFA 和算法 2.1 为基础构造记号识别器(recognizer)，它仅负责识别输入中的每一个单词、确定单词所属的记号类别。该识别器是词法分析器的核心单元。

(2) 词法分析器内部还有其他单元，负责调用识别器、存储记号数据、管理输入缓冲区、处理错误等事项。

1. 合并正规式

对于要分析的程序设计语言，假设已经有正规式 R_1、R_2、$\cdots$、R_n 等描述了每一类记号，我们可以将它们合并为一个复合正规式 $(R_1|R_2|...|R_n)$，据此构造的 DFA 才能识别该语言的所有记号。若每个正规式 R_i $(1 \leq i \leq n)$ 已经有了各自的 DFA，我们也可以先将这些 DFA 的初态合并为一个状态，得到一个合并的有限自动机，然后对其确定化、最小化，最终所得 DFA 也能识别该语言的所有记号。

【例 2.28】　在例 2.10 和例 2.16 中，给出了标识符、数字字面量和部分运算符对应的正规式和 DFA。现在将例 2.16 的三个 DFA 的初态 0、9、11 合并为状态 0，所得 DFA 如图 2.26 所示。该 DFA 能识别的字符串集合就是例 2.16 的三个 DFA 所能识别的集合的并集。图中在每个终态旁边标注了该状态所接受的记号类别，其含义如表 2.9 所示。

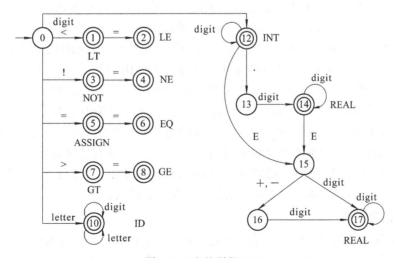

图 2.26　合并所得 DFA

表 2.9　各终态接受的记号类别

终态	类别标识	记号说明	终态	类别标识	记号说明
1	LT	关系运算符 <	7	GT	关系运算符 >
2	LE	关系运算符 <=	8	GE	关系运算符 >=
3	NOT	逻辑运算符 !	10	ID	标识符、关键字
4	NE	关系运算符 !=	12	INT	整数字面量
5	ASSIGN	赋值运算符 =	14	REAL	实数字面量
6	EQ	关系运算符 ==	17	REAL	实数字面量

2. 最长匹配原则

识别每个单词的过程的本质上是算法 2.1 的一次执行，但是实现时的输出从"是否接受字符串"修改为"确定单词的结束位置和记号类别"。

在语言层面，似乎可以要求每个单词都结束于某些容易识别的分隔符，如空格、制表符或换行符。这个想法有一定的吸引力，但它会影响语言本身的设计，甚至不可行。比如该想法也要求分隔符环绕每一个运算符和特殊符号，再比如 Python 源程序中，空格和制表符不仅可以分隔单词，而且它们形成的右缩进排版会被用于判断程序块的嵌套层次。

为能正确地确定单词的结束位置，一般采用的方法是所谓的**最长匹配原则**，即对于任何输入序列，总是尽量匹配，直到没有下一状态转移为止(即无法继续匹配)。例如，res=expr 是由标识符、赋值号、标识符三个记号组成的。其中对"res"的识别是从 DFA 的初态开始，沿着识别标识符的路径反复匹配，直到遇到等号时才会因找不到下一状态转移而停止匹配，此时即可确定"res"是正确的匹配结果，而等号是下一记号的开始字符。若不满足最长匹配原则，就可能将单词"res"错误地识别为"r""e""s"三个单词或其他结果。

在基于最长匹配原则识别单词的过程中，假设从 DFA 初态开始边扫描输入边进行状态转移，当到达状态 s 时，对于下一输入字符没有状态转移。此时可能有三种情况：

(1) 状态 s 是终态，这种情况意味着当前单词到此结束。例如，如图 2.26 所示的状态 2。

(2) 状态 s 不是终态，但从初态到达 s 的路径上经历了一次或多次终态(不一定相同)。这种情况下，识别器应从状态 s 回退到最近一次经历的终态 t，并且每回退一步，就需要将对应的输入字符退回给输入流。因此，当前单词就是从初态开始持续到最后一次到达终态 t 时扫描过的字符序列。这种策略可以匹配输入序列中的最长有效前缀，但会给识别器的实现带来复杂性。幸运的是，在大多数程序设计语言中很少存在这种情况，或者编译器设计者将扫描过的整个字符串判定为错误输入，因此下文讨论中不再考虑这种情况。

(3) 状态 s 不是终态，且从初态到达状态 s 的路径上并没有经历任何终态。这种情况意味着输入序列的任何前缀都不是有效单词，词法分析器应该进行错误处理。例如，在图 2.26 所示的 DFA 上分析输入序列"+123"时，在初态 0 下遇到加号时没有下一状态，但因为状态 0 不是终态，所以该输入序列的任何前缀都不是有效输入。

3. 确定记号类别

一旦确定了单词的结束位置，就意味着此时确定了构成一个记号的输入字符串，下一步就是确定单词的记号类别。为此目的，可为 DFA 的每一个终态指明该状态下所接受的记号类别，识别器采用某种数据结构记录从终态到记号类别的映射关系。例如，如图 2.26 中的状态 1 接受的记号类别是关系运算符中的小于号，状态 12 接受的记号类别是整数字面量等。

这种方法可能面临一个稍微复杂的问题：DFA 的一个终态可能对应最初 NFA 的若干终态，从而可接受多种记号，即同一个终态对应多个记号类别。如图 2.26 中的状态 10 既可接受标识符，也可接受关键字。2.5.6 小节将讨论如何区分关键字和标识符，对于其他情况可采用下述方法解决：

(1) 不妨设已经有正规式 R_1、R_2、$\cdots$、R_n 等分别描述每一类记号。对于其中每个正规式 R_i ($1 \leqslant i \leqslant n$)，分别构造相应的 NFA 并确定化，得到各自的 DFA D_i。

(2) 将所有 D_i 合并为一个有限自动机。具体方法是将所有 D_i ($1 \leqslant i \leqslant n$)的初态合并为一个状态，并令该状态是合并所得的有限自动机的初态 s_0，但不合并它们的终态。

(3) 对合并所得的有限自动机进行确定化，即可得到能识别所有记号的完整 DFA D。

(4) 对上步所得 DFA D 进行最小化。需要注意的是，在最小化第一步所构造的初始划分中，应令每个 D_i 的所有终态单独划为一组，即初始划分为 $\{S-F_1-F_2-\cdots-F_n, F_1, F_2, \cdots, F_n\}$，其中 S 为 D 的状态集，$F_i$ 为 D_i 的终态集。

按上述方法所得 DFA 的每个终态均对应一个正规式、对应一个记号类别。

4. 记号的存储

识别出的每个记号中除要记录记号的类别外，通常还应记录记号的属性(如单词等)，但由于不同类别的记号对应的属性集合不尽相同，此处仅讨论单词属性如何有效地存储。

概念上，编译器应存储每个记号对应的单词，但实践中的选择并不唯一。对于单词固定的记号，如运算符和特殊符号，一般无须存储相应的单词；但对于标识符和各类字面量，则需要采用适当的数据结构存储起来。再考虑实际的源程序中，具有相同单词的记号会出现多次，如相同的两个字面量、相同的两个或多个标识符等。为能高效地处理单词，在实践中往往既希望存储单词的数据结构紧凑，也希望能快速测试两个单词的相等性。

解决此问题的常见做法是采用散列表(即哈希表，见 4.4 节)作为基本存储结构，其每个元素对应一个出现在输入中的不同单词，使用单词的其他程序只需持有表元素的引用或内存地址即可。同时，表元素以单词为关键字，还可以记录单词对应的记号类别、字符串长度、数字字面量的值等信息，使得这些信息仅需计算一次。这种方法既减少了编译过程所需的内存空间，也可通过哈希码、内存地址等形式的整数比较来尽量降低字符串比较所需的时间开销。附录 A 介绍的编译器 AMCC 中设立了称为"记号池"的程序单元，它就是这种方法的一个具体实现。概念上，此处所用散列表是符号表的构成部分之一。

在实现词法分析器的过程中，还需要考虑如何存储构成单词的字符串。一种方式是每个字符串各自使用一个动态申请的内存块，这种方式实现简单但会造成大量的内存碎片。另一种方式是为所有字符串申请一个大型内存块，这种方式需要编译器开发者设计相应的存储分配算法来管理该内存区。

5. 三种实现策略

当根据算法 2.1 构造记号识别器时，主要有三种不同的实现策略：表驱动的、直接编码的和手工编码的。其中，前两种是词法分析器生成器常采用的策略。这些识别器都通过模拟 DFA 的方式运行，它们反复读取输入字符，并模拟输入字符导致的 DFA 状态转移。一旦 DFA 识别到一个单词或发现一个错误时，这个过程就会停止。在 2.5.2 小节对最长匹配原则的讲述中提到，当 DFA 到达某个状态 s 时，若对于下一个输入符没有转移，则识别过程就应停止。但是，此时可能存在三种情况，词法分析器应分别进行不同处理。对于情况(1)(当前状态 s 是终态)和情况(2)(回退到的状态 t 是终态)，词法分析器均应产生一个记号，将其存入记号流或直接交给语法分析器。对于情况(3)，词法分析器应报告错误并进行错误恢复。

　　2.5.3～2.5.5 小节依次讨论这三种实现策略，它们的本质都是模拟 DFA 识别记号，而且处理每个字符的时间均为常数。它们在实现上的差异在于对 DFA 的状态转移进行建模的方式和模拟 DFA 操作的方式，从而导致各自具有不同的时间常数。一般而言，手工编写方式较适合于词法规则比较简单的情况，而若词法规则较复杂或规模较大，利用生成器来编写将更加快捷、方便。生成器所生成的分析器可以是表驱动的，也可以是直接编码的。

2.5.3　表驱动的识别器

　　如果将 DFA 用数据表示，则它与算法 2.1 就一同构成了表驱动的识别器，其一般工作模式如图 2.27 所示，它实际上就是有限自动机的工作模型。其中，分析表是用一组数据表示的转换矩阵、初态定义、终态定义等，这一部分必然与词法规则相关；驱动器是对算法 2.1 的具体实现，相当于一个解释器，通常与词法规则无关。

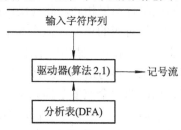

图 2.27　表驱动的识别器

　　词法分析器生成器的核心工作是根据用户提供的一组正规式生成分析表，并按照某种框架生成驱动器程序。当手工编写表驱动的识别器时，主要工作体现在以下两个方面：

　　(1) 用通用程序设计语言实现算法 2.1。该程序应允许输入序列中包含许多个单词，也应遵循最长匹配原则识别每一个单词。

　　(2) 设计一组表示 DFA 的数据结构。若要降低数据结构与算法 2.1 的耦合度，还可以采用模块接口形式提供相应的查表操作，如查询初态、查询状态转移、终态判断等，这些操作被算法 2.1 的实现程序调用。

　　附录 A 介绍了本书作者编写的编译器前端 AMCC，给出了表驱动的识别器的一个具体实现，它用两级数组描述转换矩阵，还用一个数组描述终态定义。鉴于此，这里仅介绍表示转移矩阵的其他几种相对容易实现的方式。

　　表示转移矩阵的最基本方法是二维数组，正如 2.3 节所述，它以 DFA 的状态为第一维下标，输入字符为第二维下标，两维下标所确定的元素即为相应的下一状态。该方法实现最简单，查表效率最高，因为仅需以当前状态和输入字符为索引执行一次查询即可得知下一状态。当 DFA 状态数较多(如数百个)、字母表规模较大(如 Unicode 字符集)时，这个数组将需要较大的存储空间，且当状态转移数量相对稀少时还会有极大的空间浪费，因此人们设计了多种称为"压缩表"的方式来表示转换矩阵。

稀疏数组是较容易实现的压缩方法，该数组仅记录有效状态转移，每个转移可采用三元组形式表示，形如(当前状态、输入字符，下一状态)。具体实现时可采用高效的数据结构来降低查表带来的运行时成本，如以当前状态排序、以输入字符排序，这样可利用编程语言的库函数进行快速查找。还可以将当前状态和输入字符合并为一个整数，并以此整数为关键字对数组排序、进而实现快速查找。

还有一类压缩方法是将全体输入字符划分为若干类别，从而可将转换矩阵的多列合并为一列，具体的划分策略需要分析转换矩阵的特征后仔细斟酌。识别器在扫描每个字符时，先确定字符类别，然后将当前状态和字符类别一起作为索引来查找下一状态。图 2.26 中从状态 0 到状态 10 的转移数量实质上是 53(对应大/小写的全体英文字母和下画线)，若将这53 个字符归为一类，即可用一个转移代替原先的 53 个转移；若再将所有数字字符归为一类，则可将状态 10 上的环(共 63 个转移)用两个转移代替。

表驱动的识别器是一种典型的数据驱动型程序，数据与操作分离是其显著特征，因此其最大优点是程序的可维护性较高。当词法规则发生变化或需要分析另一门语言时，仅需修改表示 DFA 的数据即可。涉及控制流的部分只有对算法 2.1 的实现程序、访问 DFA 数据的查表操作，二者均与词法规则无关，这部分程序的规模明显小于直接编码和手工编码的识别器。这种数据与操作分离特性，为词法分析器的自动生成提供了极大的便利，因为从正规式到 DFA 的构造均可通过成熟的算法由计算机程序自动完成。此类识别器的最大缺点是需要额外的内存空间来存储 DFA 的数据以及查表操作要消耗必要的时间。

2.5.4 直接编码的识别器

直接编码的识别器无须设立分析表，而是将 DFA 转换为程序代码，即直接用程序代码模拟 DFA 的行为。这种实现策略的出发点是将 DFA 的状态转换图看作一个简化的程序控制流图，忽略了实现细节，着力刻划了记号识别的本质。

根据对状态转移建模的具体方式，有多种不同风格的直接编码的识别器。本小节以图 2.26 所示的 DFA 为例，给出两种不同实现：第一种是用状态变量及其变化来对状态转移建模；第二种是用 goto 语句来对状态转移建模。

1. 基于状态变量的直接编码策略

这种实现方式使用一个变量保存识别过程中的当前状态(其初值为 DFA 的初态)，并用该变量的变化来表示状态转移。可根据下述状态转换图与程序结构之间的对应关系来构造相应程序：

(1) 初态对应识别单词的开始。

(2) 终态对应识别单词的结束。一般表示为一条返回语句，且在返回前应满足最长匹配原则。应按具体情况返回不同的记号或记号属性。

(3) 扫描输入序列的过程可对应一个循环结构，其内部包含(4)和(5)。

(4) 每个状态对应一段分情况结构(或分支结构)，所有状态的处理一般对应两层嵌套的结构。对于每个状态，根据该状态和输入字符确定下一状态。对于没有任何后继的状态，无须编写对应的分情况结构，而是直接返回识别结果，因为该状态一定是终态，并且到达该状态意味着当前单词到此结束。

(5) DFA 中的状态和状态转换，可对应程序中的状态变量及其变更。转换图中的环隐含在(3)(4)(5)共同构成的程序结构中。

【例 2.29】 根据转换图与程序结构之间的上述对应关系，可以将图 2.26 所示的 DFA 转换为程序清单 2.2 所示的 C 程序，它应被集成到词法分析器的主程序中，即该程序被词法分析的主程序调用。假设被分析的源程序已被主程序加载到输入缓冲区 buffer，主程序在每次调用函数 recognize_word 之前均令指针 lexeme_begin 和 forward 指向(缓冲区中)下一单词的第一个字符。对输入序列的向前扫描由表达式 ++forward 实现，将字符退回给输入流由表达式 --forward 实现，辅助函数(或宏) IS_DIGIT 判断字符是否为数字字符，IS_LETTER 判断字符是否为一个字母或下画线，IS_EOF 判断输入是否结束。若输入没有错误，则当函数执行结束时，所得单词就是在范围 [lexeme_begin，forward] 内的字符序列。主程序根据该函数返回的记号类别和所得单词创建一个记号对象，负责存储构成记号的字符串，承担错误处理任务。此程序仅给出代表性的部分代码，忽略了缓冲区及记号的其他相关处理。

程序清单 2.2　　基于状态变量的直接编码的识别函数

```
1   typedef enum TokenKind {          // 声明全体记号类别
2     EOF /* 输入结束 */ ,    ERROR /* 发现一个词法错误 */ ,
3     ID, INT, REAL, LT, LE, GT, GE, NE, EQ, NOT, ASSIGN ...
4   } TokenKind;
5   char buffer[…];                   // 输入缓冲区(见前文 2.5.1 节)
6   char * lexeme_begin;              // 指向单词的第一个字符
7   char * forward;                   // 指向当前字符，用于向前扫描
8
9   TokenKind  recognize_word() {     // 识别一个单词，返回其对应的记号类别
10      // 从初态开始反复向前扫描（匹配），直到到达输入结束，
11      // 或判定单词结束，或发现一个错误
12      int state = 0;
13      for ( ; ! IS_EOF(*forward); ++forward ) {
14        char c = *forward;          // 当前字符
15        switch ( state ) {          // 第 1 层分情况: 当前状态
16        case 0:                     // 当前状态为 0
17          if ( c == '<' ) state = 1;  // 第 2 层分情况: 输入字符
18          else if ( c == '!' ) state = 3;
19          else if ( c == '=' ) state = 5;
20          else if ( c == '>' ) state = 7;
21          else if ( IS_LETTER(c) ) state = 10;    // c 是字母或下画线
22          else if ( IS_DIGIT (c) ) state = 12;    // c 是数字字符
```

```
23          else return ERROR;                    // 第 1 个字符无效, 直接返回错误
24          continue;
25      case 1:    // 当前状态为 1
26          if ( c == '=' ) return LE;        // state 2, 单词结束
27          else { --forward; return LT; }    // 退回其他字符, 返回 LT
28      case 3:              // 对于状态 3、5 和 7, 其程序结构与状态 1 相似
29      ...    ...
30      case 10:   // 当前状态为 10
31          if ( IS_LETTER (c) ) state = 10;      // 转换图中的环
32          else if ( IS_DIGIT (c) ) state = 10; // 转换图中的环
33          else { --forward; return ID; }        // 退回其他字符, 返回 ID
34          continue;
35      case 12:                                  // 当前状态为 12
36          if ( c == '.' ) state = 13;
37          else if ( c == 'E' ) state = 15;
38          else if ( IS_DIGIT (c) ) state = 12; // 状态图中的环
39          else { --forward; return INT; }       // 退回其他字符, 返回 INT
40          continue;
41      case 13:                                  // 当前状态为 13
42          if ( IS_DIGIT (c) ) state = 14;
43          else { --forward; --forward; return INT; } // 接受整数部分
44          continue;
45      case 14:   // 状态 14 对应的程序结构与状态 12 相似
46      ...    ...  // 状态 15 ~ 16 对应的程序结构与状态 13 相似
47      ...    ...  // 状态 17 对应的程序结构与状态 10 相似
48      }                                         // switch(state) 结束
49  }                                             // for 循环结束
50  switch(state) {  // 根据当前状态确定返回的记号种类
51      case 0: return EOF; // 通知调用者: 输入已分析结束
52      case 10: return ID;   ...        // 对终态 12、14、17 的处理
53      default: return;                 // 非终态下均表示发现了错误
54  }
55 } // recognize_word 函数结束
```

第 27、33、39 等行中的语句 "--forward;" 将刚刚读到的字符退回给输入缓冲区, 因为此时多向前看了一个字符, 但该字符是下一个单词的开始。只有这样, 在下次执行函数 recognize_word 时才能正确、完整地识别出下一个单词。

再看程序的第 43 行, 这里对状态 13 下遇到其他字符的处理细节与其他状态稍有不同。不妨假设当前剩余输入的一个前缀是 "123.A", 分析时先从状态 0 到达状态 12 识别出整数

部分"123",接着读入小数点后到达状态 13,接着再读入字符'A',因为该字符不是数字,所以此时没有下一状态了。由于当前状态 13 不是终态,所以已经读入的部分"123.A"不是有效记号。再考虑到此前曾经历了若干次终态 12,所以第 43 行中依次退回最后读取的两个字符'A'和'.',接着返回 INT。这种做法的本质是退回到最后一次达到的终态 12,其意图是:本次分析识别出整数字面量"123",并将后面的剩余输入留给后续调用 recognize_word 时再分析并处理错误。

像上述这样退回字符以及回退状态转移的处理方式是针对示例的特定 DFA 的实现,它无法适应需要退回更多字符或回退更多状态转移的情况。

下面是一种更好的方式:

(1) 增设一个栈,用于记录在分析输入过程中经历的状态序列;

(2) 当没有下一状态且当前状态不是终态时,借助栈回退到最近经历的一个终态 t 并退回读入的多余字符;

(3) 根据终态 t 确定单词所属的记号类别。

此外,可能需要修改输入缓冲区的管理程序以适应连续退回多个字符的情况。

再次考察图 2.26 所示的 DFA,它仅接受合法的输入,对于任何非法的输入均没有状态转移,而实际的词法分析器不但接受合法的输入,也应指出非法的输入。因此,我们可以假想从 DFA 的非终态(如状态 0)引出一条边,边上的标记是全部其他字符并且所有的边均转向一个"死状态"。上述程序中第 23 行处的"return ERROR;"语句等价于这样的状态转移,通过返回 ERROR 告知调用者进行错误处理。对于所有终态则无须有到达"死状态"的转移,因为在终态下遇到没有下一个状态的字符时,该字符往往是下一个单词的开始,即使该字符无效,也会在下一次执行函数 recognize_word 时被检测出来。如在终态 12 下,遇到其他字符时(第 39 行)返回 INT 即可。再如终态 2,因为从该状态出发没有任何下一个状态,所以在到达状态 2 时(第 26 行),无须检查下一个字符,也无须将状态变量修改为 2,而是直接返回 LE 即可。

2. 基于 goto 语句的直接编码策略

这种实现方式的基本思想是 DFA 中的每个状态对应一个程序块,状态转移对应 goto 语句,它跳转到目标状态对应的程序块。与使用状态变量的方式相比,这种程序具有更高的执行效率(没有状态变量),对程序与状态转换图之间的对应关系体现得更直观(没有显式的循环结构)。但 goto 的引入违反了结构化程序的设计原则,不利于程序维护,而这对于精心设计的词法分析器生成器而言并不是问题。

【例 2.30】 将图 2.26 所示的 DFA 的状态转移建模为 goto 结构,可编写出程序清单 2.3 所示的 C 程序,每个状态 i 对应的程序块以标号 Si 打头。此程序的前提约定、各操作的含义、记号类别 TokenKind 及缓冲区结构均与例 2.29 一致。根据这个例子,读者不难总结出状态转换图与程序结构之间的对应关系。

程序清单 2.3 基于 goto 语句的直接编码的识别函数

1	`TokenKind recognize_word() {`	// 识别一个单词,返回其对应的记号类别
2	`  char c = *forward;`	// 读取第一个字符

```
3      if ( IS_EOF (c) ) return EOF;         // 通知调用者：输入已分析结束
4  S0: // 初态的程序块排列在最前面
5      switch ( c ) {
6      case '<': goto S1;                     // 转向状态 1
7      case '!': goto S3;                     // 转向状态 3
8      case '=': goto S5;                     // 转向状态 5
9      case '>': goto S7;                     // 转向状态 7
10     default:
11         if ( IS_LETTER (c) ) goto S10;         // 转向状态 10
12         else if ( IS_DIGIT (c) ) goto S12;     // 转向状态 12
13         else return ERROR;                     // 第 1 个字符无效
14     }
15 S1: // 状态 1 的程序块
16     c = *(++forward);                      // 读取下一字符
17     if ( c == '=' ) goto S2;               // 转向状态 2
18     else { --forward; return LT; }         // 退回其他字符，返回 LT
19 ...    ...  // 状态 3、5 和 7 的程序结构与状态 1 相似
20 S2: return LE;
21 ...    ...  // 状态 4、6 和 8 的程序结构与状态 2 相似
22 S10: c = *(++forward);
23     if ( IS_LETTER (c) ) goto S10;         // 转向状态 10，对应转换图中
24 的环
25     else if ( IS_DIGIT (c) ) goto S10;
26     else { --forward; return ID; }         // 退回其他字符，返回 ID
27 S12: c = *(++forward);
28     if ( c == '.' ) goto S13;
29     else if ( c == 'E' ) goto S15;
30     else if ( IS_DIGIT (c) ) goto S12;     // 转向状态 12，对应转换图中
31 的环
32     else { --forward; return INT; }        // 退回其他字符，返回 INT
33 S13: c = *(++forward);
34     if ( IS_DIGIT (c) ) goto S14;
35     else { --forward; --forward; return INT; } // 接受整数部分
...    ...  // 对于状态 14~17，其程序结构与上述代码相似
   }  // recognize_word 函数结束
```

可以看出，直接编码的识别器的最大特点是程序结构与 DFA 密切相关，本质上是与词法规则密切相关，这也是其最大的缺点。当词法规则发生变化或需要分析另一门语言时，必须修改或重写识别器的实现程序，因此其可维护性不如表驱动的识别器。与表驱动的识

别器相比，其优点是处理每个字符的效率高，因为既不需要存储 DFA(节省空间)，也无须相应的查表操作(节省时间)。

2.5.5　手工编码的识别器

虽然词法分析器自动生成技术早已成熟，但不少编译器的开发者仍采用手工方式编写词法分析器，这在商业和开源编译器的实现中比较常见。这种策略不会受到词法分析器生成器的约束，只需精心设计词法分析器与其他模块、I/O 系统、运行环境之间的交互，就可以进一步提高词法分析的效率。例如，使用定制的输入缓冲区提高对输入序列的扫描速度，有选择地存储一部分来自输入的单词、使用字符串池等技术降低记号存储的内存开销、基于多核多线程的运行环境进行并行分析等。

手工编写的识别器的具体程序结构既可以是前文所述的表驱动的或直接编码的，也可以是其他形式。其中，一种比较典型的形式是所谓的递归下降的识别器，其基本思想是编写若干专用子程序，每个子程序识别一类单词；若单词结构非常简单，如操作符，则可用代码片段替代子程序。

【例 2.31】 根据图 2.26 所示的 DFA 可编写出一个递归下降的 C 程序，如程序清单 2.4 所示，其前提约定、各操作的含义、记号类别 TokenKind 及缓冲区结构均与例 2.29 一致。操作符的结构比较简单，无须专门的子程序，但针对标识符、数字字面量的识别编写了各自对应的子程序，这种方式可将潜在的复杂性下移到子程序中。

程序清单 2.4　递归下降的识别函数

1	`TokenKind  recognize_word() {`　　　　// 识别一个单词，返回其对应的记号类别
2	`    char  c2, c1 = *forward;`　　　　　// 读取第一个字符
3	`    if ( IS_EOF (c1) ) return EOF;`　　// 通知调用者：输入已分析结束
4	`    switch ( c1 ) {`　　　　　　　　　// 先根据第一个字符分情况处理
5	`    case '<':    c2 = *(++forward);`　// 读取第二个字符
6	`      if ( c2 == '=' ) return LE;`
7	`      else { --forward; return LT; }`　// 退回其他字符，返回 LT
8	`    case '!':    c2 = *(++forward);`　// 读取第二个字符
9	`      if ( c2 == '=' ) return NE;`
10	`      else { --forward; return NOT; }`　　// 退回其他字符，返回 NOT
11	`    case '=':`　　　　　　　　　　　// 对其他运算符的分析与上面代码相似
12	`    ...    ...`
13	`    default:`　　　　　　　　// 其他情况
14	`      // 识别标识符，c1 是其第一个字符，是某个字母或下画线`
15	`      if ( IS_LETTER (c1) ) { return recognize_id (); }`
16	`      // 识别数字字面量，c1 是其第一个字符，是某个数字字符`
17	`      else if ( IS_DIGIT (c1) ) { return recognize_num (); }`
18	`      else { return ERROR; }`　　　　// 无效字符
19	`    } // switch(c1) 结束`

```
20   } // recognize_word 函数结束
21
22   TokenKind  recognize_id () {        // 识别标识符
23       char c2 = *(++forward);         // 标识符的后续字符或下一单词开始
24       while ( IS_LETTER (c2) || IS_DIGIT (c2) ) c2 = *(++forward);
25       --forward;                      // 非字母/数字字符，退回给输入流
26       return ID;
27   }
28
29   TokenKind  recognize_num () {        // 识别数字字面量
30       char c2 = *(++forward);         // 字面量的后续字符或下一单词开始
31       while ( IS_DIGIT (c2) ) c2 = *(++forward); // 识别整数部分
32       if ( c2 == '.' ) {              // 识别小数部分和可选的指数部分
33           ...  ...;        --forward; return REAL;
34       } else if ( c2 == 'E' ) {       // 识别指数部分
35           ...  ...;        --forward; return REAL;
36       } else { --forward; return INT; }
37   }
```

可以明显地看出，该程序结构与词法规则密切相关，此特征及随之而来的缺点与直接编码策略是相同的。与后者相比，递归下降的识别器在运行时还有调用子程序带来的额外成本，但这可通过将子程序展开到调用点来解决。一般来讲，当词法规则比较简单时，采用手工方式编写比较合适，并且无须教条式地从正规式开始逐步构造出 DFA，而是由正规式构造状态转换图，紧接着翻译为程序代码，或者直接根据正规式编写出相应的程序。

2.5.6 处理关键字

根据构造 DFA 时是否使用关键字的正规式，有两种识别关键字的基本策略：

(1) DFA 不区分关键字和标识符：构造 DFA 时不使用关键字对应的正规式。识别过程中，先用 DFA 将潜在的关键字归类为标识符，然后测试每个标识符以判断它是否为关键字。

(2) DFA 区分关键字和标识符：将描述关键字、标识符的正规式合并在一起，由此得到的 DFA 可直接区分关键字和标识符。这种策略会导致识别关键字和标识符过程中发生冲突，此类冲突一般可通过为关键字的正规式指定更高优先级来解决。

第一种策略的好处是正规式数量少，所得的 DFA 状态数少，因此适合于用手工方式编写识别器。当采用这种策略时，往往设立一个关键字表，每个表元素对应一个关键字，并且指明该关键字的固定字符串、所属的记号类别等，这些信息在编译器初始化过程中填写完成。每当识别到一个标识符就查找关键字表，若找到则表明当前单词是关键字并得到对应的记号类别，否则就是普通标识符。这种策略对非关键字的识别效率要低于第二种策略，因此为了尽可能地降低测试单词所需的时间成本，应使用查询效率较高的数据结构。其中

一种数据结构是将所有关键字按字典顺序组织为一个线性表并使用二分查找方法；另一种数据结构是散列表，其关键是设计一个冲突非常少的散列函数。符号表也可用来存储关键字，但因为符号表中还需要存储其他符号的信息，如标识符、类型名等，所以这种方式的查找效率不如使用单独的关键字表。

若使用生成器来编写词法分析器，则第二种策略更合适，因为生成器负责构造 DFA，其生成的程序会处理用 DFA 识别关键字所带来的复杂性。虽然第二种策略比第一种策略所得 DFA 的状态数多，但不会导致编译时间延长。使用 DFA 直接区分关键字和标识符，避免了对每个标识符进行查表/测试，也避免了实现关键字表及其操作所需的开发成本和执行时的成本。

2.6　本章小结

词法分析器是编译器与源程序文本直接打交道的唯一阶段，可以被认为是编译器的预处理阶段。它有几个重要作用：识别单词并交给语法分析器，滤掉源程序中的无用成分，处理与具体平台有关的输入，调用符号表管理器和出错处理器进行相关处理。对于单词的识别，首先应该有单词形成的规则，称为构词规则或词法规则，然后根据构词规则识别输入序列，称为词法分析。本章涉及的基本概念包括：构词规则、模式、记号、单词、状态转换图、状态转换矩阵(分析表)、正规式、正规集、NFA、确定化、DFA、ε_闭包、子集法、最小化 DFA、状态可区分、DFA 的短路计算等。通过学习本章应掌握以下主要内容：

1. 记号、模式与单词

- 模式(pattern)：规定记号识别的规则；
- 记号(token)：按照某种模式(规则)识别出的一类单词；
- 单词(lexeme)：被识别出的字符串本身。

2. 记号的说明——模式的形式化描述

- 正规式与正规集：正规式与正规集的表示方法，正规式与正规集的定义，正规式的等价问题以及利用正规式的等价关系对正规式进行化简；
- 用正规式对模式进行形式化描述：从单词一级看程序设计语言，它是一个正规集；用正规式描述程序设计语言中常见的记号，如标识符、数字、运算符和分隔符等；正规式的扩展形式以及辅助定义。

3. 记号的识别——有限自动机

- NFA 与 DFA 的定义：FA = (S, Σ, move, s0, F)；
- NFA 与 DFA 的表示：定义、状态转换图、状态转换矩阵；
- NFA 与 DFA 的关键区别：NFA 的不确定性；
- 用 NFA 识别输入序列的弱点：只有尝试所有路径才能确定一个输入不被接受，以及回溯带来的问题；
- 模拟 DFA 的算法(用 DFA 识别记号)。

4. 从正规式到 DFA

- 构造 NFA 的 Thompson 算法；
- 模拟 NFA 的"并行"算法；
- 从 NFA 构造 DFA：子集法、smove(S, a)函数和 ε_闭包(T)的计算；
- DFA 的最小化：利用可区分的概念，将所有不可区分的状态看作一个状态；
- DFA 短路计算：语法树与语法树上的四个函数，函数的计算与 DFA 的构造。

5. 词法分析器的实现

- 输入缓冲区：单缓冲区/双缓冲区两种方式、两个重要指针；
- 将 DFA 用作识别器：识别全部记号、最长匹配原则、单词的存储方式；
- 三种实现策略：表驱动的、直接编码的、手工编码的，它们各自的特点；
- 处理关键字：利用关键字表区分标识符与关键字、用 DFA 直接识别关键字。

习 题

2.1　分别给出下述 C 语言和仓颉语言程序段的记号流。其中每个记号以有序对(记号类别，记号属性)的形式表示。例如，left + right 的记号流应该是(id, left)(op, +)(id, right)。程序段中的注释和空白字符可以忽略。提示：先给出你对记号的类别划分。

(1) C 语言程序：

int max (int i, int j)　　/* return maximum of i and j */

{ return i > j ? i : j; }

(2) 仓颉语言程序：

func max (i!: Int32,　j!: Int32)　　// return maximum of i and j

{ if (i > j) {return i; } else { return j; } }

2.2　用正规式描述习题 2.1 中的记号。

2.3　令 A、B、C 是任意的正规式，证明下述关系成立：

(1)　$A \mid A = A$；

(2)　$(A^*)^* = A^*$；

(3)　$A^* = \varepsilon \mid AA^*$；

(4)　$(AB)^* A = A(BA)^*$；

(5)* $(A \mid B)^* = (A^* B^*)^* = (A^* \mid B^*)^*$。

2.4　写出下述语言的正规式描述。

(1) 由偶数个 0 和奇数个 1 构成的所有 01 串；

(2) 所有不含子串 011 的 01 串；

(3) 每个 a 后边至少紧随两个 b 的 ab 串；

(4) C 的形如 /* ... */ 的注释。其中省略号代表不含子串 */ 的字符串。

2.5　合法的日期表示有以下三种形式，请给出描述日期的正规式。

年.月.日，如 2025.08.12；

日 月 年，如 12 08 2025；

月/日/年，如 08/12/2025。

2.6 有 NFA 定义如下：

N = (S={0, 1}, Σ={a, b}, s_0=0, F={0},

　　move={move(0, a) = 0, move(0, a) = 1, move(0, b) = 1, move(1, a) = 0})

(1) 画出 N 的状态转换图；

(2) 构造 N 的最小 DFA D；

(3) 给出 D 所接受语言的正规式描述；

(4) 举出语言中的三个串，并给出 D 识别它们的过程。

2.7 若为两个正规式构造的最小 DFA 仅状态名称不同，即二者是同构的，则说明这两个正规式等价。对于例 2.8 所示的几个正规式，请为它们构造各自的最小 DFA，并通过观察所有的最小 DFA 是否同构来判断这些正规式是否等价。

2.8 将图 2.28 所示的状态转换图表示的 FA 分别确定化和最小化。

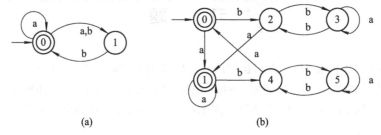

(a)   (b)

图 2.28 状态转换图

2.9 用自然语言给出下述正规式所描述的语言，并构造它们的最小 DFA。

(1) 10^*1；

(2) $(0|1)^*011(0|1)^*$；

(3)* $0((0|1)^*|01^*0)^*1$。

2.10 某 NFA 的状态转换矩阵如表 2.10 所示，其中 S 为初态，D 为终态。

表 2.10 状态转换矩阵

	a	b	c	ε
S	A, B	C, D	D	A, B, C
A	A		C	B
B	A	D		C
C	B	A		A
D	C	B		S

(1) 求出它的最小 DFA；

(2) 用正规式描述 DFA 所接受的语言。

2.11 Ada 语言标识符的非形式化描述：以英文字母(大小写均可)打头的字母数字串，其中可以嵌入内部的、不连续的下横线，如 draw_line，get_prot1，one_to_many 等都是合法的 Ada 标识符，而 12second，23_&，_draw_line_ 等均不是 Ada 的标识符。

(1) 请给出说明 Ada 标识符的正规式；

(2) 构造识别 Ada 标识符的最小 DFA；

(3)* 给出识别 Ada 标识符的程序代码。

2.12*　假设用一个二维数组 M 存放状态转换矩阵，若存在状态转移 move(s, a) = t，则 M[s, a] 中存放的是 t。试将算法 2.1 改造为一个可实用的驱动器，它以 M 为分析表，可以对完整的源程序进行分析，识别的原则符合最长匹配原则。

2.13　为下列正规式构造最小 DFA。

(1) $(a|b)^*a(a|b)$；

(2) $(a|b)^*a(a|b)(a|b)$；

(3) $(a|b)^*a(a|b)(a|b)(a|b)$。

2.14*　试证明正规式 $(a|b)^*a(a|b)(a|b)\cdots(a|b)$（后面跟 $n-1$ 个 $(a|b)$）的 DFA 至少有 2^n 个状态。

2.15*　构造算符"+"和"?"的语法树并给出各自 nullable、firstpos、lastpos 和 followpos 的计算规则。

2.16*　有正规式集：$r_1 = [a-e]^+$，$r_2 = -?[0-3]^+$，$r_3 = for$。用 DFA 的短路计算方法构造它的 DFA，至少包括以下主要步骤：

(1) 拓广正规式(包括必要的改写)；

(2) 构造语法树；

(3) 计算四个函数；

(4) 构造 DFA(以状态转换图的形式给出)，各终态要指明接受什么。

2.17*　试证明两个正规集的交集是正规集。

2.18*　试证明长度为素数的串构成的语言不是正规集。

第3章 语法分析

从词法分析的角度来看，语言是一个单词的集合，称之为正规集，单词是由一个个字符组成的线性结构；从语法分析的角度看，语言是一个句子的集合，而句子是由词法分析器提供的记号组成的非线性结构。反映句子结构的最好方法是树，常用的有分析树和语法树。分析语法结构的基本方法有两种：自上而下分析方法和自下而上分析方法。自上而下分析方法从根到叶子建立分析树，而自下而上分析方法恰好相反。在这两种情况下，分析器都是从左到右扫描输入，每次读进一个记号。

与词法分析类似，语法分析也具有双重含义：

(1) 规定句子形成的规则，也称为**语法规则**。程序设计语言的大部分语法规则可以用**上下文无关文法**(Context Free Grammar，CFG)来描述。

(2) 根据语法规则识别记号流中的语言结构，也称为**语法分析**。最有效的自上而下和自下而上的分析方法都只能处理上下文无关文法的子类，如 LL 文法和 LR 文法，但是它们足以处理程序设计语言中绝大多数语法现象。

本章重点讨论上下文无关文法及其相关问题、常用的自上而下分析方法和自下而上分析方法的原理与分析器的构造。本章最后统一介绍词法分析器和语法分析器的生成器，它们是编写编译器的有效工具，但其中关于语义处理的讨论需要在了解了第 4 章的相关内容之后才容易理解。

3.1 语法分析的若干问题

3.1.1 语法分析器的作用

语法分析器是编译器前端的重要组成部分，许多编译器，特别是由自动生成工具构造的编译器，往往其前端的中心部件就是语法分析器。语法分析器在编译器中的位置和作用如图 3.1 所示，它的主要作用有两点：

(1) 根据词法分析器提供的记号流，为结构正确的输入构造分析树(或语法树)。这是本章的重点，在以后各节中详细讨论。

(2) 检查输入中的语法(可能包括词法)错误，并调用出错处理器进行适当处理。

下面简单介绍语法错误处理的基本原则，而在以后的讨论中忽略此问题。

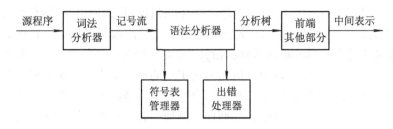

图 3.1 语法分析器在编译器中的位置和作用

3.1.2 语法错误的处理原则

1. 源程序中可能出现的错误

源程序中可能出现的错误可以分为两类：语法错误和语义错误。其中，语法错误又包括词法错误和语法错误。词法错误是指非法字符或关键字、标识符拼写错误等；语法错误是指语法结构出错，如缺少分号、括号不配对等。语义错误包括静态语义错误和动态语义错误。静态语义错误涉及的是编译时可检查出来的错误，如类型不一致、参数不匹配等；动态语义错误一般是指程序运行时的逻辑错误，如无穷递归、变量为零时作除数等。

大多数错误的诊断和恢复集中在语法分析阶段，一个原因是编译器能够检查的大多数错误是语法错误，另一个原因是语法分析方法的准确性，它们能以非常有效的方法诊断语法错误。在编译的时候，想要准确地诊断语义或逻辑错误有时是很困难的。

2. 语法错误处理的目标

对语法错误的处理，一般希望达到以下基本目标：

(1) 清楚而准确地报告错误的出现，位置正确，不漏报、不错报也不多报。

(2) 迅速地从每个错误中恢复过来，以便分析继续进行。

(3) 对结构正确的源程序的分析速度不应降低太多。

这些目标看起来容易，但是实现起来并不简单。幸好常见的错误是简单的，直截了当的出错处理机制一般就足以应付。但有些时候，错误的实际位置远远前于发现它的位置，并且这种错误的准确性也难以推断。在某些场合，出错处理程序可能需要猜测程序员的意图。

有些分析方法(如 LL 和 LR 方法)可以尽可能快地检测语法错误。更准确地说，它们具有"活前缀"(Viable-prefix Property)性质，这指的是在分析过程中，一旦发现输入的某个前缀不是任何句型的前缀，就能确定遇到了语法错误。出错处理的关键是如何从错误中恢复，使分析可以进行下去，而不是遇到第一个错误就停止分析。

3. 语法错误的基本恢复策略

若希望编译器的语法分析方式是每次对输入源程序完整地扫描一遍，而不是遇到第一个语法错误就停止，就需要采取某种恢复策略，使得分析在遇到错误时还能够继续进行。以下是一些可能的恢复策略。

(1) **紧急方式恢复**(Panic-mode Recovery)。这是最简单的方法，适用于大多数分析方法。分析器每次发现错误时，就连续抛弃若干输入记号，一直向前搜索，直到下一个输入记号属于某个指定的合法记号(称为同步记号)集合为止。同步记号一般是定界符，如分号或括号等，它们在源程序中的作用很清楚。当然，设计编译器时必须选择适当的同步记号。这种处理方法最简单，但是也最容易造成错报，特别是漏报和多报语法错误的现象。

(2) **短语级恢复(Phrase-level Recovery)**。发现错误时，分析器采用串替换的方式对剩余输入进行局部纠正，它可以使分析器继续工作的输入串来代替剩余输入的某个前缀。典型的局部纠正是用分号代替逗号，删除多余的分号，或插入遗漏的分号等。设计编译器时必须仔细选择替换的串，以免引起死循环。例如，若总是在当前输入符号的前面插入一些东西，就会造成死循环。这种方式建立在产生式(用于规定语法规则的一种形式化描述)的基础之上，以短语为基本分析单元，同时也便于进行语法制导翻译，恢复得比紧急方式要精确，因此被认为是一种较为理想的恢复方式。

(3) **出错产生式(Error-productions)**。预测被分析语言可能出现的错误，用出错产生式捕捉错误。这是语法分析器生成器 YACC 采用的方式，它基本上可以被认为是一种预置型的短语级恢复方式。

(4) **全局纠正(Global Correction)**。对有语法错误的输入序列 x，根据文法 G 构造相近序列 y 的语法树，使得 x 变换成 y 所需的修改、插入、删除次数最少。由于这种方法的代价太大，因此目前只具有理论价值。

【**例 3.1**】 下面是有语法错误的两条语句，其中第一条赋值句结束处忘记加分号，采用紧急恢复方式和短语级恢复方式的可能结果分别如下所示。

$$x = a + b$$
$$y = c + d;$$

紧急恢复方式： x = a + b + d;　　// 丢弃 b 之后的若干记号，直到遇到同步记号+

短语级恢复： x = a + b;　　// 加入分号，使之成为一个赋值句
$$y = c + d;$$

3.2　上下文无关文法

3.2.1　上下文无关文法的定义与表示

定义 3.1　上下文无关文法(Context Free Grammar, CFG)是一个四元组 G = (T, N, S, P)，其中每一项的含义如下：

(1) T 是终结符的有限集合(Terminals)；

(2) N 是非终结符的有限集合(Nonterminals)，且 N ∩ T = Φ；

(3) S 是 N 中的某个非终结符，称为文法的开始符号(Start Symbol)；

(4) P 是产生式的有限集合(Productions)，每个产生式形如：A→α。其中，A∈N，称为产生式的左部；α∈(N∪T)*，称为产生式的右部。若 α = ε，则称 A→ε 为空产生式(也可以记为 A →)。

文法是描述语言结构的形式化工具，3.3 节将介绍包括 CFG 在内的四类文法以及它们之间的关系。在讨论文法及语法分析时，终结符代表语言中的原子结构，对应词法分析器提供的记号类别(名称)，而终结符集合则对应语言中所有可能记号类别形成的集合，在不引起混淆的情况下有时也将终结符称为记号。非终结符通常代表语言中的非原子结构，具体结构由产生式给出。每个文法有且仅有一个开始符号，它代表文法所描述语言的顶层结构。每个产生式规定了其左部非终结所代表的一种具体结构，该结构是由其右部每个文法符号(终结符或非终结符)所代表的子结构依次连接而成的序列。空产生式表示左部非终结符不包含任何子结构，其中符号 ε 表示空串，它既不是终结符也不是非终结符。

【例 3.2】 定义简单算术表达式的上下文无关文法 G3.1=(T, N, S, P)如下所示。

$$T=\{+, *, (,), -, id\} \qquad N=\{E\} \qquad S=E$$

$$
\begin{aligned}
P: \quad & E \rightarrow E+E && (1)\\
& E \rightarrow E*E && (2)\\
& E \rightarrow (E) && (3) \qquad (G3.1)\\
& E \rightarrow -E && (4)\\
& E \rightarrow id && (5)
\end{aligned}
$$

1. 由产生式集表示 CFG

由于每个产生式中均有 $A \in N$ 且 $\alpha \in (N \cup T)^*$，所以，对于一个没有错误的 CFG，可以这样区分 N 和 T 集合：N 是必须出现在产生式左部的符号的集合，T 是所有只出现在产生式右部的符号的集合(不包括 ε)。如果再约定 S 是第一个产生式的左部，则文法可以由其产生式集 P 表示，即不写四元组，而仅给出 P。CFG 的产生式表示也称为巴克斯范式(Backus-Naur Form, BNF)。需要注意的是，规范的 BNF 中，"→"用"::="表示。

2. 产生式的一般读法

一般情况下，可以将产生式中的"→"读作"定义为"或者"可导出"。例如，E→E+E 可读作"E 定义为 E+E"，或者"E 可导出 E+E"，更一般地，可用自然语言表述为"算术表达式定义为两个算术表达式相加"，或者"一个算术表达式加上另一个算术表达式，仍然是一个算术表达式"。

3. 终结符与非终结符书写上的区分

对于一个仅有几个产生式的简单文法，其中的终结符和非终结符很容易区分，没有必要在书写上明确区分终结符和非终结符。但是对于一个实用的文法，产生式可能有几百个或者更多，这时如果终结符和非终结符在书写上没有明确区分，则很难辨别它们，给理解产生式造成困难。区分终结符和非终结符的方法有很多，原则是容易辨别即可。例如：

(1) 用大小写区分：   E → id

(2) 用" "区分：   E → "id"   E → E "+" E

(3) 用< >区分：   <E> → <E> + <E>

本书默认采用大小写的方法来区分终结符与非终结符。若不做特殊说明，一般用大写英文字母(如 A、B、C)表示非终结符；小写英文字母(如 a、b、c)以及含义明确的特殊符号(如"+""="等)表示终结符，有时也用小写字母打头的单词表示终结符(如 id、num)；小

写希腊字母 α、β、δ、γ 表示任意的文法符号序列，即由非终结符和终结符组成的任意串。特别注意的是，若无特殊说明，希腊字母 ε 总是表示空串或空输入。

4．产生式的缩写形式

考察例 3.2 中的文法(G3.1)，多个产生式左部的非终结符均是 E。对于这种情况，可以把左部非终结符相同的产生式合并成一个产生式，并以此非终结符为该产生式命名，而所有的产生式右部由表示"或"的符号"|"连接，每个右部称为该产生式的一个候选项，各候选项在语法分析过程中具有平等的权利。

【例 3.3】　文法(G3.1)可以重写为如下形式，记为(G3.2)：

$$
\begin{array}{lll}
E \rightarrow E + E & (1) & \\
\quad | E * E & (2) & \\
\quad | (E) & (3) & (G3.2) \\
\quad | - E & (4) & \\
\quad | \text{id} & (5) &
\end{array}
$$

该产生式称为 E 产生式，它一共有 5 个候选项，分别表示：两个算术表达式相加形成的结构是一个算术表达式，两个算术表达式相乘形成的结构是一个算术表达式，用括弧包围的算术表达式所形成的结构还是一个算术表达式，对算术表达式取负的结构是一个算术表达式，标识符(表示一个变量名或常量名)是一个算术表达式。

可以看出，CFG 定义的所谓句子结构，在结构特征上与正规式定义的单词结构有类似之处，如二者均包含"连接"结构，正规式中的连接运算与产生式右部中各子结构之间的连接关系对应；二者均包含"或"结构，正规式中的或运算与非终结符的多个候选项对应。而正规式定义中"闭包"所表示的可重复结构，在 CFG 中改变为非终结符的递归引用，即产生式右部的子结构可以是左部非终结符自身(如例 3.3 中的非终结符 E)，而这一变化则代表了句子结构相比单词结构更复杂的实质结构特征，在 3.3.1 小节中可以看到 CFG 的描述能力严格强于正规式，反映出句子结构比单词结构更复杂。

3.2.2　CFG 产生语言的基本方法——推导

可以通过推导的方法产生 CFG 所描述的语言。非正式地讲，推导就是从文法的开始符号 S 开始，反复使用产生式，将非终结符替换为其产生式右部的文法符号序列(即展开非终结符，用符号⇒表示)，直到得到一个终结符序列。

【例 3.4】　终结符序列 -(id+id)可以由文法(G3.2)产生，因此它是文法(G3.2)所产生的语言中的一个元素。标记在⇒上方的序号指出各次展开时使用的产生式序号。

$$
\begin{array}{ccccc}
(4) & (3) & (1) & (5) & (5) \\
E \Rightarrow -E \Rightarrow -(E) \Rightarrow -(E+E) \Rightarrow -(id+E) \Rightarrow -(id+id)
\end{array}
$$

定义 3.2　用产生式 A→γ 的右部替换文法符号序列 αAβ 中的 A 得到 αγβ 的过程，称为 αAβ **直接推导**出 αγβ，记作：αAβ ⇒αγβ。

若对于任意文法符号序列 α_1, α_2, …, α_n 有 $\alpha_1 \Rightarrow \alpha_2 \Rightarrow \cdots \Rightarrow \alpha_n$，则称此过程为**零步或多步**

推导，记为 $\alpha_1 \overset{*}{\Rightarrow} \alpha_n$。其中，若 $\alpha_1 = \alpha_n$，则称此过程为**零步推导**；若 $\alpha_1 \neq \alpha_n$，即推导过程中至少使用一次产生式，则称此过程为**至少一步推导**，记为 $\alpha_1 \overset{+}{\Rightarrow} \alpha_n$。

定义 3.2 强调了两点：

(1) 对于任何 α，有 $\alpha \overset{*}{\Rightarrow} \alpha$，即任何文法符号序列可以推导出它自身。

(2) 若 $\alpha \overset{*}{\Rightarrow} \beta$，$\beta \overset{*}{\Rightarrow} \gamma$，则 $\alpha \overset{*}{\Rightarrow} \gamma$，即推导具有传递性。

定义 3.3   由 CFG G 所产生的语言 L(G)被定义为

$$L(G) = \{\, \omega \mid S \overset{*}{\Rightarrow} \omega \text{ and } \omega \in T^* \,\}$$

L(G)称为**上下文无关语言**(Context Free Language, CFL)，ω 称为**句子**。若 $S \overset{*}{\Rightarrow} \alpha$，$\alpha \in (N \cup T)^*$，则称 α 为 G 的一个**句型**。

定义 3.4   在推导过程中，若每次直接推导均替换句型中最左边的非终结符，则称为**最左推导**，由最左推导产生的句型称为**左句型**。

类似地，可以定义最右推导与右句型，最右推导也称为**规范推导**。

再考察例 3.4 的推导过程，$\alpha_1 = E$，$\alpha_2 = -E$，$\alpha_3 = -(E)$，$\alpha_4 = -(E+E)$，$\alpha_5 = -(id + E)$，$\alpha_6 = -(id + id)$。其中，α_1 是文法开始符号，α_6 是句子，其他 $\alpha_i (i = 2, 3, 4, 5)$ 均是句型。由于从 α_1 到 α_6 的每一步推导都是替换最左边的非终结符，所以此推导是一个最左推导，所有的句型是左句型。句型是一个相当广泛的概念，根据定义 3.3 可知，α_1 和 α_6 也是句型。

3.2.3 推导、分析树与语法树

推导的过程可以用一棵树来表示，称其为分析树。从某种意义来讲，分析树可以看作是推导的图形表示，它既反映语言结构的实质，也反映推导过程，具体定义如下。

定义 3.5   对 CFG G 的句型，其分析树被定义为具有下述性质的一棵树：

(1) 根由开始符号标记；

(2) 每个叶子由一个终结符、非终结符或 ε 标记；

(3) 每个内部结点由一个非终结符标记；

(4) 若一个父结点由非终结符 A 标记，且其孩子结点从左到右依次由 X_1、X_2、…、X_n 标记，则 $A \rightarrow X_1 X_2 \cdots X_n$ 是 G 的一个产生式。若 A 仅有一个孩子且由 ε 标记，则 $A \rightarrow \varepsilon$ 是 G 的一个产生式。

分析树与文法和语言存在下述关系：

(1) 每一步直接推导对应一棵仅有父子关系的子树，即产生式左部非终结符"长出"右部对应的孩子。

(2) 分析树的全部叶子从左到右构成 G 的一个句型。若叶子仅由终结符和/或 ε 标记，则所有叶子构成一个句子。

【例 3.5】 考虑例 3.4 的最左推导 $E \Rightarrow -E \Rightarrow -(E) \Rightarrow -(E + E) \Rightarrow -(id + E) \Rightarrow -(id + id)$，和最右推导 $E \Rightarrow -E \Rightarrow -(E) \Rightarrow -(E+E) \Rightarrow -(E+id) \Rightarrow -(id + id)$，它们所对应的分析树序列分别如图

3.2(a)、(b)所示。可以看出，最左推导和最右推导的中间过程对应的分析树可能不同(因为句型不同)，但是最终的分析树相同，因为最终是同一个句子。

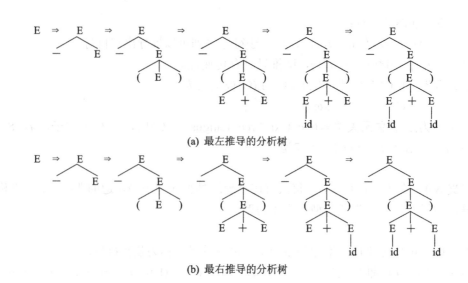

(a) 最左推导的分析树

(b) 最右推导的分析树

图 3.2 句子 -(id+id)的分析树

如果仅希望用树来反映句子的结构实质，而忽略其推导过程，那么语法树是表示句子结构的最好形式。实际编译器中往往使用语法树，而不使用分析树。

定义 3.6 表达式的语法树被定义为具有下述性质的一棵树：

(1) 根与内部结点由表达式中的操作符标记；

(2) 叶子由表达式中的基本操作数标记；

(3) 用于改变运算次序的括弧隐含在语法树的结构中。

【例 3.6】 根据定义 3.6，例 3.5 的最终分析树所对应的语法树如图 3.3(a)所示。

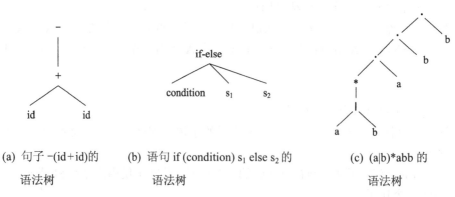

(a) 句子 -(id+id)的
语法树

(b) 语句 if (condition) s_1 else s_2 的
语法树

(c) (a|b)*abb 的
语法树

图 3.3 句子的语法树

定义 3.6 是针对表达式的，若将一般句子的结构看作是操作符作用于操作数，则可以将语法树的概念推广到任意结构上。例如，条件语句 if (condition) s_1 else s_2，可以看作是操作符 if-else 作用于三个操作数 condition、s_1、s_2，则此条件语句的语法树如图 3.3(b) 所示。

事实上，语法树可以被广泛用来表示具有嵌套(层次)性质的非线性结构。例如，第二章例 2.17 中正规式 $r = (a \mid b)^*abb$ 的结构，除了可以用图 2.11(a)中的分析树表示外，若用"·"显式地表示正规式中的连接运算，则正规式 r 的结构也可以使用图 3.3(c)中的语法树表示。

与分析树相比，语法树仅反映句子的结构，而忽略了推导句子的过程，因此有些文献也将分析树和语法树分别称为具体语法树(Concrete Syntax Tree)和抽象语法树(Abstract Syntax Tree, AST)。许多实际编译器、解释器和语言翻译器中采用 AST 作为表示源程序结构的一种重要中间表示形式，通过遍历 AST 可以完成很多工作，如生成其他形式的中间表示、计算表达式类型、生成另一种语言的源程序等等。

3.2.4 二义性与二义性的消除

1. 二义性(Ambiguity)

在例 3.5 中，对句子– (id+id)无论采用最左推导还是最右推导，得到的是同一棵分析树。是否任何一个句子都仅对应一棵分析树？也就是说，根据义法产生的任何一个句子是否都有唯一的结构？事实并非如此。

【例 3.7】 用文法(G3.2)采用最左推导产生句子 id+id*id，可得到两棵分析树，如图 3.4(a)、(b)所示。用文法(G3.2)采用最左推导产生句子 id+id+id，也可得到两棵分析树，如图 3.4(c)、(d)所示。其中，图 3.4(a)、(b)所对应的最左推导分别如下：

(a)	$E \Rightarrow E * E$	(b)	$E \Rightarrow E + E$
	$\Rightarrow E + E * E$		$\Rightarrow id + E$
	$\Rightarrow id + E * E$		$\Rightarrow id + E * E$
	$\Rightarrow id + id * E$		$\Rightarrow id + id * E$
	$\Rightarrow id + id * id$		$\Rightarrow id + id * id$

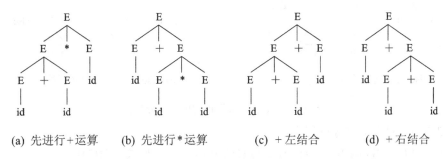

(a) 先进行+运算　　(b) 先进行*运算　　(c) +左结合　　(d) +右结合

图 3.4 一个句子两棵分析树

定义 3.7 若文法 G 对同一个句子产生不止一棵分析树，则称 G 是二义的。

文法二义性的本质是在产生句子的过程中某些直接推导有多于一种选择，从而使得同一个句子的结构存在多种正确的解释。例如，例 3.7 对句子 id+id*id 的推导中，第一步直接推导既可以选用产生式 E→E+E，也可以选用产生式 E→E*E，从而造成该句子有两种结构。不同的结构反映不同的意义，从运算的角度看，图 3.4(a)分析树代表的句子 id + id*id 的运算次序是(id + id)*id，加法具有较高的优先级；而图 3.4(b)分析树的运算次序是 id + (id*id)，乘法具有较高的优先级。图 3.4(c)分析树代表的句子 id + id + id 的运算次序是 (id + id) + id，加法具有左结合性；而图 3.4(d)分析树的运算次序是 id+(id+id)，加法具有右结合性。

将图 3.2 与图 3.4 进行比较，可以得出两个结论：

(1) 一个句型的分析树是否多于一棵，仅与文法和句型有关，与采用的推导方法无关。

(2) 造成文法二义性的原因，是文法中缺少对文法符号优先级和结合性的规定。

为了进一步理解文法二义性，考察另一个典型例子——"悬空(dangling)else"问题。描述 if-else 语言结构的二义文法如下所示，用文法 G3.3 产生既包含带有 else 的 if 结构，也包含不带 else 的 if 结构的句子时，else 与哪个 if 匹配不确定。

$$S \rightarrow \quad \text{if (C) S} \qquad\qquad\qquad (1)$$
$$| \quad \text{if (C) S else S} \qquad\qquad (2)$$
$$| \quad \text{id = E} \qquad\qquad\qquad\qquad (3) \qquad\qquad (G3.3)$$
$$C \rightarrow \quad \text{E == E | E < E | E > E} \qquad (4) \sim (6)$$
$$E \rightarrow \quad \text{E + E | − E | id | n} \qquad\quad (7) \sim (10)$$

【例 3.8】条件语句 if (x<3) if (x>0) x=5 else x= −5 中，有两个 if 和一个 else。用(G3.3)产生此语句时，无法判断 else 应该与哪一个 if 匹配，因为候选项(1)和(2)均可以用来进行第一步直接推导，因此得到如图 3.5 所示的两棵分析树(图中三角形代表简化了的推导过程)。

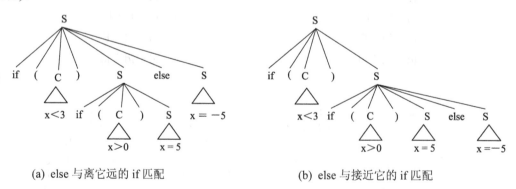

(a) else 与离它远的 if 匹配　　　　　　　　(b) else 与接近它的 if 匹配

图 3.5　"悬空 else"语句的两棵分析树

图 3.5(a)所对应的推导过程为

$\quad S \Rightarrow$ if (C) S else S　(else 与远离它的 if 结合，采用候选项(2))

$\quad\quad \overset{\ast}{\Rightarrow}$ if (x<3) S else S

$\quad\quad \Rightarrow$ if (x<3) if (C) S else S

$\quad\quad \overset{\ast}{\Rightarrow}$ if (x<3) if (x>0) x = 5 else x = −5

图 3.5(b)所对应的推导过程为

$S \Rightarrow$ if (C) S　　　(else 与接近它的 if 结合，采用候选项(1))

$\overset{*}{\Rightarrow}$ if (x<3) S

$\Rightarrow$ if (x<3) if (C) S else S

$\overset{*}{\Rightarrow}$ if (x<3) if (x>0) x = 5 else x = –5

■

在任何一个程序设计语言中，如果出现了二义性，则表示同一段程序在确定的、相同的环境下反复执行，会得到不同的结果，而这种情况在程序设计中是不允许的。也就是说，任何一个程序设计语言不应该有二义性。以 C 语言为例，算术表达式中乘法的优先级高于加法的优先级，加法和乘法均具有左结合性质，因此图 3.4 中的四棵分析树中，仅(b)和(c)是合法的；if-else 语句中，总是要求 else 与最接近它的 if 匹配，因此图 3.5 中的两棵分析树中，仅(b)是正确的。

2. 二义性的消除

二义文法造成对同一句子有多种结构上的理解，这意味着自上而下和自下而上分析均无法正确处理二义文法所产生的语言。但是一个文法是二义的，并不意味着它所产生的语言一定是二义的，只有当产生一个语言的所有文法都是二义的，这个语言才被认为是二义的。程序设计语言是非二义的，任何一个句子只有一种结构。因此要想办法解决文法产生二义性的问题，就要为文法的符号规定适当的优先级和结合性。基于这一思想，可以有两种方法解决二义性问题：

(1) 改写二义文法为非二义文法；

(2) 对二义文法施加限制，具体就是为文法符号规定优先级和结合性，使得对一个句子或句型的分析过程中仅能产生一棵分析树。

1) 改写二义文法为非二义文法

改写二义文法的基本思想是通过引入新的非终结符，使原来分辨不清优先级和结合性的结构受到约束，从而使得对任何一个句子，仅能构造一棵分析树。下面首先通过例子介绍如何引入新的非终结符来解决二义性，然后给出引入非终结符的一般原则。

【例 3.9】 改写二义文法(G3.2)为非二义文法(G3.4)。

$$\begin{aligned} E &\rightarrow E + T \mid T \\ T &\rightarrow T * F \mid F \\ F &\rightarrow (E) \mid - F \mid id \end{aligned} \qquad (G3.4)$$

用 G3.4 对 id+id*id 重新推导如下。

最左推导：

$E \Rightarrow E + T \Rightarrow T + T \Rightarrow F + T \Rightarrow id + T$

$\Rightarrow id + T * F \Rightarrow id + F * F \Rightarrow id + id * F \Rightarrow id + id * id$

最右推导：

$E \Rightarrow E + T \Rightarrow E + T * F \Rightarrow E + T * id \Rightarrow E + F * id$

$\Rightarrow E + id * id => T + id * id \Rightarrow F + id * id \Rightarrow id + id * id$

上述两个推导的中间过程虽然不同，但最终生成的分析树是一棵，如图 3.6(a)所示。同理，用文法(G3.4)对 id+id+id 进行推导，得到的最终分析树如图 3.6(b)所示。

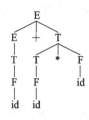
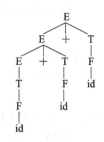

(a) id+id*id 的分析树　　　　(b) id+id+id 的分析树

图 3.6　句子 id+id*id 和 id+id+id 的分析树

认真分析图 3.6 所示的分析树,并与图 3.4 所示的分析树进行比较,可以得出以下结论:

(1) 由于新引入的非终结符限制每一步直接推导均有唯一选择,使得同一个句子仅有一棵分析树。

(2) 最终产生的分析树与推导方法无关,而与文法和句子有关。用通俗的话来讲,不同的推导方法仅影响分析树结点产生孩子的先后,文法和句子决定产生什么样的孩子。

(3) 引入新的非终结符,使得直接推导的步骤数增加,分析树的高度增高,从而使分析效率降低。

(4) 越接近文法开始符号 S 的文法符号 X,其优先级越低。若 $S \overset{*}{\Rightarrow} \cdots X \cdots$ 所需的直接推导步骤越少,则称 X 越接近 S。例如,从产生式 E→T+E 和 T→T*F 可以看出,E 比 T 接近文法开始符号 E,因此 E 比 T 优先级低,这也意味着"+"比"*"优先级低。同理 T 比 F 优先级低,"*"比"−"(单目减)优先级低。

(5) 对具有递归定义性质的 A 产生式 A→αAβ,若终结符 a 在 β 中(即 A 在 a 的左边),则 a 具有左结合性质;若 a 在 α 中(即 A 在 a 的右边),则 a 具有右结合性质。例如,E→E+T 中,E 在"+"的左边,则"+"具有左结合性质;若产生式形如 E→T+E,则"+"具有右结合性质。

根据上述结论(4)与(5),可以将构造非二义文法的关键步骤归纳为下述两点:

(1) 引入新的非终结符,增加子结构以提高优先级。一个非终结符对应一个优先级;对于具有相同优先级的结构,用同一个非终结符的产生式描述;对于具有不同优先级的结构,则用不同非终结符的产生式描述。

(2) 递归定义的非终结符在产生式右部中的位置,反映文法符号的结合性。

根据上述结论,简单考察描述表达式结构的非二义文法(G3.4)是如何构造的。首先,二义文法 G3.2 所描述的表达式中,设有三种优先级别的子表达式:"+"运算优先级最低,其次是"*",而"( )""−"(单目减)和 id 优先级最高。因此需要引入三个非终结符 E、T 和 F,分别对应三个优先级的子表达式,其中"+"运算构成的子表达式由 E 产生式描述,"*"运算构成的子表达式由 T 产生式描述,其他子表达式由 F 产生式描述。其次,设运算的结合性为:"+"和"*"具有左结合性质,"−"具有右结合性质,"( )"和 id 没有结合性。因此,E 和 T 分别在"+"和"*"的左边出现,而 F 在"−"的右边出现。从而得到 E 产生式:E → E+T | T。第一个候选项产生含有"+"运算的子表达式,

第二个候选项产生含有"*"运算或其他形式的子表达式。由此可以看出，对于一个"*"运算的子表达式，至少需要增加一次 E 到 T 的推导。依此类推，可以构造 T 产生式和 F 产生式，最终得到文法(G3.4)。

对于"悬空 else"问题，它的实质是 if 语句可以是完整的结构(if-else)，也可以是不完整的结构(if 不带 else)。因此，在一个复合的 if 语句中，可能 if 结构多于 else 结构，从而使得 else 不知与哪个 if 匹配。根据一般程序设计语言的规定，else 总是与最接近它且没有 else 的 if 匹配，这实质上是与最右边的 if 匹配，因此，解决"悬空 else"的问题变成为规定 else 具有右结合性质。

【例 3.10】 文法(G3.3)的非二义文法(G3.5)如下所示。解决二义文法(G3.3)的关键是将语句 S 分为完全匹配(MS)和不完全匹配(UMS)两类，并且在不完全匹配的语句中确定 else 是右结合的。如产生式(6)所示，其左部符号 UMS 出现在 else 右边，从而使得用(G3.5)产生例 3.8 的语句 if (x<3) if (x>0) x=5 else x= −5 时，每一步直接推导均是确定的，得到的分析树如图 3.7 所示。

$$
\begin{array}{lll}
\text{S} \ \to \ \text{MS} & (1) & \\
\quad\ | \ \text{UMS} & (2) & \\
\text{MS} \to \ \text{if (C) MS else MS} & (3) & \text{(G3.5)} \\
\quad\ | \ \text{id} = \text{E} & (4) & \\
\text{UMS} \to \text{if (C) S} & (5) & \\
\quad\ | \ \text{if (C) MS else UMS} & (6) & \\
\text{C} \ \to \ \text{E} == \text{E} \ | \ \text{E} < \text{E} \ | \ \text{E} > \text{E} & (7) \sim (9) & \\
\text{E} \ \to \ \text{E} + \text{T} \ | \ \text{T} & (10) \sim (11) & \\
\text{T} \ \to \ -\text{T} \ | \ \text{id} \ | \ \text{n} & (12) \sim (14) & \\
\end{array}
$$

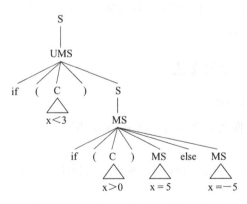

图 3.7 "悬空 else"解决后的分析树

2) 为文法符号规定优先级和结合性

改写文法可以解决二义性问题，但不是唯一的解决方法。比较上述讨论过的二义文法和非二义文法，发现二义文法至少有两个优点：

(1) 比非二义文法容易理解；

(2) 分析效率高(分析树低，直接推导步骤少)。

　　由于二义性的问题实质上是文法符号(包括终结符和非终结符)的优先级和结合性问题，因此，另一种解决方案是保留原来的二义文法，而对文法中有二义的文法符号规定适当的优先级与结合性，使得在产生语言和语法分析的过程中限制不确定的选项为唯一选择。例如，在二义文法 G3.2 中，只要分别为"+""*"和"−"规定正确的优先级和结合性，就会使得分析任何一个句子时仅能得到一棵分析树。这种解决方案的典型例子是语法分析器生成器 YACC。YACC 构造的是基于 LALR(1)文法的语法分析器，但是通过规定文法符号的优先级与结合性，使得 YACC 构造的语法分析器可以对二义文法所描述的语言进行确定的分析，具体细节请阅读 3.7.2 小节相关内容。

3.3　语言与文法简介

　　到目前为止，我们在两个层面上讨论了程序设计语言的结构：从词法分析的层面来看，语言是由字符序列形成的记号的集合；从语法分析的层面来看，语言是由记号序列形成的句子的集合。记号的结构可以用正规式描述，句子的结构可以用 CFG 描述。

　　程序设计语言的结构均可以用**文法**来描述。文法无论对程序设计语言的设计还是对编译器的编写，至少在以下三个方面起着重要作用：

　　(1) 文法给出了精确的、易于理解的语言结构的说明。

　　(2) 以文法为基础的语言，便于加入新的或修改、删除旧的语言结构。

　　(3) 有些类别的文法，可以自动生成高效的分析器。

　　本节从理论的角度对文法进行讨论。讨论建立在形式语言与自动机的理论之上，且仅引用结论而忽略数学证明。希望通过本节的讲述，能使读者对文法的分类和它们在编译器构造中的作用有一定的了解。

3.3.1　正规式与上下文无关文法

1. 正规式到 CFG 的转换

推论 3.1　正规式所描述的语言均可以用 CFG 描述，反之不一定。

　　我们通过引入从正规式构造 CFG 的一种方法来说明上述推论成立。此方法分为以下几个步骤：

　　(1) 构造正规式的 NFA。

　　(2) 对于 NFA 的每个状态 i，均引入一个非终结符 A_i。若状态 i 为 NFA 的初态，则令 A_i 是文法的开始符号。

　　(3) 对于 move(i, a) = j，引入产生式 $A_i \rightarrow a\,A_j$。

　　(4) 对于 move(i, ε) = j，引入产生式 $A_i \rightarrow A_j$。

　　(5) 若 i 是终态，则引入产生式 $A_i \rightarrow \varepsilon$。

【例 3.11】 利用上述方法，为正规式 r=(a|b)*abb 构造的 CFG 如下。其中，识别 r 所描述语言的 NFA 如图 3.8(a)所示。

$$A_0 \rightarrow a A_0 \mid b A_0 \mid a A_1$$
$$A_1 \rightarrow b A_2 \qquad\qquad\qquad\qquad\qquad\qquad (G3.6)$$
$$A_2 \rightarrow b A_3$$
$$A_3 \rightarrow \varepsilon$$

事实上，从正规式构造 CFG，往往并不使用上述方法，而是通过分析正规式的特性，凭经验直接构造。例如，可以把 r = (a|b)*abb 看作首尾两个部分，首部是 0 个或若干个 a 与 b 组成的串，尾部是固定字符串 abb，于是可得到文法(G3.7)如下：

$$A \rightarrow H T \qquad\qquad\qquad\qquad\qquad (1)$$
$$H \rightarrow \varepsilon \mid a H \mid b H \qquad\qquad\qquad (2) \sim (4) \quad (G3.7)$$
$$T \rightarrow a b b \qquad\qquad\qquad\qquad\qquad (5)$$

不难验证，文法(G3.6)和文法(G3.7)描述同一集合，因此它们是等价的。图 3.8(b)和(c)所示分别给出了文法(G3.6)和(G3.7)所产生的句子 abb 的分析树。

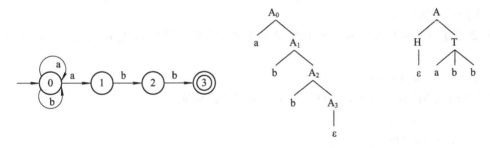

(a) (a|b)*abb 的 NFA　　　(b) (G3.6)产生 abb 的分析树　(c) (G3.7)产生 abb 的分析树

图 3.8　正规式与 CFG

2. 为什么用正规式而不用 CFG 描述程序设计语言的词法

根据推论 3.1，CFG 既可以描述程序设计语言的语法又可以描述词法，而基于下述几个原因，往往采用正规式而不采用 CFG 描述词法：

(1) 词法规则简单，用正规式描述已足够。

(2) 正规式的表示比 CFG 更直观、简洁，易于理解。

(3) 有限自动机的构造比下推自动机简单，且分析效率高。

(4) 区分词法和语法，为编译器前端的模块划分提供方便。

有一个贯穿词法分析和语法分析始终的思想是，语言的描述和语言的识别分别表示一个语言的两个不同侧面，二者缺一不可。用正规式和 CFG 描述的语言，对应的识别方法(自动机)不同。一般情况下，正规式适合描述线性结构，如标识符、关键字、注释等；而 CFG 适合描述具有嵌套(层次)性质的非线性结构，如表达式、if-else、程序块等不同结构的句子。

3.3.2　上下文有关文法

程序设计语言中除了 CFG 可以描述的结构之外，还有一些是 CFG 无法描述的所谓上下文有关的结构。典型的这类语言结构包括：变量的声明与引用、过程调用时形参与实参的一致性约束等。描述它们的文法称为上下文有关文法(Context Sensitive Grammar, CSG)。

【例3.12】 标识符声明与引用问题的抽象可以用 L1 表示，其中第一个 ω 表示声明，第二个 ω 表示引用，声明与引用之间可以有任意长度的序列 c。过程定义与调用中形参与实参一致性问题的抽象可以用 L2 表示，其中 a^nb^m 是形参表，c^nd^m 是实参表，L1 和 L2 均不是 CFL，因为设计不出 CFG 来描述它们。这意味着许多程序设计语言，如 C、C++、Java 等均不是 CFL，因为它们要求标识符先声明后引用，并且要求形参与实参一致。

$$L1=\{\omega c\omega \mid \omega \in (a|b)^*\}$$
$$L2=\{a^nb^mc^nd^m \mid n\geqslant1 \text{ and } m\geqslant1\}$$
$$L3=\{a^nb^nc^n \mid n\geqslant1\}$$

另一个不是 CFL 的例子是英文排版中为字符加下划线问题的抽象，它可以用 L3 表示。其中，a^n、b^n、c^n 分别表示输入 n 个字符、回退 n 个字符和加 n 个下划线。这是一个所谓的计数问题，即 a、b、c 三部分要保持个数相同，或者说保持三部分相关。

抛开上述语言的实际含义，仅考虑它们的抽象表示，则对上述语言稍加修改，就可得到与其结构非常相似的 CFL。

【例3.13】 L1' = $\{\omega c\omega^r \mid \omega \in (a \mid b)^*\}$ 是上下文无关的，其中 ω^r 是 ω 的逆序，对应文法为

$$S \to aSa \mid bSb \mid c$$

L2'=$\{a^nb^mc^md^n \mid n\geqslant1 \text{ and } m\geqslant1\}$ 是上下文无关的，对应文法为

$$S \to aSd \mid aAd$$
$$A \to bAc \mid bc$$

L2"=$\{a^nb^nc^md^m \mid n\geqslant1 \text{ and } m\geqslant1\}$ 是上下文无关的，对应文法为

$$S \to AB$$
$$A \to aAb \mid ab$$
$$B \to cBd \mid cd$$

L3'= $\{a^mb^mc^n \mid m\geqslant1 \text{ and } n\geqslant1\}$ 是上下文无关的，对应文法为

$$S \to AC$$
$$A \to aAb \mid ab$$
$$C \to cC \mid c$$

L3' 与 L3 的区别在于，L3 要求 a、b、c 三部分保持相关，而 L3' 仅要求 a、b 两部分保持相关，c 与前边无关。这似乎降低了要求，L3'就成为 CFL，但是 L3'不是正规集，因为构造不出可以识别 L3'的 DFA。我们可以用反证的方法来说明这一点。

假设 L3' 是一个正规集，则可以构造一个 DFA D，它接受 L3'，不妨设 D 有 n 个状态(n 是一个有限数字)。考察分析 a^n 的过程，依次经历状态 S_0，S_1，…，S_n(共经历 n + 1 个状态)。根据鸽巢原理可知，在序列 S_0，S_1，…，S_n 中至少有两个状态相同，不妨设 $S_i = S_j(j > i)$。对于 L3'中的串 $a^ib^ic^k$，在 D 上一定存在可识别该串的路径：先从初态 S_0 到 S_i 识别出 a^i，再

从 S_i 到 S_{2i} 识别出 b^i，最后从 S_{2i} 到 S_{2i+k} 识别出 c^k，显然最终到达的状态 S_{2i+k} 即终态 f，如图 3.9(a)所示。由于 $S_i = S_j$，使得 D 上还存在这样一条路径：从初态 S_0 开始读取 i 个 a 到达状态 S_i 后，再从状态 S_i 接着读入 j − i 个 a 回到状态 S_i(到此为止共读入 j 个 a)，此后再读入 i 个 b、k 个 c 后到达终态 f，如图 3.9(b)所示，该路径所识别的串是 $a^jb^ic^k$，但此串并不是 L3' 的元素。这意味着接受 L3' 的 DFA 还能接受不属于 L3'的串，所以假设不成立，即 L3'不是正规集。

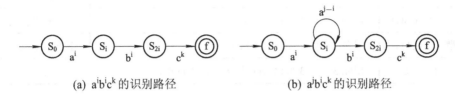

(a) $a^ib^ic^k$ 的识别路径　　　　　　(b) $a^jb^ic^k$ 的识别路径

图 3.9　既接受 $a^ib^ic^k$ 也接受 $a^jb^ic^k$ 的 DFA

若再降低要求，a、b、c 三部分均可无关，则可得到正规集。

【例 3.14】 L3" = $\{a^kb^mc^n \mid k, m, n \geqslant 1\}$ 是正规集，该集合可用正规式 $a^+b^+c^+$ 描述，同时也可由如下 CFG 产生：

S → ABC
A → a | aA
B → b | bB
C → c | cC

3.3.3　形式语言与自动机简介

乔姆斯基(Chomsky)把文法分为四种类型：0 型、1 型、2 型和 3 型。文法之间的差异在于对产生式施加不同的限制。

定义 3.8　若文法 G = (T, N, S, P)的每个产生式 α→β 中，均有 $\alpha \in (N \cup T)^*$，且 α 至少含有一个非终结符，$\beta \in (N \cup T)^*$，则称 G 为 0 型文法。

对 0 型文法施加以下第 i 条限制，即可得到 i 型文法。

(1) G 的任何产生式 α→β(S→ε 除外) 均满足 $|\alpha| \leqslant |\beta|$ (|x| 表示 x 中文法符号的个数)。

(2) G 的任何产生式形如 A→β，其中 A∈N，$\beta \in (N \cup T)^*$。

(3) G 的任何产生式形如 A→a 或者 A→aB(或者 A→Ba)，其中 A∈N，B∈N，a∈T。

0 型文法也称为短语文法，任何 0 型语言都是递归可枚举的；反之，递归可枚举集也必定是一个 0 型语言。

1 型文法就是上下文有关文法，这种文法意味着对非终结符的替换必须考虑上下文。若文法开始符号有产生式 S→ε，则 S 不能出现在任何产生式右部。例如，若 αAβ→αγβ 是 1 型文法的产生式，α 和 β 不全为空，则非终结符 A 只有在左边是 α、右边是 β 这样的上下文中才可能被替换成 γ。

2 型文法就是上下文无关文法，非终结符的替换无须考虑上下文。

3 型文法等价于正规式，因而也称为正规文法或线性文法。

表 3.1 给出了这四种文法和它们所描述的语言，以及识别对应语言的自动机。

表 3.1　文法、语言与自动机

文　法	产生式	语　言	自动机
0 型(短语)文法	$\alpha \to \beta$	0 型语言(短语结构语言，递归可枚举集)	图灵机
1 型文法(CSG)	限制 1	1 型语言(CSL)	线性界限自动机
2 型文法(CFG)	限制 2	2 型语言(CFL)	下推自动机
3 型(正规)文法	限制 3	3 型语言(正规语言，正规集)	有限自动机

【例 3.15】 再考虑上下文有关语言 $L3 = \{a^n b^n c^n \mid n \geq 1\}$，可以用下述 CSG 产生：

$$S \to aSBC \quad (1) \qquad\qquad bB \to bb \quad (5)$$
$$S \to aBC \quad (2) \qquad\qquad bC \to bc \quad (6)$$
$$CB \to BC \quad (3) \qquad\qquad cC \to cc \quad (7)$$
$$aB \to ab \quad (4)$$

对句子 $a^k b^k c^k$ 的推导过程如下：

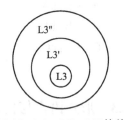

$$S \Rightarrow \cdots \Rightarrow a^{k-1}S(BC)^{k-1} \quad k-1 \text{ 次 } S \to aSBC \text{ 的直接推导}$$
$$\Rightarrow a^k(BC)^k \qquad\qquad\qquad S \to aBC \text{ 一次直接推导}$$
$$\Rightarrow \cdots \Rightarrow a^k B^k C^k \qquad\quad\ \text{若干次 } CB \to BC \text{ 的直接推导}$$
$$\Rightarrow a^k bB^{k-1}C^k \qquad\qquad\ aB \to ab \text{ 一次直接推导}$$
$$\Rightarrow \cdots \Rightarrow a^k b^k C^k \qquad\quad\ k-1 \text{ 次 } bB \to bb \text{ 的直接推导}$$
$$\Rightarrow a^k b^k cC^{k-1} \qquad\qquad\ bC \to bc \text{ 一次直接推导}$$
$$\Rightarrow \cdots \Rightarrow a^k b^k c^k \qquad\quad\ k-1 \text{ 次 } cC \to cc \text{ 的直接推导}$$

图 3.10　L3、L3'、L3"的关系

对比 L3、L3'、L3"，它们之间的关系如图 3.10 所示。

其中：L3 为上下文有关语言，0 型文法和 CSG 均可产生；

　　　L3' 为上下文无关语言，0 型文法、CSG、CFG 均可产生；

　　　L3"为正规语言，四种文法和正规式均可产生。

L3、L3' 和 L3" 说明一个问题：如果说正规式描述的语言仅计一个数(仅对一个部分计数，或者说各部分互不相关)，则 CFG 可以计两个数，CSG 可以计三个数。打个形象的比喻：正规式不管是桃子还是梨统统挑出来；CFG 则可以把桃子挑选出来；CSG 则可以进一步把好桃子挑选出来。

通过上述的讨论，可以得出这样一个印象：i 型文法比 i+1 型文法能力强。理论上的结论是：就描述与识别能力来讲，0 型文法和图灵机最强，3 型文法和有限自动机最弱。但是文法设计与自动机构造的难度，与它们的能力成正比。到目前为止，真正实用的分析器均基于 CFG(包括正规文法)。而对于语言结构中超出 CFG 能力的部分，采用语义分析的方法处理。在以后的讨论中，除非特别说明，文法均指 CFG。

3.4 自上而下语法分析

3.4.1 自上而下分析的一般方法

自上而下分析的基本思想是：对于任何一个输入序列，从文法的开始符号开始，反复进行最左推导，直到得到一个合法句子或者发现一个非法结构。在推导的过程中试图用一切可能的方法，自上而下、从左到右为输入序列建立分析树。整个分析是一种试探的过程，是反复使用不同产生式谋求与输入序列匹配的过程。

【例 3.16】 对于下述所给文法和输入序列 cad，自上而下试探建立分析树的过程如图 3.11 所示。一开始根据当前输入的第一个记号 c 将 S 用产生式 S→cAd 展开，得到句型 cAd，匹配 c 后暴露出 a。A 产生式有两个以 a 开始的候选项，选择任何一个产生式展开均可。第一次选择 A→ab 得到句型 cabd，与输入序列 cad 匹配到第三个记号时失败，如图 3.11(a)所示。于是回退一步，选择 A→a 再得到句型 cad，与输入序列 cad 匹配成功，如图 3.11(b)所示。

      S → cAd

      A → ab | a

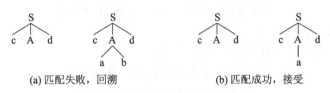

(a) 匹配失败，回溯   (b) 匹配成功，接受

图 3.11 试探性质的自上而下分析

上述分析过程采用试探加回溯的方法。若文法中存在下述两种情况，则会给自上而下分析带来困难：

(1) 若存在形如 A→ αβ₁ | αβ₂ 的产生式，即 A 产生式中有两个或更多候选项的前缀相同(称为公共左因子，或简称左因子)，则可能会造成虚假匹配，使得在分析过程中可能需要进行大量回溯，从而造成分析效率低、语义动作难以恢复，以及出错位置的报告不确切等。

(2) 若存在形如 A → Aα 的产生式，则分析过程中一旦采用了该产生式去替换，就会陷入死循环而使分析无法进行下去。产生式的这种形式称为左递归。

为了避免出现上述情形，需要对文法进行重写：消除左递归，以避免陷入死循环；提取左因子，以避免回溯。

3.4.2 消除左递归

定义 3.9 若文法 G 中的非终结符 A，对某个文法符号序列 α 存在推导 A⇒Aα，则称文法 G 是**左递归**的。若文法 G 中有形如 A→Aα 的产生式，则称该产生式对 A **直接左递归**。

1. 消除文法的直接左递归

首先考虑仅有两个候选项的直接左递归的产生式 $A \to A\alpha \mid \beta$。该产生式仅有两个候选项,其中一个是直接左递归的,另一个不含直接左递归,可以用下述非左递归的产生式取代:

$A \to \beta A'$

$A' \to \alpha A' \mid \varepsilon$

首先看第一组产生式 $A \to A\alpha \mid \beta$,使用 $A \to A\alpha$ 进行零步或多步直接推导得到 $A\alpha^*$,再使用 $A \to \beta$ 进行一次直接推导得到 $\beta\alpha^*$,它产生的符号串是以 β 开头、后面跟随若干个 α(可以是 0 个)。再看第二组产生式 $A \to \beta A'$ 和 $A' \to \alpha A' \mid \varepsilon$,使用 $A \to \beta A'$进行一次直接推导得到 $\beta A'$,再使用 $A' \to \alpha A'$进行零步或多步直接推导得到 $\beta\alpha^* A'$,最后使用 $A' \to \varepsilon$ 进行一次直接推导得到 $\beta\alpha^*$。显然两组产生式产生的符号串集合是相同的。

将此结果推广到文法中所有含有直接左递归的产生式,得到消除文法直接左递归的算法如下。

算法 3.1　消除直接左递归

输入　有直接左递归的文法 G。

输出　无直接左递归的等价文法 G'。

方法　对于 G 中每个有直接左递归的非终结符 A,均应用下面的方法,即可得到等价的且没有直接左递归的文法 G'。

(1) 将 A 的全部产生式整理为如下形式:

$$A \to A\alpha_1 \mid A\alpha_2 \mid \cdots \mid A\alpha_m \mid \beta_1 \mid \beta_2 \mid \cdots \mid \beta_n$$

其中,α_i 均不为空,β_j 均不以 A 开始。

(2) 然后用下述产生式代替原有的 A 产生式:

$$A \to \beta_1 A' \mid \beta_2 A' \mid \cdots \mid \beta_n A'$$

$$A' \to \alpha_1 A' \mid \alpha_2 A' \mid \cdots \mid \alpha_m A' \mid \varepsilon$$

【例 3.17】　考虑简单的算术表达式文法(G3.4),其中的 E 和 T 均是左递归的产生式。运用算法 3.1 消除直接左递归,得到文法(G3.4')如下。用文法 G3.4'分析 id+id*id,得到分析树如图 3.12 所示。与图 3.6(a)中的分析树比较,两棵分析树反映的语言结构是相同的,均是先进行乘法运算再进行加法运算。

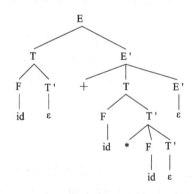

图 3.12　文法 G3.4'产生的 id+id*id 的分析树

E → T E'

E' → + T E' | ε

T → F T'

T' → * F T' | ε　　　　　　　　　　　　　　　　　　　　　　　(G3.4')

F → (E) | – F | id

2. 消除文法的左递归

文法中有些左递归并不是直接的，如下述文法 G3.8 中的 S 不是直接左递归，但因为存在推导 S ⇒ Aa ⇒ Sda，因此它也是左递归文法。下面的算法 3.2 用于消除文法中的所有左递归。

S→A a | b

A→A c | S d | ε　　　　　　　　　　　　　　　　　　　　　　(G3.8)

算法 3.2　消除左递归

输入　无回路文法 G。

输出　无左递归的等价文法 G'。

方法　将非终结符合理排序为 A_1, A_2, …, A_n，然后运用下述过程。

```
for ( i=1; i<=n; ++i ) {
        for ( j=1; j<=i-1; ++j ) {
                对每个形如 Ai→Ajγ 产生式中的 Aj，用 Aj→δ1 | δ2 | ... | δk 的右部替换，
                得到新产生式： Ai→δ1γ | δ2γ | ... | δkγ;
        }
        消除 Ai 产生式中的直接左递归;
}
```

算法 3.2 并不能消除所有文法中的左递归，若文法 G 存在形如 A ⇒ A 的推导，则无法消除左递归。

【例 3.18】　用算法 3.2 消除文法 G3.8 中的左递归。

(1) 将 S 和 A 排序，S 在先，A 在后。

(2) 用 S 右部替换 A→Sd 中的 S，得到 A 的新产生式 A → A c | A a d | b d | ε。

消除新产生式中的直接左递归，最后得到等价的文法(G3.8')如下：

S→ A a | b

A→ b d A' | A'　　　　　　　　　　　　　　　　　　　　　　(G3.8')

A'→ c A' | a d A' | ε

【例 3.19】　考虑由算术表达式组成的语句序列，设计文法(G3.9)如下：

L → E ; L | ε

E → E + T | E – T | T

T → T * F | T / F | T mod F | F　　　　　　　　　　　　　　　(G3.9)

F → (E) | id | num

消除左递归后的等价文法(G3.9')如下：

$L \rightarrow E ; L \mid \varepsilon$

$E \rightarrow T E'$

$E' \rightarrow + T E' \mid - T E' \mid \varepsilon$

$T \rightarrow F T'$ 　　　　　　　　　　　　　　　　　　　　　　　　　　(G3.9')

$T' \rightarrow * F T' \mid / F T' \mid mod F T' \mid \varepsilon$

$F \rightarrow (E) \mid id \mid num$

3.4.3　提取左因子

对于有左因子的文法，推导过程中会出现难以确定用 A 产生式的哪个候选项替换 A 的情况，这时可以重写 A 产生式来推迟这种决定，直到看见足够的输入，能正确决定所需选择为止。这一过程称为提取左因子。

算法 3.3　提取文法的左因子

输入　文法 G。

输出　等价的无左因子文法 G'。

方法　对每个非终结符 A，应用下述过程提取左因子。

(1) 若 A 产生式仅有一个候选项，或其任意两个候选项均没有公共前缀，则 A 产生式没有左因子，无须执行后续的步骤(2)和(3)。

(2) 对 A 产生式，找出其候选项中最长公共前缀 α，重排 A 产生式如下，其中 γ_i 是不以 α 为前缀的其他候选项(具体文法中也可能没有任何 γ_i)：

$$A \rightarrow \alpha\beta_1 \mid \alpha\beta_2 \mid \cdots \mid \alpha\beta_n \mid \gamma_1 \mid \gamma_2 \mid \cdots \mid \gamma_m$$

并用下述产生式替代：

$$A \rightarrow \alpha A' \mid \gamma_1 \mid \gamma_2 \mid \cdots \mid \gamma_m$$
$$A' \rightarrow \beta_1 \mid \beta_2 \mid \cdots \mid \beta_n$$

(3) 重复步骤(2)，直到所有 A、A'产生式的候选项中均不再有公共前缀。

【例 3.20】　考察简化的悬空 else 文法(G3.10)：

$S \rightarrow i(C)S \mid i(C)SeS \mid a$ 　　　　　　　　　　　　　　　(G3.10)

$C \rightarrow b$

S 的前两个候选项的最长左因子是 i(C)S，按算法 3.3 提取左因子之后，等价文法 G3.10'如下：

$S \rightarrow i(C)SS' \mid a$

$S' \rightarrow \varepsilon \mid eS$ 　　　　　　　　　　　　　　　　　　　(G3.10')

$C \rightarrow b$

当一个文法中既有左递归又含左因子时，一般的做法是先消除左递归。因为左递归也是左因子的一种形式，当左递归消除后，同时也消除了部分左因子。例如，例 3.19 中的文法(G3.9)，由于除了 E 和 T 产生式之外，没有其他形式的左因子，所以左递归消除后，即可得到既无左递归又无左因子的文法(G3.9′)。

3.4.4　FIRST 和 FOLLOW 集合

自上而下分析过程中的核心问题是在推导时为非终结符选择合适的候选项，为避免回溯，工程上通常采用预测分析的方法来实现无回溯的自上而下分析。简单地说，这里的预测分析指通过向前看下一个输入终结符与哪个候选项匹配，从而为当前需要展开的非终结符选择出唯一可能正确的候选项进行推导，这样就避免了分析过程中的回溯。具体实现预测分析的方法包括递归下降的预测分析与非递归的预测分析等，在介绍这两个方法之前，先定义两个与文法有关的集合，FIRST 集合与 FOLLOW 集合。

定义 3.10　文法符号序列 α 的 FIRST 集合定义如下：

FIRST(α) = { a | $\alpha \xrightarrow{*} a \cdots$, a$\in$T}，

若 $\alpha \xrightarrow{*} \varepsilon$，则 $\varepsilon \in$ FIRST(α)。

定义 3.11　非终结符 A 的 FOLLOW 集合定义如下：

FOLLOW(A) = { a | $S \xrightarrow{*} \cdots Aa \cdots$, a$\in$T}，

若 A 是某句型的最右符号，则#$\in$FOLLOW(A)。

非形式地讲，文法符号序列 α 的 FIRST 集合，就是从 α 开始可以推导出的所有以终结符开头的序列中的开头终结符。在自上而下的预测分析中，这里的 α 通常对应某个非终结符的一个特定候选项，若分析过程中当前需要展开此非终结符，而下一个输入的记号属于FIRST(α)，则表明按该候选项展开刚好能与输入匹配，因此选择该候选项就是正确的。

一个非终结符 A 的 FOLLOW 集合，就是从文法开始符号可以推导出的所有含 A 序列中紧跟 A 之后的终结符。假设 A 存在一个候选项 β 满足 $\varepsilon \in$ FIRST(β)，那么如果在自上而下的预测分析过程中当前需要展开非终结符 A，而下一个输入的记号属于 FOLLOW(A)，则表明将 A 按候选项 β 展开为空后刚好能与输入匹配，因此选择候选项 β 就是正确的。

需要指出的是，FIRST 与 FOLLOW 集合除了用于自上而下的分析过程，也常用于自下而上分析过程，以辅助分析器作出正确的决策。若无特别的说明，本书使用 "#" 作为表示输入结束的特殊符号。

算法 3.4　计算 X 的 FIRST 集合

输入　文法符号 X。

输出　X 的 FIRST 集合。

方法　应用下述规则：

(1) 若 X 是终结符，则 FIRST(X) = {X}。

(2) 若 X 是非终结符且有 X→ε，则加入 ε 到 FIRST(X)中。

(3) 若 X 是非终结符且有 X→$Y_1 Y_2 \cdots Y_n$(n≥1)，运用下述过程计算 FIRST(X)：

```
FIRST(X) = Φ                              // 初值为空集
for ( j=1; j<=n; ++j ){                   // 依次扫描 Y₁,Y₂,...
    FIRST(X) = FIRST(X) ∪ (FIRST( Yⱼ ) – {ε})
```

```
        if ( ε ∈ FIRST(Yj) )                // X 可推导出 Yj+1Yj+2...Yn
            continue;
        else                                 // X 推导不出 Yj+1Yj+2...Yn
            break;
    }
    if   (j > n)                             // 每个 Yj 均可推导出 ε
        FIRST(X) = FIRST(X) ∪ {ε} ;          // X 可推导出 ε
```

对于任意文法符号序列 $Y_1Y_2\cdots Y_n$，其 FIRST 集合的计算方法与算法 3.4 中的规则(3)类似，即 $FIRST(Y_1Y_2\cdots Y_n)$ 是所有 $FIRST(Y_j) - \{ε\}$ ($j = 1, 2, \cdots, k, k\leq n$)的并集，也就是说 $ε\in FIRST(Y_1)$、$ε\in FIRST(Y_2)$、$\cdots$、$ε\in FIRST(Y_{k-1})$但 $ε\notin FIRST(Y_k)$；若 ε 属于每个 $FIRST(Y_j)$ ($j = 1, 2, \cdots, n$)，则 $ε\in FIRST(Y_1Y_2\cdots Y_n)$。

【例 3.21】 文法 G3.9' 中非终结符的 FIRST 集合的计算过程和结果如下。FIRST 集合的计算是自下向上的(从远离文法开始符号的非终结符开始)，每个非终结符的 FIRST 集合是其所有候选项 FIRST 集合的并集。下面的'('与')'表示文法终结符集合中的左右圆括号，以与"FIRST(...)"中的圆括号区分。

$$FIRST(F) = FIRST(\text{'(' E ')'}) \cup FIRST(id) \cup FIRST(num)$$
$$= \{ (\} \cup \{ id \} \cup \{num\}$$
$$= \{ (, id, num \}$$

$$FIRST(T') = FIRST(*FT') \cup FIRST(/FT') \cup FIRST(mod\ FT') \cup FIRST(ε)$$
$$= \{ * \} \cup \{ / \} \cup \{ mod \} \cup \{ ε \}$$
$$= \{ *, /, mod, ε \}$$

$$FIRST(T) = FIRST(FT')$$
$$= FIRST(F) \qquad // FIRST(F)中不含 ε$$
$$= \{ (, id, num \}$$

$$FIRST(E') = FIRST(+TE') \cup FIRST(-TE') \cup FIRST(ε)$$
$$= \{ + \} \cup \{ - \} \cup \{ ε \}$$
$$= \{ +, -, ε \}$$

$$FIRST(E) = FIRST(TE')$$
$$= FIRST(T) \qquad // FIRST(T)中不含 ε$$
$$= \{ (, id, num \}$$

$$FIRST(L) = FIRST(E;L) \cup FIRST(ε)$$
$$= FIRST(E) \cup \{ ε \} \qquad // FIRST(E)中不含 ε$$
$$= \{ (, id, num, ε \}$$

【例 3.22】 计算下面文法中非终结符 K 的 FIRST 集合。

$$K \to X\,Y\,Z \qquad X \to a\,|\,ε \qquad Y \to b\,|\,ε \qquad Z \to c\,|\,ε$$

$$FIRST(Z) = FIRST(c) \cup FIRST(ε)$$
$$= \{ c, ε \}$$

FIRST(Y)　= FIRST(b)　∪　FIRST(ε) = { b, ε }

FIRST(X)　= FIRST(a)　∪　FIRST(ε)

　　　　　= { a, ε }

FIRST(K)　= FIRST(XYZ)　　　　// FIRST(X)、FIRST(Y)及 FIRST(Z)均含 ε

　　　　　= (FIRST(X) – {ε}) ∪ (FIRST(Y) – {ε}) ∪ (FIRST(Z) – {ε}) ∪ {ε}

　　　　　= { a, b, c, ε }

算法 3.5　计算所有非终结符的 FOLLOW 集合

输入　文法 G。

输出　G 中所有非终结符的 FOLLOW 集合。

方法　应用下述规则：

(1) 加入 # 到 FOLLOW(S)中，其中，S 是开始符号，# 是输入结束标记。

(2) 若有产生式 A→αBβ，则将 FIRST(β)的所有非 ε 元素加入 FOLLOW(B)中。

(3) 若有产生式 A→αB，或有 A→αBβ 且 ε∈FIRST(β)，则将 FOLLOW(A)的全体加入 FOLLOW(B)中。

对于算法 3.5 中的规则(3)，可以这样来理解：如果从文法的开始符号 S 经过若干步推导后得到任意句型 δAaγ，应用规则(3)中的产生式 A→αB 直接推导，可以得到句型 δαBaγ，或者应用产生式 A→αBβ 再加若干步推导，也可得到句型 δαBaγ(注意 ε∈FIRST(β))，即两种情况下均有 S⇒δAaγ⇒δαBaγ。显然对任何 a∈FOLLOW(A)，均有 a∈FOLLOW(B)。

【例 3.23】文法 G3.9' 中非终结符的 FOLLOW 集合的计算过程和结果如下。FOLLOW 集合的计算是自顶向下的(从文法的开始符号开始)。

FOLLOW(L)　=　　{ # }

FOLLOW(E)　=　　(FIRST(; L) – {ε})　　// 产生式 L → E ; L，规则(2)

　　　　　　　　∪(FIRST(')') – {ε})　　// 产生式 F → (E)，规则(2)

　　　　　=　　{ ;,) }

FOLLOW(E')　=　　FOLLOW(E)　　// 产生式 E → T E'，规则(3)

　　　　　=　　{ ;,) }

FOLLOW(T)　=　　(FIRST(E') – {ε})　　// 产生式 E → T E'、E' → +T E'等，规则(2)

　　　　　　　　∪FOLLOW(E)　　// 产生式 E → T E'，规则(3)，ε∈FIRST(E')

　　　　　=　　{ +, – } ∪ { ;,) }

　　　　　=　　{ +, –, ;,) }

FOLLOW(T')　=　　FOLLOW(T)　　// 产生式 T → F T'，规则(3)

　　　　　=　　{ +, –, ;,) }

FOLLOW(F)　=　　(FIRST(T') – {ε})　　// 产生式 T → F T、T' → *F T'等，规则(2)

　　　　　　　　∪FOLLOW(T)　　// 产生式 T → F T'，规则(3)，ε∈FIRST(T')

　　　　　=　　{ *, /, mod } ∪ { +, –, ;,) }

　　　　　=　　{ *, /, mod, +, –, ;,) }

计算 FOLLOW(T)时，需应用规则(2)计算产生式 E' → +T E' 右部 T 之后 E' 的 FIRST(E')，也需对 E'→ − T E'进行该计算，因为都是计算 E'的 FIRST 集合，结果相同，所以在上面的备注中省略了。同理，计算 FOLLOW(F)时，需应用规则(2)计算产生式 T' → * F T' | / F T' | mod F T'右部的符号 F 之后 T'的 FIRST(T')，对三个候选项的计算结果也是相同的。

另外，计算 FOLLOW 集合时可忽略直接右递归形式的产生式(形如 A→αA)。因为对于产生式 A→αA，当根据规则(3)为右部末尾的 A 计算 FOLLOW 集合时，需要计算该集合与产生式左部 A 的 FOLLOW 集合的并集，即 FOLLOW(A)∪FOLLOW(A)，这显然是完全冗余的计算。所以，在上面例子中，计算 FOLLOW(E')时，并未考虑产生式 E'→+TE' 和 E→−TE'。计算 FOLLOW(T')和 FOLLOW(L)时均存在类似情况。

3.4.5　递归下降的预测分析

递归下降分析是以递归调用子程序的方式模拟根据文法产生语言的过程。它的基本思想是：为每一个非终结符构造一个子程序，每一个子程序的过程体中按该产生式的候选项分情况展开，遇到终结符直接匹配，而遇到非终结符就调用相应非终结符的子程序。语法分析过程从调用文法开始符号的子程序开始，直到所有非终结符都展开为终结符并得到匹配为止(此时开始符号的子程序恰好执行结束)。若分析过程中达到这一步则表明分析成功，否则表明输入中有语法错误。由于文法是递归定义的，因此子程序也是递归的，称为递归下降子程序。

通用的递归下降分析方法可能需要回溯，也可能需要向前看多个输入终结符，然而在对程序设计语言进行语法分析时回溯会带来 3.4.1 小节中提及的诸多问题，因此进行回溯的语法分析器并不常见，并且支持向前看多于一个输入终结符的实现较为复杂，因此本书仅讨论递归下降分析方法的一种简单形式——预测分析法，即不需要回溯且仅向前看一个输入终结符的递归下降方法。这种递归下降分析对文法的限制是不能有公共左因子和左递归。

对于规模比较小的语言，手工编写递归下降子程序是很有效的方法。它简单灵活，容易构造，也可充分利用运行环境的特性提高编译效率，其缺点是程序与文法直接相关，对文法的任何改变均需对程序进行相应的修改。

手工编写递归下降子程序的方法是一种非形式化的方法，只要能够写出每个非终结符的子程序，采用什么样的方法和步骤均可。从初学者的角度出发，我们可以分三个步骤构造递归下降子程序，并且以文法(G3.9')为例，详细讨论各步骤的具体过程。

(1) 构造文法的状态转换图并且化简。

(2) 将转换图转化为 EBNF 形式的文法。

(3) 根据 EBNF 文法构造子程序。

1. 文法的状态转换图

文法的状态转换图是针对非终结符而言的，每个非终结符对应一个状态转换图。它与 NFA 的状态转换图相似，唯一的区别是表示状态转移的边上标记的不是字符，而是文法符号(终结符或非终结符)或 ε。文法的状态转换图可按下述方法构造。

(1) 为每个非终结符 A 建立一个初态和一个终态。

(2) 为每个产生式 $A \to X_1 X_2 \cdots X_n$ 构造从初态到终态的路径，各条边依次标记为 X_1、X_2、$\cdots$、X_n。

(3) 根据识别同一集合的原则，化简转换图。

文法(G3.9)'有 6 个非终结符，根据上述方法(1)和(2)，分别构造它们的状态转换图，如图 3.13 所示。

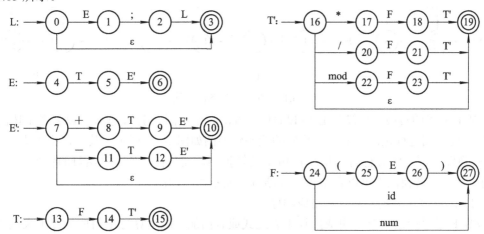

图 3.13　文法(G3.9')的状态转换图

对于图 3.13 所示的状态转换图，可以根据识别同一集合的原则对它们进行化简：

(1) 在状态转换图中，对非终结符 A 的一次匹配等价于对 A 递归子程序的一次调用，因此转换图中标记为 A 的边可等价为标记 ε 的边转向 A 转换图的初态。

(2) 标记为 ε 的边所连接的两个状态可以合并。

(3) 不可区分的状态可以合并。

以 E 和 E'的转换图为例，对它们进行下述化简：

(1) 首先考察 E'的转换图。由于状态 9 与 12 经过 E'均到达状态 10，且从状态 9 和 12 出发再没有其他转移，所以将这两个状态合并为一个状态并取 9 为代表。同理，将状态 8 与 11 也合并为一个状态并取 8 为代表，所得转换图见图 3.14(a)。

(2) 图 3.14(a)中从状态 9 到状态 10 的转移标记为 E'，将该转移改为指向 E'的初态且标记为 ε 的边，见图 3.14(b)。

(3) 从状态 8 出发，经 T 可到达的状态的全体 9、7、10 可以合并为一个状态，取 10 为代表，见图 3.14(c)。在图 3.14(b)中，状态 7 是初态，状态 10 是终态，所以合并所得代表状态 10 此时既是初态也是终态。

(4) 再考察 E 的转换图，从状态 5 到状态 6 的转移标记为 E'，将该转移改为指向 E'的初态且标记为 ε 的边，见图 3.14(d)。

(5) 在图 3.14(d)中，状态 5 经 ε 到达状态 10，所以将二者合并为一个状态并取 10 为代表；从状态 4、8 出发经 T 的下一状态转移均到达状态 10，且从二者出发再没有其他转移，所以 4、8 是不可区分的，将二者合并为一个状态并取 4 为代表。最后得到 E 的转换图，见图 3.14(e)。

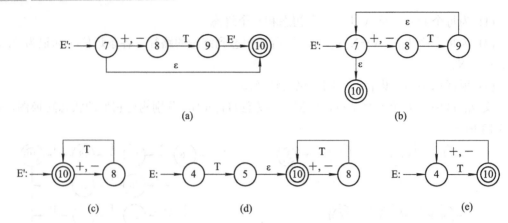

图 3.14　状态转换图的化简

对 T 和 T'的转换图化简与 E 和 E'的化简方法完全相同。另外,读者可以参考上述内容,对 L 的转换图进行化简,最终化简后的状态转换图如图 3.15 所示。其中,不再需要 E'和 T'的转换图,因为此时它们已并入 E 和 T 的转换图,而且在其他非终结符的转换图中未被引用。从状态转换图中可以看出各非终结符所表示的结构:

(1) L 是由 0 个或若干个 E 组成的序列;

(2) E 是至少由一个 T 组成的算术表达式或者由加、减运算与 T 组成的算术表达式;

(3) T 是至少由一个 F 组成的算术表达式或者由乘、除和取模运算与 F 组成的算术表达式;

(4) F 是由标识符、数值字面量或者加括弧的算术表达式组成的算术表达式。

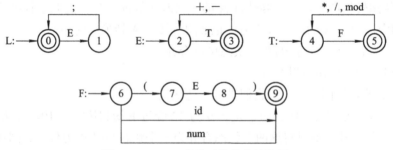

图 3.15　(G3.9')化简后的状态转换图

2. 文法的扩展 BNF(EBNF)表示

与正规式的简化表示类似,为了书写和表达的简洁方便,可以对产生式右部的结构进行扩充,得到文法的扩展 BNF 表示(Extended BNF,EBNF)。需要指出的是,相关文献与工具软件中使用的 EBNF 有多种表示形式。本书采用的形式是在产生式的右部引入下述符号进行扩充,每种扩充形式均可以与递归下降子程序的控制结构直接对应。

(1) **闭包**:形式为 S+ 或 S*。其中,S* 表示在输入中 S 可以出现 0 次或若干次,S+ 表示在输入中 S 可以出现 1 次或若干次。闭包可以用来表示转换图中的环,并且在递归下降子程序中可以用循环结构(如 while)来实现。

(2) **可缺省**:形式为 S?,表示在输入中 S 可以不出现。该形式用来表示转换图中可以被绕过的路径,并且可以用 if 结构实现。

(3) **多选一**:形式为 $S_1 \mid S_2 \mid \cdots \mid S_n$,表示其中各部分之间为 "或" 关系,即在输入中

仅出现其中的某一个部分。"|"在 BNF 文法中仅表示产生式中各候选项的"或"关系,而在 EBNF 文法中,"|"还可以出现在"( )"之内,表示括弧中各部分之间的"或"关系。它一般表示转换图中的并列路径,并且可以用 switch/case 或 if-else 结构实现。

(4) **圆括号**:形式为(⋯)。该结构既可用于多选一形式,也可用于改变相关结构的优先级和结合性。例如,S+ 可以写成(S)+,S? 可以写成 (S)? 等。

根据转换图与 EBNF 的对应关系,文法(G3.9′)的等价 EBNF 文法(G3.9″)如下:

$$L \rightarrow (E ;)*$$

$$E \rightarrow T ((+ | -) T)*$$

$$T \rightarrow F (('*' | / | mod) F)* \qquad // '*'为终结符,以与*闭包区分 \qquad (G3.9'')$$

$$F \rightarrow '(' E ')' | id | num \qquad // '('与')'为终结符,以与 EBNF 中圆括号区分$$

可以看出,EBNF 在形式上与正规式的结构有很大的相似性,但在 EBNF 中仍允许非终结符的递归引用,因此 EBNF 文法与 BNF 文法是等价的,描述的仍然是比正规式所定义的单词结构更为复杂的可嵌套句子结构。引入 EBNF 文法的主要目的是通过用循环代替递归调用、减少子程序的调用层次、消除空产生式等手段来提高分析器的执行效率。有些编译器构造工具(如 ANTLR)可以根据使用者提供的 EBNF 文法自动生成相应的递归下降子程序。

3. 递归下降子程序

事实上,EBNF 表示的产生式可以看作程序的抽象,用某种程序设计语言表示出来,并且加上适当的数据结构与辅助程序,就形成了文法对应的递归下降的预测分析器。

为非终结符构造对应子程序的实质是将其产生式右部展开为过程体,基本思路是将产生式右部的终结符展开为匹配操作,将产生式右部的非终结符展开为调用其相应子程序。对于产生式右部有多个候选项、某个候选项内部存在多选一结构的情况,均展开为分情况结构。不妨设这两种情况对应的多选一结构均可书写为 $A \rightarrow \alpha_1 | \alpha_2 | \cdots | \alpha_n$,程序中有变量 lookahead 用于存放下一个输入终结符,则对应分情况结构的伪代码可以有如下形式:

```
if ( select_alt(lookahead, A, α₁ ) ) { 展开 α₁ }
else if (select_alt(lookahead, A, α₂ ) ) { 展开 α₂ }
…
else if (select_alt(lookahead, A, αₙ ) ) { 展开 αₙ }
else { 错误处理 }
```

函数 select_alt 的功能是根据下一个输入终结符判断是否选择指定结构进行推导,其逻辑结构如下:

```
boolean   select_alt(lookahead,   A,   αᵢ ) {
     if ( lookahead∈FIRST(αᵢ) ) return true;
     if ( ε∈FIRST(αᵢ) and lookahead∈FOLLOW(A) ) return true;
     return false;
}
```

在构造子程序时可根据具体文法对上述结构进行简化或优化。程序清单 3.1 给出了为文法(G3.9″)构造的递归下降子程序。函数 parser_main 在概念上是语法分析器的主程序,被编译器的其他模块调用，而所有非终结符的子程序都是语法分析器的内部程序，通常不会被其他模块调用。常量 EOF 用于标志输入的结束，变量 lookahead 用于存放下一个输入终结符(记号类别)。函数 nextToken()用于从词法分析器提供的记号流中获取下一个记号并返回该记号的类别。函数 match(t)的作用是进行终结符的匹配，即判断下一个记号是否与期望的终结符相同，若相同则读取下一个终结符，否则进行错误处理。

程序清单 3.1　文法 G3.9"的递归下降子程序

```
1   void parser_main( ) {              // 语法分析器的入口函数
2       lookahead = nextToken();       // 读取第一个记号
3       L( );                          // 调用开始符号的子程序，即开始推导
4                                      // 当调用返回后，语法分析结束
5   }
6
7   //判断终结符是否匹配，若匹配则读取下一个记号并将记号类别存入 lookahead
8   bool match(TokenKind token) {
9       if (token == lookahead) {
10          lookahead = nextToken();
11          return true;
12      }
13      error("syntax error1");        // 出错处理
14      return false;
15  }
16
17  void L( ) {                        // 展开非终结符 L
18      while (lookahead != EOF) {     // 遇到输入结束时分析结束
19          E( );          // 调用 E 的子程序，即推导 E，其他类似
20          match(SEMICO);
21      }
22  }
23
24  void E( )  {                       // 展开非终结符 E
25      T( );
26      while (lookahead==PLUS || lookahead==MINUS ) {
27          match(lookahead);
28          T( );
29      }
30  }
31
32  void T( ) {                        // 展开非终结符 T
33      F( );
34      while(lookahead==MUL || lookahead==DIV || lookahead==MOD) {
35          match(lookahead);
```

```
36              F( );
37         }
38  }
39
40  void F( ) {                                    // 展开非终结符 F
41      switch(lookahead) {
42          case LP:
43              match(LP);                         // "("
44              E( );
45              match(RP);                         // ")"
46              break;
47          case ID :                              // 标识符
48              match(ID);
49              break;
50          case NUM :                             // 数值字面量
51              match(NUM);
52              break;
53          default :
54              error("syntax error2");            // 出错处理
55      }
56  }
```

上述程序反映了递归下降分析方法的基本思想：从文法的开始符号开始，根据当前剩余输入的第一个记号，按不同情况展开非终结符，最终与输入序列完成匹配或指出语法错误。

再看左递归问题，若存在产生式 $E \rightarrow E + id$，则 E 的递归下降子程序如下，此程序理论上永不停机：

```
void E() {
    E();   match("+");   match(id);
}
```

同样，若文法中存在公共左因子，也会给递归下降子程序的构造造成困难。

3.4.6　非递归的预测分析

非递归的预测分析器由一个预测分析表、一个符号栈和一个驱动器组成。它采用符号栈的变化来代替对递归下降子程序的调用，采用栈顶元素和输入符号为索引进行查表来代替递归下降子程序中的条件控制，即用分析表指导驱动器完成对输入序列的分析。由于消除了递归子程序调用，所以也称其为非递归的预测分析器或者表驱动的预测分析器，它的数学模型是下推自动机。

1. 非递归预测分析器的工作模式

1) 下推自动机与格局

下推自动机(PushDown Automaton，PDA)的工作模型如图 3.16(a)所示，它由一个只读头(ip 指向当前输入)、一个下推栈(top 指向栈顶)和一个有限状态转移控制器组成。预测分析器是下推自动机的一个具体实现，如图 3.16(b)所示。它的下推栈是一个符号栈，其中存放终结符与非终结符，它的有限状态转移控制器由一个预测分析表和一个驱动器组成。

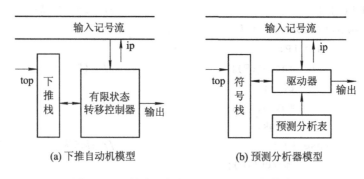

图 3.16　下推自动机与预测分析器工作模型

下推自动机的工作模式类似播放幻灯片，此处的每张"幻灯片"称为一个**格局**(configuration)。每个格局是一个三元组：(栈内容，当前剩余输入(简称剩余输入)，改变格局的动作)。分析是从某个**初始格局**开始的，经过一系列的格局变化，最终到达**接受格局**，表明分析成功；或者到达**出错格局**，表明发现一个语法错误。很显然，初始格局中的剩余输入应该是全部输入序列，而接受格局中剩余输入应该为空，任何其他格局或者出错格局中的剩余输入应该是全部输入序列的一个后缀。格局中栈的内容根据语法分析方法的不同而不同，例如，在预测分析器模型中，栈中的内容是文法符号，而在稍后介绍的移进归约分析模型中，栈中的内容可以是状态。引起格局变化的是格局中的第三个元素，即改变格局的动作。有限状态转移控制器根据当前下推栈中的内容和当前的剩余输入确定相应动作，改变下推栈和剩余输入的状态，从而进入下一格局。

2) 预测分析表的内容与改变格局的动作

在表驱动的预测分析器中，驱动器与预测分析表协同工作，实现对格局的改变。驱动器根据当前输入和栈顶的内容，查表确定改变格局的动作。预测分析表是一个如表 3.2 所示的二维数组 M，所有的非终结符构成分析表的行下标集合，所有的终结符以及表示输入结束的特殊标志#构成分析表的列下标集合。M[A, a]中的内容表示在当前栈顶为非终结符 A 且当前输入为 a 时，分析器要进行的动作。

表 3.2　文法(G3.9')的预测分析表

	id	num	+	–	*	/	mod	(	)	;	#
L	E;L	E;L						E;L			ε
E	TE'	TE'						TE'			
E'			+TE'	–TE'					ε	ε	
T	FT'	FT'						FT'			
T'			ε	ε	*FT'	/FT'	modFT'		ε	ε	
F	id	num						(E)			

对于分析表中填写的产生式(候选项)，有时给出的形式是 A→α。由于产生式左部一定与对应的行下标相同，为简单起见，此处的预测分析表中不写左部和"→"。

分析表中的空白单元格，指示分析器应进行出错处理。如 M[E, mod]表示若栈顶为 E 且当前输入为 mod 时应报错，因为 mod 不能是任何表达式的第一个记号。

在表驱动的预测分析过程中，有四种改变格局的动作。

(1) **匹配终结符**(match)。若栈顶元素与当前输入终结符相同且不是结束标志 #，则分析器弹出栈顶符号(pop)，输入指针指向下一个终结符(next(ip))。

(2) **展开非终结符**(expand)。栈顶符号是非终结符 X，当前输入是 a，驱动器访问分析表 M[X, a]；若 M[X, a]是 X 产生式的某候选项，则用此候选项取代栈顶的 X。

(3) **接受**(accept)。栈顶和当前输入符号均为 #，分析成功并结束。

(4) **报错**(error)。其他情况，调用错误恢复例程。

预测分析器的驱动器根据当前的输入符号和栈顶内容查询分析表，依照分析表的指示，从一个初始格局开始，或者执行动作(1)匹配终结符，或者执行动作(2)展开一个非终结符。经过一系列的格局变化，到达一个正确结束格局(3)，或者一个出错格局(4)。

3) 驱动器的算法

算法 3.6　非递归的预测分析

输入　输入序列 ω 和文法 G 的预测分析表 M。

输出　若 ω∈L(G)，得到 ω 的一个最左推导，报告分析成功；否则指出一个错误。

方法　初始格局为(#S，ω#，分析器的第一个动作)。

令 ip 指向 ω# 的第一个符号，top 指向栈顶元素 S;

```
while ( true) {
    x = *top;                                      // 读取栈顶的符号(不修改栈状态)
    a = *ip;                                        // 读取当前的输入符号
    if ( x == # ) {                                // 栈为空
        if ( a == # ) return ;                     // 剩余输入为空则分析成功(接受)
        else { error(1);}                          // 出错处理：剩余输入无效
    } else if ( x ∈ T ) {
        if ( x == a ) {
            pop(x); next(ip);                      // 匹配终结符
        } else { error(2); }                       // 出错处理：栈顶终结符不匹配 a
    } else {
        if ( M[x, a] == X→Y₁Y₂···Yₖ₋₁Yₖ ) {        // x 是某个非终结符 X
            pop(X);
            push(YₖYₖ₋₁···Y₂Y₁);                    // 展开产生式(注意 push 的次序)
                                                   // 若产生式右部为空则不压栈
        } else { error(3); }                       // 出错处理：没有可用的产生式
    }
}
```

【例 3.24】 表 3.2 给出了文法(G3.9')的预测分析表。用算法 3.6 作为驱动器，表 3.2 作为分析表，分析输入序列 id+id*id; 的过程如下。

步骤	栈内容	当前输入	动作	说明
(1)	#L	id+id*id;#	pop(L), push(E;L)	按 L→E;L 展开
(2)	#L ; E	id+id*id;#	pop(E), push(TE')	按 E→TE'展开
(3)	#L ; E' T	id+id*id;#	pop(T), push(FT')	按 T→FT'展开
(4)	#L ; E' T' F	id+id*id;#	pop(F), push(id)	按 F→id 展开
(5)	#L ; E' T' id	id+id*id;#	pop(id), next(ip)	匹配 id
(6)	#L ; E' T'	+id*id;#	pop(T')	按 T'→ε 展开
(7)	#L ; E'	+id*id;#	pop(E'), push(+TE')	按 E'→+TE'展开
(8)	#L ; E' T +	+id*id;#	pop(+), next(ip)	匹配 +
(9)	#L ; E' T	id*id;#	pop(T), push(FT')	按 T→FT'展开
(10)	#L ; E' T' F	id*id;#	pop(F), push(id)	按 F→id 展开
(11)	#L ; E' T' id	id*id;#	pop(id), next(ip)	匹配 id
(12)	#L ; E' T'	*id;#	pop(T'), push(*FT')	按 T'→*FT'展开
(13)	#L ; E' T' F *	*id;#	pop(*), next(ip)	匹配 *
(14)	#L ; E' T' F	id;#	pop(F), push(id)	按 F→id 展开
(15)	#L ; E' T' id	id;#	pop(id), next(ip)	匹配 id
(16)	#L ; E' T'	;#	pop(T')	按 T'→ε 展开
(17)	#L ; E'	;#	pop(E')	按 E'→ε 展开
(18)	#L ;	;#	pop(;), next(ip)	匹配 ;
(19)	#L	#	pop(L)	按 L→ε 展开
(20)	#	#	接受	正确结束

2. 构造预测分析表

表驱动的预测分析方法的特征是驱动器与文法无关，与文法相关的仅仅是预测分析表。所以构造表驱动的预测分析器，实际上就可简化为构造给定文法的预测分析表。构造分析表的过程可以分为两步：首先根据文法构造候选项的 FIRST 集合与非终结符的 FOLLOW 集合，然后根据这两个集合构造预测分析表。

算法 3.7 构造预测分析表

输入 文法 G。

输出 预测分析表 M。

方法 应用下述规则：

(1) 对文法的每个产生式(候选项)A→α，执行(2)和(3)。

(2) 对 FIRST(α)的每个终结符 a，加入 α 到 M[A, a]中。

(3) 若 ε∈FIRST(α)，则对 FOLLOW(A)的每个元素 b，加入 α 到 M[A, b]中。

(4) 分析表 M 中其他没有填写的条目均代表 error。

结合预测分析驱动器的动作和 FIRST、FOLLOW 定义，可以看出 M[A, a]是如何指导下一步动作：

(1) 若当前栈顶为 A，当前输入为 a，则规则(2)表示下一步动作是按 A→α 展开 A。因为 a∈FIRST(α)，所以展开后下一次正好匹配 a。

(2) 若当前栈顶为 A，当前输入为 b 且 b∈FOLLOW(A)，则规则(3)表示接下来执行的动作是进行推导 A⟹α⟹ε，即栈顶弹出 A，继续分析 A 之后的部分。因为 b∈FOLLOW(A)，所以弹出 A 后下一次正好匹配 A 的后继 b。

在例 3.21 与例 3.23 中，我们已经完成了文法(G3.9')中非终结符的 FIRST 集合与 FOLLOW 集合的计算，为构造分析表，下面将各个候选项的 FIRST 集合单列，也再次给出非终结符的 FOLLOW 集合。

FIRST(F → '(' E ')')	=	{ (}
FIRST(F → id)	=	{ id }
FIRST(F → num)	=	{num}
FIRST(T' → *FT')	=	{ * }
FIRST(T' → /FT')	=	{ / }
FIRST(T' → mod FT')	=	{ mod }
FIRST(T' → ε)	=	{ ε }
FIRST(T → FT')	=	{ (, id, num }
FIRST(E' → +TE')	=	{ + }
FIRST(E' → –TE')	=	{ – }
FIRST(E' → ε)	=	{ ε }
FIRST(E → TE')	=	{ (, id, num }
FIRST(L → E;L)	=	{ (, id, num }
FIRST(L → ε)	=	{ ε }
FOLLOW(L)	=	{ # }
FOLLOW(E)=FOLLOW(E')	=	{), ; }
FOLLOW(T)=FOLLOW(T')	=	{+, –, ;,) }
FOLLOW(F)	=	{ *, /, mod, +, –, ;,) }

根据以上集合，用算法 3.7 为文法(G3.9')构造的分析表如表 3.2 所示。

3. LL(1)文法

文法(G3.9')的预测分析表中，每个 M[A, a]中最多有一个条目，因此对于每个(栈顶符号，输入符号)对，有且仅有一个动作(包括出错条目)与其对应，从而使分析的每一步均是确定的。那么是否为任意文法构造的分析表 M[A, a]中都最多有一个条目呢？情况并不是这样。

【例 3.25】考虑提取了公共左因子的二义(悬空 else)文法(G3.10')，其各产生式的 FIRST 集合和各非终结符的 FOLLOW 集合如下：

FIRST(C → b) = {b}   FIRST(S' → eS) = {e}   FIRST(S' → ε)= {ε}

FIRST(S → i(C)SS') = {i}   FIRST(S → a) = {a}

FOLLOW(S) = {#, e}   FOLLOW(S') = {#, e}   FOLLOW(C) = {)}

据此构造的预测分析表如表 3.3 所示。考察表元素 M[S', e]：因为 e∈FIRST(S' → eS)，根据算法 3.7 的规则(2)，将 eS 加入到 M[S', e]中；因为 ε∈FIRST(S' → ε)且 e∈FOLLOW(S')，根据规则(3)将 ε 加入到 M[S', e]中，从而使得 M[S', e]含有了两个条目。这两个条目均可以用于指导分析器的下一步动作，造成分析的不确定，所以此分析表不能正确工作。

表 3.3　二义文法 G3.10' 的预测分析表

	a	b	e	i	(	)	#
S	S→a			S→i(C)SS'			
S'			S'→eS S'→ε				S'→ε
C		C→b					

定义 3.12　一个文法 G 是 LL(1)文法，当且仅当为它构造的预测分析表中不含多重定义的条目。由此分析表所构成的分析器称为 LL(1)分析器，它所分析的语言称为 LL(1)语言。第一个 L 表示从左到右扫描输入序列，第二个 L 表示产生最左推导，1 表示在确定分析器的每一步动作时向前看一个输入终结符。

由定义 3.12 可知，悬空 else 文法(G3.10')不是 LL(1)文法。事实上任何二义文法都不是 LL(1)文法。这一点已由例 3.25 得到证实。另外，也可以根据 LL(1)文法和二义文法的定义来反证这一点：假设二义文法 G 也是 LL(1)文法，则可以为 G 构造一个预测分析表 M，M 中没有多重定义的条目，也就是说，用 M 指导分析 L(G)中任何一个句子的过程中，每一步动作都是确定的，从而不可能存在 L(G)中的一个句子对应两棵分析树，这与 G 是二义文法矛盾。

任何含有左递归和左因子的文法也不是 LL(1)文法。有兴趣的读者可以通过构造相应的预测分析表来进行验证。判定一个文法是否为 LL(1)文法，可以通过构造它的预测分析表来实现，也可以利用推论 3.2 直接分析文法来确定，从而可以省去构造预测分析表的过程。

推论 3.2　一个文法 G 是 LL(1)的，当且仅当 G 的任意一个非终结符 A 的任意两个候选项 A→α|β 满足下面的条件：

(1) 对任何终结符 a，α 和 β 不能同时推导出以 a 开始的文法符号序列。

(2) α 和 β 最多有一个可以推导出 ε。

(3) 若 β$\overset{*}{\Rightarrow}$ε，则 α 不能推导出以在 FOLLOW(A)中的终结符开始的任何文法符号序列。

推论 3.2 实际上等价于当且仅当 G 的任何两个产生式 A→α|β 满足上述三个条件时，为文法 G 构造的预测分析表中不含多重定义的条目。反之，若不满足三个条件之一，则分析表中有多重定义条目。其中，前两个条件等价于 FIRST(α)∩FIRST(β)=Φ。

若条件(1)不满足，即存在终结符 a，α 和 β 同时推导出以 a 开始的文法符号序列，则根据算法 3.7 规则(2)，M[A, a]中就会有多重定义条目 A→α 和 A→β。

若条件(2)不满足，即 α 和 β 均可推出 ε，则根据算法 3.7 规则(3)，对于 FOLLOW(A)

中的每个元素 b，M[A, b]中就会有多重定义条目 A→α 和 A→β。

若条件(3)不满足，即存在终结符 b，它既在 FIRST(α)中，又在 FOLLOW(A)中，则根据算法 3.7 规则(2)把条目 A→α 加入 M[A, b]中，再根据规则(3)又把条目 A→β 加入 M[A, b]中，从而 M[A, b]中有了多个条目。

【例 3.26】 文法 G3.9 不是 LL(1)文法，因为 FIRST(E)=FIRST(T)=FIRST(F)= {(, id, num}，所以既有 id∈FIRST(E→E+T)又有 id∈FIRST(E→T)，不满足推论 3.2 的条件(1)。

无论是递归下降的预测分析还是表驱动的预测分析，它们都只能处理 LL(1)文法。但是，LL(1)文法有着明显的弱点：

(1) 文法比较难写。通常按照习惯写出的文法，如算术表达式文法(G3.4)，往往含有左递归和左因子。虽然有成熟的算法可以消除左递归和提取左因子，但改写之后的文法(如 G3.4')很难读也很难使用。同时对比图 3.6(a)和图 3.12 中的分析树可以看出，根据改写后文法所构造的分析树不直观且推导步骤增加。

(2) LL(1)文法适应范围有限，对于有些语言，往往写不出它的 LL(1)文法。

因此，实际构造编译器时可以寻求能力更强的文法，如 LL(k)文法、LL(*)文法或 LR(1)文法等。

3.5 自下而上语法分析

自上而下语法分析采用的方法是推导，从根到叶子构造分析树，或者说从文法的开始符号产生出句子。对于产生语言来讲，自上而下分析的方法是自然的。而自下而上的分析采用的方法是归约，从叶子到根构造分析树，或者说从句子开始归约出文法的开始符号。对于分析语言来讲，自下而上分析的方法更自然，因为语法分析处理的对象一开始都是终结符组成的输入序列，而不是文法的开始符号。同时，自下而上分析中最一般的方法——LR方法，其能力比自上而下分析的 LL 方法要强，从而使得 LR 分析成为最为实用的语法分析方法。但是，LR 分析有一个弱点，自下而上分析的逆向思维过程，使得分析表的构造比较复杂，对于规模稍大一些的语言，很难用手工的方法构造 LR 的分析表。LR 分析器的构造一般都借助于分析器生成工具，当前应用最广泛的工具之一是 YACC 系列。

本节仅讨论自下而上语法分析的基本原理和最简单的 SLR 分析器的构造方法，关于更一般的 LR 分析和分析器生成工具，将在后续章中进一步讨论。

另一类自下而上的分析方法是算符优先分析，它适合于表达式结构的语法分析，也便于手工构造，但由于它基于的是 LR 文法的一个子集——算符优先文法，因此有些语法结构不适合采用算符优先分析方法。实际上算符优先分析已经基本上被 LR 方法所取代，限于篇幅，本书不再介绍算符优先分析。

3.5.1 自下而上分析的基本方法

自下而上分析的基本思想是，从左到右分析输入序列 ω，经过一系列的步骤，最终将

ω 归约为文法的开始符号，或者发现一个语法错误。归约是推导的逆过程，是一个反复用产生式的左部替换产生式的右部、谋求对输入序列进行匹配的过程。

1. 规范归约与"剪句柄"

定义 3.13 设 αβδ 是文法 G 的一个右句型，若存在最右推导 $S \overset{*}{\Rightarrow} \alpha A\delta$，$A \overset{+}{\Rightarrow} \beta$，则称 β 是句型 αβδ 相对于 A 的**短语**。特别地，若有 $A \rightarrow \beta$，则称 β 是句型 αβδ 相对于产生式 $A \rightarrow \beta$ 的**直接短语**。一个句型的最左直接短语称为**句柄**。

在上述的定义中，强调了短语形成的两个要素：

(1) 从开始符号可以推导出包含某个非终结符 A 的右句型($S \overset{*}{\Rightarrow} \alpha A\delta$)。

(2) 从 A 开始经过至少一次直接推导得到短语($A \overset{+}{\Rightarrow} \beta$)。

直观上，句型是一个完整结构，短语可以是句型中相对某非终结符的局部。因此在推导开始时的开始符号 S 是一个句型，而不是一个短语。

【**例 3.27**】 再考虑文法(G3.4)产生的句子 $id_1 + id_2 * id_3$。其最右推导和分析树如图 3.17(a)、(b)所示，其中文法符号的下标编号是为了方便说明。

考察其中两个短语。根据定义，从文法开始符号经过零步推导得到 E_1，从 E_1 经过若干步推导得到 $id_1 + id_2 * id_3$，所以 $id_1 + id_2 * id_3$ 是句型 $id_1 + id_2 * id_3$ 相对于 E_1 的短语(短语定义中的 α 和 δ 此时均为 ε，β 是句子本身)。再考虑推导 $E_1 \Rightarrow E_2 + id_2 * id_3 \Rightarrow T_3 + id_2 * id_3 \Rightarrow F_3 + id_2 * id_3 \Rightarrow id_1 + id_2 * id_3$，$id_1$ 是相对于非终结符 E_2、T_3 和 F_3 的短语(其中 α 均为 ε，δ 均为 $+ id_2 * id_3$)，特别是相对于 F_3 是直接短语，也是句柄。其他短语如图 3.17(c)所示，括弧中给出的是短语所对应的非终结符。

$id_1 + id_2$ 不是句型 $id_1 + id_2 * id_3$ 中相对于任何非终结符的短语，因为根据定义，从文法开始符号推导不出右句型 $E * id_3$，即不存在最右推导 $E \overset{*}{\Rightarrow} E * id_3$。

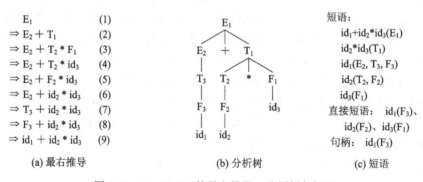

(a) 最右推导	(b) 分析树	(c) 短语

E_1 (1)
$\Rightarrow E_2 + T_1$ (2)
$\Rightarrow E_2 + T_2 * F_1$ (3)
$\Rightarrow E_2 + T_2 * id_3$ (4)
$\Rightarrow E_2 + F_2 * id_3$ (5)
$\Rightarrow E_2 + id_2 * id_3$ (6)
$\Rightarrow T_3 + id_2 * id_3$ (7)
$\Rightarrow F_3 + id_2 * id_3$ (8)
$\Rightarrow id_1 + id_2 * id_3$ (9)

短语：
$id_1 + id_2 * id_3(E_1)$
$id_2 * id_3(T_1)$
$id_1(E_2, T_3, F_3)$
$id_2(T_2, F_2)$
$id_3(F_1)$
直接短语： $id_1(F_3)$、$id_2(F_2)$、$id_3(F_1)$
句柄： $id_1(F_3)$

图 3.17　$id_1 + id_2 * id_3$ 的最右推导、分析树与短语

分析树中的叶子与短语、直接短语和句柄有下述关系。

(1) 短语：以某个非终结符为根的子树中所有从左到右排列的叶子(树高不小于 2)。

(2) 直接短语：只有父子关系的子树中所有从左到右排列的叶子(树高为 2)。

(3) 句柄：最左边父子关系树中所有从左到右排列的叶子(句柄是唯一的)。

利用这些关系，很容易找到短语、直接短语和句柄。

再考察 $id_1 + id_2$，由于在分析树中，找不到任何一个非终结符，它的子树中的所有叶子

构成 $id_1 + id_2$，所以 $id_1 + id_2$ 不是句型 $id_1 + id_2*id_3$ 相对于任何非终结符的短语。

定义 3.14 若 α 是文法 G 的句子且满足下述条件，则称序列 α_n，α_{n-1}，$\cdots$，α_0 是 α 的一个最左归约：

(1) $\alpha_n = \alpha$；

(2) $\alpha_0 = S$(S 是 G 的开始符号)；

(3) 对任何 $i(0 < i \leqslant n)$，α_{i-1} 是将 α_i 的句柄替换为相应产生式的左部非终结符所得的。

最左归约也称为规范归约，它的每一步可以用很形象的"剪句柄"方法表示，即从一个句子假想的分析树开始，每次把句柄剪去(即丢弃相应非终结符的孩子)，从而暴露出下一个句柄，重复此过程，直到仅剩树根为止。规范归约的逆过程正好是一个最右推导(规范推导)，这并不是巧合，读者可以根据最右推导和句柄的定义证明。下述例子也说明了这一点。

【例 3.28】 考虑文法(G3.11)，句子 abbcde 可以按如下步骤归约为 S：

S→aABe	(1)	
A→b	(2)	(G3.11)
|Abc	(3)	
B→d	(4)	

$$\overset{(2)}{abbcde \Leftarrow} \overset{(3)}{aAbcde \Leftarrow} \overset{(4)}{aAde \Leftarrow} \overset{(1)}{aABe \Leftarrow} S$$

此处推导符号"⇒"反过来写成"⇐"，暂时表示归约。"⇐"上边标记的是每一步直接归约所使用的产生式的序号，每一步归约都是用一个产生式的左部去替换当前句型中的句柄，最后得到文法的开始符号 S，表明分析成功，即 abbcde 是该文法可产生的一个句子。从右向左看整个归约过程，它是一个最右推导，推导的每一步结果都是一个右句型。该句子的分析树如图 3.18(a)所示，图 3.18 中的(a)~(e)给出了剪句柄的全过程。

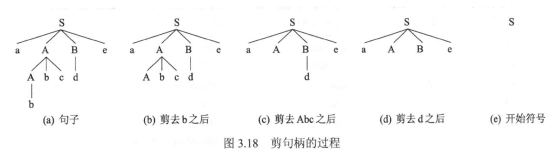

(a) 句子　　(b) 剪去 b 之后　　(c) 剪去 Abc 之后　　(d) 剪去 d 之后　　(e) 开始符号

图 3.18 剪句柄的过程

2. 移进-归约分析器的工作模式

从分析树上直观地看，"剪句柄"的方法十分简单。但是若在语法分析器中实现剪句柄，则有两个问题必须解决：

(1) 确定右句型中将要归约的子串(确定句柄)。

(2) 确定如何选择正确的产生式进行归约。

具体实现采用移进—归约方法，用一个栈"记住"将要归约句柄的前缀，并用一个分析表来确定何时栈顶已形成句柄，以及形成句柄后选择哪个产生式进行归约。

移进-归约分析器的模型如图 3.19 所示，它的数学模型也是下推自动机。其中的分析表如果是算符优先分析表，则是算符优先分析器；如果是 LR 分析表，则是 LR 分析器。本书仅针对 LR 分析器进行讨论。

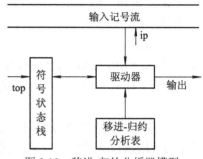

图 3.19   移进-归约分析器模型

移进-归约分析器的工作模式与预测分析器的工作模式完全相同，仍然以格局的变化来反映。格局的形式仍然是(栈, 剩余输入, 动作)。分析从某个**初始格局**开始，经过一系列的**格局变化**，最终到达**接受格局**，表明分析成功；或者到达**出错格局**，表明发现一个语法错误。同样，开始格局中的剩余输入应该是全部输入序列，而接受格局中剩余输入应该为空，任何其他格局或者出错格局中的剩余输入应该是全部输入序列的一个后缀。格局中栈的内容一般是文法符号与状态，根据实现的不同也可以仅存放状态。驱动器根据当前栈中的内容和当前的剩余输入，查找移进-归约分析表以确定相应动作，改变栈和剩余输入的状态，从而进入下一格局。

在移进-归约分析方法中，改变格局的动作有以下四种。

(1) **移进**(shift)：把当前输入中的下一个终结符移进栈。

(2) **归约**(reduce)：句柄在栈顶已形成，用适当产生式左部代替句柄。

(3) **接受**(accept)：宣告分析成功。

(4) **报错**(error)：发现语法错误，调用错误恢复例程。

与表驱动的预测分析对比，自上而下分析中对终结符的匹配，此时成为对终结符的移进，而对产生式的展开成为对产生式的归约，从而实现了与自上而下分析相反的自下而上的分析过程。

【**例 3.29**】   考察文法 G3.11 的输入序列 abbcde，移进—归约分析的格局变化过程如下所示。此处暂且忽略栈中存放的状态。

步骤	栈内容	当前输入	动作
(1)	#	abbcde#	shift
(2)	#a	bbcde#	shift
(3)	#ab	bcde#	reduced by A→b
(4)	#aA	bcde#	shift
(5)	#aAb	cde#	shift
(6)	#aAbc	de#	reduced by A→Abc
(7)	#aA	de#	shift
(8)	#aAd	e#	reduced by B→d
(9)	#aAB	e#	shift
(10)	#aABe	#	reduced by S→aABe
(11)	#S	#	accept

从移进-归约分析过程中可以看出：

(1) 句柄总是在栈顶形成。这是因为在分析的过程中一旦形成直接短语，就立即进行归约，并且在从左到右扫描输入的过程中，最早形成的直接短语必然是最左边的直接短语。

(2) 栈中保留的总是一个右句型的前缀，也称为活前缀。

(3) 如果在逻辑上将每次归约认为是构造对应产生式的分析树，则分析的全过程在逻辑上就是从下到上构造一棵分析树；反之，如果在逻辑上将每次归约认为是在假想分析树上剪去句柄对应孩子结点，则分析的全过程在逻辑上就是从下到上为分析树剪句柄。

在上述移进-归约分析方法中，关键需要解决两个问题：

(1) 如何确定栈顶是否已经形成句柄。

(2) 当句柄形成时，如何选择正确的产生式进行归约。

这两个问题的实质是如何构造移进-归约分析表，使得它能够指导分析器作出正确决定，解决本节开始提出的两个问题。

3.5.2　LR 分析

LR 分析是应用最广泛的一类分析方法，它是实用的编译器中功能最强的分析器，其特点是：

(1) 采用最一般的无回溯移进-归约方法。

(2) 可分析的文法是 LL 文法的真超集。

(3) 能够尽可能早地发现错误。

(4) 分析表较复杂，难以手工构造。

本小节结合一个简化的算术表达式文法(G3.12)，首先介绍驱动器如何在 LR 分析表的指导下对输入序列进行分析，然后详细介绍最简单的一类 LR 分析表——SLR 分析表的构造原理与构造过程。

$E \rightarrow E - T$	(1)	
$\mid T$	(2)	
$T \rightarrow T * F$	(3)	
$\mid F$	(4)	(G3.12)
$F \rightarrow -F$	(5)	
$\mid id$	(6)	

文法 G3.12 虽然简单，但是已经足以说明 LR 的特点：首先，文法中存在左递归，这是 LL 分析无法做到的；其次，文法中的减号既可以用于二元运算，又可以用于一元运算，这是算符优先分析不易做到的。

1. LR 分析与 LR 文法

LR 分析器的核心是 LR 分析表和驱动器。文法 G3.12 的 LR 分析表如表 3.4 所示。与 LL 分析表不同的是，LR 分析表可以被明显地分为两个部分：一部分称为动作表(action)，另一部分称为转移表(goto)。两者都是二维数组，且行下标由称之为状态的整数统一表示，其中第一行对应初始状态。动作表以终结符和表示输入结束的特殊符号#作为列下标，转移表以非终结符作为列下标。若以 s 表示当前状态，a 表示输入符号，A 表示非终结符，则 action[s, a]指示当前栈顶状态为 s、下一输入为 a 时应进行的下一动作，而 goto[s, A]指示在当前栈顶为 s 和非终结符 A 时的下一状态转移。

表 3.4　文法(G3.12)的移进-归约(SLR)分析表

状态	动作表(action)				转移表(goto)		
	id	–	*	#	E	T	F
0	s4	s5			1	2	3
1		s6		acc			
2		r2	s7	r2			
3		r4	r4	r4			
4		r6	r6	r6			
5	s4	s5					8
6	s4	s5				9	3
7	s4	s5					10
8		r5	r5	r5			
9		r1	s7	r1			
10		r3	r3	r3			

根据当前状态与当前的剩余输入，动作表中有四种动作，分别对应引起格局变化的四种动作形式。action[s, a]和 goto[s, A]中内容分别如下：

(1) action[s, a]= si:　　　移进一个终结符并转向状态 i;

(2)　　　　　= rj:　　　按第 j 个产生式归约(由 goto 表指示归约后的下一状态转移);

(3)　　　　　= acc:　　　接受(accept);

(4)　　　　　= blank:　　出错处理(error);

(5) goto[s, A] = s':　　　在 s 状态下遇到 A 则转移到状态 s'.

一旦按动作表指示将栈顶句柄归约为非终结符 A，则立即按转移表指示进行相应的状态转移。

LR 分析表结构比较复杂，等价的文法(如 G3.9 与 G3.9')对应的 LL 分析表和 LR 分析表规模差别很大。

算法 3.8　LR 分析

输入　输入序列 ω 和文法 G 的 LR 分析表(action 与 goto)。

输出　若 ω 属于 L(G)，得到 ω 的规范归约，否则指出一个错误。

方法　初始格局为(#s_0, ω#, 驱动器的第一个动作)，其中 s_0 是初始状态。

令 ip 指向 ω#中的第一个符号，top 指向栈顶初始状态。

```
while (true) {
    s = *top;                          // 读取当前栈顶状态(不修改栈)
    a = *ip;                           // 读取当前的输入符号
    switch ( action[s, a] ) {
        case shift s':                 // 移进
            push(a); push(s');         //a 与 s'进栈
            next(ip);                  // 准备下一输入
            break;
```

```
    case reduced by A→β:                    // 归约
        pop(2 * |β|);                       // 弹出栈顶的|β|个状态和
                                            // |β|个文法符号(产生式右部)
        t = *top;                           // 读取当前栈顶状态 t
        push(A);                            // 产生式左部符号进栈
        push(goto(t，A));                    // 下一状态进栈
        print(A→β);                         // 完成归约，跟踪分析轨迹
        break;
    case accept:    return;                 // 成功返回
    default:        error();                // 出错处理
    }//end switch
}
```

算法 3.8 中，每次文法符号与状态同时进栈或出栈。随着后续的讨论我们会看到，根据状态可唯一确定与它同时进栈/出栈的文法符号。因此，习惯上在实现算法时可以仅在分析栈中存放状态，而在分析的格局中仅显示文法符号。

【例 3.30】 利用算法 3.8 分析输入序列 ω 的过程如下，其中 ω = id−−id*id。算法 3.8 从初始格局开始，根据当前栈顶与剩余输入，反复查找表 3.4，确定并执行下一动作，直到最后到达接受格局(#0E1，#，acc)，分析成功并表明 id−−id*id 是文法 G3.12 的一个句子。

步骤	栈内容	当前输入	动作
(1)	#0	id−−id*id#	移进：s4
(2)	#0 id 4	−−id*id#	归约：r6(F→id)
(3)	#0 F 3	−−id*id#	归约：r4(T→F)
(4)	#0 T 2	−−id*id#	归约：r2(E→T)
(5)	#0 E 1	−−id*id#	移进：s6
(6)	#0 E 1 − 6	−id*id#	移进：s5
(7)	#0 E 1 − 6 − 5	id*id#	移进：s4
(8)	#0 E 1 − 6 − 5 id 4	*id#	归约：r6(F→id)
(9)	#0 E 1 − 6 − 5 F 8	*id#	归约：r5(F→−F)
(10)	#0 E 1 − 6 F 3	*id#	归约：r4(T→F)
(11)	#0 E 1 − 6 T 9	*id#	移进：s7
(12)	#0 E 1 − 6 T 9 * 7	id#	移进：s4
(13)	#0 E 1 − 6 T 9 * 7 id 4	#	归约：r6(F→id)
(14)	#0 E 1 − 6 T 9 * 7 F 10	#	归约：r3(T→T*F)
(15)	#0 E 1 − 6 T 9	#	归约：r1(E→E−T)
(16)	#0 E 1	#	接受：accept

定义 3.15 若为文法 G 构造的移进—归约分析表中不含多重定义的条目，则称 G 为

LR(k)文法，分析器称为 LR(k)分析器，它所识别的语言称为 LR(k)语言。L 表示从左到右扫描输入序列，R 表示逆序的最右推导，k 表示为确定下一动作向前看的输入终结符个数，一般情况下 k≤1。当 k=1 时，也简称为 LR。

LR 分析器是这样一类分析器：根据分析表构造方法的不同，可以有 LR(0)、SLR(1)、LALR(1)和 LR(1)分析器。它们功能的强弱和构造的难度依次递增。当 k>1 后，分析器的构造趋于复杂，一般情况下并不构造 k>1 的 LR(k)分析器。

2. 构造 SLR(1)分析器

SLR(1)分析器也简称 SLR 分析器，其中 S 是简单的意思，它是指在分析器工作时，可以简单向前看一个终结符来确定下一步的动作。构造 SLR 分析表的基本思想是：首先构造一个可以识别文法 G 中所有活前缀的 DFA，然后根据 DFA 和简单的向前看信息构造 SLR 分析表。

1) 活前缀与 LR(0)项目

定义 3.16　出现在移进—归约分析器栈中的右句型的前缀，称为文法 G 的**活前缀**(viable prefix)。

活前缀首先是一个右句型的前缀，并且它一定是已在栈中的内容。因此，在活前缀右边加上若干(可以是 0)个终结符，即可得到一个右句型。而在移进—归约分析中，只要保证已扫描过的输入序列可以归约为一个活前缀，就意味着分析到目前为止没有错误。LR 分析的基本思想就是为文法 G 构造一个识别它的所有活前缀的 DFA。由于右句型也可以是一个活前缀，因此识别活前缀的 DFA 实质上就是识别 G 所产生语言的 DFA。

定义 3.17　一个 LR(0)项目(简称项目)是这样一个产生式，在它右部的某个位置上，有一个点(".")。对于 A→ε，它仅有一个项目 A→.。

一个产生式右部若有 n 个文法符号，则该产生式有 n+1 个 LR(0)项目。考虑文法(G3.12)，它的全部 LR(0)项目为

E→.E–T	E→E. –T	E→E–.T	E→E–T.
E→.T	E→T.		
T→.T*F	T→T.*F	T→T*.F	T→T*F.
T→.F	T→F.		
F→. –F	F→–.F	F→–F.	
F→.id	F→id.		

项目中的"."把产生式右部分成两个部分：A→α.β，它表示在分析的过程中看到了产生式右部的多少内容。当 β 不为空时，表示产生式右部还没有全部看到，需要继续移进；而一旦 β 为空，表示当前栈顶可能已经形成一个句柄，若形成句柄则进行归约。因此，β 不为空的项目称为**可移进项目**，β 为空的项目称为**可归约项目**。

事实上，文法的每个产生式可以看作一个识别部分活前缀的 NFA，而项目就是 NFA 中的一个状态。如图 3.20 所示，若项目 T→.T*F 是识别活前缀 α 的状态，则 T→T.*F 是识别活前缀 αT 的状态，它是由前一状态经 T 转移到的状态。产生式 T→T*F 是识别活前缀 αT*F

的 NFA。在这种观点下，文法 G 的所有产生式构成了识别所有活前缀的 NFA。采用"子集法"将 NFA 确定化之后，就可以得到识别活前缀的 DFA。

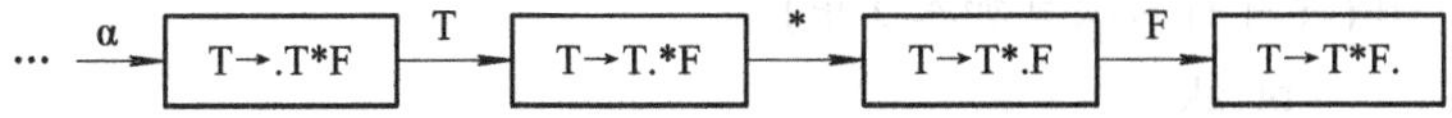

$$\cdots \xrightarrow{\alpha} \boxed{T \rightarrow .T*F} \xrightarrow{T} \boxed{T \rightarrow T.*F} \xrightarrow{*} \boxed{T \rightarrow T*.F} \xrightarrow{F} \boxed{T \rightarrow T*F.}$$

图 3.20　LR(0)项目与 NFA 的状态

2) 拓广文法与识别活前缀的 DFA

为了使最后构造出的识别文法 G 活前缀的 DFA 有唯一的接受状态，可以通过引入一个新的产生式 S'→S，构造一个**拓广文法** G'：

$$G' = G \cup \{S' \rightarrow S\}$$

其中，S'是 G'的开始符号，S 是 G 的开始符号。由于从 S' 产生语言与从 S 产生语言唯一不同的是多了一步不产生任何新内容的推导，所以 L(G) = L(G')。而新产生式 S'→S 有两个项目，且在识别 G 所有活前缀的 NFA 中，S'→.S 是(识别 S 的)初态，S'→S. 是(识别 S 的)终态。最终构造的 DFA 状态集中，含有 S'→.S 项目的集合为 DFA 的初态，而含有 S'→S.项目的集合为 DFA 的终态。初态标志分析开始，终态标志分析成功。

为文法(G3.12)增加一个产生式 E'→E，得到它的拓广文法(G3.12')。项目 E'→.E 表示 NFA 的初态，E'→E. 表示 NFA 的终态。

$$\begin{aligned}
&E' \rightarrow E \\
&E \rightarrow E - T \,|\, T \\
&T \rightarrow T * F \,|\, F \qquad\qquad\qquad\qquad\qquad\qquad\qquad (G3.12') \\
&F \rightarrow - F \,|\, id
\end{aligned}$$

回顾词法分析中"子集法"构造 DFA 的两个主要过程：

(1) ε_闭包(I)：求出在 I 状态集下不经任何字符 a 所能到达状态的全体。

(2) smove(I, a)：求出从 I 中任何状态出发经字符 a 可直接到达状态的全体。

本节 DFA 的构造也有两个类似的过程，但是 a 不是字符而是一个文法符号，它可以是终结符也可以是非终结符，即 a∈N∪T。

定义 3.18　项目集 I 的闭包 closure(I)是这样一个项目集：

(1) I 中的所有项目属于 closure(I)。

(2) 若项目 A→α.Bβ 属于 closure(I)，B 是一个非终结符，则所有形如 B→.γ 的项目属于 closure(I)。

(3) 其他任何项目不属于 closure(I)。

定义 3.18 实际上指明了 closure(I)就是从项目集 I 出发，不经任何文法符号就可以到达的项目全体形成的集合。closure(I)可由如下函数计算：

```
function    closure(I) {
    J = I;
    while (true) {
        for (状态集 J 中每个形如  A→α.Bβ 的项目) {
            for (B 的每个产生式 B→γ) {
                if (项目 B→.γ 不在 J 中) 加入  B→.γ 到 J 中;
```

```
                }
            }
        if(没有新的项目加入 J 中)
            break;
    }
    return J;
}
```

定义 3.19　对所有属于项目集 I 且形如 A→α.Xβ 的项目(X∈N∪T)，则 goto(I, X)是所有形如 A→αX.β 的项目形成的集合。

定义 3.19 实际上指明了 goto(I, X)是从项目集 I 经文法符号 X 所能直接到达的下一状态集合。由定义可知，goto(I, X)集合中的项目有一个共同特点，那就是项目中的 "." 都不在产生式右部的最左边，即 A→α.β 中 α 不为空，因为 "." 的紧左边是 X。

设 J=goto(I, X)，K=closure(J)，则 K 是从状态集 I 出发经 X 状态转移所能到达状态的全体。考察集合 K-J 中的项目 A→α.β，它们具有特点：

(1) "." 在产生式右部最左边(即 α=ε)。

(2) 可由 J 中某个项目计算闭包得到 (K-J=closure(J)-J)。

定义 3.20　项目 S'→.S 和所有 "." 不在产生式右部最左边的项目称为**核心项目**(kernel items)，其他所有 "." 在产生式右部最左边的项目(不包括 S'→.S)称为**非核心项目**(nonkernel items)。

定义 3.20 把项目集中的项目分为两类：核心项目和非核心项目。J = goto(I, X)中的每个项目均是核心项目，因为每个项目中 "." 左边至少有一个 X；K-J = closure(J)-J 中的每个项目均是非核心项目，因为它可由核心项目求 closure(J)而产生。但 S'→.S 不能由任何核心项目计算而得，因而它也被认为是一个核心项目，可以将其看作计算的边界条件(初始状态)。

识别活前缀的 DFA 的一个状态，是 NFA 的状态集合的一个子集，称为**LR(0)项目集**，DFA 的所有状态称为**LR(0)项目集族**。在上述概念的基础上，下面给出计算识别 G 活前缀 DFA 的算法。

算法 3.9　**计算文法 G 的 LR(0)项目集的、识别活前缀的 DFA**

输入　拓广文法 G'。

输出　DFA=(C, Dtran)，其中 C 是状态集，Dtran 是状态转移。

方法

```
    I = closure( {S'→ .S} ); 加入 I 到 C 中，且未标记;        // DFA 的初态
    while ( C 中还有未标记状态 I) {
        标记 I;
        for ( I 状态下的每个文法符号 x ) {              // 对状态 I 下所有 x
            J = closure( goto(I, x) );                  // 计算下一状态
            if ( J 非空且 J 不在 C 中 ) {                 //J 是新状态
                加入 J 到 C 中，且未标记;                 // 将新状态加入 DFA 状态集
            }
```

　　　　　Dtran[I, x] = J;　// 记录状态转移，若 J 为空则表明没有对 x 的状态转移
　　　　}
　　}

用算法 3.9 为文法(G3.12')构造识别活前缀的 DFA，过程如下：

(1) 计算 DFA 的初态，I_0=closure({E'→.E})，如图 3.21(a)所示。

(2) 计算初态下的每个可能的状态转移，即考察 I_0 中每个项目的 "." 后边紧跟的文法符号 X，计算经 X 所能到达的下一状态全体(closure(goto(I_0, X)))，如图 3.21(b)所示。

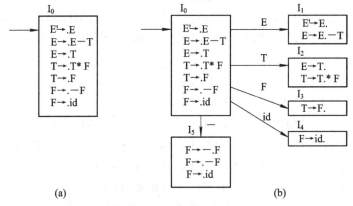

图 3.21　构造识别(G3.12')活前缀 DFA 的步骤

(3) 对所有未被标记的状态 I_i，反复计算 closure(goto(I_i,X))，直到再没有新状态加入 DFA 的状态集。最终得到的 DFA 如图 3.22 所示。

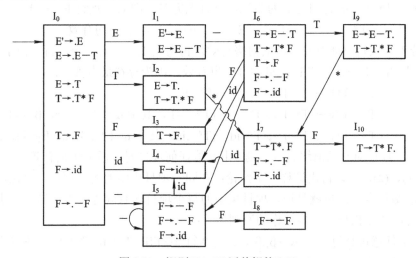

图 3.22　识别(G3.12')活前缀的 DFA

需要指出的是，单纯从 DFA 的构造过程来看，若将输入的拓广文法替换为拓广文法对应的 NFA，则算法 3.9 与第 2 章中的算法 2.5 本质上相同。该 NFA 可由所有产生式对应的 NFA 合并得到：对于 "." 在非终结符前的每个项目(如 A→α.Bβ)，用一条 ε 标记的边转移到该非终结符的每个非核心项目(如 B→.γ)。但是，在进行语法分析时，由于得到的 DFA 中边上的标记包含输入中不存在的非终结符，因此其工作方式比第 2 章得到的 DFA 更复杂，

需要在特定状态下通过归约动作才能得到非终结符，并在归约后进行状态转移回退才能满足语法分析的需要。

3) 识别活前缀

为了清楚了解 DFA 识别活前缀的工作原理，首先引入一个项目"有效"的概念。

定义 3.21 若存在最右推导 $S' \overset{*}{\Rightarrow} \alpha A\omega \Rightarrow \alpha\beta_1\beta_2\omega$，则称项目 $A \to \beta_1.\beta_2$ 对活前缀 $\alpha\beta_1$ 有效。 ■

一个项目 $A \to \beta_1.\beta_2$ 对活前缀 $\alpha\beta_1$ 有效，具有两层含义：

(1) 从 DFA 的初态开始，经 $\alpha\beta_1$ 可到达该项目(项目所在状态)。

(2) 在当前活前缀的情况下，该项目可指导下一步分析动作($\alpha A\omega \Rightarrow \alpha\beta_1\beta_2\omega$)。

为此，我们需要了解活前缀与一个项目集中的项目究竟是什么关系，如何指导下一步分析动作。

(1) 一个项目可能对若干个活前缀有效。考察图 3.22 的项目集 I_5：

$\quad$ F →−.F $\qquad$ F →. −F $\qquad$ F →.id

其中，项目 F →−.F 对活前缀"T*−"、"E− −"和"−"都有效。因为，存在最右推导：

$\quad$ $E' \Rightarrow E \Rightarrow T \Rightarrow T*F \Rightarrow T*-F$ $\qquad$ (T*−.F，其中 α=T*，β_1=−，β_2=F，ω=ε)

$\quad$ $E' \Rightarrow E \Rightarrow E-T \Rightarrow E-F \Rightarrow E- -F$ (E− −.F，其中 α=E−，ω=ε)

$\quad$ $E' \Rightarrow E \Rightarrow T \Rightarrow F \Rightarrow -F$ $\qquad\qquad$ (−.F，其中 α=ε，ω=ε)

直观上来看，对项目集 I 中项目 $A \to \beta_1.\beta_2$ 有效的所有活前缀，就是从初态出发所有可以到达 I 的路径上的标记，即**一条路径标记，就是一个活前缀**。如果从初态到达 I 的路径上有环，则 I 项目集中的项目对无穷多的活前缀有效。例如，项目集 I_5 有从 I_5 出发到达 I_5 的状态转移，所以，从 I_0 到达 I_5 的路径可以有无穷多，则 I_5 中项目 F →−.F 对无穷多个活前缀 T*，T*− −，T*− − −，…，E− −，E− − −，…，−，− −，…均有效。

(2) 若干个项目可能对同一个活前缀有效。再考察 I_5，它有三个项目，由于 F→−.F 对 T*−有效，因此，F →. −F 和 F →.id 对 T*−也有效。因为存在最右推导：

$\quad$ $E' \Rightarrow E \Rightarrow T \Rightarrow T*F \Rightarrow T*-F$ $\qquad\qquad$ (T*−.F)

$\quad$ $E' \Rightarrow E \Rightarrow T \Rightarrow T*F \Rightarrow T*-F \Rightarrow T*- -F$ (T*−. −F，其中 α=T*−，β_1=ε，β_2= −F，ω = ε)

$\quad$ $E' \Rightarrow E \Rightarrow T \Rightarrow T*F \Rightarrow T*-F \Rightarrow T*-id$ (T*−.id，其中 α=T*−，β_1=ε，β_2= id，ω = ε)

即若 I 中一个项目对某活前缀有效，则 I 中其他任何项目对该活前缀也有效。

综合(1)、(2)，可以得出这样一个结论：在同一项目集中的所有项目，对此项目集对应的所有活前缀均有效。也就是说，项目集中的每个项目均有同等权力指导下一步动作。可移进项和可归约项指导下一步动作的原则如下：

① 对于任意可移进项目 $A \to \beta_1.\beta_2$，若终结符 $a \in FIRST(\beta_2)$，说明 β_2 可推导出 a 开始的序列，因此当前输入为 a 时应该移进；

② 对于任意可归约项目 $B \to \beta.$，若终结符 $a \in FOLLOW(B)$，说明 a 可以紧跟在 B 后面，因此当前输入为 a 时应该按此产生式归约。

(3) 用有效项目指导分析有可能发生冲突。对于项目集中的所有项目，它们对从初态可以到达该项目集的所有路径(活前缀)均是有效的，即"有效"是针对一个项目集而言的。在分析过程中，如果已经到达此项目集，则说明分析到目前为止是正确的。从当前状态出发，项目集中的任何一个项目均具有同等的权利指导下一步动作。

回顾项目集中的两类项目，可移进项目 $A \to \beta_1.\beta_2$ 指导下一步动作是移进，可归约项目 $B \to \beta.$ 指导下一步动作是按产生式 $B \to \beta$ 归约。

若一个项目集中出现下述情况之一，则会出现所谓的冲突。

① **移进/归约冲突**：一个项目集中既有可移进项目 $A \to \beta_1.\beta_2$，又有可归约项目 $B \to \beta.$。这类冲突表明下一步既可以移进，又可以归约，从而使得下一步分析动作不确定，即分析无法进行。

② **归约/归约冲突**：一个项目集中有两个或更多的可归约项目，如既有 $A \to \alpha.$ 又有 $B \to \beta.$。这类冲突也使得下一步分析动作不确定，即无法确定用哪个产生式进行归约。

例如，图 3.22 所示的项目集 I_2 中两个项目 $E \to T.$ 和 $T \to T.*F$，一个可以指导移进，一个可以指导归约，显然这是一个移进/归约冲突。LR(0)项目集中若存在冲突，则需要采取一定手段解决冲突，否则无法正确指导下一步的分析动作。反之，若基于 LR(0)项目集的识别活前缀的 DFA 中，每个 LR(0)项目集(即 DFA 的每个状态)中均不存在冲突，则称对应的文法是 LR(0)的，否则文法不是 LR(0)的。

(4) 解决冲突的简单方法：LR(0)项目集中的冲突可以采用简单向前看一个终结符的方法来解决，该方法称为 SLR(1)方法。对于可移进项目 $A \to \beta_1.\beta_2$，考察 $FIRST(\beta_2)$，对于可归约项目 $B \to \beta.$，考察 $FOLLOW(B)$。

① 对于任意可移进项目 $A \to \beta_1.\beta_2$ 与任意可归约项目 $B \to \beta.$ 造成的移进/归约冲突，若有 $FIRST(\beta_2) \cap FOLLOW(B) = \Phi$，则此移进/归约冲突可以解决。

② 对于任意的两个可归约项目 $A \to \alpha.$ 和 $B \to \beta.$ 造成的归约/归约冲突，若有 $FOLLOW(A) \cap FOLLOW(B) = \Phi$，则此归约/归约冲突可以解决。

再考虑图 3.22 中的项目集 I_2 中的两个项目 $E \to T.$ 和 $T \to T.*F$。计算 $FOLLOW(E)=\{-, \#\}$，并计算 $FIRST(*F)=\{*\}$，显然可移进项目点之后的 "*" 不在 $FOLLOW(E)$ 之中，所以当下一个输入终结符 a 是 "*" 时则移进，若 $a \in FOLLOW(E)$ 则按 $E \to T$ 进行归约，其他任何情况均被认为是一个错误，从而解决了 I_2 中的移进/归约冲突。

若按上述方法可以解决 DFA 中的冲突，则以 DFA 构造的分析表中没有多重定义，称分析表为 SLR(1)分析表，对应的文法称为 SLR(1)文法，对应的分析器称为 SLR(1)分析器。若冲突仍然无法解决，则说明文法不是 SLR(1)的，采用 SLR(1)方法已经无法处理此情况，需要寻求能力更强的分析方法来处理。由于 LR(0)和 SLR(1)分析器的构造均是基于 LR(0)项目集的，所以，寻求能力更强的分析器实质上就是寻求新的项目集。

4) SLR(1)分析表的构造

考察使用图 3.22 中的 DFA 识别例 3.30 中的输入句子 id－－id*id 的过程。首先从初态 I_0 经过输入中第 1 个终结符 id 转移到状态 I_4(对应例 3.30 步骤(1))。虽然在状态 I_4 下没有离开该状态的转移，但分析器仍能够继续工作以完成后续输入的识别：当前状态 I_4 中包含可归约项目 $F \to id.$，而输入中下一个终结符为 "－" 且 "－" $\in FOLLOW(F)$，因此语法分析器的下一步动作应为按照候选项 $F \to id$ 进行归约(即认为最近一步扫描过的 id 可归约为 F)，分析器应在归约后回退一步转移，退回到状态 I_0 再按照 F 进行转移，从而到达状态 I_3，此操作对应例 3.30 的步骤(2)。

为支持归约后的状态回退，SLR(1)分析器借助符号状态栈来保存当前活前缀对应的状态转移序列，回退的转移次数由归约所使用的句柄的长度确定。例如，例 3.30 中的步骤(14)所示，当分析器按照 T→T*F 进行归约时，应按照句柄 T*F 的长度 3 从状态 I_{10} 回退 3 步到状态 I_6，再从 I_6 经归约得到的非终结符 T 转移到状态 I_9。事实上，在该 DFA 识别输入的过程中，从初态开始能合法到达状态 I_{10} 的任何识别过程，其最后 3 步转移所经过的 3 个符号必定为"T"、"*"和"F"。类似地，能合法到达状态 I_8 的任何识别过程，其最后 2 步转移所经过的 2 个符号必定为"–"和"F"。

在 SLR(1)分析器中，移进—归约分析表用于指导分析器下一步动作，它是依据识别活前缀的 DFA 以及向前看信息，利用算法 3.10 得到的。

算法 3.10　构造 SLR(1)分析表

输入　基于文法 G 的 LR(0)项目集的、识别活前缀的 DFA D = (C, Dtran)。

输出　若 G 是 SLR(1)文法，得到分析表 action 和 goto，否则指出一个错误。

方法　按下述过程构造分析表。

```
if ( D 中有 SLR(1)方法不能解决的冲突 ) {
        error;
} else {
        for ( 每个状态转移 Dtran[i, x]=j ) {
                if ( x∈T ) { action[i, x] = sj; }
                else            { goto[i, x] = j; }
        }
        for ( 每个属于状态 i 的可归约项目 A→α. ) { // A→α 是 G 的第 k 个产生式
                if ( 该可归约项目为 S' → S. ) { action[i, #] = acc; }
                else    for ( 每个 a∈FOLLOW(A) ) { action[i, a] = rk; }
        }
        D 的初态(S' → .S 所在的状态)，是分析表的开始状态。
}
```

利用上述算法，读者不难根据图 3.22 中的 DFA 及向前看信息构造出(G3.12)的 SLR(1)分析表。

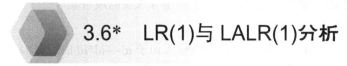

3.6*　LR(1)与 LALR(1)分析

3.6.1　SLR(1)分析器的弱点

由于 SLR(1)分析器的基础是基于 LR(0)项目集的、识别活前缀的 DFA(简称 LR(0)DFA)，因此它的分析能力有限，典型的例子是左值/右值问题。简单来说，对于一个赋值句 x=y+z，出现在赋值号"="左边的 x 称为左值，出现在右边的 y 和 z 称为右值。左值/右值的详细讨论会在第 4 章中给出。

【**例 3.31**】 设文法 G3.13 如下，它描述了 C 语言赋值表达式的语法。其中，L 表示左值表达式(对应存储空间)、R 表示右值表达式(对应数值，地址即指针是一种特殊的数值)，产生式 L→*R 的含义是对指针形式的右值解引用(这里的 "*" 是解引用运算符)得到一个左值，而 R→L 的含义是左值可以是一个右值[①]。

$$S{\rightarrow}L{=}R\,|\,R \qquad L{\rightarrow}{*}R\,|\,id \qquad R{\rightarrow}L \tag{G3.13}$$

G3.13 的 LR(0)DFA 如图 3.23 所示。I_2 中有移进项目 S→L.=R 和归约项目 R→L.，这是一个移进/归约冲突，故(G3.13)不是 LR(0)文法。用 SLR(1)解决冲突的方法是在当前状态下简单地向前看一个终结符，即计算 FOLLOW(R)集合、计算 FIRST(=R)集合，并判断它们是否相交。若它们不相交则冲突可解决，否则，不可解决。根据算法 3.5 计算 FOLLOW(R)={#, =}，根据算法 3.4 计算 FIRST(=R)={=}，因为二者相交，所以当下一个终结符是 "=" 时两个项目同时有效，冲突并没有解决。故 G3.13 也不是 SLR(1)文法。

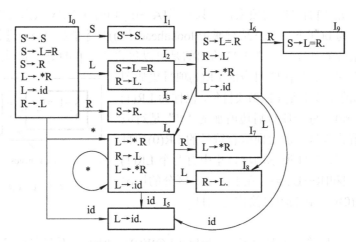

图 3.23 文法 G3.13 的 LR(0)DFA

SLR(1)无法解决 I_2 中冲突的根本原因是缺少足够的上下文。在 I_2 状态下遇到冲突时，仅根据 FOLLOW(R)中的内容确定是否可以按产生式 R→L 归约，而不考虑是否有路径从开始状态到达 I_2 并且使得按产生式 R→L 归约合法。换句话说，FOLLOW(R)集合中的终结符不一定是可以 "合法" 跟在 R 之后的终结符。

3.6.2 LR(1)分析器

LR(1)分析可以解决上述 SLR(1)方法无法解决的问题。LR(1)方法的基本思想是扩充 LR(0)项目为 LR(1)项目，使得项目集中的每个可归约项目 A→α.均携带此状态下可以合法跟在非终结符 A 之后的终结符，因此当下一个输入是这些终结符之一时就可以按此归约项归约。

1. LR(1)项目与向前看符号

定义 3.22 LR(0)项目 A→α.β 与该状态下的向前看符号 b 组成的二元组[A→α.β, b]称

---

① 语法上看 id 是一个左值，但是当 id 出现在赋值号右边时，其语义是右值，即 id 的内容。

为 **LR(1)项目**；LR(1)项目组成的集合称为 **LR(1)项目集**，它构成识别活前缀的 DFA 的一个状态；DFA 的所有状态的集合称为 **LR(1)项目集族**。

定义 3.22 中的向前看符号 b 由下述定义 3.23 中的**有效性质约束**给出。

定义 3.23   若存在最右推导 $S \xRightarrow{*} \delta A\gamma \Rightarrow \delta\alpha\beta\gamma$，且终结符 $b \in FIRST(\gamma\#)$，其中 "#" 为输入结束标志，则称 LR(1)项目[A→α.β, b]对活前缀 δα **有效**。

所有符合定义 3.23 的符号 b 构成该 LR(1)项目的向前看符号集合 lookaheads(A)。显然所有满足定义 3.23 的符号 b 均属于 FOLLOW(A)，即 lookaheads(A)是 FOLLOW(A)的子集，但 lookaheads(A)增加了一个非常重要的条件：只有当项目 A→α.β 对活前缀 δα 有效时，b 才属于 lookaheads(A)，因此 lookaheads 有时是 FOLLOW(A)的真子集。

需要说明的是，lookaheads(A)对于定义 3.23 中 β 非空的项目[A→α.β, b]是不起作用的，但对于形为[A→α., b]的可归约项来说，只有当[A→α., b]所在 DFA 状态为栈顶状态，且下一个输入终结符为 b(即下一个终结符属于 lookaheads(A))时才能按 A→α 进行归约。为了便于 lookaheads 集合的计算，定义 3.23 给出的是可以包含非空 β 的更一般形式。

【例 3.32】 图 3.23 中 I2 对应的 LR(1)项目集如图 3.24 所示。内部的粗线框是 LR(0)项目集，也称为 LR(1)项目集的芯[①](core)。每个项目后边所加的 "#" 是对应非终结符的向前看符号，加上向前看符号的 LR(0)项目称为 LR(1)项目。图 3.24 所示的项目集中有两个 LR(1)项目[S→L.=R, #]和[R→L., #]。在上下文可区分的情况下，我们把 LR(0)或 LR(1)项目简称为项目。

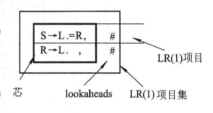

图 3.24   LR(1)项目集

在例 3.32 中，尽管赋值号 "=" 属于 FOLLOW(R)，但由于不存在 $S' \xRightarrow{*} R=\omega \Rightarrow L=\omega$ 这样的推导，因此赋值号 "=" 并不属于状态 I2 中可归约项 R→L.的 lookaheads(R)，定义 3.23 中的 S 对应这里的 S'，A 对应 R，δ 与 β 为空，α 对应 L，γ 对应 "=ω"。对于图 3.23 中 I8 所包含的同一个 LR(0)项目 R→L.来说，由于存在 $S' \xRightarrow{*} *R=\omega \Rightarrow *L=\omega$，因此赋值号 "=" 属于状态 I8 中可归约项 R→L.的 lookaheads(R)。下面是满足定义 3.23 约束的一个最右推导，推导中标记了与定义 3.23 中所用符号对应的实际文法符号(其中 β 为空)：

$$\underline{S'} \Rightarrow S \Rightarrow L = R \Rightarrow L = L \Rightarrow L = id \Rightarrow \underline{*\ R = id} \Rightarrow *\ L = id \Rightarrow *\ id = id$$
$$ \quad S \qquad\qquad\qquad\qquad\qquad\quad \delta\ A\ \ \gamma \qquad \alpha$$

通过例 3.32 可以看出，在文法 G3.13 所定义的语言中，在左值 L 后面存在赋值号 "=" 的情况下，只有其前有解引用终结符 "*" 时，它才可以被归约成右值 R，进而再将解引用结果当作左值使用，即再将*R 归约为 L。从图 3.23 所示的 DFA 来看，从初态 I0 到达状态 I2 的活前缀中并不包含解引用终结符 "*"，而从初态 I0 到达状态 I8 的活前缀中一定包含解引用终结符 "*"。这种差别体现了 lookaheads 集合比 FOLLOW 集合更为严格的 "活前缀

---

① 注意芯(core)与核心项目(kernel item)的区别。芯是 LR(0)项目集，而核心项目是不能由求闭包运算得到的项目。

有效"的约束。

2. 向前看符号的计算

构造 LR(1)DFA 的算法与构造 LR(0)DFA 的算法基本相同，唯一的区别是如何在每个 LR(0)项目中加入非终结符的 lookaheads，以形成 LR(1)项目。

集合 lookaheads 的作用是指导可归约项进行归约。仍以图 3.24 所示的项目集为例，项目集的芯中存在移进/归约冲突。可归约项[R→L., #]中的"#"表示当下一个输入符号是"#"时应按产生式 R→L 进行归约。而对于项目集中的可移进项[S→.L.=R, #]，显然当下一个输入终结符是"="时应该移进此终结符，即 lookaheads 对可移进项中不起作用。

集合 lookaheads 的计算规则包括：

(1) 拓广文法中的开始符号 S'的 lookaheads 中仅包含"#"(结束标志)。

(2) 项目 A→.α，A→α₁.α₂，…，A→α.具有相同的 lookaheads。

(2) 项目 $A\rightarrow.\alpha$，$A\rightarrow\alpha_1.\alpha_2$，…，$A\rightarrow\alpha.$具有相同的 lookaheads。

规则(2)是显而易见的，因为所有这些项目具有相同的左部非终结符 A。同时规则(2)也说明，只要求出 A→.α 的 lookaheads，就得到了 A 的其他项目的 lookaheads。

3. 基于 LR(1)项目集的、识别活前缀的 DFA 的构造算法

根据 lookaheads 的计算规则，可得到 DFA 构造算法中的规则和算法如下。

(1) NFA 的初态项目为[S'→.S, #](注意，它是特殊的、唯一"."在产生式右部最左边的核心项目)。

(2) 所有非核心项目 A→.α 的 lookaheads 可在下述闭包函数中计算：

$$closure(I)=I\cup\{[A\rightarrow.\alpha, b]\mid[N\rightarrow\delta.A\gamma, a]\in closure(I)\ and\ b\in FIRST(\gamma a)\} \tag{3.1}$$

其中，b 是当前状态下所有可以合法跟在 A 之后的终结符，即 b∈lookaheads(A)。

(3) 所有非初态的核心项目由下述 goto 函数计算：

$$goto(I, x)=\{[A\rightarrow\alpha x.\beta, b]\mid[A\rightarrow\alpha.x\beta, b]\in I\} \tag{3.2}$$

算法 3.11　LR(1)DFA 的构造

输入　拓广文法 G'={S'→S}∪G。

输出　DFA=(Dstates, Dtran, s0, F, N∪T)。

方法　按下述方法构造，其中 closure 和 goto 函数均按式 3.1 和式 3.2 计算。

```
s0 = closure([S'→.S，#])作为唯一未标记状态加入 Dstates 中;        // 初态
while ( Dstates 中还有未标记的状态 T ) {              // 考察所有未标记状态
        标记 T;
        for ( T 状态下每个向外状态转移的标记 a ) {        // a∈N∪T
            U = closure(goto(T，a));              // T状态下经a的状态转移全体
            if ( U 非空且 U 不在 Dstates 中 ) {        // 状态转移到U且U是新状态
                  将 U 作为未标记状态加入 Dstates 中;
            }
            Dtran[T, a] = U;        // 记录状态转移，若U为空表明没有状态转移
        }
}
```

【例 3.33】 为文法(G3.13)构造的 LR(1)DFA 如图 3.25 所示。由于项目中增加了向前看的符号，所以原来 LR(0) DFA 中的项目集 I_4、I_5、I_7 和 I_8 被分别分裂成两个项目集。若用 $C(I_i)$ 表示 I_i 的 core，则有：$C(I_4) = C(I_{10})$，$C(I_5) = C(I_{13})$，$C(I_7) = C(I_{11})$，$C(I_8) = C(I_{12})$。

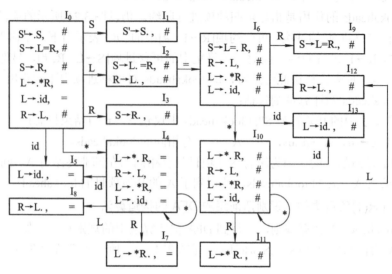

图 3.25　文法(G3.13)的 LR(1)DFA

4. LR(1)项目集中判定冲突的准则

对于项目集中同时出现[$A_1 \rightarrow \alpha_1.\beta$, a_1]和[$A_2 \rightarrow \alpha_2.$, a_2]，或者同时出现[$A_1 \rightarrow \alpha_1.$, a_1]和[$A_2 \rightarrow \alpha_2.$, a_2]的情况，可以用下述准则判定是否有冲突。

(1) 若$\forall(A_1, A_2)$，$(first(\beta) \cap a_2 = \Phi)$，则项目集中无移进/归约冲突。　　　　　　(准则 3.1)

(2) 若$\forall(A_1, A_2)$，$(a_1 \cap a_2 = \Phi)$，则项目集中无归约/归约冲突。　　　　　　(准则 3.2)

再考察图 3.25 中 I_2 的可归约项[$R \rightarrow L.$, #]。由于"="不是此项目的 lookaheads，使得当下一个输入终结符为"="时仅可以移进，为"#"时仅可以归约，从而解决了 SLR 无法解决的移进/归约冲突。

5. LR(1)DFA 的状态膨胀

冲突被解决的根本原因是不同的 lookaheads 将原来的 LR(0)项目集分裂为不同的 LR(1)项目集，使得在相同的输入下有了不同的下一个状态转移，于是不可区分的动作成为可区分的。

但是，分裂使得 LR(1)DFA 的状态数远远多于 LR(0)DFA 的状态数，使得基于 LR(1)项目集的分析表比 LR(0)的大许多。像 Pascal 这样中等规模的语言，LR(0)DFA 状态数的范围在几百个，而 LR(1)DFA 状态数可能会有几千个。分析表的膨胀使得分析器的时空复杂度增加，特别是在早期计算机速度和存储空间都有限的情况下，这更是一个严重的问题。因此，实用的分析器并不是 LR(1)的，而是 LALR(1)的。

3.6.3　LALR(1)分析器

1. LALR(1)项目

定义 3.24　LALR(1)是 LR(0)与 LR(1)的折中。在 LALR(1)的 DFA 中：

(1) 同芯的 LR(1)项目集在 LALR(1)的 DFA 中被合并为一个 LALR(1)项目集。

(2) LALR(1)项目的 lookaheads 是所有同芯项目集中对应 lookaheads 的并集。

【例 3.34】　　将图 3.25 中的项目集 I_4 和 I_{10} 合并，并将各项目的 lookaheads 也合并，得到新的项目集如图 3.26 所示，其中 "=#" 表示两个终结符 "=" 与 "#" 构成的集合，这种表示方法是将多个 LR(0)项目相同的 LR(1)项目合并后的简化表示。

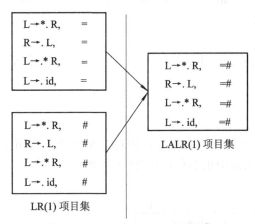

图 3.26　LR(1)与 LALR(1)项目集

LALR(1)DFA 的状态数与 LR(0)DFA 的状态数相同，而且 LALR(1)项目中又具有 LR(0)项目所没有的、用于解决冲突的 lookaheads 信息，因此 LALR(1)分析器被认为是实用性更好的自下而上的分析器。

2. 基于 LALR(1)项目集的、识别活前缀的 DFA 的构造算法

理论上讲，可以先根据算法 3.11 计算 LR(1)的 DFA，然后将芯相同的 LR(1)项目集合并为 LALR(1)项目集。这一方法的弱点是需要构造 LR(1)DFA，回避不了时空复杂度较高的问题。下面所讨论的方法是直接改造 LR(0)DFA 的构造算法所得，它与 LR(0)DFA 的构造算法的关键区别是：

(1) 用核心项目集 K_i 代表项目集 I_i，以节省空间。

(2) 用公式 3.1 的规则计算闭包 closure(K_i)，以加入各项目的 lookaheads。

(3) 项目的 lookaheads 改变后，此项目集被认为是一个新项目集而被重新考虑。

算法 3.12　构造 LALR(1)DFA

输入　拓广文法 G'={S'→S}∪G。

输出　DFA=(Dstates, N∪T, Dtran, s0, F)，其中 Dstates 的状态仅由核心项目组成。

方法

```
s0 = {S'→.S, #}作为唯一未标记状态加入 Dstates 中;
while ( Dstates 中还有未标记的 Ki) {          // 对每个项目集的核心
    标记 Ki;  I = closure(Ki);                // 标记并计算完整的项目集 I
    for ( I 的每个形如[A→α.x, a]项目中的 x ) {  // 考察每个向外状态转移
        K = goto (I, x);                       // 计算下一状态转移
```

```
    if ( K 非空 ) {                         // 若有下一状态转移
        if ( K 不在 Dstates 中 ) {           // 若 K 是新状态
            if ( K 的 core 等于 Dstates 中某 Kⱼ 的 core ) {
                合并 K 中 lookaheads 到 Kⱼ 中;
                置 Kⱼ 为 K 且未标记;          // 或合并 lookaheads 并取消标记
            } else {
                加入 K 到 Dstates 中且未标记;   // 或加入全新状态到 Dstates 中
            }
        }
        Dtran[Kᵢ, x] = K;                   // 记录状态转移
    }
}
}
```

【例 3.35】 为文法 G3.13 构造的 LALR(1)DFA 如图 3.27 所示。可以看出此 DFA 的空间节省了很多，并且 I_2 状态中也不存在移进/归约冲突。

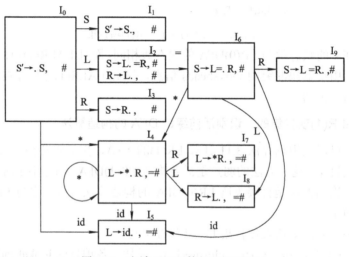

图 3.27 文法 G3.13 的 LALR(1)DFA

3.6.4 LR(1)与 LALR(1)的关系

对于移进/归约冲突的解决，LR(1)与 LALR(1)是等价的，而对于归约/归约冲突，由于 LALR(1)项目中合并了 lookaheads，可能会减弱它对归约/归约冲突的解决能力，具体有下述两个结论：

(1) LR(1)DFA 中不存在的移进/归约冲突，LALR(1)DFA 中也一定不会存在。

考虑下述同芯的 n 个 LR(1)项目集的合并。

$$A \rightarrow \alpha., \quad l_1 \cup l_2 \cup \cdots \cup l_n$$
$$B \rightarrow \beta.a\gamma, \quad l$$

根据准则 3.1，LR(1)DFA 中没有冲突，即 $\{a\}\cap l_i=\Phi(i=1, 2, \cdots, n)$，因此

$$\{a\}\cap(l_1 \cup l_2 \cup \cdots \cup l_n)=\Phi$$

也满足准则 3.1。所以，LALR(1)DFA 中也不会有移进/归约冲突。

(2) 合并后的 lookaheads 可能会引起 LALR(1)项目集中的归约/归约冲突。

考虑图 3.28 所示的同芯 LR(1)项目集的合并。

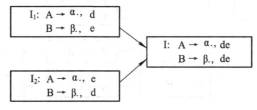

图 3.28　同芯 LR(1)项目集的合并

合并前 I_1 和 I_2 均无归约/归约冲突，而合并后 I 中两个归约项冲突。

现在考虑更一般的 n 个同芯项目集合并的情况：

$$A \rightarrow \alpha., \qquad l_1 \cup l_2 \cup \cdots \cup l_n$$
$$B \rightarrow \beta., \qquad l_1' \cup l_2' \cup \cdots \cup l_n'$$

根据准则 3.2，LR(1)不发生冲突的充要条件是：

$$l_i \cap l_i'=\Phi \qquad (i=1, 2, \cdots n)$$

而 LALR(1)不发生冲突的充要条件是：

$$\left(\bigcup_{i=1}^{n} l_i \right)\cap\left(\bigcup_{j=1}^{n} l_j' \right)= \bigcup_{i=1}^{n} \bigcup_{j=1}^{n} l_i\cap l_j'=\Phi \ (i, j = 1, 2, \cdots, n)$$

显然，当 $l_i\cap l_j'\neq\Phi$ 时，LALR(1)中会有归约/归约冲突。

【例 3.36】 给定文法 G3.14 如下：

$$S' \rightarrow S \quad S \rightarrow aAd|bBd|aBe|bAe \quad A \rightarrow c \quad B \rightarrow c \qquad (G3.14)$$

它的 LR(1)DFA 如图 3.29 所示。其中，I_6 与 I_9 同芯，将其合并后得到(G3.14)的 LALR(1)DFA 如图 3.30 所示。

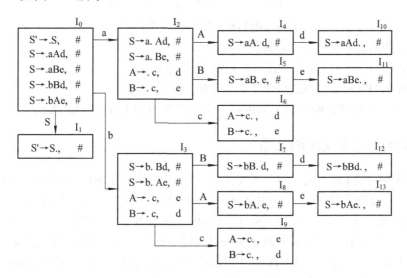

图 3.29　文法(G3.14)的 LR(1)DFA

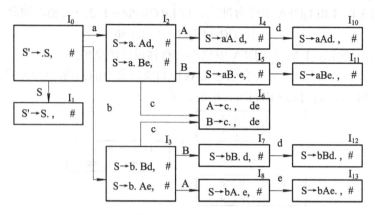

图 3.30　文法(G3.14)的 LALR(1)DFA

现在考虑输入序列 ω = acd#的分析过程(#是输入结束标记)。若用图 3.29 所示的 LR(1)DFA 识别，则识别过程如图 3.31(a)所示，分析的每一步都是确定的。若用图 3.30 所示的 LALR(1)DFA 识别，则从 I_0 经 a 到达 I_2 再经 c 到达 I_6 时，由于 I_6 中的两个可归约项中的 lookaheads 相同，因此按 A→c 归约和按 B→c 均可，故出现了不确定性。若按 A→c 归约，则识别过程与 LR(1)DFA 的识别过程相同，如图 3.31(a)所示。而若按 B→c 归约，则识别过程如图 3.31(b)所示，输入序列 "acd" 不被接受。显然 G3.14 是 LR(1)的而不是 LALR(1)的。

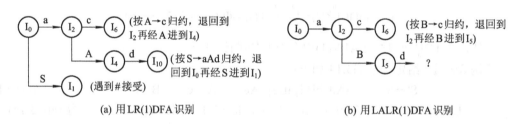

(a) 用 LR(1)DFA 识别　　　　　　　　　　　(b) 用 LALR(1)DFA 识别

图 3.31　输入序列 "acd" 的识别路径

通过上述的讨论，我们对 LALR(1)和 LR(1)的关系做如下归纳：

(1) LALR(1)是 LR(0)与 LR(1)的最佳折中。

(2) LALR(1)中会有 LR(1)中没有的归约/归约冲突。

(3) LALR(1)分析器可以胜任绝大部分 LR(1)分析器的工作。

(4) 随着计算机软、硬件技术的提高，会出现实用的 LR(1)或 LR(K)分析器。

3.6.5　LR(1)与二义文法的关系

最后，简单讨论 LR(1)文法与二义文法的关系。再考虑悬空 else 文法(G3.10')，它的 LR(1) DFA 的一部分如图 3.32 所示，其中 A→S 是拓广的产生式。从 I_0 开始沿着一条路径 i(C)S 到达状态 I_5，此时 I_5 中的可归约项[S'→., #]与可移进项[S'→.eS, #]没有冲突，似乎解决了冲突。但是，由于 I_4 中有项目[S→.i(C)SS', e#]，它与 I_0 中对应项目的差别是 lookaheads 中多了 e，于是从 I_4 出发再走一条 i(C)S 路径到达状态 I_{10}，I_{10} 中的可归约项的 lookaheads 中有 e，而 e 也在可移进项的 "." 之后，因此冲突无法解决，所以(G3.10')不是 LR(1)文法。

通常情况下，如果一个文法不是二义的，则可以采用增加向前看的终结符个数或其他方法来解决冲突，而如果文法是二义的，则无论向前看多少个终结符都无法解决冲突，所以二义文法不是 LR 文法。

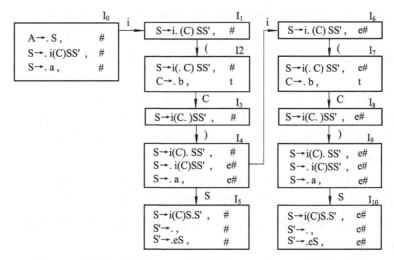

图 3.32   识别二义文法 G3.10' 活前缀的 DFA 中 i(C)S 的两条路径

回顾本章前边的讨论可知，二义文法既不是 LL 的也不是 LR 的，因此在构造任何形式的分析器时均需要消除文法的二义性。

3.7*   编译器构造工具

利用工具构造编译器的前提是能够对所要生成的编译器的某些阶段，如词法分析、语法分析、语义分析、代码生成等建立数学模型，这包括形式化描述和对应的算法。由于程序设计语言的语法(包括词法)相对比较简单，具有较为成熟的形式化描述方法和对应的分析器构造算法，因此构造其自动生成工具较为容易。而语义相对比较复杂，形式化描述不如语法的描述那样成熟，因此这部分的自动生成相对比较困难。

基于上述原因，实际上，应用最广泛的是词法分析器和语法分析器的生成工具。它们只能自动生成对词法和语法的分析部分，而对于以语法为载体的语义，实际上是通过语法制导翻译的方法，利用某种程序设计语言编写程序实现的。因此，此类工具也称为语言识别器生成工具。由于语法分析和语义分析实质上是紧密联系的，因而相关的语义处理方法也在本章给出，在学习了第 4 章语义处理的原理之后再看此部分会进一步加深理解。

最具代表性的工具是 20 世纪 70 年代出现的词法分析器生成器 LEX 和语法分析器生成器 YACC。它们在编译器构造和语言识别以及模式匹配等领域被广泛应用，多年来已经形成了基于多种语言的、可以在多种操作系统中运行且功能不断改进的 LEX 和 YACC 族，当前被广泛应用于教学的系统有 Flex/Bison、Jlex/CUP 和 ANTLR 等。它们虽然名称和基于的语言各不相同，但其基本的工作原理和功能是相同的，因此本章的讨论仍以最早的基于 C 语言的 LEX 和 YACC 为主。

3.7.1　词法分析器生成器 LEX

回顾设计与实现词法分析器的一般步骤：正规式→NFA→DFA→最少状态 DFA→词法分析器，或者正规式→语法树→DFA→最少状态 DFA→词法分析器。构造的每一步都可以借助成熟的算法来完成，而无须人工干预。LEX 就是将这些算法组合起来所形成的软件，只需将需词法分析器识别的记号用正规式的方式描述出来，LEX 就会自动生成相应的词法分析器。

利用 LEX 来构造词法分析器，需要了解和掌握以下两点：

(1) LEX 提供什么形式的正规式集，如何运用正规式集描述记号的模式。

(2) LEX 提供什么样的机制支持语义动作的嵌入，如何运用这些机制收集识别出的记号信息，并合理地返回或者将其过滤掉(如果不需要)。

归纳起来，就是如何用 LEX 语言进行程序设计，从而将词法分析器的构造简化为进行正规式和必需语义动作的设计，而对分析器的任何修改也简化为对正规式和相关语义动作的修改。当然，这样的程序设计是建立在充分了解词法分析器构造原理和 LEX 语言基础之上的。

1. LEX 概述

LEX 是一个以 C 语言为开发和运行环境的词法分析器生成器，它接受正规式表示的词法描述，生成识别正规式所描述语言的词法分析器源程序(C 语言)。利用 LEX 构造词法分析器的过程可以分为三个阶段，其工作原理如图 3.33 所示。首先用 LEX 编译器编译 LEX 源程序(也称为 LEX 规格说明，文件名一般以.l 为后缀)，生成一个 C 语言源代码文件，其中有表驱动型的词法分析器 yylex()，在 UNIX/LINUX 环境中的缺省文件名为 lex.yy.c。然后用 C 编译器编译 lex.yy.c 并生成目标程序 a.out。最后运行 a.out，以 LEX 源程序所描述语言的字符序列为输入，输出识别出的记号。

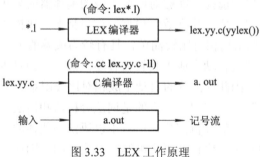

图 3.33　LEX 工作原理

LEX 编译器所生成的词法分析器源自一个共同的框架，即一个正文形式的 C 语言源程序文件，利用任何一个文字处理器均可解读该文件。该框架可以划分为下述四个主要部分。

(1) **定义**。文件中定义词法分析器中所需的一些共同资源，主要包括预编译语句(如#include、#define)，以及一些通用的全局变量等。

(2) **分析表**。分析表是一个有限自动机，文件中仅给分析表预留位置，分析表的具体内容应根据用户提供的正规式由 LEX 生成。

(3) **驱动器**。文件中仅提供驱动器的框架，识别出每个具体记号时所需的语义动作由用户指定并由 LEX 生成。

(4) 子程序定义。文件中给出 LEX 预定义的一些子程序。

LEX 编译器以此框架为基础,将用户编写的 LEX 源程序中的内容经过适当处理,分别以不同的形式填写进相应的部分,从而形成一个由用户定制的词法分析器。LEX 编译器所生成的词法分析器对用户可以是透明的,用户完全可以仅关心词法分析器的功能而忽略词法分析器的构成。但是,若用户对 LEX 所生成的词法分析器有一个概念上的理解,则对利用 LEX 进行词法分析器设计会有很大的帮助。

用 LEX 进行词法分析器设计的关键,实质上就是如何编写 LEX 源程序。下面首先介绍 LEX 源程序的基本结构,然后讨论 LEX 的规则集(正规式集),并介绍 LEX 的匹配原则和解决冲突的方法,最后介绍如何利用 LEX 进行程序设计,并给出 LEX 源程序的例子,以便加深对 LEX 的理解。

2. LEX 源程序的基本结构

LEX 源程序的基本结构如下:

[声明(declaration)]
%%
翻译规则(translation rules)
[%%
用户定义子程序(user defined routines)]

LEX 源程序由声明、翻译规则和用户定义子程序三个部分组成。由于 LEX 仅提供有限的语义支持,因此用户必须自己提供分析器所需的语义动作。这些语义动作由用户以 C 语言的形式写在 LEX 源程序的声明和用户定义子程序以及规则的语义动作等部分,以便 LEX 编译器把它们和对翻译规则的处理结果结合在一起,生成相关内容并分别加入预定义框架的不同部分,形成一个完整的词法分析器。具体来讲,LEX 编译器根据源程序中规则的正规式生成表格形式的 DFA 插入框架的分析表中,将规则中的语义动作插入框架的驱动器中,源程序的声明和用户定义子程序等分别根据情况放框架定义和子程序定义中。

LEX 源程序的三个部分之间用双百分号%%分隔,方括号中的部分可以省略,所以 LEX 源程序中只有翻译规则是必须有的部分。最简单的 LEX 源程序形式为

%%

此源程序中的翻译规则为空,即没有任何匹配模式。LEX 对不被任何模式匹配的输入序列的处理,是将输入原封不动地拷贝到输出。因此,在设计 LEX 的源程序时,应该考虑所设计语言词法的所有可能输入(包括非法输入),以保证所生成的词法分析器对其任何输入序列均有相应的处理对策,否则就会有莫名其妙的字符出现在输出端。

【例 3.37】 程序清单 3.2 是对输入文件中的字符、单词和行分别计数的 LEX 源程序,其中对字符的计数中不包括空格和换行符。

程序清单 3.2 对输入文件中的字符、单词和行分别计数的 LEX 源程序

```
1  %{
2      int nchar=0, nword=0, nline=0;  // 分别记录字符个数、单词数和行数
3  %}
4  %%
5  [ ]                                  // 匹配到一个空格,无动作("吃掉"此空格)
```

```
6   \n        { ++ nline; }              // 匹配到一个换行符，行数加 1
7   [^ \n]+ { ++ nword; nchar += yyleng;}
8                                        // 匹配到一个单词，单词数加 1，字符数加单词长度
9   %%
10  int main()
11  { yylex();                           // 调用词法分析器，直至输入结束
12      printf("nchar=%d, nword=%d, nline=%d\n", nchar, nword, nline);
13                                       // 打印字符数、单词数、行数
14      return 0;
15  }
```

若输入序列为

　　I am a student.

　　You are a student, too.

其中，空格及换行符作为单词的分隔符，则对应的输出为

　　nchar=31, nword=9, nline=2

若将输入修改为

　　I　am　a　　　student.

　　You　　are　a　　　student,　too.

其中，水平制表符('\t')及换行符作为单词的分隔符，则实际输出为

　　nchar=38, nword=2, nline=2

因为 LEX 源程序中的规则 "[^ \n]+" 没有将水平制表符作为单词分隔符，而是作为单词中的字符进行统计的，所以仅识别出两个单词。

1) 声明

LEX 的声明由两部分组成：C 语言部分和辅助定义部分。

(1) C 语言部分。C 语言部分被括在 "%{" 和 "%}" 之间，如例 3.37 所示。LEX 把它们直接加入生成的源程序(lex.yy.c)的定义中，与 LEX 所生成的部分形成一个整体。这部分可以包括：C 语言的预处理语句、类型和变量声明语句以及函数声明等。此处说明的一切在 LEX 源程序的其他部分均可被引用，如例 3.37 中的变量 nchar、nword 和 nline。

(2) 辅助定义部分。辅助定义部分是为翻译规则服务的，它的作用包括为所生成的分析器规定多重入口和为内部使用的正规式命名(即辅助定义式)。本节介绍辅助定义式，有关多重入口的问题将在下一节中讨论。

词法描述中往往会出现很长的正规式，并且一个子正规式会在一个正规式中出现若干次。为了简化描述，可以通过引入辅助定义式为某些常用的正规式命名。辅助定义式如下：

　　　　名字　　　　　　　　正规式

命名之后的正规式可以由其名字所代表，引用方式为{名字}。该名字可以用在后续的辅助定义式中，也可以用在 LEX 翻译规则中。应该指出的是，出现在辅助定义部分的正规式仅能在 LEX 源程序中被引用，而不能作为规则进行模式匹配。

【例 3.38】 对于描述标识符的正规式[a–zA–Z]([a–zA–Z]|[0–9])+，可以引入两个辅助

定义：

char	[a–zA–Z]
digit	[0–9]

于是该正规式就可以简写为{char}({char}|{digit})+。

2) 用户定义子程序

用户定义子程序段的作用与声明中的 C 语言部分相同。用户在翻译规则的语义动作中所涉及的函数调用以及其他必需的 C 语言程序定义，可以有两种安置方式：一种方式是写在其他文件中，在 LEX 源程序中用#include 语句将其包括进来；另一种方式就是可以放在用户定义子程序中。LEX 对它们的处理同样是直接加入生成的源程序(lex.yy.c)的子程序定义部分，以便构成一个完整的词法分析器。被#include 包括的 C 语言程序和写在声明段及用户定义子程序段的 C 语言语句需要认真设计，否则可能会出现重复定义或达不到用户所希望的目的。另外，用户所编写的 C 语言程序正确与否，也不在 LEX 编译器的检查范围之内，这一检查过程被推迟到 C 语言程序的编译阶段进行。

3) 翻译规则

翻译规则是 LEX 的核心，它由一组规则组成，每一个规则的形式如下：

  正规式   语义动作

如例 3.37 中的一条规则，正规式为[^ \n]+，语义动作为{ ++ nword; nchar += yyleng;}。它表示当生成的词法分析器用正规式匹配到一个输入序列时，就执行相应的语义动作。语义动作用 C 语言编写，当语句多于一行时，必须被括在"{"和"}"之间，而与正规式同在一行时，"{"和"}"可以省略。经过 LEX 编译器处理之后，正规式的内容被填写进分析表，而语义动作被填写进驱动器。

LEX 为用户提供了丰富的正规式形式，它们实际上是标准正规式的扩充，在不引起混淆的情况下，简称为 LEX 的正规式集，如表 3.5 所示。

表 3.5   LEX 的正规式集

序号	语法	语 义
(1)	x	匹配字符或字符串 x
(2)	"x"	匹配字符或字符串 x
(3)	\x	匹配字符 x 自身，如\+(匹配+)；或 C 语言中的转义字符，如\t，\n 等
(4)	[xy]	匹配字符 x 或者字符 y
(5)	[x-z]	匹配字符 x，y 或 z，"-"表示一个范围，并且要求"-"左边字符小于右边字符，否则出错。当"-"表示其本身时，要放在方括号的最左或最右
(6)	[^x]	匹配除 x 以外的任何一个字符，x 可以是若干字符，如 [^ \t\n]表示除空格、制表符和换行以外的其他字符
(7)	.	匹配除换行以外的任何其他字符
(8)	x*	正规式 x 的闭包
(9)	x+	正规式 x 的正闭包
(10)	x|y	匹配正规式 x 或者正规式 y 可匹配的任何串

续表

序号	语法	语　　义
(11)	(x)	( )用来改变运算优先级
(12)	x?	表示 x 是可省略的。该正规式与 x|ε 等价，其中 ε 表示空
(13)	^x	匹配一行开始处的 x，如^ABC，识别行首 ABCabcABC 中的第一个 ABC
(14)	x$	匹配一行结束处的 x，如 ABC$，识别行尾 ABCabcABC 中的第二个 ABC
(15)	x/y	匹配其后紧跟 y 的 x，如[0-9]+/".EQ." 识别输入串 35.EQ.I 中的 35
(16)	\<y>x	匹配处于开始条件\<y>时的 x
(17)	x{m,n}	匹配 m 到 n 个 x，如(ab){3, 5}识别 ababab, abababab 或 ababababab

　　LEX 的正规式集与标准正规式的描述基本一致，因此不难理解。为了能够更好地处理大多数程序设计语言的词法现象，LEX 的正规式集中引入了一些标准正规式所不具备的匹配模式。它们大概可以分为以下几类：

　　(1) 特殊字符处理，如表 3.5 中的(3)。

　　(2) 考虑上下文，如表 3.5 中的(13)～(16)。

　　(3) 限制重复次数，如表 3.5 中的(17)。

　　随着技术的进步和程序设计语言的发展，LEX 提供的有些描述形式实际上已不再使用，典型的如表 3.5 中的(15)和(17)。(15)处理的是一类需要超前扫描多个字符的词法现象，这些现象仅出现在早期的程序设计语言如 Fortran 等中。(17)是一种典型的不适合语法处理的语言现象，它完全可以用(8)和(9)的规则加上适当的语义处理来完成。灵活、合理地应用正规式集描述要设计的词法规则，是编写 LEX 源程序所需考虑的重要因素之一。

　　【例 3.39】　部分 LEX 正规式与被识别的输入序列如表 3.6 所示。

表 3.6　LEX 正规式与被识别的输入序列

LEX 正规式	被识别的输入序列
abc	abc
abc+	abc…c(至少一个 c)，这里"+"是 LEX 正规式的运算符
abc\+	abc+
"abc+"	abc+
abc\t	abc 后跟一个制表符
"abc　　"	abc 后跟一个制表符
a|b|c|d|e|f|g	abcdefg 中的任一个字符
[a-z]	abcdefghijklmnopqrstuvwxyz 中的任一个字符
ab?c	ac 或 abc
(ab)?c	c 或 abc
^#define	行首的#define
abc$	匹配行尾的 abc
abc\n	匹配行尾的 abc\n，其中"\n"是换行符

4) 多重入口(左上下文相关处理)

表 3.5 中第(16)条正规式指出，<y>x 匹配处于开始条件<y>时的 x。这是 LEX 为用户提供的一种左上下文相关(left context sensitivity)的处理功能，便于用户根据已分析过的内容进行下一步的处理。实际上也可以把它理解为在不同情况下选择不同的有限自动机来识别输入。这种方法对于实际的词法分析器设计十分有用。

如果把上述<y>称为入口，则左上下文相关处理可以分为三个步骤：入口的定义、引用和进入。

(1) 入口的定义(声明)：在 LEX 声明部分的辅助定义中，以关键字%start 或%x 开始，其后可以跟若干个入口名称。如：

  %start entry1 entry2…

(2) 入口的引用：在 LEX 正规式的左边加上相应入口，表示只有进入该入口时，紧跟其后的正规式才起作用。如：

  <entryi>rule

(3) 入口的进入：LEX 为用户提供一个语义过程 BEGIN，它表示执行完以 BEGIN 开始的语句后，下一次的词法分析从所规定的入口开始。如：

  { BEGIN entryi; }

表示下一次分析将从入口 entryi 开始。没有入口引导的正规式均默认为 BEGIN(0)，其中 0 为 LEX 的默认入口。若一个正规式前没有入口引用，则它就是默认入口引导的正规式。

【例 3.40】 程序清单 3.3 是一段演示多重入口的 LEX 源程序，后面给出了若干个输入及其对应的输出。

程序清单 3.3 演示多重入口的 LEX 源程序

```
1   %start AA BB CC
2   %%
3   ^a                      { ECHO; BEGIN AA; }
4   ^b                      { ECHO; BEGIN BB; }
5   ^c                      { ECHO; BEGIN CC; }
6   <AA>magic               { printf ("first"); }
7   <BB>magic               { printf ("second"); }
8   <CC>magic               { printf ("third"); }
9   magic                   { printf ("zero"); }
10  \n|.                    { ECHO; BEGIN 0; }
11  %%
12  int main()
13  {   yylex();                        // 调用词法分析器，直至输入结束
14      return 0;
15  }
```

输入   输出

amagic magic   afirst zero

magic magic	zero zero
bmagic magic	bsecond zero
cmagic magic	cthird zero

　　由%start 引导的入口名，与默认入口(0 入口)没有互斥关系，也就是说当匹配不到特定入口处的模式时，词法分析器会接着去试图匹配默认入口的规则。例如，上述第一条输入序列中，第一个 magic 匹配 AA 入口的规则，而第二个 magic 匹配默认入口的规则。在有些情况下，人们往往希望特别定义的入口与默认入口互斥，即仅匹配特别定义入口对应的模式，而不匹配默认入口的模式。也就是说，只要不是用户用显式的语句 BEGIN(entryi)改变入口的，分析器就将永远仅匹配当前所在入口的规则。为此目的，美国加州大学 Berkeley 分校 1988 年研制的 FLEX 中增加了互斥入口机制。

　　语法上互斥入口与不互斥入口的唯一区别是声明入口名时不是以%start 引导的声明指令，而是以%x 引导的声明指令。互斥机制实际上是将分析器分为若干个互不干涉的有限自动机，因此使用互斥入口时应特别注意，一定要有明确的退出，否则会因为陷在某个入口所限定的自动机中而使得分析无法进行下去。不互斥入口的模糊性使得它已逐步被互斥入口所取代。

　　【例 3.41】C 语言的块注释以 "/*" 开始，以 "*/"
结束。识别块注释的自动机如图 3.34 所示，它的 LEX
正规式描述如下，该正规式显然既难设计也十分难懂
(感兴趣的读者不妨认真读一读)。

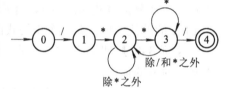

　　　　"/*"([^*]|(*)*[^*/])*(*)*"*/"

图 3.34　识别 C 语言块注释的自动机

　　利用互斥的多重入口，对 C 语言的块注释可以做如下处理。一旦输入序列中出现了 "/*"，则分析器进入注释入口，后续的输入均被识别为注释的内容，直到遇到 "*/" 为止。

```
%x c_comment                                        /* 入口定义 */
%%
"/*"                { ECHO; BEGIN(c_comment); }      /* 注释开始 */
<c_comment>"*/"     { ECHO; BEGIN(0); }              /* 注释结束 */
<c_comment>.        { ECHO; }                        /* 注释内容 */
<c_comment>\n       { ++linenum; ECHO; }             /* 注释内容 */
```

　　采用这样的方法描述注释，除了比用一条正规式描述注释简单方便之外，还有一个重要原因，就是所产生的分析器每次最多分析两个字符，因此不会由于注释太长而使存放输入序列的缓冲区溢出，因为在 C 语言程序中，如果注释的结尾忘记写 "*/"，则随后的源程序均会被误认为是注释。

3. LEX 程序设计

1) 如何从词法分析器返回识别出的记号

　　词法分析器向语法分析器提供记号的信息，包括记号的类别和值(属性)。在用 LEX 构造的词法分析器中，类别和值分别由 LEX 所提供的下述语义变量(或函数)来存放。这些语

义变量(或函数)对语法分析器均可见。

· yylex()：LEX 产生的词法分析器主函数，返回一个整型编码作为记号的类别，表示识别出的一个记号，如 return NUMBER 返回 NUMBER 所对应的内部编码，return ID 返回 ID 所对应的内部编码。

· yylval：全局变量，默认类型是 int，用户也可以将其重新定义为其他类型，如 double 等(具体定义方法在 YACC 中讨论)，可以用它表示所识别记号的值。

· yytext，yyleng：全局变量，分别用来存储识别出的输入序列及其长度。yytext 和 yyleng 的内容一般由词法分析器填写。

【例 3.42】 若输入序列为整型数 258，整型数编码是 40(即 NUMBER=40)，识别整型数的规则为

    [0-9]+   { sscanf(yytext, "%d", &yylval); return NUMBER;}

则从 yylex()返回时各函数或变量的值分别为

    yylex()：   40

    yylval：   258

    yytext：   "258"

    yyleng：   3

它们均可以被调用该词法分析器的语法分析器使用。

2) LEX 的匹配原则和解决冲突的方法

当输入序列可以与 LEX 源程序中的两个或多个规则相匹配时，就产生了所谓的冲突。LEX 用以下两条原则来解决冲突：

(1) 选择最长的输入序列进行匹配。

(2) 若几个规则与同一个字符串匹配，则从中选择最先在 LEX 源程序中出现的规则。这相当于给最先出现的规则赋予最高优先级。

【例 3.43】 对于如下规则：

    begin   { printf("keyword"); }

    [a-z]+   { printf("id"); }

可能的输入序列和对应的输出结果如下：

    输入序列   输出结果

    begin   keyword

    begins   id

如果交换上述两个规则的书写位置，则无论输入序列是 begin 还是 begins，结果均为 id。因此，描述保留字或关键字的规则一定要写在描述标识符规则的前边，或者说特殊的描述一定要先于普通的描述。

3) LEX 程序举例

【例 3.44】 程序清单 3.4 是一个实验题目"函数绘图语言解释器"的词法描述，LEX 据此生成函数绘图语言的词法分析器。为满足语法分析的需要，该程序中没有使用 LEX 提

供的变量，而使用自己设计的 Token 类型来存放记号的完整信息。

程序清单 3.4　"函数绘图语言解释器"的 LEX 源程序

```
 0   //------------------------- funcdraw.l -------------------------
 1   %{
 2       #include "semantics.h"              // 语义模块的头文件
 3       unsigned int LineNo;                // 行号
 4       struct Token tokens;                // 记号，自定义类型与变量
 5   %}
 6   // ---------------- 入口声明 ----------------
 7   %x comment_entry c_comment_entry
 8   // ---------------- 辅助定义 ----------------
 9   name       [a-z]([_]?[a-z0-9])*
10   number     [0-9]+
11   ws         [ \t]+
12   newline    \n
13   comments   "//"|"--"
14   c_comments "/*"
15   %%
16   // ---------------- 翻译规则 ----------------
17   // ---------------- 注释与空白 ----------------
18   {comments}       BEGIN comment_entry ;    //行注释
19   {c_comments} BEGIN c_comment_entry ;      // 块注释
20   {ws}                                      // 空白
21   {newline}        LineNo ++;               // 换行
22   // ------------------ 保留字与变量 ------------------
23   "origin"            {return ORIGIN;}
24   "scale"             {return SCALE;}
25   "color"             {return COLOR;}
26   "red"               {return RED;}
27   "black"             {return BLACK;}
28   "rot"               {return ROT;}
29   "is"                {return IS;}
30   "for"               {return FOR;}
31   "from"              {return FROM;}
32   "to"                {return TO;}
33   "step"              {return STEP;}
34   "draw"              {return DRAW;}
35   "t"                 {return T;}
36   // ------------------ 常量名、函数与符号 ------------------
37   "pi" {tokens.type = CONST_ID; tokens.value = 3.14159;  return CONST_ID;}
38   "e"  {tokens.type = CONST_ID; tokens.value = 2.71828;  return CONST_ID;}
39   "sin"    {tokens.type = FUNC;        tokens.FuncPtr = sin;     return FUNC;}
40   "cos"    {tokens.type = FUNC;        tokens.FuncPtr = cos;     return FUNC;}
41   "tan"    {tokens.type = FUNC;        tokens.FuncPtr = tan;     return FUNC;}
42   "exp"    {tokens.type = FUNC;        tokens.FuncPtr = exp;     return FUNC;}
43   "ln"     {tokens.type = FUNC;        tokens.FuncPtr = log;     return FUNC;}
```

```
44   "sqrt"    {tokens.type = FUNC;        tokens.FuncPtr = sqrt;      return FUNC;}
45   "-"       {return MINUS;}
46   "+"       {return PLUS;}
47   "*"       {return MUL;}
48   "/"       {return DIV;}
49   ","       {return COMMA;}
50   ";"       {return SEMICO;}
51   "("       {return L_BRACKET;}
52   ")"       {return R_BRACKET;}
53   "**"      {return POWER;}
54   // ------------------ 常量字面量 ------------------
55   {number}(\.{number}+)?
56            {    tokens.value = atof(yytext) ;
57                 tokens.type = CONST_ID;
58                 return CONST_ID ;
59            }
60   // ------------------ 其他均为错误 ------------------
61   {name}   {return ERRTOKEN;}
62   .        {return ERRTOKEN;}
63   // ------------------ 注释的匹配 ------------------
64   <comment_entry>.           ;
65   <comment_entry>\n          {BEGIN 0;  LineNo ++;}
66   <c_comment_entry>"*/"       {BEGIN 0;}
67   <c_comment_entry>.          ;
68   <c_comment_entry>\n         {LineNo ++;}
```

3.7.2　语法分析器生成器 YACC

LR 分析的有效性和 LR 分析器构造的复杂性，使得我们既想使用 LR 分析器又不想手工构造 LR 分析器。幸运的是，与词法分析器的构造类似，为文法 G 构造 LR 分析器的每个步骤均有成熟的算法，将这些算法组合起来的软件称为语法分析器生成器。YACC 就是这样一个语法分析器生成工具，它通常与 LEX 配合使用。

YACC 接受扩充的 LALR(1)文法，生成 LALR 语法分析器。同时它还提供适当的语义变量(语义变量实际上是与分析栈并列的语义栈中的元素，用来表示文法符号的属性值)，以支持用户进行语法制导翻译。

利用 YACC 进行程序设计主要是编写产生式及产生式对应语义规则的过程。由于语义规则是由 YACC 的用户编写的，因此 YACC 不但可作为传统的语法分析器生成工具使用，也可被广泛地用来设计和实现各类软件系统。

1. YACC 概述

YACC 和 LEX 的工作方式、源程序格式、框架文件结构以及生成分析器的方法和过程都是相似的，因此本节采用与 LEX 相似的方法展开论述，若采用对照和联想的方式学习则会取得事半功倍的效果。

　　YACC 以 C 语言为开发和运行环境，接收扩充的 LALR(1)文法，生成对应的语法分析器源程序。利用 YACC 构造语法分析器的过程可以分为三个阶段，其工作原理如图 3.35 所示。首先用 YACC 编译器编译 YACC 源程序(称为 YACC 规格说明，文件名一般以.y 为后缀)，生成一个基于 LALR(1)分析表的语法分析器 yyparse()，在 UNIX/LINUX 环境中缺省的文件名为 y.tab.c。若加上适当的命令行参数"−v"，则 YACC 在输出 y.tab.c 的同时还输出一个正文文件 y.output，它是 YACC 所生成分析表的可读形式，对于 YACC 源程序的调试很有帮助。若加上命令函参数"−d"，则 YACC 还会输出头文件 y.tab.h，其主要内容包括 YACC 生成的记号类别定义、一些类型定义以及语义值声明。然后用 C 编译器编译 y.tab.c 生成目标程序 a.out。最后运行 a.out，以词法分析器的输出(记号流)为输入，识别文法所描述语言的语法结构。

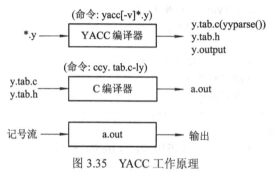

图 3.35　YACC 工作原理

　　与 LEX 类似，YACC 编译器所生成的语法分析器拥有一个共同的框架，它是一个正文形式的 C 语言源文件，可以划分为四个主要部分。

　　(1) **定义**。文件中定义语法分析器中所需要的共同资源，主要包括预编译语句(如 #include、#define)和一些通用的全局资源等。

　　(2) **分析表**。分析表是一个识别活前缀的有限自动机，在框架中仅给分析表预留位置，分析表的具体内容根据用户所提供的文法由 YACC 编译器填写。

　　(3) **驱动器**。此处仅是驱动器的框架，具体识别出每条产生式时所需进行的语义动作，由用户在 YACC 源程序中指定并由 YACC 编译器填写。

　　(4) **子程序定义**。此处给出 YACC 预定义的一些子程序。

　　YACC 编译器以此框架为基础，将用户编写的 YACC 源程序中的内容经过适当处理，分别以不同的形式填写进相应的部分，从而形成一个由用户定制的语法分析器。YACC 编译器所生成的语法分析器对用户是透明的，用户完全可以仅关心语法分析器的功能，而忽略语法分析器的构成。但是，如果用户对 YACC 所生成的语法分析器有一个概念上的理解，那将对利用 YACC 进行语法分析器设计有很大帮助。

　　利用 YACC 进行语法分析器设计的关键是如何编写 YACC 源程序。下面首先介绍 YACC 源程序的基本结构，然后着重讨论 YACC 的产生式、YACC 解决产生式冲突的方法，以及 YACC 对语义的支持等，最后给出 YACC 源程序的实际例子，以便加深对 YACC 的理解。

　　2. YACC 源程序的基本结构

　　YACC 源程序基本结构如下：

[声明(declarations)]

%%

翻译规则(translation rules)

[%%

用户定义子程序(user defined routines)]

它与 LEX 源程序的结构相同,由声明、翻译规则和用户定义子程序三部分组成。我们必须牢记在心的是,YACC 仅是一个语法分析器生成工具,并不能自动生成语义处理。用户必须提供分析器所需的语义动作,这些语义动作以 C 语言程序的形式写在 YACC 源程序的声明和用户定义子程序等部分,以便 YACC 编译器把它们同对翻译规则的处理结合在一起形成一个完整的语法分析器。三部分之间用双百分号%%分隔,方括号中的部分可以省略。因此,YACC 源程序中只有翻译规则是必需的。与 LEX 不同的是,YACC 源程序中应至少有一条产生式。

【例 3.45】 程序清单 3.5 是一个简单的 YACC 源程序,据此所生成的语法分析器可以分析若干行由整型数和减运算与乘运算组成的算术表达式并计算它们的值。

程序清单 3.5　一个简单的 YACC 源程序示例

```
1    %{
2        #include <ctype.h>
3        #include <stdio.h>
4        extern yylex();
5    %}
6    %token NUM ERROR
7    %left  '-'
8    %left  '*'
9    %%
10   LS  : LS E '\n'        { printf("=%d\n", $2); }
11       | E '\n'           { printf("=%d\n", $1); }
12       ;
13   E   : E '-' E          { $$=$1-$3; }
14       | E '*' E          { $$=$1*$3; }
15       | NUM
16       | ERROR            { yyerror("syntax error");}
17       ;
18   %%
19   void yyerror(s){ printf("%s\n", s); }
```

此源程序包括 YACC 源程序的三个基本组成部分,下面分别讨论。

1) 声明

YACC 的声明可以分为两个子部分:C 语言部分和辅助说明部分。

(1) C 语言部分。C 语言部分被括在 "%{" 和 "%}" 之间,如程序清单 3.5 中的第 2～4 行所示。这部分可以包括:预处理语句、类型和变量说明语句、子程序说明等。此处说明的名字可被 YACC 源程序的其他部分引用。YACC 把它们直接加入框架文件的定义部分,以便与 YACC 所生成的部分共同组成一个完整的 C 语言源程序(即 y.tab.c)。可以看出,此部分的描述和处理与 LEX 的 C 语言部分完全相同。

(2) 辅助说明部分。辅助说明为翻译规则服务，如程序清单 3.5 中的第 6～8 行所示。YACC 辅助说明部分包括的内容较多，下面一一予以解释。

- **说明文法的开始符号**。在 YACC 的源程序中，第一个产生式的左部非终结符一般被默认为文法的开始符号。如果文法的开始符号不是第一个产生式的非终结符，则必须显式说明，其形式如下：

　　　%start n_name

其中，%start 是说明文法开始符号的关键字，n_name 是相应的非终结符。

- **说明终结符**。YACC 源程序中的终结符可以有两种表示形式。一种表示形式是用单引号包围一个字符的直接表示形式，如例 3.45 中的'-'和'*'；另外一种形式是对终结符进行说明，其形式如下：

　　　%token t_name

其中，%token 是说明终结符的关键字，t_name 是相应的终结符。t_name 一旦被说明，YACC 就会赋给它一个唯一的整型编码，而词法分析器返回给语法分析器的函数值就是此编码，如例 3.45 中的 NUM 和 ERROR。

- **说明优先级与结合性**。对于程序设计语言中出现最多的表达式，写出它们的无二义性文法一般比较啰唆，并且由于为消除二义性而引入的非终结符会使产生式的个数增加、推导步骤增加，以及分析树的层次增高，从而使语法分析器的分析效率降低。为了减少非终结符的引入，YACC 提供了说明优先级和结合性的机制，用给文法符号规定优先级和结合性的方式来消除二义性。

YACC 允许三种声明结合性的形式，即左结合、右结合、无结合，它们分别用关键字%left、%right 和 %nonassoc 表示。被说明的文法符号都是终结符，它们紧跟在关键字之后。YACC 对优先级没有说明符，而是根据文法符号在说明结合性语句中的位置，从低到高确定它们的优先级。在例 3.45 中，'-' 和 '*' 都具有左结合性质，并且 '*' 的优先级高于 '-' 的优先级，因为 '*' 在 '-' 之后说明。另外，在同一条说明结合性语句中的终结符具有相同的优先级。如：

　　　%left　　　　'+' '-'
　　　%left　　　　'*' '/'

表示 '+'、'-'、'*'、'/' 均具有左结合性质并且 '*'、'/' 的优先级高于 '+'、'-' 的优先级。

YACC 中不但允许说明终结符的优先级和结合性，也允许对产生式(或者说是产生式所对应的非终结符)进行说明，具体方法将在下节给出。

- **重新定义语义栈类型**。YACC 语义栈的默认元素类型是整型 int。显然，这在语法分析中是不够用的。YACC 提供了让用户定义自己所需语义栈类型的机制，使得用户可以为不同的终结符和非终结符定义不同的属性。关于重新定义语义栈类型的具体步骤，后续部分会详细讨论。

2) 用户定义子程序

这部分与 LEX 的第三部分作用相同，如程序清单 3.5 中的第 19 行所示。此处不再赘述。

3) 翻译规则

翻译规则是 YACC 源程序的核心部分，它实际上就是由若干条规则组成的集合，如程序清单 3.5 中的第 10～17 行所示。每一条规则由产生式和语义动作两部分组成。语义动作一般被括在 "{" 和 "}" 之间，当语义动作和产生式写在同一行时，"{" 和 "}" 也可以省略。

YACC 产生式的形式比较接近标准 BNF 描述，它的文法可描述如下：

规则   → 非终结符 ':' 候选项集 ';'

候选项集   → ε
                 | 候选项
                 | 候选项集 '|' 候选项

候选项   → 符号序列 右部语义动作

符号序列   → ε
                 | 符号序列 文法符号

文法符号   → 终结符 | 非终结符 | 嵌入语义动作

右部语义动作 → ε
                |'{' C 语言语句序列'}'

嵌入语义动作 →'{' C 语言语句序列'}'

值得注意的是，文法符号除了终结符和非终结符之外，还可以是一个嵌入语义动作，目的是为自下而上分析器提供 L_属性同步计算机制。属性计算的基本原理将在第 4 章语法制导翻译的有关部分讨论。

3. YACC 程序设计

利用 YACC 进行程序设计的关键是做好两件事：一是用 YACC 形式的产生式对所设计语言的语法进行精确描述(即产生式设计)；二是利用 YACC 提供的语义支持进行语法制导翻译(即语义动作设计)。

由于 YACC 提供的产生式描述方法与 BNF 十分相似，因此下面忽略产生式设计，仅着重讨论与文法设计有关的、YACC 解决文法中冲突的方法和对语义动作设计的支持。

1) YACC 解决冲突的方法

当 YACC 源程序中的产生式集不是 LALR(1)文法时，YACC 生成的分析表中会产生两类冲突。

• **移进/归约冲突**。在一个状态中，面对相同的下一输入符号，可以同时有移进和归约两个动作与其匹配。

• **归约/归约冲突**。在一个状态中，面对相同的下一输入符号，有两个或两个以上可以归约的产生式。

YACC 在生成分析表时，会报告表中产生的两类冲突，同时采用以下默认方法予以解决：

(1) 当发生移进/归约冲突时，执行移进动作，即移进先于归约。

(2) 当发生归约/归约冲突时，选择 YACC 源程序中出现在前面的产生式来归约。

典型的悬空 else 现象就是一个移进/归约冲突，由于 YACC 采用移进先于归约的原则，它实际上等价于该语句具有右结合性，因此自然解决了这一问题。

当 YACC 的默认方法不能满足用户意愿时，就需要用户自己在文法中规定文法符号的优先级和结合性。出现冲突时，YACC 按高优先级文法符号所对应的动作进行匹配，高优先级文法符号在左则先归约，在右则先移进；而当优先级相同时，根据文法符号的结合性来决定下一个动作：左结合意味着归约，右结合意味着移进。

产生式的优先级总是与出现在最右边终结符的优先级一致。当产生式与其最右边终结符优先级不一致时，可以用%prec name 的方式把该产生式的优先级强制为 name 所具有的优先级。

【例 3.46】　下述产生式将算术表达式输出为后缀形式。

```
E   : E '+' E              { printf("+"); }
    | E '–' E              { printf("–"); }
    | E '*' E              { printf("*"); }
    | E '/' E              { printf("/"); }
    | '–' E %prec uminus { printf("–"); }
    | num                  { printf("%d", $1); }
    ;
```

如果希望所有二元运算符具有左结合性质，一元运算符'–'具有右结合性质且具有最高优先级，'*' 和 '/' 的优先级次之，'+' 和 '–' 优先级最低，则在 YACC 源程序的声明部分中应有如下说明：

%left '+' '–'

%left '*' '/'

%right uminus

注意，uminus 实际上并不是一个真正的终结符，%right uminus 只规定了 uminus 的优先级和结合性，至于 uminus 到底对应哪个非终结符(或者说哪个产生式)，要由出现在产生式中的%prec uminus 说明来确定。在上面的产生式中，如果不进行%prec uminus 说明，则产生式 E ：'–' E 应与二元运算 '–' 同优先级。

例如，对于输入序列"–3*6"，在分析的某一时刻，分析栈顶已经形成 "–E" 且当下一个输入终结符是'*'时，由于 '*' 的优先级高于'–'，因此分析器并不对栈顶 "–E" 进行归约，而是继续移进终结符 '*'，最终使得表达式的后缀式输出为 "36*–"，即乘运算的优先级高于单目减运算。

当有了%prec uminus 说明之后，该产生式被强制与 uminus 具有相同优先级，即 uminus 的优先级高于 '*' 的优先级。因此当遇到上述情况时，分析器就会先对栈顶的"–E"进行归约然后移进，使得表达式的后缀式输出改为 "3–6*"，即单目减运算的优先级高于乘运算。

此处 uminus 是一个虚拟的终结符，它只起规定优先级的作用，因此称为占位符(placeholder)。

由于 YACC 具备报告分析表中冲突和解决冲突的能力，因此 YACC 不但能够处理 LALR 文法，还可以处理存在二义性的文法。用 YACC 进行程序设计时，用户无须过多考虑所设计文法是否是 LALR(1)文法，YACC 会通过报告冲突信息来帮助用户把关，用户需要做的就是根据 YACC 提供的冲突信息修改源程序，直到达到目的为止。

2) YACC 对语义的支持

YACC 对语义的支持主要表现在它为用户提供了一个可以表示文法符号属性的语义栈，该栈与分析栈并列，如图 3.36 所示。YACC 为产生式中的每个文法符号分配一个伪变量来指示此文法符号的语义值。产生式左部非终结符的语义值由伪变量$$指示，$$任何时刻均指向语义栈的栈顶。产生式右部每个文法符号的语义值由伪变量$i(i = …, −2, −1, 0, 1, 2, …)指示，其中，$1 是产生式右部第一个文法符号的伪变量并且永远与$$有相同指向。i 的值以$1 为基准，向上递增向下递减，具体到产生式右部的文法符号就是从左到右递增。

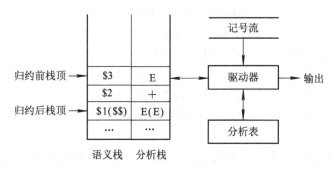

图 3.36 YACC 生成的语法分析器的工作原理

图 3.36 的分析栈说明了产生式 E：E '+' E 归约前后的状态，归约前分析栈中的内容是产生式右部 E '+' E，对应的伪变量分别是$1、$2 和$3。归约后的分析栈和语义栈顶的内容分别改变为 E 和$$(栈中括弧中的内容)，即当分析器用产生式的左部替换分析栈中产生式右部的同时，也用同样的方法替换了语义栈。由于此时$$正好是原$1 所指示的位置，因此，当产生式右部仅有一个文法符号时，空语义就等价于 $$ = $1。

一个重要的问题是语义值可以表示些什么，它表示能力的强弱在很大程度上决定了 YACC 的能力。

(1) YACC 默认的语义值类型为 int。从对 LEX 的讨论中我们已经知道，YACC 生成的语法分析器主要以词法分析器的函数返回值 yylex()、语义变量 yylval、yytext 和 yyleng 为输入，接收终结符所需的信息。而文法符号的语义值最初总是从终结符得到的，因此 YACC 提供的语义栈与 yylval 同类型，并以终结符的 yylval 值作为栈中的初值。yylval 的默认类型为整型，因此当用户所需文法符号的语义类型是整型时，无需定义它的类型。如在下述表达式的产生式中：

```
E        : E '+' E        { $$=$1+$3; }
         |  E '*' E        { $$=$1*$3;}
         |  num
         ;
```

其中，最基本的表达式是一个 num，yylval 是 int 类型，并且持有 num 的值，因此当 num 归约为 E 时，E 自动获得了 num 的值，无需语义动作。而随后用上述产生式的前两个候选项对表达式进行归约时，其中的语义动作恰好把表达式的计算结果赋给了左部非终结符的语义变量。

(2) 所需语义值类型不是 int。对于这种情况，YACC 源程序中需要重新定义语义栈的类型，即在 YACC 源程序声明中用预处理语句#define YYSTYPE new_type 替换默认的 #define YYSTYPE int 语句，通过 YACC 生成分析器中的变量声明语句 YYSTYPE yylval 使得 yylval 具有 new_type 类型。

【例 3.47】 利用如下定义

```
#define YYSTYPE treeptr
typedef  struct tnode {    int              data;
                           struct tnode    *left;
                           struct tnode    *right;
                      } treenode, *treeptr;
```

使语义栈具有 treeptr 类型，下述语义动作的执行

```
E        :  E '+' E        { $$ = node('+', $1, $3); }
         |  E '*' E        { $$ = node('*', $1, $3); }
         |  num            { $$ = leaf(num_val); }
         ;
```

会为 E 构造一棵语法树。其中，node(arg1，arg2，arg3)和 leaf(arg)分别是构造二叉树内部结点和叶子结点的函数，可以在 YACC 源程序的用户定义子程序部分或者其他源程序模块中定义。其中，num_val 是表示终结符 num 语义值的变量，其值应该由词法分析器填写。

(3) 所需语义值不止一种类型。YACC 源程序中文法符号所需的语义值有时不止一种类型，可通过 C 语言提供的 union 机制来解决这一问题。具体做法是在 YACC 源程序声明中完成以下两个步骤：

① 用%union 定义多种不同的语义值类型。例如：

```
%union {int ival;   char cval;}
```

② 在声明文法符号的同时说明它们的语义值类型。例如：

```
%token <ival> num
%token <cval> id
%type <ival> E
```

需要提醒的是，终结符的语义值说明符是%token，非终结符的语义值说明符是%type。

【例 3.48】 程序清单 3.6 所示的 YACC 源程序，将仅含加法和乘法运算的简单算术表达式输出为后缀形式。表达式中的操作数既可以是整数字面量也可以是单字符命名的变量。

程序清单 3.6　将算术表达式输出为后缀形式的 YACC 源程序

1	%{
2	#include <stdio.h>
3	extern int yylex (void) ;
4	%}
5	%union {int ival;　char cval;}　　　　// 定义不同的语义值类型
6	%left '+'
7	%left '*'
8	%token <ival> num　　　　　　　　　　// 将 num 说明为 ival 的类型(即整型)

```
 9  %token <cval> id                    // 将 id 说明为 cval 的类型(即字符型)
10  %%
11  S  : E ';'            { printf("\n"); }
12     ;
13  E  : E '+' E          { printf("+ "); }
14     | E '*' E          { printf("* "); }
15     | num              { printf("%d ",$1); }
16     | id               { printf("%c ",$1); }
17     ;
```

若输入下面的表达式

　　35+a*b;

则输出结果为

　　35 a b * +

该例子要求词法分析器在识别到整数字面量(num)时，将 yylval.ival 填写为该整数的语义值(如整数 35)，在识别到作为变量名(id)的字符时，将 yylval.cval 填写为相应的字符(如 a 和 b)。

3) YACC 源程序的一般书写习惯

(1) **LEX 与 YACC 的关系**。我们已知 LEX 和 YACC 的工作方式分别是：用户编写的文件名为*.l 的源程序经 LEX 编译后生成一个文件名为 yy.lex.c 的 C 语言源程序，即词法分析器 yylex()；用户编写的文件名为*.y 的源程序经 YACC 编译后生成一个文件名为 y.tab.c 的 C 语言源程序，即语法分析器 yyparse()。

函数 yyparse()通过调用 yylex()得到记号，然后进行语法分析。二者之间关于记号种类的约定是在 YACC 源程序中通过对终结符的声明来完成的。为了使 yylex()能够得到记号种类的信息，YACC 在生成 yyparse()的同时，还必须生成一个关于记号种类说明的文件 y.tab.h。LEX 源程序中引用该文件即可得到相关信息。

函数 yylex()和 yyparse()之间除了记号种类的约定之外，还有一个重要的语义值 yylval 的约定。该值的类型也是 yyparse()中语义栈的类型，默认情况下类型为 int。若用户重新定义它的类型，则新类型信息也必须在 y.tab.h 中给出。

LEX、YACC 源程序以及它们所生成的 C 语言源程序之间的关系如图 3.37 所示。

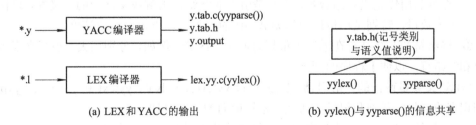

(a) LEX 和 YACC 的输出　　　　　　　　(b) yylex()与 yyparse()的信息共享

图 3.37　LEX 与 YACC 的关系

【例 3.49】 在例 3.48 给出的程序清单 3.6 中,先在第 5 行声明了一个 union 结构,然后在第 8、9 行声明了两个终结符 num 和 id 且它们具有不同类型的语义值。YACC 编译此源程序之后所生成的 y.tab.h 文件的主要内容如下:

```
typedef union    {int ival;    char cval;} YYSTYPE;
extern YYSTYPE yylval;
# define num 257
# define id 258
```

记号 num 和 id 的种类分别被赋值为 257 和 258(不同的系统编码会不同),而 yylval 的类型是 union 所规定的类型。程序清单 3.7 所示的 LEX 源程序可为不同性质的记号填写恰当类型的语义值。

程序清单 3.7 计算后缀式所需的 LEX 源程序

```
1    %{
2        #include "y.tab.h"                              // 获取记号与 yylval 类型信息
3    %}
4    digits        [0-9]+
5    letter        [a-z]
6    white_space   [ \t]
7    operator      \+|\*
8    %%
9    {white_space}    ;                                  // 忽略白空
10   {letter}     yylval.cval=yytext[0];      return id;    // 返回标识符
11   {digits}     yylval.ival=atoi(yytext);   return num;   // 返回整型数
12   {operator}   return yytext[0];                         // 返回运算符
13   \n           return yytext[0];                         // 返回换行符
14   .            return yytext[0];                         // 返回其他字符
```

语句 return num 和 return id 分别返回值 257 和 258。由于 yylval 的类型已经在 y.tab.h 文件中被定义为 union 类型,且 num 和 id 在 YACC 源程序中分别被指定为 union 中的分量 ival 和 cval,所以 LEX 源程序中对 yylval 的赋值应是对它们对应分量的赋值。

(2) 语法设计的一般习惯。

① 设计 YACC 产生式时应尽量采用左递归形式。由于左递归意味着归约先于移进,所以左递归产生式构造的分析器可以使移进/归约分析栈的内容总是保持最少;而右递归意味着移进先于归约,所以右递归产生式构造的分析器在极端的输入情况下会使分析栈溢出。

② 充分利用优先级和结合性,而不是引进非终结符来解决文法中的二义性,这样可以减少产生式数量。特别是尽量避免形如 A→B 的产生式,以提高分析速度。

③ 终结符和非终结符在书写上最好有明确的区分,例如,分别用大、小写来表示非终结符和终结符,以便于程序的阅读。

(3) 语义变量设计的一般习惯。 LEX 通过 yylex()、yylval、yytext 和 yyleng 向 yyparse() 返回识别的记号的类别和记号的属性。根据前面的讨论可知:

① 记号的属性 yylval 的类型同时也是语法分析器的语义值类型。

② 此类型默认为 int,也允许用户重新定义。

③ 有两种重新定义的形式：组合类型(如 struct)和多个类型(union)。

事实上，LEX 和 YACC 之间的关联并不能很好地处理组合类型与多个类型交叉定义的情况。例如，当用 union 定义多个类型时，union 中的分量又是自定义的组合类型。同时，yylval 类型与语义栈类型相同也使得 yylval 在 LEX 源程序中的使用并不便利。可以采用以下做法解决这些问题。

① 自定义记号的类型以回避 yylval 与语义栈相关联的问题。

② 在 YACC 源程序中避免组合类型与多个类型交叉定义。

根据上述思路，例 3.44 的 LEX 源程序就是利用自定义的类型 Token 的变量 tokens 向语法分析器传递记号属性值的，使得在例 3.44 对应的 YACC 源程序(见例 3.51)的语义栈类型设计中仅考虑非终结符的需求，从而简化了语义栈的设计，也回避了 LEX 和 YACC 的弱点。

(4) 合理的模块划分。由于 LEX 和 YACC 并不自动生成语义处理过程，用户需要进行大量的程序设计以支持对所识别语言结构的语义处理，而如果仅依靠 LEX 和 YACC 提供的方式(如在源程序的第三部分)编写 C 语言源程序，则会使*.l 和*.y 文件过大且不易阅读。

从软件工程和系统的角度来看，词法分析和语法分析只是整个系统的一小部分，并且应该与语义处理分离，具体的做法如图 3.38 所示。图 3.38 在图 3.37(b)的框架基础之上加入了语义处理模块的接口声明文件 semantics.h 和实现文件 semantics.c，图中箭头可以简单地理解为#include 语句。当语义处理庞大时，可以设计为一组而不是一个语义模块。

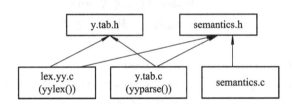

图 3.38　语义支撑模块与其他模块的关系

4) YACC 对语法错误的处理

没有语法错误处理功能的语法分析器在分析含有语法错误的输入序列时，遇到第一个语法错误分析器就会停止分析。这给用户带来极大的不便，同时也是不实用的。因此，YACC 提供了处理语法错误的机制，所采用的方法是出错产生式。

(1) 不引入出错产生式的情况。在没有适当语法错误处理的情况下，YACC 生成的语法分析器分析输入序列时，遇到语法错误就会由于在栈顶无法形成句柄而找不到适当的产生式与之匹配，从而使得栈中元素被连续弹出，直到栈被弹空迫使分析过程终止。

考察一条没有出错处理机制的 E 产生式：

```
%left '+'
%%
E   : E '+' E                                      (1)
    | num                                          (2)
    ;
```

YACC 生成的正文形式分析表(y.output)的主要内容如下，其中的注释是为了阅读方便而另加的。此处各项目集中仅有核心项目，对核心项目求闭包才会得到完整的项目集。

state 0

    $accept : .E　　　　　　　　// 项目 E'→.E

    num　shift 2　　　　　　　　// 遇到 num，转向状态 2

    . error　　　　　　　　　　// 其他输入均为 error

    E　goto 1　　　　　　　　　// 遇到 E，转向状态 1

state 1

    $accept :　E.　　　　　　　// 项目 E'→E.

    E :　E.+ E　　　　　　　　// 项目 E→E.+E

    $end　accept　　　　　　　// 遇到结束标志，正确结束

    +　shift 3　　　　　　　　　// 遇到+，转向状态 3

    . error　　　　　　　　　　// 其他输入均为 error

state 2

    E :　num.　　(2)　　　　　// 项目 E→num.(2)表示第二个产生式

    .　reduce 2　　　　　　　　// 按第二个产生式归约

state 3

    E :　E +.E　　　　　　　　// 项目 E→E+.E

    num　shift 2　　　　　　　　// 遇到 num，转向状态 2

    . error　　　　　　　　　　// 其他输入均为 error

    E　goto 4　　　　　　　　　// 遇到 E，转向状态 4

state 4

    E :　E.+ E　　　　　　　　// 项目 E→E.+E

    E :　E + E.　　(1)　　　　// 项目 E→E+E. (1)表示第一个产生式

    .　reduce 1　　　　　　　　// 按第一个产生式归约

　　根据上述文件的内容可以画出对应的 DFA，如图 3.39(a)所示。其中，可移进状态 0、1、3 处的.error 表示在这些状态可能会遇到输入错误。

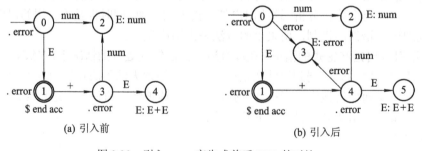

(a) 引入前　　　　　　　　　　　　(b) 引入后

图 3.39　引入 error 产生式前后 DFA 的对比

　　当输入序列中的下一终结符在 DFA 的当前状态没有下一状态转移时，YACC 会在输入序列中虚拟加入一个 error，而由于 DFA 中没有对应 error 的下一状态转移，所以当遇到输入序列中的错误时，分析器就会将分析栈弹空而终止分析。对输入序列 3++5 的分析过程如表 3.7 所示。

表 3.7 无出错处理时对输入序列 3++5 的分析过程

栈内容	剩余输入	分析器动作
# 0	3++5#	移进 num，转向 state 2
# 0 num 2	++5#	按(2) "E : num" 归约，转向 state 1
# 0 E 1	++5#	移进 +，转向 3
# 0 E 1 + 3	error+5#	输入序列中插入 error，弹出 state 3
# 0 E 1	error+5#	弹出 state 1 和 E
# 0	error+5#	弹出 state 0
#	error+5#	?

(2) **引入出错产生式的情况**。为避免一遇到语法错误就停止语法分析，YACC 引入了对特殊终结符 error 的处理，利用它在适当的地方加入若干"出错产生式"，即含有 error 的产生式，如在 E 产生式中加入一个 error 候选项：

```
E    :    E '+' E                          (1)
     |    num                              (2)
     |    error                            (3)
     ;
```

则生成的分析表正文形式的主要内容如下，所对应的 DFA 如图 3.39(b)所示。

```
state 0
    $accept : .E           // 项目 E'→.E
    num    shift 2         // 遇到 num，转向状态 2
    error  shift 3         // 遇到 error，转向状态 3
    . error                // 其他输入均为 error
    E  goto 1              // 遇到 E，转向状态 1
state 1
    $accept :  E.          // 项目 E'→E.
    E : E.+ E              // 项目 E→E.+E
    $end   accept          // 遇到结束标志，正确结束
    +  shift 4             // 遇到+，转向状态 4
    . error                // 其他输入均为 error
state 2
    E : num.    (2)        // 项目 E→num.(2)表示第二个产生式
    . reduce 2            // 按第二个产生式归约
state 3
    E : error.    (3)      // 项目 E→error.(3)表示第三个产生式
    . reduce 3            // 按第三个产生式归约
state 4
    E : E +.E             // 项目 E→E+.E
```

num	shift 2	// 遇到 num，转向状态 2
error	shift 3	// 遇到 error，转向状态 3
. error		// 其他输入均为 error
E	goto 5	// 遇到 E，转向状态 5

state 5

E : E.+ E		// 项目 E→E.+E
E : E + E.	(1)	// 项目 E→E+E. (1)表示第一个产生式
. reduce 1		// 按第一个产生式归约

从图 3.39(b)中可以看出，由于加入了出错产生式和特殊终结符 error，可移进状态 0 和 4 分别有了对应 error 的下一状态转移(由于状态 1 是整个文法的接受状态，所以到达状态 1 被认为分析结束，不再进行出错处理，故状态 1 处没有 error 的下一状态转移)。YACC 在分析输入序列时如果遇到了错误，其在输入序列中加入的终结符 error 会因为有了下一状态转移而使分析继续进行。用图 3.39(b)再分析输入序列 3++5，则分析过程如表 3.8 所示。

表 3.8　有出错处理时对输入序列 3++5 的分析过程

栈顶内容	剩余输入	分析器动作
# 0	3++5#	移进 num，转向 state 2
# 0 num 2	++5#	按(2) "E : num" 归约，转向 state 1
# 0 E 1	++5#	移进+，转向 state 4
# 0 E 1 + 4	error +5#	移进 error，转向 state 3
# 0 E 1 + 4 error 3	+5#	按(3) "E : error" 归约，转向 state 5
# 0 E 1 + 4 E 5	+5#	按(1) "E : E+ E" 归约，转向 state 1
# 0 E 1	+5#	移进+，转向 state 4
# 0 E 1 + 4	5#	移进 num，转向 state 2
# 0 E 1 + 4 num 2	#	按(2) "E : num" 归约，转向 state 5
# 0 E 1 + 4 E 5	#	按(1) "E : E+E" 归约，转向 state 1
# 0 E 1	#	接受

上述分析过程中，两个 '+' 号之间加入了一个 error，通过把 error 归约为一个表达式 E，使得分析可以继续进行。

YACC 分析一个表达式时，如果栈顶不能够形成产生式的前两个候选项，输入就存在错误。此时分析器默认当前要分析的终结符是 error，并从栈中弹出状态，直到找到这样一个状态：它的项目集中含有项目[A → . error α](此项目表示当前状态下若遇到 error 则移进)。于是分析器就把 error 压入栈中，使分析继续进行。若 α 为空，则下一步就按产生式 A → error 归约然后抛弃若干输入，直到发现一个能回到正常分析的终结符为止。若 α 不为空，则先继续向前分析，找到与之匹配的 α 串，使栈顶形成 error α，然后按产生式 A → error α 归约。这一分析过程对应 3++5 分析中在状态 4 遇到下一个'+'的情况。由于状态 4 本身就有 error 的状态转移，因此无须弹栈。同时，由于按照出错产生式归约之后，'+' 已经是一个合法的下一输入终结符，所以也无须抛弃若干输入。可以看出，是否弹栈和是否抛弃若干输入视输入序列而定。例如,将输入序列 3++5 改为 3+-5,由于 '-' 不是合法的输入,因此必须在错误恢复后将其抛弃,具体分析过程如表 3.9 所示。

表 3.9　有出错处理时输入序列 3+-5 的分析过程

栈内容	剩余输入	分析器动作
# 0	3+ -5#	移进 num,转向 state 3
# 0 num 3	+ -5#	按(2) "E : num" 归约,转向 state 1
# 0 E 1	+ -5#	移进 +,转向 state 4
# 0 E 1 + 4	error -5#	移进 error,转向 state 3
# 0 E 1 + 4 error 3	-5#	按(3) "E : error" 归约,转向 state 5
# 0 E 1 + 4 E 5	-5#	按(1) "E : E+E" 归约,转向 state 1
# 0 E 1	#	抛弃 -5,接受

归纳总结 YACC 生成的分析器处理语法错误的过程如下。若输入错误则栈顶与剩余输入不匹配,首先向输入序列中插入一个error;然后弹出栈顶若干状态直到遇到可以与error匹配的状态,移进 error 并归约栈顶形成的出错产生式,归约后继续移进输入序列。此时,如果下一个输入终结符仍然与栈顶不匹配,则不能继续插入 error(这样会陷入死循环),而是转而抛弃剩余输入中的终结符,直到遇到一个可以与栈顶匹配的终结符为止。为使分析器尽快从错误中恢复过来,YACC 提供了一个过程 yyerrok,执行它后分析器不再抛弃输入序列中的终结符,而使分析器回到正常的操作方式。但是,在使用 yyerrok 时应注意,如果产生式形如 A → error,其后语义动作中加入 yyerrok 时会使分析器不再抛弃终结符,而这时分析器也不会移进任何终结符,从而使分析器陷入死循环。

(3) **如何设计出错产生式**。是否有了 error 作为一个特殊终结符,就可以在文法中任意加入出错产生式呢?事实上并非如此。YACC 提供的这种处理语法错误的方法往往会使初学者感到难以使用。这主要因为:

① 语法错误出现的随机性和文法的复杂性,使得在文法中加入出错产生式去预置对语法错误的处理带有一定的盲目性;

② 出错产生式是利用特殊终结符 error 来构造的,而在 YACC 源程序中过多地加入 error 会人为造成冲突,使得有些出错产生式不能同时加入。

下面从一个简单的例子来看一下问题的所在,然后给出一些加入出错产生式的基本原则。

【例 3.50】 对例 3.45 的源程序(程序清单 3.5)稍加修改,增加出错产生式,得到程序清单 3.8 所示的 YACC 源程序。

程序清单 3.8　在程序清单 3.5 中增加出错产生式后的 YACC 源程序

```
1   %{
2           #include <ctype.h>
3           #include <stdio.h>
4   %}
5   %token   num
6   %left    '-'
```

```
7    %left    '*'
8    %%
9    LS   : LS E '\n'        { printf("%d\n", $2); }
10        | E '\n'           { printf("%d\n", $1); }
11        | error            { yyerror("lines: error"); }
12        ;
13   E    : E '-' E          { $$=$1-$3; }
14        | E '*' E          { $$=$1*$3; }
15        | num
16        | error            { yyerror("expr: error"); }
17        ;
```

源程序中有两个出错产生式，加入第一个出错产生式(第 11 行)是为了在一行中出现语法错误时可以从该行中恢复；加入第二个出错产生式(第 16 行)是为了在一个表达式中出现语法错误时可以从该表达式中恢复。但实际上同时加入它们是行不通的。这是由于 E：error的引入使得在 LS 的后两个候选项中引起了对 error 的冲突，而由 error 的加入引起的冲突往往是不容易消除的。

考虑输入序列：

23*34-5-2*3

23*4-23*2+5-6*2

23*4-23*2-6+5*3-4

若去掉第二个出错产生式，保留第一个出错产生式，则分析器执行的结果为

711

lines : error

lines : error

若去掉第一个出错产生式，保留第二个出错产生式，则分析器执行的结果为

711

expr : error

34

expr : error

-22

当输入的一行中没有语法错误时，两种情况均输出表达式的结果(如 711)。若一行中存在语法错误(注意，'+' 不是该表达式的合法运算符)，则加入 LS 中的出错产生式认为整行存在语法错误而丢弃整行，而加入 E 中的出错产生式只会把当前行中不合法的符号去掉(第二和第三行中的"+5")，然后继续分析，从而得到去掉不合法符号之后表达式的结果(第二和第三行分别为 34 和 -22)。但是应注意，由于 YACC 编译器实现方法的不同，此结果的值是不确定的。事实上一旦输入中存在错误，结果值就无意义了。

通过考察对同一个输入序列的不同处理结果可以看出，当引入 LS：error 产生式时，一行中出现错误之后，分析器会把当前输入行整体归约为一个错误行，然后继续分析；而当引入 E：error 时，分析器仅把当前输入中有限的出错部分归约为一个错误表达式，然后适

当地丢掉若干输入，使分析继续下去。这样看来似乎出错产生式加入的位置越接近底层(如 E : error)，错误定位越精确。但从另一方面来讲，靠近开始符号的出错产生式(如 LS : error)能使分析栈保持较低高度，这对分析器的工作具有优势。

在 YACC 源程序中加入 error 以构成出错产生式较为困难，它实际上需要在考虑若干因素(而且这些因素往往又可能互相矛盾)之后，在这些似乎矛盾的因素之间取得最佳折中的结果。加入 error 所需考虑的因素包括：

① 避免产生冲突；

② 尽量接近文法的开始符号(使分析栈尽可能低)；

③ 尽量接近终结符(使出错定位较精确)；

④ 最好不要加在产生式最右边(即 A →α error β 中，β 最好不为空)；

⑤ 应考虑为关键结构(如条件、循环等)引入出错产生式。

如何利用 YACC 提供的出错处理机制设计出好的语法分析器是一个经验问题，需要在学习和工作实践中摸索并提高。参考文献[10]和[11]中均较详细地介绍了利用 LEX 和 YACC 进行编译器设计的方法。Flex/Bison 和 Jlex/CUP 等工具的资料亦可在相关网站中获取。

另一个特别需要强调的问题是，LEX 和 YACC 实质上可以看作两种程序设计语言，但它们并不像其他程序设计语言那样具有统一的标准。因此，无论是从语言的规范上还是从语言的实现上，不同的 LEX 和 YACC 之间均存在许多不一致之处。此处仅是对一般原理的讲解，具体使用时还应参考所用系统的手册。

5) YACC 源程序举例

【例 3.51】 程序清单 3.9 是"函数绘图语言解释器"的 YACC 源程序，据此生成的语法分析器调用根据例 3.44 的 LEX 源程序(程序清单 3.4)所生成的词法分析器，再加上适当的语义支撑，构成一个完整的函数图形绘制系统。

程序清单 3.9　"函数绘图语言解释器"的 YACC 源程序

```
0   // ----------------------- funcdraw.y -----------------------
1   %{
2       #include "semantics.h"              // 语义模块的头文件
3       extern int yylex (void) ;
4       extern unsigned char *yytext;
5       #define YYSTYPE struct ExprNode *   // 重定义语义变量类型为树结点指针
6       double   Parameter=0,               // 参数 T 的存储空间
7                start=0, end=0,step=0,      // 循环绘图语句的起点、终点、步长
8                Origin_x=0, Origin_y=0,     // 横、纵平移距离
9                Scale_x=1,   Scale_y=1,     // 横、纵比例因子
10               Rot_angle=0;               // 旋转角度
11      int   line_color=red_line;          // 线条颜色
12      extern struct Token tokens;         // 记号
13  %}
14  // ------------- 终结符声明 -------------
15  %token CONST_ID FUNC FOR FROM DRAW TO STEP ORIGIN SCALE COLOR RED BLACK
16  %token ROT IS T ERRTOKEN SEMICO COMMA L_BRACKET R_BRACKET
17  %left PLUS MINUS
```

```
18   %left MUL DIV
19   %right UNSUB
20   %right POWER
21   %%
22   //--------------- 规则部分 ----------------
23   Program :    // 程序
24            |   Program Statement SEMICO
25            ;
26   Statement    // 语句
27       : FOR T FROM Expr TO Expr STEP Expr DRAW L_BRACKET Expr COMMA Expr
28         R_BRACKET
29            {   start    = GetExprValue($4);
30                end  = GetExprValue($6);
31                step= GetExprValue($8);
32                DrawLoop(start, end, step, $11, $13) ;
33            }
34       | ORIGIN IS L_BRACKET Expr COMMA Expr R_BRACKET
35            {   Origin_x = GetExprValue($4);
36                Origin_y = GetExprValue($6);
37            }
38       | SCALE IS L_BRACKET Expr COMMA Expr R_BRACKET
39            {   Scale_x = GetExprValue($4);
40                Scale_y = GetExprValue($6);
41            }
42       | COLOR IS Colors
43       | ROT IS Expr       { Rot_angle = GetExprValue($3); }
44       ;
45   Colors   :    RED        { line_color = red_line; }
46            |    BLACK      { line_color = black_line; }
47            ;
48   Expr         // 表达式
49   : T                      { $$ = MakeExprNode(T); }
50   | CONST_ID               { $$ = MakeExprNode(CONST_ID, tokens.value); }
51   | Expr PLUS Expr         { $$ = MakeExprNode(PLUS, $1, $3); }
52   | Expr MINUS Expr        { $$ = MakeExprNode(MINUS, $1, $3); }
53   | Expr MUL Expr          { $$ = MakeExprNode(MUL,  $1, $3); }
54   | Expr DIV Expr          { $$ = MakeExprNode(DIV,  $1, $3); }
55   | Expr POWER Expr        { $$ = MakeExprNode(POWER, $1, $3); }
56   | L_BRACKET Expr R_BRACKET    { $$ = $2; }
57   | PLUS Expr %prec UNSUB       { $$ = $2; }
58   | MINUS Expr %prec UNSUB
59       { $$ = MakeExprNode(MINUS, MakeExprNode(CONST_ID, 0.0), $2); }
60   | FUNC L_BRACKET Expr R_BRACKET
61       { $$ = MakeExprNode(FUNC, tokens.FuncPtr, $3);}
62   | ERRTOKEN       { yyerror("error token in the input");}
63   ;
```

64	%%　　//---------------- 用户定义子程序 ----------------
65	(略)

对以下函数绘图语言的源程序，运行解释器后可得到如图 3.40 所示的图形。

```
-------------- 图形 1：
origin is (200, 200);                        -- 设置原点
scale is (80, 80);                           -- 设置原横纵比例
rot is 0;                                    -- 不旋转
for t from 0 to 2*pi step pi/50 draw(cos(t),sin(t));  -- 画 T 的轨迹
for t from 0 to pi*20 step pi/50 draw        -- 画 T 的轨迹
    ((1-1/(10/7))*cos(T)+1/(10/7)*cos(-T*((10/7)-1))),
    (1-1/(10/7))*sin(T)+1/(10/7)*sin(-T*((10/7)-1)));
-------------- 图形 2：
orgin is (400, 200);                         -- 右移
scale is (80, 80/3);                         -- y 方向压缩
rot is pi/2+0*pi/3 ;                         -- 旋转角度初值设置
for t from -pi to pi step pi/50 draw (cos(t), sin(t));  -- 画 T 的轨迹
rot is pi/2+2*pi/3;                          -- 旋转 2/3*pi
for t from -pi to pi step pi/50 draw (cos(t), sin(t));  -- 画 T 的轨迹
rot is pi/2-2*pi/3;                          -- 再旋度 2/3*pi
for t from -pi to pi step pi/50 draw (cos(t), sin(t));  -- 画 T 的轨迹
```

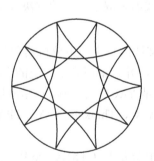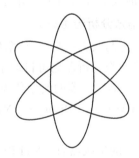

图 3.40　函数绘图语言解释器绘制的图形

3.7.3　语言识别器生成器简述

　　词法分析器生成器和语法分析器生成器并不仅仅用于编译器的编写，凡是需要语言识别的应用软件，均可以利用它们来构造相应的模块。更确切地讲，它们是一类语言识别器生成器。LEX 和 YACC 的广泛应用似乎给人们造成了这样的错觉，语言识别器生成器就是 LEX 和 YACC 类。但事实并非如此，根据生成器的目标语言、功能需求、基于的文法以及生成器之间耦合程度等的不同，生成器具有多样性。

1. 不同的目标语言

　　生成器所能自动生成的识别器仅能识别语言的结构，而对于识别出的语言结构的语义

处理，仍然需要用户使用某种程序设计语言和借助生成器提供的某些便利来实现。因此，这类生成器的一个共同特点是：

(1) 语义的描述依赖一种(或若干种)程序设计语言。

(2) 生成的目标代码是这种(或这些)程序设计语言的源程序模块。

由于应用需求和开发环境的多样性，需要生成器支持多种程序设计语言。传统的方法是固定支持一种特定的程序设计语言，如 C/C++、Pascal、Java、C#、Python 语言等。另一种方法是生成一个独立的分析表，通过提供不同的分析器引擎(Parser Engine)来达到支持多种语言环境的目的。例如，GOLD(Grammar Oriented Language Developer)就采用了这种方法，这种分析表与分析程序分离的形式显然是一种具有发展前景的体系结构。ANTLR 采用的方法是针对不同目标语言预先编写所需的运行时例程库，再由用户将其与生成的源程序、用户自己编写的源程序一起进行编译。

2. 词法分析器的功能扩展

词法分析器的功能扩展之一是扩展正规式。广义上来讲，词法分析器的作用实质上是识别以正文形式表示的输入序列，不但可以识别程序设计语言所需的、较为简单的记号，也应该可以处理更为复杂的各种类型的模式匹配。为此，有些词法分析器生成器对词法分析器的工作模式或正规式集进行扩展，提供了方便、多样、灵活的匹配模式供用户选择。典型的例子如 ANTLR 中所提供的词法模式，不仅支持与 LEX 多重入口类似的工作方式，还支持词法模式之间的栈式切换。

词法分析器的另一个功能扩展是支持国际化。随着互联网的广泛应用，需要词法分析器识别不同国家/地区的文字，因此要求词法分析器生成器对字符的处理范围从原来的单字节扩大到双字节。当前大多数的词法分析器生成器采取了统一的解决方案，即支持 Unicode。

3. 不同文法的语法分析器生成器

语法分析器可分为两大类：基于 LL 系列文法的自上而下分析器和基于 LR 系列文法的自下而上分析器。这两类分析器均可自动生成，并且都得到了广泛的应用。

基于 LR 系列文法的生成器的典型代表就是 YACC 类工具，也是应用最为普遍的一类，包括 Bison、CUP、YACC++、Bison++、YaYACC、Thinkage YAY、TP YACC、Elkhound、Rie 等。

基于 LL 系列文法的生成器有 ANTLR(其前身是 PCCTS)、Coco/R、CppCC、Grammatica、LLgen、PRECC、Spirit、SLK 等。

4. 词法分析与语法分析的耦合程度

一般情况下，词法分析器和语法分析器是分别构造的，这样的构造方式称为松耦合方式，其优点是构造灵活，适应于各种应用。但由于对语言的处理往往是将词法分析和语法分析联系在一起的，因此，可以将词法分析器和语法分析器的构造合二为一，使得生成器的语言更简练，处理更方便，这样的构造方式称为紧耦合方式。下述是一个简化了的 Coco/R 源程序，它将词法和语法的描述合并在统一的源程序中。显然，这是一种既方便阅读又便于处理的描述方法。

COMPILER Demo

CHARACTERS

```
    letter = "ABCDEFGHIJKLMNOPQRSTUVWXYZabcdefghijklmnopqrtsuvwxyz".
    digit = "0123456789".
    EOL = '\t'.
TOKENS
    ident = letter {letter | digit}.
    number = digit {digit}.
COMMENTS FROM "/*" TO "*/" NESTED
IGNORE   EOL
PRODUCTIONS
    Demo = Statement {";" Statement}.
    Statement (. string x; int y; .)
                      = Ident "=" Number    (. CodeGen.Assign(x, y); .).
    Ident = ident (. x = t.val; .).
    Number = number (. n = Convert.ToInt32(t.val); .).
END Demo.
```

5. 现状与发展

语言识别器生成器的研究开始于 20 世纪 70 年代，发展于 80 年代，成熟于 90 年代。随着软件技术的发展，生成器的相关研究也在不断发展，它们早已超越了 LEX 和 YACC，也早已走出了高校与学术机构。除了大量的自由软件之外，生成器也形成了许多产品，成为软件开发环境中的有效工具之一。

(1) **文法与分析方法**。文法是语法分析器生成器的核心，早期的生成器仅局限于 LALR(1) 和 LL(1) 文法，要求使用者具有较高的素质与技能。这在一定程度上限制了它们的使用。因此，改进生成器基于的文法，提高生成器的能力和降低它们的使用难度成为生成器追求的目标之一。具体措施包括：

① 将 LALR(1) 文法扩展为 GLR(Generalized LR) 文法。与 LALR(1) 文法比较，GLR 文法消除了两条限制：对 lookahead 长度的限制和对二义文法的排斥。

② 将 LL(1) 文法扩展为 LL(k) 文法或 LL(*) 文法，支持无限制的 lookahead。同时，有些生成器(如 ANTLR)可生成具有回溯能力的递归下降分析器，从而大大降低了对文法设计的要求。

(2) **语义扩展**。生成器通过引入属性文法，提供对语义处理的更多支持。语法分析的输出通常是抽象语法树，但 YACC 类工具并不提供自动生成语法树的能力，而是需要用户通过语义动作的方式自行构造。有些生成器所生成的语法分析器会自动为输入构建语法树或分析树。例如，ANTLR 为用户提供了统一的词法、语法和语义描述界面，可生成递归下降子程序。其早期版本所生成的程序可自动生成抽象语法树并提供遍历树的机制，而第 4 版所生成的程序可自动生成分析树并提供相应的遍历机制。由于 ANTLR 集词法、语法、语义于一体且具有灵活、好学、易用的特性，因而得到越来越广泛的应用。

(3) **开发与应用环境**。随着计算机技术和应用的发展，软件的开发环境和应用环境发生了很大的变化。开发环境的进步表现在提供可视化与集成环境；应用环境的进步表现在所生成的软件独立于平台和程序设计语言，支持程序再入与多线程，支持软件重用，提供预定义的类和调试工具等。这些大多是商业化的产品，如 Abraxas Software 公司的 PCYACC、NorKen Technologies 公司的 ProGrammar 等。

3.8　本章小结

　　语法分析是编译的重要阶段之一，可以认为是语法制导翻译模式编译器的核心。语法分析也有双重含义：定义一组规则来描述语言的各种结构，即语法规则；根据语法规则识别输入序列(记号流)中的语言结构，即语法分析。同词法分析比较，语法分析的对象不是记号，而是组成语言的句子；从结构上来讲，句子不是线性的，而是有层次的。表征这种结构的最好方法是树，从而使得对语法的分析就有了从根到叶子和从叶子到根的两种分析方法。由于语言结构的复杂性，语法规则的描述比词法描述要困难。本章主要从三个方面对语法分析进行了讨论：程序设计语言与文法、自上而下语法分析器和自下而上语法分析器。作为一种补充，本章最后还对编译器编写工具 LEX 和 YACC 做了较为详细的介绍，以帮助读者使用较为有效的工具编写相关软件。

1．程序设计语言与文法

- 正规式与正规文法：正规式与正规文法用于描述线性结构，如构成句子的记号(终结符)；识别正规语言的自动机是有限自动机，它们的特征是没有记忆功能。
- 上下文无关文法(CFG)：CFG 用于描述层次结构，如构成程序的句子；识别 CFL 的自动机是下推自动机，它比有限自动机多了一个下推栈，从而有了简单的记忆功能。
- 文法的分类：0 型、1 型、2 型和 3 型文法。

2．有关推导的基本概念

- CFG 产生语言的基本方法——推导：推导的基本思想是从文法的开始符号开始，反复地用产生式的右部替换句型中的非终结符。其所涉及的基本概念包括：句子、直接推导、最左推导、左句型、最右推导、右句型等。
- 分析树与语法树：分析树和语法树都反映了语言结构，分析树同时还记录了分析的过程。
- 二义性与二义性的消除：二义性的本质是在文法中缺少对优先级和结合性的规定，从而使得对一个句子可以推导出多于一棵的分析树。二义性的消除有两种方法：① 改写二义文法为非二义文法；② 对文法符号施加优先级与结合性的限制，使得在分析过程中每一步均有唯一选择。

3．自上而下分析

- 采用推导的方法进行分析，从上到下构造分析树，是一种试探的方法。
- 为避免回溯，要求文法没有公共左因子和左递归。
- FIRST 集合与 FOLLOW 集合：分别表示文法符号序列开头的终结符集合以及可以合法紧跟在非终结符后的终结符集合，常用于包括自上而下及自下而上语法分析过程中的向前看环节，以辅助语法分析器作出正确的决策。

- 递归下降的预测分析方法：为每一个非终结符构造一个子程序，子程序体中是对产生式右部的展开，遇到终结符就匹配，遇到非终结符就调用相应的子程序。
- 表驱动的预测分析方法：用一个栈和一个预测分析表模拟最左推导，它的数学模型是下推自动机，以格局的变化过程表示语法分析过程。
- 预测分析表的构造：基于 FIRST 集合与 FOLLOW 集合构造预测分析表。
- LL(1)文法及其判别：若预测分析表中没有多重定义条目，则相应的文法、语言和分析器分别称为 LL(1)的文法、语言和分析器。通过推论 3.2 可以直接从产生式判定一个文法是否为 LL(1)文法。

4．自下而上分析

- 用归约的方法进行分析，从叶子到根构造分析树。
- 基本概念：短语、直接短语、句柄、归约、规范归约。
- 基本方法：用移进—归约方法实现剪句柄。其中的关键问题是如何确定栈顶已经形成句柄；当句柄形成时，如何判定采用哪个产生式进行归约。
- 构造识别活前缀的 DFA：活前缀、LR(0)项目、LR(0)项目集、LR(0)项目集族、拓广文法与子集法。
- DFA 如何分析输入序列：有效项目、可移进项、可归约项、移进/归约冲突、归约/归约冲突。
- 移进—归约分析表的构成：动作表、转移表。
- SLR(1)文法：简单向前看一个终结符即可解决冲突的方法。若按此方法可解决所有冲突，则相应的文法、语言、分析表和分析器分别称为 SLR(1)的文法、语言、分析表和分析器。
- LR 与 LALR 分析：向前看符号的引入，其作用和计算方法；基于 LR(1)项目集的识别活前缀 DFA 中的状态，LR(0)和 LR(1)的折中——LALR(1)。

5．编译器编写工具

- LEX 和 YACC 的工作原理，它们的源程序基本结构、工作原理、使用方法等。
- 其他种类的编译器编写工具。

习 题

3.1　仿照最左推导和左句型的定义，定义最右推导和右句型。

3.2　对所给文法：

     S→(L)｜a   L→L,S｜S

(1) 指出文法的开始符号、终结符、非终结符。

(2) 为下述句子建立最左推导和最右推导，并给出它们最终的分析树：

① (a, a)；　② (a, (a, a))；　③ (a, ((a, a), (a, a)))。

(3) 用自然语言描述该文法所产生的语言。

3.3　对所给文法：

N→D | ND   D→0 | 1 | 2 | 3 | 4 | 5 | 6 | 7 | 8 | 9

(1) 给出句子 0127、34 和 568 的最左推导和最右推导。

(2) 用自然语言描述该文法所产生的语言。

3.4　对所给文法

G：S→aSbS | bSaS | ε

(1) 通过为句子 abab 建立两个最左推导来说明 G 是二义文法，给出两个最左推导的分析树。

(2) 为句子 abab 建立最右推导并给出分析树。

(3) 另外举出两个 G 产生的句子，并用自然语言描述该文法所产生的语言(句子的特点)。

(4)* 试设计一等价文法，但它是非二义的。

3.5　下述条件语句的文法(others 表示其他语句)试图消除悬空的 else，试证明此文法仍然是二义的。

stmt → if (expr) stmt | matched_stmt

matched_stmt → if (expr) matched_stmt else stmt | others

3.6　设字母表 Σ={0, 1}，设计下述语言的文法。对于正规语言，可用正规式表示。

(1) 每个 0 后边至少跟随一个 1 的字符串。

(2) 0 和 1 个数相等的字符串。

(3) 0 和 1 个数不相等的字符串。

(4)* 形式为 αβ 且 α≠β 的字符串。

3.7　设计一文法 G，使得 L(G)={ω|ω 是不以 0 开始的正奇数}。

3.8*　仿照将正规式所描述的语言结构转换成 CFG 描述的方法，试将属于正规文法的 CFG 转换成正规式形式。

3.9　对于 3.2.4 小节中的文法(G3.4)和它所产生的句子–id+id*id 和–(id+id)*id。

(1) 分别写出它们的最左推导和最右推导，并给出它们最终的分析树(若最左推导和最右推导的分析树相同，可以仅给出一棵分析树)。

(2) 改造文法(G3.4)。首先消除左递归，然后提取左因子(如果有的话)，最后以 EBNF 的形式给出改造后的文法，并写出它的递归下降子程序。

3.10*　对于由关系运算(<, =, >)、布尔运算(or, and, not)、算术运算(+, *)、基本操作数形成的表达式，优先级与结合性的规定与 C/C++相同，并且可以利用括弧来改变优先级和结合性。基本操作数为整型数和布尔值(num, true, false)。

(1) 试写出符合上述要求的无二义的表达式文法。

(2) 分别建立句子 x + 5>3 and y<10 和(x<5 or y = z) and x + y = 10 的分析树。

(3) 设计文法的递归下降子程序(包括必要的改写文法)。

3.11　文法 G 如下：

S→aABe

A→b | Abc

B→d

(1) 改写 G 为等价的 LL(1)文法。

(2) 求每个非终结符的 FIRST 集合和 FOLLOW 集合。

(3) 构造预测分析表。

(4) 以格局的形式写出对输入序列 abcde、abcce 和 abbcde 的分析过程。

3.12　试证明 LL(1)文法不是二义文法。

3.13　试证明左递归的文法不是 LL(1)文法。

3.14　对于下述四个文法，无需构造预测分析表，指出哪一个是 LL(1)文法，并指出其他文法为什么不是 LL(1)文法。

(1) S → Ra | a　　　　　　　R → Sb | b

(2) S → aAc | b　　　　　　 A → a | b | ε

(3) S → aA | Aa　　　　　　 A → b | ε

(4) S → iCtS | iCtSeS | a　　 C → b

3.15　对于 3.2.4 小节中的文法(G3.4)，证明 E + T*F 是它的一个句型，并指出这个句型的所有短语、直接短语和句柄。

3.16　对习题 3.2 中所给文法。

　　　　S→(L) | a　　　　　　L→L,S | S

(1) 构造(a, (a, a))的最右推导，指出每个右句型的句柄。

(2) 给出最右推导的分析树。

(3) 对分析树进行"剪句柄"操作，将每次剪句柄所使用的产生式按顺序写出。

3.17　对于 3.2.4 小节中的文法(G3.4)和它所产生的句子–id + id*id 和 – (id + id)*id。

(1) 构造基于 LR(0)项目集的识别活前缀的 DFA。

(2) 指出 DFA 中所有含有冲突的项目集，并说明这些冲突可以用 SLR(1)方法解决。

(3) 构造文法(G3.4)的 SLR(1)分析表。

(4) 根据分析表对句子–id+id*id 和–(id+id)*id 进行分析(以格局变化的方式)。

(5) 根据(4)的分析给出–id+id*id 的分析树和剪句柄的过程。

3.18　文法同习题 3.11。

(1) 构造识别活前缀的 DFA。

(2) 指出 DFA 中的冲突(如果有的话)。

(3) 构造 SLR(1)分析表。

(4) 用分析表分析输入序列 abcde、abcce 和 abbcde(以格局变化或剪句柄的方式)。

3.19　假设所讨论的文法是非二义的。

(1) 说明为什么在规范归约中，非终结符绝不会出现在句柄的右边。

(2)* 证明对任何句子的最右推导的逆是一个最左归约。

3.20　证明下述文法是 LL(1)文法，但不是 SLR(1)文法。

　　　　S → AaAb | BbBa　　　　A →ε　　　　B →ε

3.21　构造下述文法基于 LR(0)项目集的识别活前缀的 DFA。试证明此文法既不是 LR(0)文法，也不是 SLR(1)文法。

　　　　E → E sub R | E sup E | { E } | c　　　　R → E sup E | c

3.22　构造 SLR(1)分析表的算法 3.10 基于的假设是 LR(0)项目集中可能有冲突。如果基于的假设是 LR(0)项目集中没有冲突，则构造方法可以简化(无需计算 FOLLOW 集合)，得到的是 LR(0)分析表。试修改算法 3.10 成为构造 LR(0)分析表的算法。

3.23* 考虑下述有 n 个中缀算符的二义文法,规定所有算符均左结合,且若 i>j,则 θ_i 的优先级高于 θ_j。

$$E \rightarrow E\,\theta_1\,E \mid E\,\theta_2\,E \mid \cdots \mid E\,\theta_n\,E \mid (\,E\,) \mid id$$

(1) 构造此文法的项目集。作为 n 的函数,它有多少个项目集?

(2) 分析 $id\,\theta_i\,id\,\theta_j\,id$ 共需要多少步?

3.24* 证明下述文法是 LALR(1)的,但不是 SLR(1)的:

$$S \rightarrow Aa \mid bAc \mid dc \mid bda \qquad A \rightarrow d$$

3.25* 证明下述文法是 LR(1)的,但不是 LALR(1)的:

$$S \rightarrow Aa \mid bAc \mid Bc \mid bBa \qquad A \rightarrow d \qquad B \rightarrow d$$

3.26* 对于算术表达式文法

$$G: E \rightarrow E+E \mid E-E \mid E*E \mid E/E \mid (E) \mid n$$

(1) 编写一个 YACC 源程序和所需的 LEX 源程序,根据它们所生成的程序计算并打印表达式的值。

(2) 改写(1)的源程序,构造表达式的语法树并以缩进形式打印树。

第 4 章　静态语义分析

在分析/综合模式的编译器中,语法分析后的下一步就是静态语义分析(简称语义分析),只有在这一步才真正开始考虑程序设计语言的实际含义。本章讨论的语义分析过程也包括中间代码生成,这一过程通常采用的方法是语法制导翻译。

本章主要讨论以下三个方面的内容:

(1) 静态语义分析的基础:语法制导翻译的基本概念、属性与属性的计算;中间代码的常用表示形式;符号在符号表中的表示方法和符号表组织的基本原则。

(2) 对语义正确的语句的处理:声明性语句的翻译,主要讨论如何记录可执行语句中所需符号的信息,以便于符号的查找与使用;可执行语句典型结构的翻译,主要包括表达式的翻译、数组元素引用的翻译、布尔表达式的翻译、控制语句的翻译等。可执行语句翻译的目标形式是三地址码。

(3) 对语义正确性的检查:重点讨论类型检查,因为类型检查对提高软件质量和减轻程序员负担有重要作用。类型检查采用的基本方法是类型表达式与类型表达式的计算。

 ## 4.1　语法制导翻译简介

4.1.1　语法与语义

程序设计语言的语法描述的是语言的形式,即语言的样子和结构,大多数语法现象可用上下文无关文法描述,并且已经有了非常成熟的形式化描述方法和语法分析器的自动生成工具。

程序设计语言中更重要的一个方面,是附着于语言结构上的语义。语义揭示了程序本身的含义以及施加于语言结构上的限制或者要执行的动作。与语法相比,语义处理要复杂得多。一个语法上正确的句子所代表的意义并不一定正确。例如,"猴子吃香蕉"是一个语法正确的主谓宾结构的句子,它所表述的意思也被认为是正确的;而"香蕉吃猴子"也是一个语法上正确的句子,但它所表述的意思通常被认为是错误的。

同语法分析类似,语义分析也具有双重作用:

(1) 检查语言结构的语义是否正确,即结构正确的句子所表示的意思是否也合理。

(2) 执行所规定的语义动作,如表达式的求值、符号表的填写、中间代码的生成等。

应用最广的语义分析方法是语法制导翻译(syntax-directed translation),它的基本思想是将语言结构的语义以**属性**(attribute)的形式赋予代表此结构的文法符号,而属性的计算以**语义规则**(semantic rules)的形式赋予由文法符号组成的产生式,在语法分析的推导或归约的每一个步骤中，通过语义规则实现对属性的计算，以达到对语义的处理。也就是说，当使用产生式进行归约(或推导)时，除了按照产生式进行文法符号序列的替换之外，还要执行产生式所对应的语义规则，如计算表达式的值、查填符号表、产生中间代码、发布出错信息等。

虽然语义的形式化工作已经有很大的进展，但由于语义的复杂性，语义分析不能像语法分析那样规范。到目前为止，语义的形式化描述并没有语法的形式化描述那样成熟，使得语义的描述处于一种自然语言描述或者半形式化描述的状态。而没有基于数学抽象的形式化描述，就很难设计出基于数学模型的统一算法来实现语义分析器的自动生成。典型的例子是 YACC，它能够自动生成的是纯语法分析器，而语义规则的书写属于普通程序设计的范畴，YACC 通过向使用者提供用于描述属性的伪变量和语义栈来支持语法制导翻译。

程序设计语言的语法和语义之间并没有明确的界线，通过语义可以描述上下文无关文法无法描述的特性。例如，标识符的先声明后引用问题，如果把它以语言结构的形式表现出来，可以抽象为 $L1 = \{\omega c \omega \mid \omega \in (a|b)*\}$。第一个 ω 是标识符的声明，而第二个 ω 是标识符的引用。在 3.3 节已经讨论过，L1 不是上下文无关语言，这也就意味着用前面所介绍的语法分析方法无法处理该语句。一种解决途径是从语言结构上不规定这种限制，而是在语义分析阶段通过语义规则检查源程序是否满足该限制。在语法的规定中，标识符的声明与引用没有直接关系，而是从语义上为每个标识符设计若干属性，如名字、类型、作用域、声明/引用标志等，并且设计符号表和相应的语义规则。当语法分析到标识符的声明时，语义规则将标识符的属性填进符号表；当语法分析到标识符的引用时，语义规则去查找符号表，从而确定此标识符的引用与声明是否一致。

属性是描述语义的有效方法，由此发展而来的属性文法被认为是上下文无关文法的扩充。但属性并不是描述语义的唯一方法，特别是程序设计语言的动态语义(即程序的运行时特性)并不适合用属性文法来描述。动态语义形式化描述的方法主要有公理语义、操作语义和指称语义。应用最多的是指称语义，它也被认为是对上下文无关文法的一种扩充。本章讨论以属性为基础的程序静态语义检查和中间代码生成。

4.1.2　属性与语义规则

定义 4.1 对于产生式 $A \rightarrow \alpha$，其中 α 是由文法符号 $X_1 X_2 \cdots X_n$ 组成的序列，它的语义规则可以表示为式(4.1)所示的关于属性的函数：

$$b = f(c_1, c_2, \cdots, c_k) \tag{4.1}$$

语义规则中的属性存在下述性质与关系：

(1) 若 b 是 A 的属性，c_1、c_2、$\cdots$、c_k 是 α 中文法符号的属性或者 A 的其他属性，则称 b 是 A 的综合属性。

(2) 若 b 是 α 中某文法符号 X_i 的属性，c_1、c_2、$\cdots$、c_k 是 A 的属性或者是 α 中其他文法符号的属性，则称 b 是 X_i 的继承属性。

(3) 称式(4.1)中属性 b 依赖属性 c_1、c_2、$\cdots$、c_k。

(4) 若语义规则的形式如式(4.2)，则可将其想象为产生式左部文法符号 A 的一种虚拟属性，属性之间的依赖关系在虚拟属性上依然存在：

$$f(c_1, c_2, \cdots, c_k) \tag{4.2}$$

文法符号属性的抽象表示采用点加标识符(.属性)的方法。例如，对于表达式 E，可以用 E.val、E.type、E.place、E.code 等分别表示表达式的值、类型、存储空间、代码序列等属性。而属性在程序设计中的具体表示，可以根据实际情况采用适当的数据结构或者程序代码来实现。

式(4.1)中属性之间的依赖关系实质上反映了属性计算的先后次序，即所有属性 c_i 被计算之后才能计算属性 b。

如果在分析树的结点中附加上相应文法符号的属性，则称为**带注释的分析树**(简称注释分析树)。类似地，将属性附加于语法树的结点上，所得到的树称为**带注释的语法树**(简称注释语法树)。

注释分析树可以直观地反映属性的性质和属性之间的关系。如果我们将继承属性标记为".i"，将综合属性标记为".s"，则产生式 $A \rightarrow X_1 X_2 \cdots X_n$ 对应的注释分析树如图 4.1 所示。其中，图(a)反映了综合属性的关系，图(b)反映了继承属性的关系；树中虚线箭头的方向反映了属性之间的依赖关系，若属性 b 依赖属性 c，则箭头从 c 指向 b。不难看出，注释分析树很好地反映了属性的性质和属性之间的关系：综合属性从子孙和自身的其他属性计算得到，继承属性从前辈和兄弟的属性计算得到。通俗地讲，就是综合属性"**自下而上，包括自身**"，继承属性"**自上而下，包括兄弟**"。

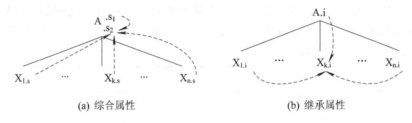

(a) 综合属性   (b) 继承属性

图 4.1 注释分析树与属性的依赖关系

4.1.3 语义规则的两种形式

根据属性及其计算表示的抽象程度，语义规则可以有两种表示方式：用抽象的属性和运算表示的语义规则称为**语法制导定义**，而用具体的属性和运算表示的语义规则称为**翻译方案**，语义规则也称为语义动作。

【**例 4.1**】 为下述文法所描述的中缀形式的算术表达式加上适当的语义，计算并输出表达式的后缀表示。其语法制导定义和翻译方案可分别表示如下：

产生式	语法制导定义	翻译方案
$L \rightarrow E$	print(E.post);	print_post(post);
$E \rightarrow E_1 + E_2$	E.post = E_1.post || E_2.post || '+';	post[k] = '+'; k = k+1;
$E \rightarrow$ num	E.post = num.lexval;	post[k] = lexval; k = k+1;

其中，print(E.post)是 L 的虚拟属性，可以想象为 L.p = print(E.post)。翻译方案中的 lexval 表示词法分析返回的记号 num 的值，并假设 k 的初值为1。

语法制导定义仅考虑"做什么"，用抽象的属性表示文法符号所代表的语义，如用".post"表示表达式的后缀式，用抽象的算符表示语义的计算，如用"‖"表示两个子表达式后缀式的连接运算。属性和运算的具体实现细节不在语法制导定义的考虑范围。根据定义 4.1 可知".post"是一个综合属性。

翻译方案不但需要考虑"做什么"，还需考虑"如何做"。例 4.1 中，翻译方案设计了一个数组 post 来存放表达式的后缀形式。由于综合属性是自下而上计算的，所以考虑在自下而上的 LR 分析过程中，仅由 num 归约而来的子表达式 E 的后缀式就是它自身，而当归约由两个子表达式和"+"(加号)组成的表达式时，两个子表达式均已分析过，分别按从左到右的次序存放在 post 中，此时仅需将"+"追加到 post 中，自然就构成了加法运算表达式的后缀式。当然，在实现中还要考虑计数器 k 的初值等相关问题。

如果忽略了实现细节，语法制导定义和翻译方案的作用是等价的。

从某种意义来讲，语法制导定义类似算法，而翻译方案类似程序。当我们希望解决某一问题时，首先应该考虑算法，而忽略实现的细节，因为这样更便于我们集中精力进行翻译的设计工作，而不会陷入某些烦琐的细节中。

由于翻译方案与具体实现密切相关，因此采用不同的实现方法可以达到相同的目的。将表达式翻译为后缀式的另一种翻译方案是：无需存放中间结果，直接在分析的过程中输出表达式的后缀形式。这是因为自下而上的分析过程是对表达式分析树的一次后序遍历，而遍历次序与表达式的后缀表示正好一致。具体的翻译方案如下(两个语义规则可以认为是产生式左部非终结符 E 的虚拟属性)：

产生式	翻译方案
L → E	
E → E₁ + E₂	print(+);
E → num	print(lexval);

【例 4.2】 设 3 + 5 + 8 是例 4.1 表达式的一个实例，它的注释分析树如图 4.2 所示，其中虚拟属性在括号中。不难验证，采用深度优先的后序遍历，两棵注释分析树所计算出的后缀式结果是相同的。为直观起见，本章的大部分分析树中，标记结点的终结符均以对应的记号文本表示，如将 num 直接用 3、5、8 表示。

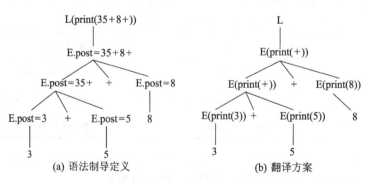

图 4.2 3 + 5 + 8 的注释分析树

4.1.4 LR 分析翻译方案的设计

由于翻译方案与实现密切相关,因此语法分析方法不同,采用翻译方案的语法制导翻译的方法也不同。对于 LR 分析,可以把语法制导翻译看作语法分析的扩充,具体扩充体现在以下两个方面:

(1) 扩充 LR 分析器的功能。执行归约动作的同时也执行产生式对应的语义动作。由于是在归约时执行语义动作,因此限制语义动作仅能放在产生式右部的最右边。

(2) 扩充分析栈。增加一个与分析栈并列的语义栈,用于存放分析栈中文法符号所对应的属性值。

扩充之后的 LR 分析最适合综合属性的计算,而对于继承属性的计算还需要进行适当的处理。LR 分析中继承属性的计算原理将在下一节详细讨论,本章所讨论的翻译方案,除特别声明外均采用 LR 分析。

本章的重点是语义分析,为了突出重点并使分析过程简单明了,一方面忽略 LR 分析栈中的状态;另一方面大都采用简化的二义文法,而解决二义性的默认方法是为文法符号规定常规意义下的优先级和结合性。例如,表达式中算符的优先级是乘除法高于加减法,if-else 语句中 else 是右结合(移进先于归约)等。

【例 4.3】 在下面的语法制导定义中,属性 ".val" 用于表达式值的计算。在与之等价的翻译方案中,设计一个与分析栈并列的语义栈 val,用于存放文法符号对应属性的值,其栈顶指针 top 与分析栈的栈顶指针所指相对位置一致。

产生式	语法制导定义	翻译方案
$L \rightarrow E$	print(E.val)	print(val[top]);
$E \rightarrow E_1 + E_2$	E.val = E_1.val + E_2.val;	val[top] = val[top]+val[top+2];
$E \rightarrow E_1 * E_2$	E.val = E_1.val * E_2.val;	val[top] = val[top]*val[top+2];
$E \rightarrow (E_1)$	E.val = E_1.val;	val[top] = val[top+1];
$E \rightarrow$ num	E.val = num.lexval;	val[top] = lexval;

用句子 3+5*8 的分析过程来验证翻译方案的正确性,对应的语法分析与语义规则的处理过程如下。在 LR 分析过程中,只有执行移进和归约动作时,分析栈才发生变化,而语义栈仅在执行归约后才变化。其中语义栈中的 "?" 仅起占位作用,不需要关心其具体信息。

步骤	分析栈	语义栈	当前输入	语法分析动作与语义动作
(1)	#	#	3+5*8#	shift
(2)	#num	#?	+5*8#	E→num, val[top] = lexval
(3)	#E	#3	+5*8#	shift
(4)	#E+	#3?	5*8#	shift
(5)	#E+num	#3??	*8#	E→num, val[top] = lexval
(6)	#E+E	#3?5	*8#	shift
(7)	#E+E*	#3?5?	8#	shift
(8)	#E+E*num	#3?5??	#	E→num, val[top] = lexval

(9)	#E+E*E	#3?5?8	#	$E{\to}E_1*E_2$, val[top] = val[top]*val[top+2]
(10)	#E+E	#3?40	#	$E{\to}E_1+E_2$, val[top] = val[top]+val[top+2]
(11)	#E	#43	#	$L{\to}E$, print(val[top])
(12)	#L	#43	#	accept

在分析过程中，总是假设在对产生式归约之后执行该产生式的语义动作。因此，此时的分析栈顶已下降到当前非终结符处(实际上是非终结符所对应状态处)。如果分析与这一假设不符，则语义动作不正确。

4.1.5 递归下降分析翻译方案的设计

递归下降子程序方法是语法分析方法中唯一适合手工构造的方法。它的分析过程是从上到下构造一棵分析树，换句话讲，是对虚拟分析树的一次深度优先遍历。任何一个非终结符所对应的子程序，只有遍历过父亲和所有左边的兄弟(及其子孙)后才会进入该子程序，进入时可以得到父亲的继承属性和所有左兄弟的综合属性与继承属性；所有的子孙均被遍历之后才能退出该子程序，退出时可以得到所有子孙的综合属性。由于非终结符的子程序实质上就是将产生式右部展开为程序中的语句序列，所以计算属性的语义规则可以放在产生式右部的任何位置，或者说在子程序中的任何位置。而 LR 分析的语法制导翻译仅可以将语义规则放在产生式右部的最右边，因为当产生式右部全部移进栈后才能归约和执行语义规则。从这一点看，递归下降分析比自下而上分析在属性的计算上更直接、更方便。

【例 4.4】 修改第 3 章中为文法 G3.9"构造的递归下降子程序，使得分析表达式的同时，也构造表达式的语法树，最后调用 computeValue 函数遍历语法树以计算表达式的值(该函数略)。修改工作主要包括以下几个方面，详见程序清单 4.1。

(1) 将递归下降子程序设计为函数，返回必要的属性值或属性值集合(通常是综合属性)。必要时，可设计参数来传递继承属性。

(2) 适当设计子程序中的临时变量，用于保存属性值。

(3) 将语义动作嵌入在子程序的适当位置，正确计算属性值。

(4) 增加变量 numValue 表示 num 对应的数值文本，增加变量 idStr 表示标识符的字符串。这两个变量就是相应记号的属性，并由词法分析函数 nextToken()更新。

程序清单 4.1 增加构造语法树的递归下降子程序

```
1  struct Node{                          // 语法树结点类型
2     TokenKind token;            // 枚举类型定义的记号类别，参见 2.5.4 节
3       struct Node *left, *right;  ...    // 此处省略了其他成员
4  };
5  typedef struct Node*  Node_Ptr;         // 指向语法树结点的指针类型
6  void  parser_main( ){ /* 略，见程序清单 3.1 */ }
7  //判断终结符是否匹配，若匹配则读取下一个记号并将记号类别存入 lookahead
8  bool match(TokenKind token) {
9      if (token == lookahead) {
```

```
10              lookahead = nextToken(); // 获取下一记号并填写 numValue 或 idStr
11              return true;
12          }
13      error("syntax error1");
14      return false;
15  }
16
17  void L( ) {                             // 展开非终结符 L
18      while (lookahead != EOF) {           // 遇到输入结束时分析结束
19          Node_Ptr root_ptr = E( );        // root_ptr 指向语法树根结点
20          print(computeValue(root_ptr));   // 计算表达式的值并输出
21          if (!match(SEMICO)) break;       // 表达式之后不是 “;” 就结束
22      }
23  }
24
25  Node_Ptr E( ) {                         // 展开非终结符 E
26      Node_Ptr left = T();
27      while (lookahead == PLUS || lookahead == MINUS) {
28          TokenKind op = lookahead;
29          match(lookahead);
30          Node_Ptr right = T();
31          left = makeNode(op,left,right); // 创建 + 或 - 结点
32      }
33      return left;
34  }
35
36  Node_Ptr T( ) {                         // 展开非终结符 T
37      Node_Ptr left = F();
38      while(lookahead == MUL || lookahead == DIV || lookahead == MOD) {
39          TokenKind op = lookahead;
40          match(lookahead);
41          Node_Ptr right = F();
42          left = makeNode(op,left,right);   // 创建*或/或 mod 结点
43      }
44      return left;
45  }
46
47  Node_Ptr F( ) {                         // 展开非终结符 F
48      Node_Ptr p;
49      switch(lookahead) {
```

```
50          case LP :
51                match(LP);                    // "("
52                p = E();
53                match( RP );                   // ")"
54                return p;
55          case ID :
56                p = makeLeaf(ID, idStr);      // 创建操作数(叶子)结点
57                match(ID);
58                return p;
59          case NUM :
60                p = makeLeaf(NUM, numValue);   // 创建操作数(叶子)结点
61                match(NUM);
62                return p;
63          default :
64                error("syntax error2");
65                p = makeLeaf(NUM, 1);          // 创建一个伪结点，使得逻辑完整
66                return p;
67      }
68 }
```

4.2*　属性的计算

　　本节从原理上讨论属性与属性的计算，重点讨论如何在语法分析的过程中同步进行语义处理，特别是在自下而上分析方法中如何实现语义的同步计算。本节的内容可以选学，从原理上理解属性的计算性质有助于语法制导翻译的设计。

4.2.1　综合属性与自下而上分析

　　如果一个语法制导定义中仅含有综合属性，也就是说任何一个文法符号的属性均可以由其子孙的属性和自身的其他属性计算得到，则称此语法制导定义具有 **S_属性**性质，也可以简称它是 **S_属性**的。

　　综合属性在分析树上的计算次序，与自下而上语法分析形成分析树的过程完全一致。因此，若采用 LR 分析方法，则语义的计算可以与语法分析同步，即对虚拟的注释分析树进行一次深度优先的后序遍历可以计算所有的 S_属性，因为这种遍历等同于 LR 分析中的剪句柄，并且 LR 分析中语义规则的计算是在每次剪句柄之后进行的。语法分析与语义分析同步的方法也称为**增量分析**。

　　再考虑例 4.1 中的语法制导定义，它是 S_属性的，因为父亲的属性由其孩子的属性计算得到。因此，该语法制导定义可以与 LR 分析同步计算，即识别出一个子表达式，就可

以直接输出此子表达式，最终形成的输出序列就是原算术表达式的后缀式，这说明无论是语法制导定义还是翻译方案，只要是 S_属性的，均可以与 LR 分析同步计算。

4.2.2 继承属性与自上而下分析

1. 属性计算的深度优先遍历方法——dfvisit

如果语法制导定义中既有综合属性又有继承属性，则可以用下述递归函数 dfvisit 深度优先遍历注释分析树来完成对属性的计算。注意，dfvisit 仅强调深度优先而不强调次序。

```
void dfvisit(Node n) {
    for ( n 的每个子结点 m，从左到右)  {
        计算 m 的继承属性; // 遍历子结点 m 前计算继承属性(先序遍历)
        dfvisit(m);          // 递归遍历子结点 m
    }
    计算 n 的综合属性;      // 遍历 n 的子孙后计算综合属性(后序遍历)
}
```

事实上，dfvisit 对属性的计算是先序遍历与后序遍历的结合：先序遍历计算继承属性，后序遍历计算综合属性。我们用图 4.3 来说明 dfvisit 在分析树上对属性的计算。对于产生式 $A \to X_1 X_2 \cdots X_n$ 的分析树，考察 dfvisit 对结点 A 和 X_i 的属性计算。对于结点 A 的第 i 个子结点 X_i，遍历 X_i 之前它可以得到从上边和左边传来的属性，如图 4.3 中指向 X_i 的虚线箭头所示，因为遍历 X_i 之前，结点 A、X_1、X_2、$\cdots$、X_{i-1} 均已被遍历，所以可以根据这些属性计算 X_i 的继承属性。A 的 n 个孩子均被遍历后，结点 A 可以得到从其所有孩子传来的属性，如图 4.3 中指向 A 的虚线箭头所示，可以根据这些孩子的属性计算 A 的综合属性。

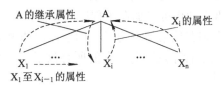

图 4.3 dfvisit 对属性的计算

由于 dfvisit 是递归计算的，因此对于分析树上的任何一个结点，或者说对任何一个文法符号 A 或 X_i，在 dfvisit 的一次遍历过程中，它可以得到上、下、左三个方向传来的属性，并在进行 dfvisit 之前计算其继承属性，返回之前计算其综合属性。

【例 4.5】 C 语言的简单变量声明文法 G4.1 和语法制导定义如下：

D → T L	{ L.in = T.type; }
T → double	{ T.type = double; }
L → L₁, id	{ L₁.in = L.in; addtype(id.entry, L.in); }
L → id	{ addtype(id.entry, L.in); }

$L \to L_1, id$ { L_1.in = L.in; addtype(id.entry, L.in); } (G4.1)

根据属性的定义可知 ".in" 是继承属性，".type" 和 ".entry" 是综合属性；addtype(entry, type)是产生式左部非终结符 L 的虚拟属性，也是综合属性，其作用是将类型信息 type 填入变量 id 对应的符号表条目中。

输入序列 double id_1, id_2, id_3 的分析树如图 4.4(a)所示。对分析树应用 dfvisit，第一个被

计算的是 T.type 属性，在退出访问 T 之前它得到属性值 double。第二个被计算的是 L_1.in 属性，访问 L_1 之前它得到从 T.type 传来的属性值 double。接下来 L_2 和 L_3 从各自的父结点得到 ".in" 的值。从 L_3 退出前，计算 L_3 的综合属性 addtype，该属性的两个参数此时均已就绪，因此可以将 id_1 的类型信息设置为 double。依次类推，id_2 和 id_3 的类型也是 double。最终结果如图 4.4(b)所示，其中依赖自身属性的箭头被忽略。

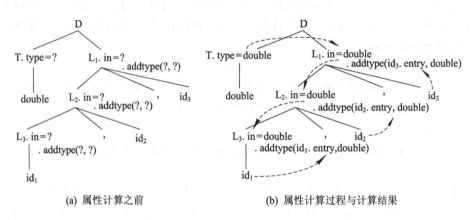

(a) 属性计算之前   (b) 属性计算过程与计算结果

图 4.4   double id_1, id_2, id_3 的注释分析树

2. dfvisit 与递归下降分析

如果一个语法制导定义的所有属性均可由 dfvisit 计算，则可用递归下降子程序进行增量分析。因为递归下降子程序可模拟分析树的构造，从左到右分析输入序列并从上到下构造分析树，与 dfvisit 遍历分析树的过程完全一致。

递归下降子程序中，语义动作可以加在子程序的任何位置。当一个非终结符 A 的子程序被调用时，它的父亲结点和左兄弟结点均已被构造，故调用前可以根据父亲和左兄弟的属性计算 A 的继承属性；当子程序返回时，它的所有孩子结点均已被构造，故可以根据孩子的属性计算 A 的综合属性。

【例 4.6】将文法 G4.1 中的 L 产生式改写为 EBNF 形式：L→id (, id)*，则可以编写 L 产生式的递归下降子程序如程序清单 4.2 所示。

程序清单 4.2   用循环表示重复结构的递归下降子程序

```
1   void L(obj_Type in)              // in 是类型属性，如 double 等
2   {
3       match(id);
4       addtype(id.entry, in);       // 将 in 类型记录在符号表的 id 栏目中
5       while (lookahead == COMMA) { // COMMA 表示 "," 的记号类别
6           match(COMMA);
7           match(id);
8           addtype(id.entry, in);   // 将 in 类型记录在符号表的 id 栏目中
9       }
10  }
```

将属性 ".in" 作为 L 子程序的参数，原因是 ".in" 是 L 的继承属性，在调用 L 之前已

经得到。当匹配到标识符 id 后获得 id.entry，于是就可以计算虚拟属性 addtype。这与分别记录下每个 id 的 entry，最后在 L 返回前一并计算是等价的。

4.2.3　依赖图与属性计算

1. dfvisit 对文法的限制

由图 4.4 可知，分析树上的任何一个结点只能得到上、下、左三个方向的属性，而得不到来自右兄弟的属性。换句话说，dfvisit 无法计算依赖右兄弟的继承属性。

【例 4.7】将 C 语言形式的变量声明文法 G4.1 改造为 Pascal 语言（浮点类型名为 real）形式的文法 G4.2，语义规则不变：

$$
\begin{array}{lll}
D \to L{:}T & \{\ L.in = T.type;\ \} \\
T \to real & \{\ T.type = real;\ \} & (G4.2) \\
L \to L_1, id & \{\ L_1.in = L.in;\ addtype(id.entry, L.in);\ \} \\
L \to id & \{\ addtype(id.entry, L.in);\ \}
\end{array}
$$

输入序列 id_1, id_2, id_3:real 的注释分析树如图 4.5 所示。dfvisit 访问到 L_1 时需要 T.type 的属性，但是 T 结点还没有被访问，因此 $L_1.in$ 没有所需的属性值。依次类推，L_2 和 L_3 也得不到属性值。当从 L_1、L_2、L_3 分别返回时，addtype 无法在符号表中为 id_1、id_2、id_3 填写正确的类型值。

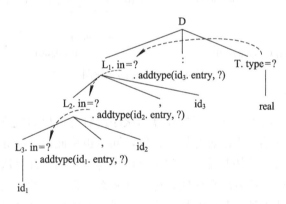

图 4.5　id_1,id_2,id_3:real 的注释分析树

2. 分析树的依赖图

对于一个任意的语法制导定义，可能需要对分析树进行多次遍历才能完成对所有属性的计算。理论上可以采取这样的步骤：首先构造输入序列的注释分析树；然后根据属性的依赖关系构造分析树的依赖图，若依赖图中无环，则可找到一个拓扑排序序列并根据此序列计算属性。

定义 4.2　**分析树的依赖图**是一个有向图，它在分析树的基础上：

(1) 为每个属性(包括虚拟属性)分配一个结点。

(2) 若属性 b 依赖属性 c_i，则从 c_i 到 b 有一条有向边。

上述两条规则可以用下述两个循环实现：

```
for (分析树的每个结点 n )　　{　　// 第一个循环构造结点
    为结点 n 上的每个属性 a 构造一个依赖图中的结点;
}
for (分析树的每个结点 n ) {　　// 第二个循环构造边
    for (结点 n 所用产生式的每个语义规则 b = f(c₁, c₂, …, cₖ) ) {
        从每个 cᵢ 到 b 构造一条有向边;
    }
}
```

【例 4.8】 用上述方法为输入序列 double id_1, id_2, id_3 和 id_1, id_2, id_3:real 的分析树构造的依赖图（依赖关系用虚线箭头表示）分别如图 4.6(a) 和图 4.6(b) 所示。其属性结点用 n_1, n_2, n_3, … 标记，属性 type、in、entry 和 addtype 分别缩写为 t、i、e 和 a，并附注在属性结点旁。

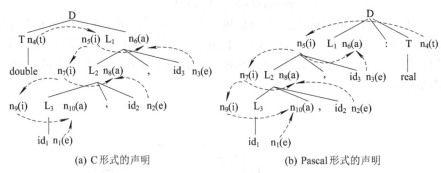

(a) C 形式的声明　　　　　　　　　　　　(b) Pascal 形式的声明

图 4.6　分析树的依赖图

3. 属性的计算次序

依赖图中箭头所指的方向即为属性计算的次序。若分析树的依赖图中有环，则说明属性之间有相互的死锁依赖，无法进行属性计算，同时也称此语法制导定义有环。否则；图中任何一个满足依赖关系的拓扑排序序列都可以作为一个属性计算次序，根据此序列对分析树进行若干次遍历即可计算所有属性。对于有 k 个属性结点的依赖图 G，我们可以通过下述算法给 k 个属性从 1 到 k 顺序编号，从而得到一个拓扑排序序列。

算法 4.1　求有向图的拓扑序列

输入　有向图 G。

输出　若 G 无环，则给出一个拓扑序列，否则指出一个错误。

方法

```
while (true) {
    找出 G 中没有前驱的所有结点，并为这些结点编号;
    删除这些已编号结点，形成 G 的子图 Gnew;
    if ( Gnew 为空)　{// 全部结点被编号，得到一个拓扑序列
        完成拓扑排序，正确结束;
    }
```

```
    if (Gnew == G)  {   // 存在非空的强连通子图，语法制导定义中有环
        不能完成拓扑排序，错误结束；
    }
    G = Gnew;      // 继续
}
```

【例 4.9】 将图 4.6(a)中的分析树删除，留下的依赖图如图 4.7(a)所示。第一次循环将结点 n_1、n_2、n_3、n_4 分别编号，删除这 4 个结点得到子图，如图 4.7(b)所示。图 4.7(b)中没有前驱的唯一结点是 n_5，第二次循环将 n_5 编号并删除 n_5，得到图 4.7(c)。重复此循环直到所有结点均被编号。事实上，我们得到一个组的全序$(n_1, n_2, n_3, n_4) (n_5) (n_6, n_7) (n_8, n_9) (n_{10})$，组中的结点之间没有依赖关系，即组中结点的计算次序可以是任意的，因此其拓扑排序结果不是唯一的。

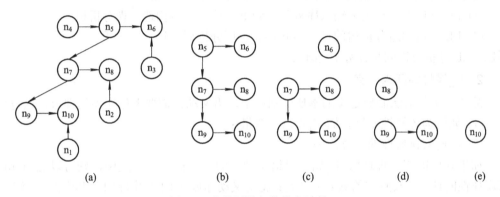

图 4.7　依赖图的拓扑排序过程

由分析树构造依赖图，再按照依赖图的拓扑排序规定的次序计算属性，这种方法称为分析树法。原则上分析树法可以处理任意的属性，唯一的约束是语法制导定义无环。

事实上，被广泛应用的属性计算并不采用上述的分析树法，而采用与语法分析同步计算的增量分析，也称为非分析树法。非分析树法既适用于 LL 分析也适用于 LR 分析，它的优点是属性的计算不必显式构造依赖图，从而提高了编译器的效率，其弱点是并非所有属性均可与语法分析同步计算。

4.2.4　L_属性的增量分析

1. L_属性与 LL 分析

定义 4.3　若文法 G 的产生式 $A \rightarrow X_1 X_2 \cdots X_n$ 的语义规则中的属性都是综合属性，或者 $X_i(1 \leqslant i \leqslant n)$ 的继承属性依赖：

(1) X_1，X_2，$\cdots$，X_{i-1} 的属性，

(2) A 的继承属性，

则称 G 的语法制导定义是 **L_属性**定义，或称 G 是 L_属性的。

从定义 4.3 可以得出三点结论：

(1) S_属性定义 $\subseteq$ L_属性定义。

(2) 若语法制导定义是 L_属性的，则所有属性值均可用 dfvisit 计算得到。

(3) 若语法制导定义是 L_属性的，则 LL 分析可同步计算所有属性值。

结论(1)是显而易见的，现在简单说明结论(2)和(3)。

对于结论(2)，若语法制导定义是 L_属性的，则产生式中的任何一个文法符号 X_i，或者仅有综合属性，或者根据图 4.3 可知 dfvisit 在计算 X_i 的属性之前其孩子的综合属性均已计算。现在我们令 $A \rightarrow X_1 X_2 \cdots X_n$ 在分析树上的结点是 n, m_1, m_2, $\cdots$, m_n，则

(1) 任何结点 n, m_i 的综合属性均可在 dfvisit(n)或 dfvisit(m_i)返回之前得到计算；

(2) n 的继承属性在调用 dfvisit(n)之前已被计算；

(3) m_i 左边各结点属性在 dfvisit(m_i)之前均已被计算。

因此，只要语法制导定义是 L_属性的，则一定可以用 dfvisit 进行属性计算。

对于结论(3)，由于 dfvisit 和递归下降分析存在下述关系：

(1) LL 分析的过程是为输入序列从上到下、从左到右构造一棵分析树；

(2) LL 分析构造分析树的过程与 dfvisit 遍历分析树的过程完全重合。

所以，LL 分析可以同步计算 L_属性。

2．L_属性的翻译方案

翻译方案与语法制导定义的本质区别在于，语义动作需要考虑实现的细节，这包括：

(1) 如何为各属性安排存储空间(语义变量)；

(2) 如何安排属性的计算次序。

如果我们能够合理地将 L_属性以语义动作的形式嵌入产生式中，则可以利用 dfvisit 实现属性的计算。其具体的嵌入方法是：将语义动作放在 { }中并将{ }及其中的内容作为一个可以出现在产生式右部任何位置的特殊文法符号。该特殊文法符号作为分析树中的一个结点，其在分析树中的位置由在产生式右部的位置所决定。经此安排，分析树 dfvisit 的次序即为语义动作的执行次序。

【例4.10】 考虑下述翻译方案：

E → E op T　　{ print(op.lex); }

E → T

T → num　　{ print(num.val); }

若输入序列为 $9 - 5 + 2$，则它的分析树如图 4.8 所示。对分析树执行 dfvisit，得到分析结果为 9　5 - 2 +(即后缀表达式"9　5 - 2 +"的紧凑表示形式)。

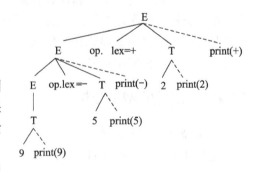

图 4.8　嵌入语义动作的分析树

3．dfvisit 对翻译方案设计的限制

若翻译方案中既有继承属性又有综合属性，则语义动作的计算必须满足下面三个条件：

(1) 产生式右部符号的继承属性必须在先于该符号的语义动作中计算；

(2) 一个语义动作不能引用该动作右部符号的属性；

(3) 产生式左部非终结符 A 的综合属性只能在 A 引用的所有属性都计算完成后才能计算。

显然，L_属性自然满足限制条件(2)。再考虑限制条件(3)，它等价于将对 A 的属性的计算放在产生式右部的最右边，即产生式右部所有文法符号的属性均计算完成后再计算 A 的属性。最后考虑如何安排其他属性的计算以满足限制条件(1)。这可以分两步走：首先将所有的语义动作都放在产生式的最右边，然后将需要提前的语义动作提到应该在的位置。这种做法的本质就是在产生式右部的任意位置均可嵌入语义动作，从而使得语义动作和文法符号交替出现在产生式右部。

【例 4.11】　考虑下面的文法和输入序列 aa。aa 的注释分析树如图 4.9(a)所示，dfvisit 遍历该树时，执行语义动作 print(A.in)无法获得正确的属性值。

$S \rightarrow A_1 A_2$　　$\{ A_1.in = 1; A_2.in = 2; \}$

$A \rightarrow a$　　　　$\{ print(A.in); \}$

为此我们稍作修改，将对 $A_1.in$ 和 $A_2.in$ 的计算提前到文法符号 A_1 和 A_2 之前：

$S \rightarrow \{A_1.in = 1; A_2.in = 2;\}\ A_1\ A_2$

$A \rightarrow a$　　$\{ print(A.in); \}$

于是 aa 注释分析树成为图 4.9(b)所示的形式，在 dfvisit 遍历的过程中，执行语义动作 print(A.in)时可以得到正确的属性值。■

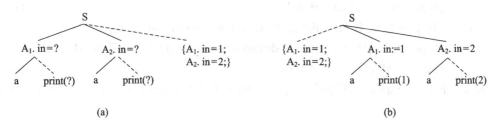

图 4.9　嵌入语义动作的调整

再举一个复杂的例子，将数学排版问题的语法制导定义转换为翻译方案。

【例 4.12】　图 4.10 所示是数学符号 $E_1.val$ 排版格式的图形表示，其中的 1 作为 E 的下标与一般的正文有两点不同：字体变小和位置下移。因此，它的排版格式可以描述为：E sub 1 .val。其中，sub 1 表示将正文 1 缩小并下移。

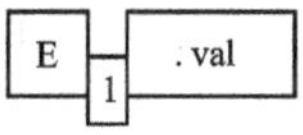

图 4.10　数学排版图示

数学排版的文法可设计如下：

$S \rightarrow B$　　　　　　　　　　　　　　　　　(1)

$B \rightarrow B_1 B_2$　　　　　　　　　　　　　　　(2)　　　　　(G4.3)

　|　$B_1 \text{ sub } B_2$　　　　　　　　　　　　(3)

　|　text　　　　　　　　　　　　　　　　　(4)

为了设计语义规则，首先引入下述属性与函数：

- 继承属性 ".ps"：表示点的大小，决定正文实际高度。
- 综合属性 ".ht"：表示正文的实际高度。
- 综合属性 text.h：参数值，语法分析时可作为常数。
- 函数 max(a,b)：取 a 和 b 的最大值作为返回值。
- 函数 shrink(a)：将 a 按一定比例缩小。
- 函数 disp(a,b)：将 b 向下偏置，然后返回 a、b 中的最大值。

然后设计如下语义规则：

$$S \to B \qquad \{B.ps = 10; \quad S.ht = B.ht; \} \tag{1}$$

$$B \to B_1 B_2 \quad \{B_1.ps = B.ps; \quad B_2.ps = B.ps; \quad B.ht = max(B_1.ht, B_2.ht); \} \tag{2}$$

$$\mid B_1 \text{ sub } B_2 \; \{B_1.ps = B.ps; \quad B_2.ps = shrink(B.ps); \quad B.ht = disp(B_1.ht, B_2.ht); \} \tag{3}$$

$$\mid text \qquad \{B.ht = text.h * B.ps; \} \tag{4}$$

这是一个 L_属性定义，因为产生式右部 B 的 ".ps" 属性仅依赖其左部非终结符的 ".ps" 属性。从分析树的角度来看，".ps" 继承属性通过其父结点的 ".ps" 属性计算获得，与其兄弟属性无关，并且所有语义规则均在产生式的最右边。若将此语法制导定义改写为翻译方案，则它自然满足上述限制条件(2)和(3)。因此，仅需将部分语义动作向左移至适当位置，使其满足限制条件(1)即可。

根据限制条件(1)"产生式右部符号的继承属性必须在先于该符号的语义动作中计算"，将对文法符号继承属性的计算向左移，形成翻译方案如下：

$$S \to \{B.ps = 10;\} \; B \; \{S.ht = B.ht;\} \tag{1}$$

$$B \to \{B_1.ps = B.ps; B_2.ps = B.ps;\} \; B_1 \; B_2 \; \{B.ht = max(B_1.ht, B_2.ht);\} \tag{2}$$

$$\mid \{B_1.ps = B.ps;\} B_1 \text{ sub} \{B_2.ps = shrink(B.ps);\} B_2 \{B.ht = disp(B_1.ht, B_2.ht);\} \tag{3}$$

$$\mid \quad text \qquad \{B.ht = text.h * B.ps;\} \tag{4}$$

设 text.h 为 2，shrink 的缩小比例为 0.7，则对于输入 E sub 1 .val，注释分析树如图 4.11 所示。

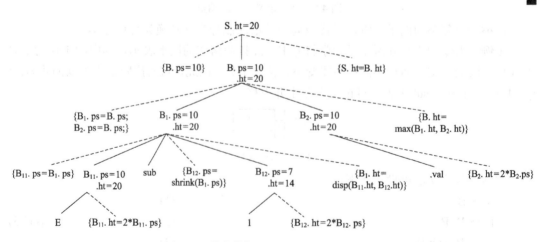

图 4.11　数学排版 "E sub 1 .val" 的分析树

没有清晰的控制流与数据流，仅从纸面上看各语义变量和动作的控制流向十分困难，因此需要对语法分析过程和属性计算次序有深刻的认识。编写语法制导定义和翻译方案也是一种程序设计，但是抽象程度更高，该过程既需要理论支持也要有经验积累，因此更具挑战性。

4.2.5　L_属性的自下而上计算

回顾 LR 分析的语法制导翻译，它在语法分析的基础上进行了两点扩充：

(1) 扩充分析栈，即增加一个与分析栈并列的语义栈，用于存放文法符号的属性值；

(2) 扩充分析器的驱动程序，在归约产生式后执行该产生式的语义动作。

由于是在归约后执行语义动作，因而语义规则只能放在产生式右部的最右边。对于产生式 $A \rightarrow X_1 X_2 \cdots X_n$，在移进—归约分析中只有当 $X_1 X_2 \cdots X_n$ 全部被移进栈中后才可能归约出 A。也就是说，分析 $X_1 X_2 \cdots X_n$ 时 A 还没有出现，因此所有的 X_i 无法得到 A 的继承属性。

解决该问题的关键是能否将需要用到的所有继承属性在被使用前都放进语义栈中。具体可以采取以下两项措施，灵活应用它们可以设计出 L_属性在自下而上分析中的增量计算。

(1) 引入标记非终结符(marker nonterminals) M 并构造一个空产生式 M→ε。M 对语言的结构没有贡献，或者说引入 M 对语言结构无影响。但是，可以为 M 产生式配上语义规则，使得在对 M 产生式进行归约时执行该语义规则。

(2) 利用复写规则(copy rule) A.att=B.att，用等价的 B.att 取代对 A.att 的引用。

1. 去除翻译方案中的嵌入动作

LR 分析中要求的所有语义动作均在产生式右部的最右边。对于不满足要求的嵌入语义动作，可以通过引入标记非终结符来将嵌入动作移出去。

【例 4.13】　对于下述算术表达式的翻译方案(将中缀表达式转换为后缀式)：

```
E → T E'
E' → + T { print(+); } E'
   | − T { print(−); } E'
   | ε
T → num { print(num.val); }
```

用标记非终结符 M 和 N 取代嵌入动作，使得所有语义动作均可在产生式归约时执行：

```
E → T E'
E' → + T M E' | − T N E' | ε
T → num { print(num.val); }
M → ε    { print(+); }
N → ε    { print(−); }
```

对于输入序列 3＋5−4，引入标记非终结符前后的分析树分别如图 4.12(a)和(b)所示，其中将 print(x)缩写为 p(x)。

用 dfvisit 遍历两棵分析树，两者的输出结果是相同的，都是 35+4−。但是消除嵌入语义动作的翻译方案可以进行 LR 的增量分析。

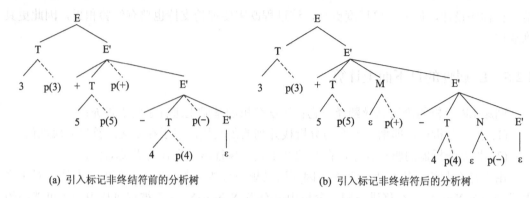

(a) 引入标记非终结符前的分析树　　　　　　(b) 引入标记非终结符后的分析树

图 4.12　用标记非终结符去除嵌入语义动作

2. 分析栈上的继承属性

对于产生式 $A \rightarrow X_1 X_2 \cdots X_n$，虽然在 LR 分析的过程中 X_i 无法直接得到 A 的继承属性，但是我们可以通过已经在语义栈中的、等价的属性代替 A 的属性。由于 X_i 左边的 $X_1 X_2 \cdots X_{i-1}$ 已经在栈中，所以 X_i 可以得到它的左兄弟的属性。事实上只要语法制导定义是 L_属性的，我们总可以进行 LR 的增量分析。

【例 4.14】　重新考虑 C 语言形式的变量声明的文法 G4.1 和语法制导定义：

D → T L	{ L.in = T.type; }
T → double	{ T.type = double; }
L → L₁, id	{ L₁.in = L.in; addtype(id.entry, L.in); }
L → id	{ addtype(id.entry, L.in); }

根据语义规则 L.in = T.type 和 $L_1.in = L.in$，可知 T.type 和所有的 L.in 都是等价的。

输入序列 double p, q, r 的 LR 分析过程如图 4.13 所示。其中，语义栈的指针用 YACC 的伪变量$$、$1、…表示(注意：$$是以 L 产生式为基准的)。首先，移进 double 并将 double 归约为 T，此时语义栈中为 T 存放了语义 double；然后，移进 p 并将 p 归约为 L。这两步完成后分析栈与语义栈如图 4.13(a)所示。接下来移进 ",q" 并将栈顶的句柄 "L,q" 归约为 L，如图 4.13(b)所示。依次类推，最终归约到文法的开始符号 D 并且留在栈中，如图 4.13(d)所示。

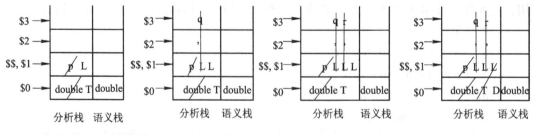

(a) T→double 和 L→p 的归约　(b) L→L,q 的归约　　(c) L→L,r 的归约　　(d) D→T L 的归约

图 4.13　分析栈中 L 与 T 的相对位置

由分析过程可以看出，在整个分析过程中，任何时刻 L 与 T 在分析栈中的相对位置不变。因此，可以用已经在栈中的 T 的属性 ".type" 取代 L 的属性 ".in"，即所有的复写规

则被省略，得到适合 LR 增量分析的翻译方案如下：

$$D \rightarrow T\,L$$

$$T \rightarrow double \qquad \{\ \$\$.type = double;\ \}$$

$$L \rightarrow L\,,\,id \qquad \{\ addtype(\$3.entry,\ \$0.type);\ \}$$

$$L \rightarrow id \qquad \{\ addtype(\$1.entry,\ \$0.type);\ \}$$

如果文法是左递归的，则文法符号之间在分析栈中的相对位置就是它们在产生式中的相对位置，如 D→T L 中 T L 的相对位置就是分析栈中 T L 的相对位置。

3. 继承属性的模拟计算

在自下而上的分析过程中，我们可以利用已经在栈中的等价的属性来模拟还未进栈的文法符号的继承属性。利用栈中已有的属性需要两个前提：

(1) 属性计算仅由复写规则得到，即可以利用属性之间的等价性质；

(2) 所需属性在语义栈中的位置与分析过程中任何时刻想使用它的文法符号的位置关系均是确定的。

但是，在更一般的情况下，上述两个前提并不一定满足，且往往是：

(1) 想要利用的属性是通过函数计算得到的；

(2) 该属性的位置并不是在任何想利用它的时刻均是确定的。

我们可以通过引入空产生式 M→ε 来将一般情况转化为满足要求的情况。用标记非终结符 M 的属性进行中间传递，它既可传递由复写规则所得到的属性，也可以传递由函数计算所得到的属性。传递的基本思想可以概括为两点，如图 4.14(a)所示：

(1) 用 M 的继承属性来继承其左边文法符号的属性；

(2) 当归约 M→ε 时，将 M 的继承属性转换成综合属性，并传递给其右边的文法符号。

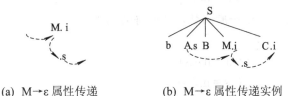

(a) M→ε 属性传递　　　　　(b) M→ε 属性传递实例

图 4.14　用标记非终结符传递属性

1) 利用 M 的属性传递位置不确定的属性

考察下面文法及其语法制导定义：

$$S \rightarrow aAC \qquad \{\ C.i = A.s;\ \} \qquad\qquad (1)$$

$$\quad |\ bABC \qquad \{\ C.i = A.s;\ \} \qquad\qquad (2)$$

$$C \rightarrow c \qquad\qquad \{\ C.s = g(C.i);\ \} \qquad\qquad (3)$$

C 的属性 i 是通过复写 A 的 s 属性得到的。但是，设计翻译方案时并不能简单地将 C.i 用 A.s 取代。考虑 S 产生式的两个候选项 aAC 和 bABC，C 和 A 的相对位置不确定，因此两个候选项在分析栈中属性的相对位置也不确定，如图 4.15(a)和(b)所示。当前栈顶按产生式 C→c 归约后，需要计算语义规则 C.s = g(C.i)，由于 C 和 A 的相对位置不确定，所以在当前栈顶状态下对属性 i 的引用不能直接改变为对属性 ".s" 的引用。

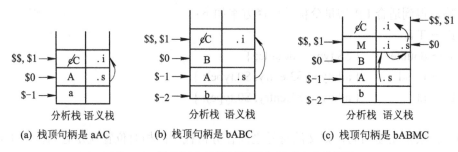

图 4.15　用标记非终结符传递位置不确定的属性

可以引入 M→ε，在理论上为 M 设计继承属性"$.i$"和综合属性"$.s$"。通过附加在 M 产生式后的语义规则，将 $A.s$ 传递给 $C.i$。改写后的语法制导定义如下：

S → aAC	{ C.i = A.s; }	(1)
｜ bABMC	{ M.i = A.s; C.i = M.s; }	(2)
C → c	{ C.s = g(C.i); }	(3)
M → ε	{ M.s = M.i; }	(4)

产生式 S→bABMC 中利用 M 进行属性传递的过程如图 4.14(b)所示。由复写规则 $C.i=A.s$、$M.i=A.s$、$C.i=M.s$、$M.s=M.i$ 可知 $C.i$、$A.s$、$M.i$、$M.s$ 均等价，因此语义规则 $C.s=g(C.i)$ 中对 $C.i$ 的引用既可以用 $A.s$ 代替，也可以用 $M.s$ 代替，使得 C 在分析栈中相对于它所需属性的相对位置如图 4.15(c)所示成为固定的。

消除无用的复写规则后得到的翻译方案如下，它与上面的语法制导定义是等价的：

S → aAC		(1)
｜ bABMC		(2)
C → c	{ $$ = g($0); }	(3)
M → ε	{ $$ = $-1; }	(4)

2) 利用 M 的属性传递由一般函数计算所得的属性

考察下述语法制导定义：

S → aAC	{ C.i = f(A.s); }	(1)
C → c	{ C.s = g(C.i); }	(2)

能否将 $C.s = g(C.i)$ 改写为 $C.s = g(f(A.s))$？这取决于函数计算是否产生副作用。在不能保证函数计算不产生副作用的情况下，更一般的方法也是引入 M→ε 并利用 M 的属性隔离函数 f 与 g 的计算。改写语法制导定义如下：

S → aAMC	{ M.i = A.s; C.i = M.s; }	(1)
M → ε	{ M.s = f(M.i); }	(2)
C → c	{ C.s = g(C.i); }	(3)

由复写规则 $M.i = A.s$ 和 $C.i = M.s$ 可知 $M.i$ 与 $A.s$ 等价且 $C.i$ 与 $M.s$ 等价。因此，$C.s = g(C.i)$ 中 $C.i$ 可用 $M.s$ 代替，而 $M.s = f(M.i)$ 中的 $M.i$ 又可以由 $A.s$ 代替。当分析栈顶形成句柄 aAMC 时，属性之间关系如图 4.16 所示，等价的翻译方案如下：

S → aAMC		(1)
M → ε	{ $$ = f($0); }	(2)
C → c	{ $$ = g($0); }	(3)

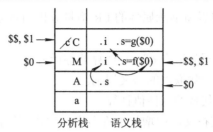

图 4.16　用标记非终结符传递函数计算的属性

3) 继承属性的 LR 增量分析

【例 4.15】　重新考虑例 4.12 中数学排版问题的翻译方案，将其构造为 LR 的增量分析。对于翻译方案中的嵌入语义规则，若具有实质意义，则为其引入一个标记非终结符；若可以由其他属性代替，则可删除。采用类 YACC 的表示方式，翻译方案可以改写如下：

(1)	$S \rightarrow L\ B$	{ $\$\$ = \$2;$ }
(2)	$L \rightarrow \varepsilon$	{ $\$\$ = 10;$ }
(3)	$B \rightarrow B_1\ M\ B_2$	{ $\$\$ = \max(\$1,\$3);$ }
(4)	$\|\quad B_1\ sub\ N\ B_2$	{ $\$\$ = disp(\$1,\$4);$ }
(5)	$\|\quad text$	{ $\$\$ = \$1*\$0;$ }
(6)	$M \rightarrow \varepsilon$	{ $\$\$ = \$-1;$ }
(7)	$N \rightarrow \varepsilon$	{ $\$\$ = shrink(\$-2);$ }

L 产生式用于计算 B.ps。所有与 L 紧邻的 B 的属性均可由 L 的属性代替，故可删除原翻译方案中的 {B_1.ps=B.ps;}。但是不可以删除对 B_2.ps 的计算，因为它们不紧邻 L，因此需要引入 M 和 N 产生式，用于计算和传递所需属性。上述翻译方案中还将 ".ps" ".ht" 和 ".h" 合并为一个属性，原因稍后讨论。

再来考察输入序列 E sub 1 .val，仍然令 text.h 为 2，shrink 的缩小比例为 0.7。分析栈和语义栈的变化过程如图 4.17 所示，各文法符号均得到了正确的属性值。

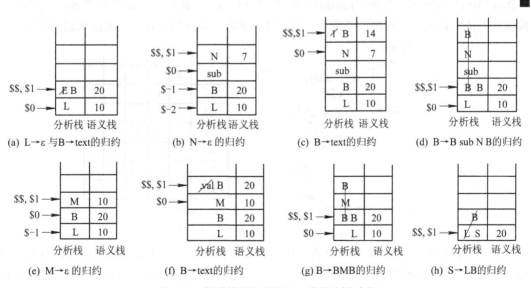

图 4.17　数学排版问题的 LR 增量分析过程

通过上述讨论，我们可以将继承属性的 LR 增量分析归结为下面的几个步骤：

(1) 设计语法制导定义。

(2) 将语法制导定义改写为适合 dfvisit 计算的翻译方案。

(3) 引入标记非终结符消除嵌入的语义规则。

(4) 删除可由其他属性代替的属性值计算。

标记非终结符的引入使得文法中增加了许多空产生式,是否会像 YACC 的 error 产生式的引入那样会产生冲突,标记非终结符的引入也将使得原来没有冲突的文法产生冲突呢?结论是 LL(1)文法中引入标记非终结符会使得文法变成为 LR(1)的,但是 LR(1)文法中引入标记非终结符可能使文法不再是LR(1)的,这说明LR(1)文法中标记非终结符的引入要慎重。

4. 用综合属性代替继承属性

对于一个含有继承属性的文法 G，如果我们能想办法将 G 改写为 G'，使得：

(1) G 与 G' 等价(描述同一个句子集合)。

(2) G 与 G' 的语法制导定义等价(完成同样的语义功能)。

(3) G' 的语法制导定义是 S_属性的。

则可以回避对继承属性的语义计算。特别是当语法制导定义不是 L_属性定义时，通过改写文法达到 LR 增量分析是一条有效途径。

【例 4.16】 例 4.7 中文法(G4.2)的语法制导定义不是 L_属性的，因为 L.in 依赖右兄弟的 T.type。可以将文法和语法制导定义改写为如下形式：

$$
\begin{array}{ll}
D \to id\ L & \{\ addtype(id.entry,\ L.in);\ \} \\
L \to ,\ id\ L_1 & \{\ L.in = L_1.in;\ addtype(id.entry,\ L.in);\ \} \\
\quad |\ :\ T & \{\ L.in = T.type;\ \} \qquad\qquad (G4.2') \\
T \to real & \{\ T.type = real;\ \}
\end{array}
$$

显然这是一个 S_属性定义，它将原来依赖右兄弟的继承属性 L.in 转变为综合属性。再考察对输入序列 id1,id2,id3:real 的 LR 分析，分析树的依赖图和分析过程(剪句柄的过程)分别如图 4.18(a)和(b)所示，其中，图(a)所示的 ".e" 和 ".t" 分别是 ".entry" 和 ".type" 的缩写。此文法的改写说明一个问题，当改写属性计算无效时，也可以通过改写文法来达到目的。

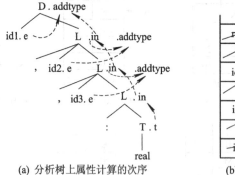

(a) 分析树上属性计算的次序

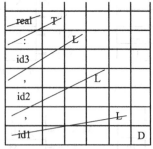

(b) 分析栈上句柄的归约次序

图 4.18　继承属性转化为综合属性

由于文法(G4.2')中 L 是右递归的，极端情况下会造成分析栈的溢出，因为只有当全部输入移进后栈顶才会出现第一个句柄。第一个出现在栈顶的句柄是"real"，将它归约为 T，形成栈顶的新句柄":T"，将它归约为 L，形成栈顶的新句柄", id3 L"，再将其归约为 L，如此继续，最终栈顶留下开始符号 D。

根据文法符号在分析栈中的相对位置可写出文法 G4.2′的翻译方案如下，事实上伪变量的序号正好是文法符号在产生式右部从左到右的序号：

$$
\begin{aligned}
&D \to \text{id } L && \{\ addtype(\$1, \$2);\ \} \\
&L \to \text{, id } L && \{\ addtype(\$2, \$3);\ \$\$ = \$3;\ \} \\
&\quad |\ : T && \{\ \$\$ = \$2;\ \} \\
&T \to \text{real} && \{\ \$\$ = real;\ \}
\end{aligned}
$$

4.2.6　属性的空间分配

翻译方案中除了需要考虑属性的计算次序之外，还需要为属性分配存储空间。不同的语法分析对属性空间的分配也不尽相同。递归下降分析中，任何属性存储空间均是由子程序中的变量、参数、返回值等表示的。换句话说，属性的存储空间就是程序设计语言所提供的任何可用的存储形式，因而属性的存储空间分配在递归下降子程序中就是一个程序设计问题。在 LR 分析中，一般采用分析器生成工具，如 YACC。YACC 为属性提供语义栈，并且通过伪变量表示属性的存储空间，从而大大简化了属性的空间分配。

本小节仅讨论 LR 分析中的属性空间分配。首先讨论如何有效利用语义栈，然后简单讨论在 LR 分析中显式的属性空间分配。

1. 优化使用语义栈

1）不同属性的空间共享

如果语法制导定义中的属性是等价的，或者属性隶属于不同的文法符号且不同时使用，则这些属性可以共享语义栈上的存储空间。

【例 4.17】 重新考虑例 4.5 中文法(G4.1)的语法制导定义，它的三个属性".type"".in"和".entry"分别隶属于文法符号 T、L 和 id，也就是说三个属性在分析栈上的使用是不相交的。但是，对于可以表示任何文法符号的伪变量$\$\$$来讲，它应该有三个分量$\$\$.type$、$\$\$.in$和$\$\$.entry$来分别存储。这三个属性是否可共享一个空间？分析三个属性发现：

(1) 由复写规则 L.in=T.type 可知".type"和".in"本质上是一个属性，因此它们可以共享存储空间。

(2) 若".type"和".entry"的内部均用整型数表示，则二者也可以共享存储空间。

在这种情况下它们可以共用一个单元，于是可将翻译方案改写为如下更简单的形式：

$$
\begin{aligned}
&D \to T\ L \\
&T \to \text{double} && \{\ \$\$ = double;\ \} \\
&L \to L\ , \text{id} && \{\ addtype(\$3, \$0);\ \} \\
&L \to \text{id} && \{\ addtype(\$1, \$0);\ \}
\end{aligned}
$$

上述改写的出发点是节省存储空间，并没有考虑其他因素。如果从程序安全的角度来考虑".type"和".entry"，则即使类型相同也应该占据不同的存储空间。另外，如果".type"用枚举类型表示，或者".entry"不是连续存储空间的下标，而是指向不连续存储空间的指针，则属性".type"和".entry"也不能共享存储空间。

2) 文法采用左递归

左递归文法的特点是在 LR 分析过程中归约先于移进,从而使得分析栈保持在较低状态。右递归的文法在分析过程中移进先于归约,有时需要将所有输入全部移进栈中才可以进行归约,从而占据大量的空间。事实上,右递归存在两大风险:

(1) 分析栈会很高,可能造成分析栈的溢出。

(2) 在等价左递归文法的分析过程中文法符号之间确定的相对位置,在右递归文法的分析过程中成为不确定的。

从例 4.16 中可以看到风险 1 的存在,下述例 4.18 可说明风险 2。

【例 4.18】 将左递归的文法 G4.1 改写为如下的右递归形式:

$$D \rightarrow T\ L$$
$$T \rightarrow double$$
$$L \rightarrow id\ ,\ L$$
$$L \rightarrow id$$

为了设计能实现 LR 增量分析的翻译方案,首先考察输入序列 double id1, id2, id3 在分析栈中的分析过程。

在图 4.19(a)中,输入序列需要全部移进栈中。然后归约句柄“id3”得到 L_1,归约句柄“id2, L_1”得到 L_2,归约句柄“id1, L_2”得到 L_3。而三个 L 相对于栈底 T 的属性 double 的距离分别是 5、3、1。特别是 L_3 与 L_2 用同一个产生式归约,但相对位置不同!为使相对位置成为确定,需要引入标记非终结符来传递属性值。改写后的文法和翻译方案如下:

$D \rightarrow T\ L$	
$T \rightarrow double$	{ $\$\$ = double; }$
$L \rightarrow id\ ,\ M\ L$	{ addtype($\$1$, $\$0$); }
$L \rightarrow id$	{ addtype($\$1$, $\$0$); }
$M \rightarrow \varepsilon$	{ $\$\$ = \$-2; }$

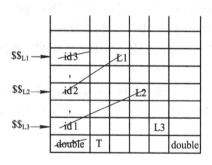

(a) 右递归文法的分析栈变化

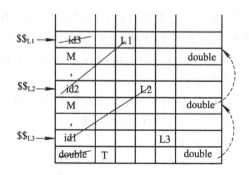

(b) 标记非终结符在右递归文法中的作用

图 4.19　右递归文法在分析栈中的表现

用此翻译方案再分析 double id1, id2, id3,过程如图 4.19(b)所示,通过 M 传递 T 的属性,使得在分析栈中的任何时刻,L 的下方必有属性“.double”,从而保证 L 的属性值均得到正确计算。

2. 属性空间的显式分配

由于语义栈一定是与分析栈并列的，因而它在有些情况下并不能完全适合属性的计算。对于有些不满足后进先出原则的属性值的计算，或者属性计算过程中的副作用产生的全局量，或者仅仅是为了增强翻译方案的易读性等原因，需要显式地为属性分配存储空间。

为属性显式分配存储空间的基本原则是：生存期不相交的属性值可以共享同一存储空间。属性值的**生存期**是指从该属性第一次被计算到所有依赖它的属性均被计算的这段时间。

1) 生存期不相交的属性可以共用存储空间

【例 4.19】 考虑我们所熟悉的算术表达式求值的语法制导定义。

$$
\begin{array}{lll}
E \to E_1 + T & \{ E.val = E_1.val + T.val; \} & \\
\quad | \quad T & \{ E.val = T.val; \} & (G4.4) \\
T \to T_1 * F & \{ T.val = T_1.val * F.val; \} & \\
\quad | \quad F & \{ T.val = F.val; \} & \\
F \to n & \{ F.val = n.lexval; \} &
\end{array}
$$

该文法是左递归的，分析过程中归约先于移进，在任何时刻相同文法符号的属性值的生存期不相交。因此，可以为 E、T、F 的 val 属性对应分配三个变量 e、t、f，并设计翻译方案如下：

$$
\begin{array}{ll}
E \to E + T & \{ e = e + t; \} \\
\quad | \quad T & \{ e = t; \} \\
T \to T * F & \{ t = t * f; \} \\
\quad | \quad F & \{ t = f; \} \\
F \to n & \{ f = n.lexval; \}
\end{array}
$$

对于输入序列 3 + 5 + 8*2，它的注释分析树如图 4.20(a)所示。用 e、t、f 存放计算的中间结果，最终得到表达式的值 e = 24。

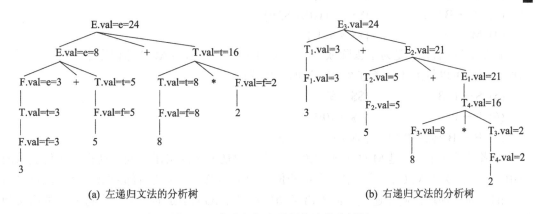

(a) 左递归文法的分析树   (b) 右递归文法的分析树

图 4.20 左递归与右递归文法的分析树

2) 生存期相交的属性需要不同的存储空间

【例 4.20】 将左递归文法(G4.4)改写为右递归文法(G4.4')，语法制导定义不变。

$$E \rightarrow T + E_1 \qquad \{ E.val = T.val + E_1.val; \}$$
$$\mid T \qquad \{ E.val = T.val; \} \qquad\qquad (G4.4')$$
$$T \rightarrow F * T_1 \qquad \{ T.val = F.val * T_1.val; \}$$
$$\mid F \qquad \{ T.val = F.val; \}$$
$$F \rightarrow n \qquad \{ F.val = n.lexval; \}$$

对于相同的输入序列 3+5+8*2，它的注释分析树如图 4.20(b)所示，其中文法符号按剪句柄的先后次序进行编号。考察分析树上 T_1、T_2 和 T_3 的属性，它们的生存期是嵌套的，如果仅为 T 的属性分配一个单元，则无法有效保存所有 T 的属性值。同样的问题也存在于 E 和 F 的属性中。

4.2.7 YACC 源程序中的语法制导翻译

YACC 的一些特性为语法制导翻译提供了方便，它们包括：

(1) YACC 分析输入文法过程中会报告语法冲突，因此我们设计文法时无需考虑文法是不是 LALR(1)的。

(2) YACC 并不自动区分属性的性质是继承属性还是综合属性，它只接受已在栈中且可利用的属性，当引用还没有出现在栈中的属性时，会指出错误(大多是推迟到对生成的 C 语言程序编译时指出)，帮助用户检查属性计算是否合法。

(3) YACC 支持嵌入的语义动作，具体方法是为嵌入的语义动作引入内部的标记非终结符。利用这些特性可以进行有效的 YACC 源程序设计。但是，由于嵌入语义动作的"虚拟性"，它与直接使用标记非终结符在伪变量的引用上是不同的。

【例 4.21】 再考虑数学排版问题。其类 YACC 翻译方案的部分产生式和语义动作如下：

(1) S → L B   {$$ = $2;}
(2) L → ε   {$$ = 10;}
(3) B → B M B   {$$ = max($1,$3);}
(4) M → ε   {$$ = $-1;}

标记非终结符 M 是为了去除嵌入的语义动作。事实上，YACC 源程序中允许嵌入语义动作，因此可以将上述翻译方案改写为如下形式：

(5) S → L B   {$$ = $2;}
(6) L → ε   {$$ = 10;}
(7) B → B {$2=$0;} B   {$$ = max($1,$3);}

二者是等价的，但是 M 产生式的语义动作中对伪变量的引用与嵌入动作中对伪变量的引用不同，因为 YACC 源程序中伪变量的位置均是以当前产生式右部的第一个文法符号为基准的，向右递增，向左递减。嵌入语义动作在产生式(7)中是向右第二个符号，故语义动作是{$2=$0;}，而不是{$$ = $-1;}。两个语义动作具体引用的内容分别如图 4.21(a)和(b)所示。当栈顶按 M→ε 归约后，伪变量如图 4.21(a)右边的箭头所指；当栈顶按 B→B{$2=$0;}B 归约后，伪变量如图 4.21(b)左边的箭头所指。这两种情况均可以正确传递 L 的属性值。

图 4.21　YACC 对嵌入语义动作的支持

根据上述讨论，YACC 源程序中语义动作的设计应尽量使用 S_属性。当有 L_属性时，调试阶段也应少使用嵌入语义动作，因为 YACC 在内部为每个嵌入语义动作都引入了一个标记非终结符，使得源程序中的产生式和内部产生式不一致，这给阅读由产生式所生成的分析表造成了困难。

最后，我们通过一个简单的例子来看一下 YACC 源程序设计的多样性。

【例 4.22】　下述文法产生由若干个 1 形成的序列，其中的语法制导定义记录 1 的个数并将其打印。

$$S \rightarrow L \qquad\qquad \{ \text{print(L.count);} \}$$
$$L \rightarrow L_1 \ 1 \qquad\qquad \{ \text{L.count = } L_1.\text{count + 1;} \}$$
$$\mid \varepsilon \qquad\qquad\quad \{ \text{L.count = 0;} \}$$

用 YACC 提供的方法设计此语法制导定义的翻译方案，至少有以下四种解决方案。

(1) 引入标记非终结符 M。

```
S : M L              { printf("%d\n", $1); } ;
M :                  { $$ = 0; } ;
L :
  | L 1              { $0++; }
  ;
```

(2) 嵌入语义动作。

```
S : {$2=0;}    L     { printf("%d\n", $2); } ;
L :
  | L 1              { $0++; }
  ;
```

(3) 为属性显式分配变量。

```
int count=0;
%%
S : L                { printf("%d\n", count); } ;
L :
  | L 1              { count++; }
  ;
```

(4) 改继承属性为综合属性。

```
S : L            { printf("%d\n", $1); } ;
```

```
L:              { $0 = 0; }
 | L 1           { $0++; }
 ;
```

4.3   中间代码简介

编译器工作的各阶段 (符号表管理器与出错处理器除外) 的完整输出均可以被认为是源程序的某种中间表示。本章讨论的中间代码是图 1.3 所示的中间代码生成器输出的中间表示。

从原理上来讲，源程序在语义分析完成之后，已经具备了生成目标代码的条件，完全可以跳过后面的若干阶段，直接生成目标代码。但是，由于源程序代码与目标代码的逻辑结构往往差别很大，特别是考虑到具体机器指令系统的特点，要使翻译一次到位很困难，而且用语法制导翻译方法机械生成的代码往往是烦琐、重复和低效的。因此，有必要设计一种中间代码，首先通过语法制导翻译生成此中间代码，然后考虑对代码的优化和最终目标代码的生成。中间代码实际上应起分隔编译器前端与后端的作用，目的是便于编译器的开发移植和代码的优化。为此，要求中间代码具有如下特性：

(1) 便于语法制导翻译；

(2) 既与机器指令的结构相近，又与具体机器无关。

中间代码的主要形式有树、后缀式、三地址码等。最基本的中间代码形式是树，它实质上就是一棵语法树，其他几种形式的中间代码均与树有着对应关系，或者直接可以由树得到。常用的中间代码形式是三地址码，其形式接近机器指令，且具有便于优化的特征。

一般来讲，静态语义分析过程中对可执行语句的主要处理是生成中间代码，而对于定义或声明性语句，例如，类型定义、变量声明、过程或函数的声明等语句，其主要处理是记录相关信息并分配适当的存储空间等。符号表是记录这些信息的重要数据结构。

4.3.1   后缀式

后缀式也称为逆波兰表示，它的典型特征是操作数在前、操作符紧跟其后。例如，中缀表示的算术表达式 a+b*c 的后缀式表示为 abc*+，而(3+5)*(8+2)的后缀式为 35+82+*。由于操作符紧跟在操作数之后，因此只要知道操作符有几个操作数，每一步的运算就可以确定。与中缀式相比，后缀式的优点是没有括号且便于计算。对于结构正确的后缀式，可以采用下述固定模式计算求值。

算法 4.2   后缀式计算

输入   后缀式。

输出   计算结果。

方法   采用下述过程进行计算，最终结果放在栈中。

```
x = next_token( );                    // 取第一个符号
while (not end_of_expression) {
```

```
if   (x is an operand)              // 是操作数则进栈
        push( x );
else {                              // 是操作符则弹出操作数
        operands = pop();          // 根据操作符确定弹出操作数的个数
        push(evaluate(operands));  // 计算，并将结果进栈
}
x = next_token( );                  // 取下一个符号
}
```

以 abc*+和 35+82+*作为例子，不难验证计算的正确性。这种计算模式可以被认为是一个栈式的虚拟机，而后缀式的计算恰好符合后进先出的特性。因此，只要将程序翻译成后缀式形式的中间表示，则均可以用这样一个虚拟机对它进行计算。

后缀式并不局限于二元运算的表达式，可以推广到任何结构，只要遵守操作数在前、操作符紧跟其后的原则即可。典型的例子如 if-else 语句：

　　if (e) x else y

将 if-else 看作一个完整的操作符，则 e、x 和 y 分别是其三个操作数，这显然是一个三元运算。根据后缀式的特点，它的后缀式可以写为

　　e x y if-else

其中，e、x、y 分别是它们各自的后缀式。但是，这样的表示有缺陷。按照算法 4.2 的计算逻辑，e、x 和 y 均需计算，而实际上，根据条件 e 的取值，计算 x 则不计算 y，计算 y 则不计算 x。因此，可以将后缀式改写为

　　e p1 jez x p2 jump p1: y p2:

其中，p1 和 p2 分别是标号；p1 jez 表示 e 的结果为 0(假)则转向 p1；p2 jump 表示无条件转向 p2。与 e x y if-else 相比较，操作符 if-else 被分解，首先计算 e，根据 e 的结果是否为真，决定计算 x 还是计算 y。

后缀式的语法制导翻译已在例 4.1 中给出，这里不再赘述。

4.3.2　三地址码

1. 三地址码的直观表示

顾名思义，三地址码是由不超过三个地址组成的一个运算。它可以直观地书写为下述形式：

　　result = arg1 op arg2　或 result = op arg1　或　op arg1

其中，arg1 和 arg2 用于存放运算对象；result 用于存放运算结果。它们分别表示结果存放在 result 中的二元运算 arg1 op arg2，结果存放在 result 中的一元运算 op arg1，以及一元运算 op arg1。

三地址码与汇编指令在结构上已经十分接近，因此从三地址码生成目标代码比较容易。但是，它又不涉及与具体机器有关的实现细节，例如，地址 arg1、arg2、result 在三地址码中仅代表抽象的变量，而它们具体是寄存器变量、内存变量，还是常量，在三地址码中并不被考虑，因此便于对程序进行与机器无关的控制流或数据流的优化。三地址码的形式是

对控制语句结构和含有多个运算的表达式的拆分结果,比较适用于目标代码的生成与优化。

为使得三地址码的书写更直观,通常用名字表示操作数和运算结果的地址,如直接使用源程序中的变量名、函数名。对于编译时生成的临时量,本书一般使用字母 t 后跟数字的形式表示。三地址码的书写形式与程序设计语言中的表达式或赋值句很相似,但是它有一个明显的特征,即除了赋值操作符外最多仅包含一个运算,因此每条三地址码中最多包含三个地址。例如,源程序中的赋值句 x = a + b * c,它的三地址码形式是如下序列,其中 t1、t2 表示编译时生成的临时量:

$$t1 = b * c$$
$$t2 = a + t1$$
$$x = t2$$

表 4.1 给出了本书中常用的若干种三地址码,大部分形式的三地址码所表示的意义很直接,这里仅将个别形式进行简单解释。x[i]表示对数组元素的引用,(10)和(11)分别表示取数组元素的值和对数组元素赋值;(12)、(13)、(14)借用了 C/C++的语法和语义,分别表示对获取变量地址和指针的引用形式的取值和赋值。

表 4.1　三地址码的种类

序　号	三　地　址　码	四　元　式
(1)	x = y op z	(op, y, z, x)
(2)	x = op y	(op, y, , x)
(3)	x = y	(=, y, , x)
(4)	goto L	(j, , , L)
(5)	if x goto L	(jnz, x, , L)
(6)	if x relop y goto L	(jrelop, x, y, L)
(7)	param x	(param, , , x)
(8)	call n, P	(call, n, , P)
(9)	return y	(return, , , y)
(10)	x = y[i]	(=[], y[i], , x)
(11)	x[i] = y	([]=, y, , x[i])
(12)	x = &y	(=&, y, , x)
(13)	x = *y	(=*, y, , x)
(14)	*x = y	(*=, y, , x)

2. 三地址码的实现

三地址码可以有多种实现方式,常用的有三元式、间接三元式和四元式等。下面仅对四元式进行简单介绍。

四元式的具体形式如下:

(op,arg1,arg2,result)

它所表示的计算为

result = arg1 op arg2

即 arg1 和 arg2 分别作为左右操作数进行 op 运算，运算结果存放在 result 中。如果 op 是一元运算，则 arg2 可以为空。

result 的表示方法通常是给出一个临时名字，用它来存放运算的结果，其称为临时变量。例如，常用 t1、t2、t3 等来表示临时变量。语法制导翻译时可以根据需要随时引入临时变量，所以会在四元式序列中出现很多临时变量，而大部分临时变量使用一两次后就不再使用。因此，从优化的角度考虑，若干个临时变量可以共用同一个存储空间。

三地址码的四元式形式如表 4.1 所示，它们基本上是一一对应的。在以后的讨论中，不再刻意区分三地址码与四元式。

3. 三地址码的语法制导翻译

下面的讨论基于下述简化了的赋值语句和算术表达式文法 G4.5：

$A \rightarrow id = E$

$E \rightarrow E_1 + E_2 \,|\, E_1 * E_2 \,|\, -E_1 \,|\, (E_1) \,|\, id$　　　　　　　　　　(G4.5)

首先为文法符号和产生式设计如下属性和语义函数或过程：

- 属性 ".place"：表示一个量的地址。这个量可能是源程序中定义的变量，也可能是编译时生成的临时变量。
- id.name：表示标识符 id 的名字。
- 过程 emit(result '=' arg1 'op' arg2)：产生一条三地址码指令 result = arg1 op arg2。
- 函数 newtemp()：创建一个临时量并返回其地址。
- 函数 entry(id.name)：根据标识符的名字 id.name 在符号表查找该标识符并返回它在符号表中的位置或存储地址。为了直观，三地址码中仍以标识符自身的名字表示。

将文法(G4.5)描述的简单算术表达式和赋值句翻译成三地址码的语法制导翻译如下：

(1) $A \rightarrow id = E$　　　{ emit(entry(id.name) '=' E.place); }

(2) $E \rightarrow E_1 + E_2$　　{ E.place = newtemp(); emit(E.place '=' E_1.place '+' E_2.place); }

(3) $E \rightarrow E_1 * E_2$　　{ E.place = newtemp(); emit(E.place '=' E_1.place '*' E_2.place); }

(4) $E \rightarrow -E_1$　　　　{ E.place = newtemp(); emit(E.place '=' '-' E_1.place); }

(5) $E \rightarrow (E_1)$　　　　{ E.place = E_1.place; }

(6) $E \rightarrow id$　　　　　　{ E.place = entry(id.name); }

【例 4.23】 赋值语句 x=a+b*c 的注释分析树如图 4.22 所示。语法制导翻译生成三地址码的主要过程如下。其中，属性计算是在自下而上分析过程中每次"剪句柄"之后进行的。

步骤	"剪句柄"使用的产生式	属性计算结果	三地址码
(1)	$E_1 \rightarrow a$	$E_1.place = a$	
(2)	$E_2 \rightarrow b$	$E_2.place = b$	
(3)	$E_3 \rightarrow c$	$E_3.place = c$	
(4)	$E_4 \rightarrow E_2 * E_3$	$E_4.place = t1$	$t1 = b * c$
(5)	$E_5 \rightarrow E_1 + E_4$	$E_5.place = t2$	$t2 = a + t1$
(6)	$A \rightarrow x = E_5$		$x = t2$

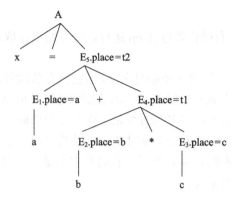

图 4.22　x=a+b*c 的注释分析树

4.3.3　图形中间代码

1．树作为中间代码

语法树真实反映句子的结构，对语法树稍加修改，就可以作为中间代码的一种形式。

【**例 4.24**】赋值句 x = (a+b)*(a+b)的树形式中间代码表示如图 4.23(a)所示。其中，根结点和每个内部结点均代表一个运算，其中运算的次序由附加在根和内部结点上的序号表示。

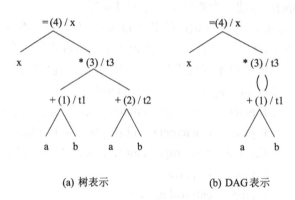

(a) 树表示　　　　　　　　(b) DAG 表示

图 4.23　x=(a+b)*(a+b)图形表示的中间代码

2．树的语法制导翻译

将简单算术表达式和赋值句翻译为语法树表示的语法制导翻译如下：

(1) $A \rightarrow id = E$　　　{ A.nptr = mknode(=, mkleaf(entry(id.name)) , E.nptr); }

(2) $E \rightarrow E_1 + E_2$　　{ E.nptr = mknode(+, E_1.nptr, E_2.nptr); }

(3) $E \rightarrow E_1 * E_2$　　{ E.nptr = mknode(*, E1.nptr, E_2.nptr); }

(4) $E \rightarrow (E_1)$　　　{ E.nptr = E_1.nptr; }

(5) $E \rightarrow -E_1$　　　　{ E.nptr = mknode(–, E_1.nptr,); }

(6) $E \rightarrow id$　　　　　{ E.nptr = mkleaf(entry(id.name)); }

其中，属性".nptr"是指向树结点的指针；函数 mknode(op,nptr1,nptr2)生成一个根或内部结点，结点的数据是 op，左右孩子分别是 nptr1 和 nptr2 所指向的子树，若仅有一个孩子，则 nptr2 为空；函数 mkleaf()生成一个叶子结点。

3．树的优化表示——DAG

考察图 4.23(a)所示的树，乘法运算对应的结点的两棵子树完全相同，反映在计算上就是 a+b 被重复计算一次，对应的三地址码也重复出现，这显然是一种浪费。为了避免这种情况，可以将树的表示进行某种程度的优化。如果若干个父结点有完全相同的孩子，并且这些孩子所对应的表达式具有相同值，则这些相同的孩子可仅保存一份，即令这些父结点共用同一个孩子(如图 4.23(b)所示)，从而形成一个有向无环图(Directed Acyclic Graph, DAG)。DAG 与树的唯一区别是多个父亲可以共享同一个孩子，从而达到资源(运算、代码等)共享。DAG 的语法制导翻译与树的语法制导翻译相似，仅需要在 mknode 和 mkleaf 中增加相应的查询功能，查看所要构造的结点是否已经存在，若存在，则无需构造新的结点，直接返回指向已存在结点的指针即可。需要注意的是，并非所有形式上相同的结构都可以共享子树，比如若两次 a+b 的计算结果不同，则不能共享。

4．树与其他中间代码的关系

树表示的中间代码与后缀式和三地址码之间有着内在的联系。对树进行深度优先的后序遍历，得到的线性序列就是后缀式，或者说后缀式是树的一个线性化序列；而对于每棵父子关系的子树，父亲结点作为操作符，孩子结点作为操作数，构造一个临时变量保存该操作符对子结点所表示操作数的运算结果，就形成了一个三地址码。

【例 4.25】 赋值句 x=(a+b)*(a+b)的后缀式表示如下，它恰好是对图 4.23(a)进行后序遍历得到的序列：

x a b + a b + * =

对应的三地址码序列如下：

(1) t1 = a + b

(2) t2 = a + b

(3) t3 = t1 * t2

(4) x = t3

这个序列是顺序执行的一组三地址码指令，它们的排列顺序与相应的运算在表达式求值过程中的计算次序一致。

4.4 符号表简介

符号表是连接声明与引用的桥梁。编译过程中，遇到名字声明时，需将该名字的相关信息填写进符号表，而在遇到名字引用时，则从符号表中获取该名字的信息，以便生成相应的中间代码。符号表设计的基本目标之一是有效记录各类符号的信息，以便于在编译的各个阶段对符号表进行快速、有效的查找、插入、修改、删除等操作。

符号表的管理贯穿整个编译过程,既涉及前端,也涉及后端,尤其与后端的存储空间分配有密切的联系。符号表的内容主要在编译时使用,如果名字的具体信息需要在运行时确定或者使用,则符号表的部分内容还要保留到运行时,如动态数组和跟踪调试信息等。符号表的信息组织与符号表数据结构的安排对于编译的效率有重大影响。合理组织符号表的内容,以适应不同阶段的需要,也是设计符号表时需要考虑的问题之一。

由于程序设计语言对源程序大小一般不做任何限制,符号表中存放的名字个数原则上也是无限的,符号表的存储空间无论多大,都会有溢出的可能,因而符号表的存储空间应该是可以动态扩充的。

本节对于符号表的讨论,不是针对某些特别的名字和结构介绍它们的具体符号表组织,而是基于上述目标或者要求,讨论符号表内容和结构的一般设计原则,目标是合理存放信息和快速准确查找信息。

4.4.1　符号表条目

若简单地将符号表看作一个表格,则源程序中每个声明的名字在符号表中占据一行,称为一个条目。条目的格式无须统一,因为名字所需保存的信息取决于名字的使用场景。条目可以用连续的内存字构成的记录来实现。为了保持符号表记录的统一和较高的空间利用率,名字的有些信息可以分别存放,而把指向这些信息的指针放在符号表条目的相应域(field,也称为字段)中。符号表中可以包括保留字(或称为关键字)、标识符、特殊符号(包括算符、分隔符等)等。其中,标识符是数量最大的一类符号,因为标识符在程序中起着为对象命名的作用。程序设计语言中大多数的对象都有名字,如常量名、变量名、类型名、过程(函数)名、类名、对象名、标号等。为了处理方便,符号表可以按照上述分类划分为几张子表,如保留字表、变量名表、过程(函数)名表、类型名表等。

符号表中的一个条目中包含若干项内容,基本内容可以分为名字和属性。当编译器遇到一个新名字时,就为它建立一个新的条目,并把到目前为止的信息填写到其属性中,而把暂时未知的属性留空,等确定后再填。条目中的名字可以不唯一,例如,不同作用域中的两个变量可以用同一个名字。另外,有些语言也允许在同一个作用域中用一个名字表示两个以上不同类型的对象。例如,C 语言的声明如下:

```
int x;
struct x { double y, z; };
```

在同一作用域中,x 既可以表示一个整型对象,又可以表示一个结构类型对象。所以,符号表中要为 x 建立两个条目,它们的名字是一样的,但所表示的对象种类不同。为此,需要若干域合起来标记一个条目,习惯上把这些唯一区分一个条目的若干域称为组合关键字。例如,为 C 语言构造的符号表中,一个名字的组合关键字至少应包括三项:名字 + 作用域 + 种类。

值得一提的是,如果一个名字在同一作用域中允许有多于一个的声明,则表示这个名字在同一个作用域中代表不同种类的对象,因此,在名字作用域范围内对该名字引用时,就必须根据上下文来判定名字表示哪个对象。有些程序设计语言在语法上规定了不允许这样的声明,以便简化编译时的处理。

4.4.2　名字的存储

名字的记号类别、记号属性与构成名字的字符串(如 draw_line)之间是有区别的。对于名字的记号类别及其某些属性，往往是一些定长信息，在符号表中比较容易一致存储。而对于名字本身，即构成名字的字符串，原则上可以是任意长的字符序列。例如，Ada 中把空白(包括空格、制表符，以及回车换行符等)作为标识符的分界符，而当前大部分编译器的编辑器或文字处理器允许行的最大值超过 256 个字符。也就是说，标识符长度可能为 1，也可能超过 256 个字符，一般我们习惯用的标识符长度在 10 个字符左右。如果把名字的字符串信息本身直接存放在符号表中，就需要按照最长的情况考虑，因此会造成很大的浪费。

直接将构成名字的字符串存放在符号表条目中的方式称为直接存储方式，如图 4.24(a) 所示。对于这种长度变化范围很大的字符串，采用间接存储方式更合理。所谓间接存储，就是将构成名字的字符串统一存放在一个大的连续空间中(见图 4.24(c))，字符串与字符串之间用特殊的分隔符隔开，而在符号表的条目中，仅存放指向该字符串首字符的指针即可，见图 4.24(b)、(c)。间接存储方式解决了字符串长度差异较大的问题，但是在访问字符串时，需要进行间接寻址，在效率上不如直接存储方式。

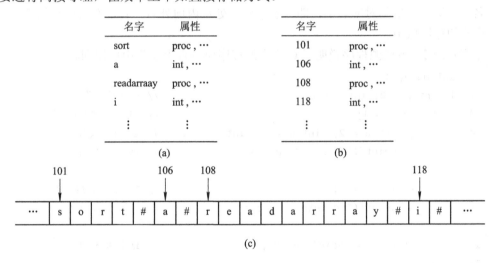

图 4.24　字符串的两种不同的存储方式

可将字符串的间接存储方法推广到任意属性上，即对于任何一个复杂的属性，均可以为其另辟空间(空间本身可以是复杂结构，如数组的内情向量等)，而仅需要将指向此空间的指针保存到该属性在符号表条目中的对应域内即可。

4.4.3　名字的作用域

名字的作用域是指源程序中一个名字(如变量名、函数名等)可以被合法引用的代码范围，有两种不同的划分方式——并列和嵌套。不同的程序设计语言根据其提供的抽象方法不同，采用不同的范围划分方式。例如，Pascal、仓颉等语言的过程(函数)定义可以是嵌套的，即一个过程(函数)内部可以再定义另一个过程(函数)；而 C/C++ 语言的函数只能是并列的，也就是说 C/C++ 的函数中不能再定义函数，但是 C/C++ 允许程序块(block)

嵌套，每个程序块的范围一般以一对花括弧"{ }"界定，而花括弧内可以再嵌套花括弧。一个名字在哪个范围内起作用，该范围被称为名字的作用域。分别在并列的两个范围内声明的名字，其作用域互不相干，但是分别在嵌套的两个范围内声明的名字，其作用域就需要制定规则来限定，以使得任何一个名字在任何范围内涵义都是无二义的。规定一个名字在什么样的范围内应该表示什么意义的原则称为名字的作用域规则。通用的程序设计语言，如 Pascal、C/C++、Ada、仓颉等，均遵守下述两条原则(第一条原则实际上是一个总的方针，第二条原则是在总方针下的具体规则)：

(1) **静态作用域原则**(static-scope rule)：编译时就可以确定名字的作用域，也可以说，仅通过阅读源程序就可确定名字的作用域。

(2) **最近嵌套原则**(most closely nested rule)：下面的作用域规则以程序块为例，但也适用于过程：

① 在程序块 B 中声明的每个名字，其作用域包括 B；

② 如果名字 x 未在 B 中声明，那么 B 中 x 的出现是在外围程序块 B' 的 x 声明的作用域中，使得 B' 有 x 的声明，并且 B' 比其他任何含 x 声明的程序块都更接近被嵌套的 B。

通俗地讲，一个名字的声明在该声明所在作用域及其内层都起作用，而内层中声明的同一名字会遮蔽外层的对应名字，即在名字引用处从内向外看，它处在所遇到的第一个该名字声明的作用域中。

【例4.26】 下述源程序说明了 C 语言的程序块符合上述作用域规则。

```
1   int main( )
2   {  int a = 0; int b = 0;                    // 最外层，称为 B0 层
3      {  int b = 1;                            // B1 层，被 B0 嵌套
4         {  int a = 2;  int c = 4;  int d = 5;  // B2 层，被 B1 嵌套
5            printf("%d %d\n", a, b);           // 结果为 2, 1
6         }
7         {  int b = 3;                         // B3 层，与 B2 并列
8            printf("%d %d\n", a, b);           // 结果为 0, 3
9         }
10        printf("%d %d\n", a, b);              // 结果为 0, 1
11     }
12     printf("%d %d\n", a, b);                 // 结果为 0, 0
13     return 0;
14  }
```

在不同程序块中声明的 a 和 b，它们的作用域如下：

声　明	作用域
int a=0	B0(第 2~14 行)去掉 B2(第 4~6 行)
int b=0	B0(第 2~14 行)去掉 B1(第 3~11 行)
int b=1	B1(第 3~11 行)去掉 B3(第 7~9 行)
int a=2	B2(第 4~6 行)
int b=3	B3(第 7~9 行)

4.4.4　线性表

最简单且最容易实现符号表的数据结构是线性表。可以用一维数组表示线性表，也可以用链表表示线性表。为了正确反映名字的作用域，线性表应具有栈的性质，即符号的加入和删除均在线性表的一端进行。以例 4.26 静态作用域的例子为例，对应符号表的线性表组织如表 4.2 所示，其中通过名字的初始赋值来区分不同位置的名字，属性栏目中包括变量类型和声明所在作用域。该线性表可以被看作是一个顶在下的栈。

表 4.2　线性表的符号表组织

名　字	属　性
a = 0	int, B0
b = 0	int, B0
b = 1	int, B1
a = 2 (或 b = 3)	int, B2(或 int, B3)
c = 4	int, B2
d = 5	int, B2

对于任何一个名字，从栈顶开始向栈底查找，遇到的第一个符合条件的名字即所要查找的符号。当要插入一个名字时，首先在符号表中查找，若找到则返回该名字在符号表中的位置(指针或下标)，否则加入栈顶。对于例 4.26 中的程序，如果当前分析到第 5 行(B2 内对 a、b 的引用处)，则栈顶条目是 d = 5，因此，在符号表中查找，遇到的第一个 a 和 b 分别是 a = 2 和 b = 1，正好符合作用域规则。

当从某个作用域退出时，从栈顶把该作用域的所有名字全部去除，存放在一个不活动的临时表中，以备后用。例如，当分析从 B2 退出并进入 B3 时，则把栈顶条目 d = 5、c = 4、a = 2 拿走，而将条目 b = 3 加入。这种临时去除的方式也称为临时删除或假删除，只有确认某名字永远不会再被使用时，才会永久删除相应的条目。

设符号表中有 n 个条目，那么查找成功时平均需要与其中的 n / 2 个元素进行比较，而查找不成功时则需要与所有 n 个元素进行比较。因此，在符号表中插入和查找 n 个名字的时间复杂度为 $O(n^2)$。当 n 很大时，在线性表上进行操作的效率显然很低。

4.4.5　散列表

1．散列表的构成

为了提高符号表的查找效率，可以采用散列表(也称为哈希表)作为符号表的存储结构，其基本思想是化整为零，将 4.4.4 小节所述的线性表拆分成 m 个子线性表(简称子表)，并设计一个散列函数(也称为哈希函数)，使符号表中的元素尽量均匀地散布在这 m 个子表中。散列表的结构如图 4.25 所示，m 个子表的表头构成一个表头数组，它以散列函数的值(hash 值)为下标，每个子表的组织

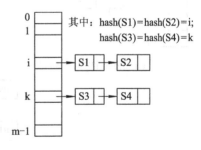

图 4.25　散列表的结构

与上述线性表相同。具有相同 hash 值的结点被保存在同一个子表中，连接子表的链称为散列链。如果散列均匀，则插入、查找等操作的时间复杂度会大大降低。

在线性表中，相同作用域中的名字会相对集中地存放在线性表的某一段，进入或退出某作用域时，此作用域中的所有名字需一同去除。但是在散列表中，同一作用域的名字会被散列到不同的子表中，无法一同去除。为了方便这种情况下的条目删除，需要为每个元

素在原来散列链(hash link)的基础上，再设立一个作用域链(scope link)。

(1) 散列链：链接所有具有相同 hash 值的元素，表头在表头数组中。

(2) 作用域链：链接所有声明在同一作用域中的元素，表头在作用域表中。

2．散列表的操作

在散列表中可以进行如下操作：

(1) 查找。首先计算散列函数，然后从散列函数所指示的入口进入某个线性表，在线性表中沿散列链，像查找单链表中的名字一样进行查找。

(2) 插入。首先查找，以确定要插入的名字是否已在表中，若不在，则要将其分别沿散列链和作用域链插入两个链中，方法都是插在表头，即两个表均可看作是栈。

(3) 删除。把按作用域链接在一起的所有元素从当前符号表中删除(即从相应的散列链中删除)，保留作用域链所链的子表，为后续工作使用(如果是临时删除，则下次使用时将该元素直接沿作用域链加入散列链中即可)。

(4) 更新。符号表条目的信息可能需要经历多个编译阶段才能收集完整，即一个条目可能需要被更新多次。更新前先查找，若找到则更新条目信息，否则进行错误处理。

对于表 4.2 所示的线性表，将其条目保存到散列表后的结构如图 4.26 所示。图中散列函数可以简单地设计为 $hash(s)=ord(s)-ord('a')$。当分析到第 5 行(B2 块)时，散列表结构如图 4.26(a)所示，当分析到第 8 行(B3 块)时，散列表结构如图 4.26(b)所示。当分析从 B2 退出进入 B3 时，图 4.26(c)所示的作用域表中，B2 结点的作用域链串起 B2 中声明的所有名字。

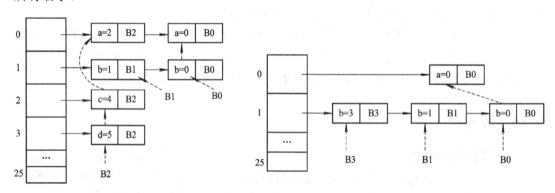

(a) 当前分析 B2 时的散列表　　　　　　　　(b) 当前分析 B3 时的散列表

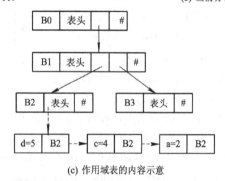

(c) 作用域表的内容示意

图 4.26　散列表形式的符号表组织

3. 散列函数的计算

要最大可能地提高散列表上操作的速度，关键是合理设计散列函数，使符号表中的名字尽最大可能地均匀散列在各个子表中。关于散列函数的计算方法，在有关数据结构的书中均有详细介绍，此处仅根据符号表中数据的特点，简单说明散列函数的设计原则和有代表性的散列函数。

符号表中散列函数的计算，要考虑符号表中名字的特性。源程序中往往会出现很多接近的且具有相同前缀或后缀的名字。例如，一个(设计不好的)源程序中可能出现 300 个名字，名字如下：

V001, V002, V003, …, V300

如果散列函数设计不合适，如取字符串的前缀或后缀作为散列函数等，则可能使得名字集中在某些散列链上，从而降低散列表的性能。一般情况下，对符号表中的散列函数可进行如下处理：

(1) 根据形成串 s 的字符 c_1、c_2、…、c_k 确定一个正整数 h。h 的计算可以简单地采用各字符的编码值相加，或者取 $h_0 = 0, h_i = \alpha h_{i-1} + c_i, 1 \leqslant i \leqslant k, h = h_k$。$\alpha = 1$ 时就是简单相加的情况，更一般的是令 α 为一个大小合适的素数，如 $\alpha = 65599$。

(2) 把上面确定的整数 h 变换成 0～m-1 之间的整数，即直接除以 m 然后取余数。m 一般应为素数。

下面是一个散列函数，它用于 P.J.Weinberger 的 C 语言编译器。

```
1   #define PRIME 211
2   #define EOS '\0'
3   int hashpjw(char * s)
4   {
5       char * p;   unsigned h = 0, g;
6       for ( p = s; *p != EOS; p = p+1 ) {
7           h = (h << 4) + (*p);
8           if (g = h&0xf0000000) {
9               h = h ^ (g >> 24);  h = h ^ g;
10          }
11      }
12      return h % PRIME;
13  }
```

4.5　声明语句的翻译

声明语句的作用是为可执行语句提供信息，以便于其执行。对声明语句的处理，主要是将所需要的信息正确地填写进合理组织的符号表中。

4.5.1　变量的声明

1. 变量的类型定义与声明

在很多程序设计语言中，变量声明分为定义声明和非定义声明，对于定义的声明，编译器要为变量分配存储空间。本章仅讨论对变量定义声明的翻译。

声明一个变量的实质是声明此变量属于什么类型。编译器根据类型确定变量的存储空间。程序设计语言一般会提供一些预定义的简单数据类型(通常也称为基本类型或内置类型)。例如，Pascal 语言的 integer、char、real，C 语言的 int、char、double，以及仓颉语言的 Int32、Rune、Float64 等。而对于复合数据类型，如数组或记录(结构体)等，则需要程序员自己定义。因此，一个变量的声明应该由两部分来完成：类型的定义和变量的声明。**类型定义**为编译器提供存储空间大小的信息，而**变量声明**为变量分配存储空间。由于简单变量的类型是程序设计语言预定义的，所以对于简单变量的声明一般不包括类型定义。复合数据的类型定义和变量声明可以有两种形式：定义与声明分离，定义与声明在一起。

下面以 Pascal 语言为例，说明变量及其类型的分离定义和声明。

```
type    Player = array[1..3] of integer;
        Matrix = array[1..24] of array[1..8] of char;
var     c, p : Player;
        winner : boolean；
        display : Matrix;
        movect : integer;
```

上述声明中，首先通过关键字 type 定义了一个整型数组类型 Player 和一个二维字符数组类型 Matrix，然后通过关键字 var 声明了若干变量，包括 Player 类型的变量 c 和 p，Matrix 类型的变量 display，以及布尔类型变量 winner 和整型变量 movect。其中，布尔类型 boolean、整型 integer 和字符类型 char 是 Pascal 的基本数据类型。

将上述数组类型定义及其变量声明合在一起的形式如下：

```
var     c, p : array[1..3] of integer;
        display : array[1..24] of array[1..8] of char;
```

需要强调的是，程序设计语言中内置的基本数据类型变量的存储空间大小是编译前已经确定的，如 integer 占 4 字节，real 占 8 字节，char 占 1 字节等，而复合数据类型变量的存储空间大小要求编译器根据程序员提供的类型定义进行计算而定。

2. 变量声明的语法制导翻译

变量的声明语句提供变量名和变量的类型信息。对简单变量声明的处理比较简单，只要将变量名、变量类型和变量所需存储空间的信息填写进符号表就可以了。假设需要声明若干个变量且每个变量单独声明，则关于变量声明的语法可用文法 G4.6 描述。

$$D \rightarrow D ; D \tag{1}$$
$$| \ id : T \tag{2}$$

	T → int	(3)	
	| real	(4)	(G4.6)
	| array [num] of T	(5)	
	| ^T	(6)	

在文法(G4.6)中，产生式(2)是变量的声明结构(变量 id 的类型为 T)，产生式(5)是数组类型的声明，其中的元素个数由 num 表示，这是对 1..num 的简化表示，即也可用"[下界..上界]"这种形式既指明下标的上下界也指明元素数量，如 2..5 表示下标范围是从 2 到 5，共 4 个元素。产生式(6)是指针类型声明(很多编程语言不提供指针类型，如 Java 等)，指针类型的数据占据的存储空间大小通常是一个常量。数组元素的类型和指针所指对象的类型可以是任意合法的类型。

对于文法(G4.6)，分析其句子时应填写符号表。下面首先设计在语法制导定义中需使用的属性、辅助数据和辅助过程(函数)，然后给出相应的语法制导定义。

- 全局量 offset：用于记录当前被分析变量的存储位置(偏移量)，设初值为 0。
- 全局量 integer 和 real：对整数类型、实数类型的内部表示。
- 属性 ".name"：给出标识符的名字。
- 属性 ".val"：给出整型字面量的值。
- 属性 ".type" 和 ".width"：分别表示类型信息以及对应类型变量所占存储空间的大小(也称为宽度)。
- 过程 enter(name, type, offset)：为 type 类型的变量 name 建立符号表条目，并为它分配存储位置 offset。
- 函数 array(n, type)：生成并返回对一个数组类型的内部表示，n 为元素个数，type 为元素类型。
- 函数 pointer(type)：生成并返回对一个指针类型的内部表示，type 为指针所指向对象的类型。

(1)　　　D → D ; D

(2)　　　D → id : T　　　　　　　　{ enter(id.name, T.type, offset);
　　　　　　　　　　　　　　　　　　offset = offset + T.width; }

(3)　　　T → int　　　　　　　　　{ T.type = integer; T.width = 4; }

(4)　　　T → real　　　　　　　　 { T.type = real; T.width = 8; }

(5)　　　T → array [num] of T_1　{ T.type = array(num.val, T_1.type);
　　　　　　　　　　　　　　　　　　T.width = num.val * T_1.width; }

(6)　　　T → ^T_1　　　　　　　　{ T.type = pointer(T_1.type); T.width = 8; }

【例 4.27】 下面是符合文法(G4.6)的变量声明：

a : array [10] of int;

x : int

为它建立的分析树如图 4.27(a)所示。归约时使用的产生式和语义处理结果如下，填写的符号表内容如图 4.27(b)所示。

步骤	产生式	语义处理结果
(1)	$T_1 \rightarrow$ int	T_1.type = integer; T_1.width = 4
(2)	$T_2 \rightarrow$ array [num] of T_1	T_2.type = array(10, integer); T_2.width = 10*4=40
(3)	$D_1 \rightarrow$ id : T_2	enter(a, array(10, integer), 0); offset = 40
(4)	$T_3 \rightarrow$ int	T_3.type = integer; T_3.width = 4
(5)	$D_2 \rightarrow$ id : T_3	enter(x, integer, 40); offset = 44
(6)	$D_3 \rightarrow D_1 ; D_2$	

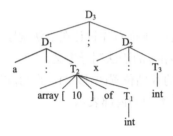 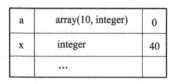

(a) 声明语句的分析树   (b) 符号表内容

图 4.27   变量声明的分析与处理

不同程序设计语言在声明类型和变量时采用的语法形式通常有差异，但声明性语句的基本含义或者语义都是一致的。

【例 4.28】 对于前面用 Pascal 声明的类型和变量，用 C 语言和仓颉语言声明如下：

C 语言	仓颉语言
typedef int Player[3];	type Player = VArray<Int32,$3>;
typedef char Matrix[24][8];	type Matrix = VArray<VArray<Rune, $8>, $24>;
Player c, p;	var c : Player;
_Bool winner;	var p : Player;
Matrix display;	var winner : Bool;
int movect;	var display : Matrix;
	var movect : Int32;

将上述数组类型及其变量声明合在一起的形式如下：

C 语言	仓颉语言
int c[3], p[3];	var c : VArray<Int32,$3>;
char display[24][8];	var p : VArray<Int32,$3>;
	var display : VArray<VArray<Rune, $8>, $24>;

假设要求变量逐个单独声明,则相应的 C 语言变量声明的简化文法(G4.6-1)和仓颉语言变量声明的简化文法(G4.6-2)如下所示(注:仓颉语言要求变量必须逐个声明且强调初始化,其固定大小的数组类型还可以通过对泛型类型 Array<T>实例化后产生,指针类型通过对泛型类型 CPointer<T>实例化后产生)。

C 语言的变量声明简化文法(G4.6-1)		仓颉语言的变量声明简化文法(G4.6-2)	
D → D D	(1)	D → D ; D	(1)
| T L ;	(2)	| var id : T	(2)
T → int	(3)	T → Int32	(3)
| double	(4)	| Float64	(4)
L → id R	(5)	| VArray<T, $num>	(5)
| * L	(6)		
R → R[num]	(7)		
| ε	(8)		

【例 4.29】　下面是一个符合文法(G4.6-1)的变量声明：

　　int a[10];

　　int x;

为它建立的分析树如图 4.28(a)所示，显然，其语义分析结果也应建立图 4.28(b)所示的符号表。

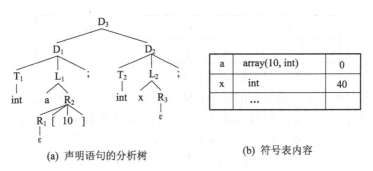

　　　　(a) 声明语句的分析树　　　　　　　　(b) 符号表内容

图 4.28　C 语言变量声明的分析与处理

与简单变量相比，对数组变量声明的处理具有其更复杂的一面。

4.5.2*　数组变量的声明

　　符号表中只需提供四个域(name, type, offset, width)就可以记录简单变量的最基本信息，它们分别给出简单变量的名字、类型、相对存储位置以及变量的宽度。其中，宽度 width 可省略，它可从类型字段 type 中获得。

　　相对于简单变量而言，数组声明时需要记录的信息要多得多。如果将简单变量和数组变量存放在同一个符号表中，则需要在符号表条目的一个栏目中安排同时满足不同类型变量需求的域，显然会造成不必要的冗余。一个变通的办法是，数组在符号表中占用与简单变量同样多的域，而对于数组所需的详细信息，另外安排一个称为**内情向量**(dope vector)的数据结构，同时在符号表条目中安排一个指针，指向数组的内情向量。例如，表 4.3 所示的符号表中，x 是一个整型变量，它可以被分配在相对于某个首地址的偏移量为 0 的地址空间；a 是一个数组变量，它的内情向量由 type 域指示，而有关数组 a 的类型信息均存放在内情向量中。

表 4.3　数据在符号表中的存放示意

name(名字)	type(类型)	offset(位置)	width(存储宽度)
x	int	0	4
a	array	4	40

1. 静态数组的内情向量

根据文法(G4.6)，一个 n 维整型数组的类型可以声明如下：

　　array [d_1] of array [d_2] of ⋯ array[d_n] of integer

从结构上来看，这是一个以行为主存储的数组，因为第一维是有 d_1 个元素的一维数组，而其每个元素又是一个 n–1 维的数组。

为数组元素引用的翻译考虑，对于数组声明需要保存的信息应该包括：记录在符号表条目中的数组首地址偏移量 offset 和记录在内情向量中的数组维数 n、每维的成员个数 d_i、数组元素类型 type，以及计算数组元素地址所需的不变部分 C。数组的内情向量可以按照如图 4.29 所示安排，这些信息均可以在分析数组的类型定义时填写进来。此处的类型 type 用于确定数组元素的宽度，例如，integer 的宽度为 4 字节，而 double(或 real)的宽度为 8 字节。

n	C	type
d_1	d_2	⋯	d_n

图 4.29　数组的内情向量

其中，C 是计算数组元素在被分配的数组存储空间中的相对位置所需的一个常数，而元素在数组空间的相对位置与 n 维数组的存储方式，即将 n 维数组元素转化为一维线性序列的方式有关。数组的存储方式一般有以行为主和以列为主两种方式，具体方式可以用语法的形式加以限制，但这种限制并不是必需的。上述 n 维数组更一般的表示如下：

　　array [d_1, d_2, ⋯, d_n] of integer

若采用这种表示，则无法由文法确定它是以行为主存储还是以列为主存储。此时需要一个约定，然后由编译器去实现这个约定。不同程序设计语言的约定可以不同，但对于任何一个程序设计语言，约定是唯一的，即只能采用一种存储方式。在以行为主存储的约定下，再约定每一维下标均从 1 开始，则可以用下述递推公式计算 c：

　　$c_1 = 1$

　　$c_j = c_{j-1}*d_j+1$　　$(j = 2, 3, ⋯, n)$　　　　　　　　　　　　　　(4.3)

当 j = n 时，得到 c = c_n。c 的计算依据将在数组元素引用的语法制导翻译中详细讨论。内情向量中记录的常数 C 为根据式(4.3)计算所得的 c 与数组元素存储宽度的乘积。

文法(G4.6)中的产生式(5)是一个右递归的产生式，所以在自下而上分析的过程中，移进先于归约，也就是说，最早得到的是第 n 维的 d_n，而最后才得到 d_1。显然，这与计算 c 的递推式(4.3)所需要的次序正好相反。为了使分析与计算一致，修改文法(G4.6)中关于数组声明的相关产生式，得到下述数组变量声明的左递归文法(G4.7)：

　　AR → id : array [num] of　　　　　　　　　　　(1)

　　AR → AR array [num] of　　　　　　　　　　　(2)

D → AR T　　　　　　　　　　　　　　(3)　　　　　　　　(G4.7)

T → int　　　　　　　　　　　　　　(4)

T → real　　　　　　　　　　　　　　(5)

在设计数组声明的语法制导翻译之前，首先设计一个简化的存放内情向量的数据结构：

```
typedef struct Arr_rec {        // 存放内情向量的数据结构
    int n;                      // 存放维数
    int C;                      // 存放常数 C
    E_type type;                // 存放元素类型，如 int、real(double)等
    int dims[Maxn];             // 存放每维成员个数 di
} Arr_rec;
```

并引入下述属性与函数：

- 全局量 offset：记录变量存储位置(偏移量)，当分析数组变量声明之后，它应该指向下一个可用空间；

- 属性 ".arr"：记录指向内情向量的指针；

- 属性 ".dim"：数组维数计数器，用于记录当前分析到了数组的第几维；

- 属性 ".size"：用于计算数组元素的个数；

- 属性 ".place"：递推式(4.3)中的 c_j；

- 属性 ".entry"：记录数组条目在符号表中的入口地址(即指向数组条目的指针)；

- 过程 add_width(entry, size)：将数组占据的空间 size 填入 entry 所指符号表条目中。

填写内情向量的语法制导定义如下：

(1) AR → id : array [num] of

```
{   AR.arr = newArrRec();              // 创建一个内情向量
    enter(id.name, AR.arr, offset);    // 填写符号表
    AR.entry = entry(id.name);         // 记录数组变量的符号表入口
    AR.dim = 1;                        // 当前是第 1 维
    AR.place = 1;                      // c 的初值 c₁ = 1
    AR.size = num.val;                 // 记录 d₁ 的值
    AR.arr.dims[AR.dim] = num.val;     // 填写 d₁ 的值
}
```

对应 $c_1 = 1$，记录 d_1 的值。

(2) AR → AR₁ array [num] of

```
{   AR.arr = AR₁.arr;                          // 传递内情向量指针
    AR.entry = AR₁.entry;                      // 传递数组变量的符号表入口
    AR.dim = AR₁.dim + 1;                       // 维数加 1
    AR.arr.dims[AR.dim] = num.val;             // 填写 dⱼ 的值
    AR.size = AR₁.size * num.val;              // 前 j 个 dⱼ 值的乘积
    AR.place = AR1.place * AR.arr.dims[AR.dim];
    AR.place = AR.place + 1;                   // 计算 cⱼ = cⱼ₋₁*dⱼ+1
}
```

(3) D → AR T　　{ AR.arr.n = AR.dim;　　　　　　　// 完成数组声明分析，填写 n

　　　　　　　　　　AR.arr.type = T.type;　　　　　　　// 填写数组元素的类型

　　　　　　　　　　AR.arr.C = AR.place * T.width;　　　// 填写 C = c * width

　　　　　　　　　　add_width(AR.entry, AR.size*T.width);　// 填写数组占据的总空间

　　　　　　　　　　offset = offset + AR.size*T.width;　　// 数组之后的 offset 值

　　　　　　　　　}

(4) T　→ int　　{ T.type = int;　T.width = 4; }

(5) T　→ real　{ T.type = real;　T.width = 8; }

上面的产生式(1)开始分析一个数组声明，设置初值并且向符号表和内情向量中填写已经得到的信息；产生式(2)递推计算 c_i 并填写各维的 d_i，产生式(3)结束对数组声明的分析，将最终得到的信息填写进内情向量。此处结构体(记录)的分量也是采用点"."加分量名的形式，与属性的表示方法完全相同。一般情况下，可以通过分析上下文确定究竟是属性还是记录分量。同一符号在不同的上下文中表示不同含义的形式，在程序设计语言中也是经常出现的，称为符号的重载(overload)。在上述的语法制导翻译中，函数 entry(id.name)也是重载的，但是我们可以根据上下文确定它应该返回的是标识符的符号表入口还是对应的存储空间地址。

【例 4.30】 数组声明"x : array [3] of array [5] of array[8] of int"的分析树如图 4.30(a)所示，设 offset 初值为 0，则归约时使用的产生式和语义处理结果如下，所填写的符号表和内情向量的内容如图 4.30(b)所示。

步骤	产　生　式	语义处理结果
(1)	AR_1 → id : array [num] of	产生内情向量指针 AR_1.arr
		填写符号表(x, AR_1.arr, 0)
		得到符号表入口 AR_1.entry=x
		AR_1.dim=1, AR_1.place=1
		AR_1.size=3
		AR_1.arr.dims[1]=3
(2)	AR_2 → AR_1 array [num] of	AR_2.arr=AR_1.arr, AR_2.entry=AR_1.entry
		AR_2.dim=2, AR_2.arr.dims[2]=5
		AR_2.size=15, AR_2.place=6
(3)	AR_3 → AR_2 array [num] of	AR_3.arr=AR_2.arr, AR_3.entry=AR_2.entry
		AR_3.dim=3, AR_3.arr.dims[3]=8
		AR_3.size=120, AR_3.place=49
(4)	T_1 → int	T_1.type=int, T_1.width=4
(5)	D → AR_3 T_1	AR_3.arr.n=3, AR_3.arr.type=int
		AR_3.arr.C=196
		add_width(AR.entry, 120*4)
		offset = 0+120*4 = 480

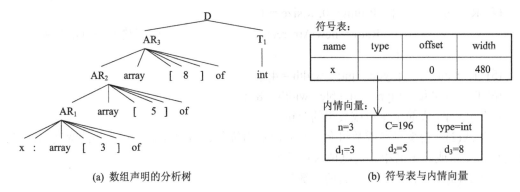

(a) 数组声明的分析树　　　　　　　　(b) 符号表与内情向量

图 4.30　数组声明的分析与处理

【例 4.31】考虑 C 语言的简单变量和数组声明，用下面的文法(G4.7')描述:

D → T L ;	(1)
L → id R	(2)
R → R$_1$[num]	(3)
R → ε	(4)　　　　　　(G4.7')
T → int	(5)
T → double	(6)

由于 C 语言的数组元素下标从 0 开始，因此其内情向量中，用于计算数组元素地址的不变部分的常量 C 为 0，所以在分析过程中不需要计算式(4.3)。

另外，增加全局变量 type 和 width，记录简单变量和数组元素的类型及存储宽度信息。对于文法 G4.7'，填写符号表及内情向量的一种自下而上语法制导翻译如下:

```
(1) D → T L ;
(2) L → id R    {  if (R.dim == 0) {                        // 简单变量
                      delete(R.arr);                         // 释放内情向量
                      enter(id.name, type, offset, width);   // 填符号表
                   }
                   else {                                    // 数组变量
                      R.arr.n = R.dim;                        // 填写数组维数
                      R.arr.C = 0;                            // 填写 C
                      R.arr.type = type;                      // 填写数组元素类型
                      width = R.size * width;                 // 计算存储宽度
                      enter(id.name, R.arr, offset, width);   // 填符号表
                   }
                   offset = offset + width;           // 更新变量或数组之后的 offset 值
                }
(3) R → R₁[num] {  R.arr = R₁.arr;                    // 接续内情向量指针
                   R.dim = R₁.dim + 1;                // 维数加 1
                   R.arr.dims[R.dim] = num.val;       // 填写 dⱼ 的值
                   R.size = R₁.size *num.val; }        // 前 j 个 dⱼ 值的乘积
```

(4) R → ε   {   R.dim = 0; R.size = 1;

                         R.arr = new Arr_rec;   // 创建一个内情向量

                        }

(5) T → int   { type = int;   width = 4; }

(6) T → double   { type = double; width = 8; }

产生式(1)完成简单变量或数组的分析。

产生式(2)获得变量名或数组名以及完成数组维数、数组元素个数、存储宽度的计算，此时可将变量或数组名相关信息填入符号表。

产生式(3)递推计算数组元素的总数量。

产生式(4)为开始分析数组声明做准备，包括初始化数组维数、数组元素个数，以及申请记录数组详细信息的内情向量。

产生式(5)、(6)在自下而上分析时先获得简单变量或数组元素的类型和存储宽度信息，存储在全局变量 type 和 width 中，后面将变量或数组填入符号表时使用。

【例 4.32】 设有符合文法(G4.7')的 C 数组声明"int x[3][5][8];"，其分析树如图 4.31(a)所示，设 offset 初值为 0，则归约时使用的产生式和语义处理过程及结果如下，所填写的符号表和内情向量的内容如图 4.31(b)所示。

步骤	产 生 式	语义处理结果
(1)	T → int	type = int, width = 4
(2)	R_1 → ε	R_1.dim = 0，R_1.size = 1，产生内情向量指针 R_1.arr
(3)	R_2 → R_1 [num]	R_2.arr = R_1.arr
		R_2.dim = R_1.dim + 1 = 1
		R_2.arr.dims[1] = num.val = 3
		R_2.size = R_1.size * num.val = 3
(4)	R_3 → R_2 [num]	R_3.arr = R_2.arr
		R_3.dim = R_2.dim + 1 = 2
		R_3.arr.dims[2] = num.val = 5
		R_3.size = R_2.size * num.val = 3 * 5 = 15
(5)	R_4 → R_3 [num]	R_4.arr = R_3.arr
		R_4.dim = R_3.dim + 1 = 3
		R_4.arr.dims[3] = num.val = 8
		R_4.size = R_3.size * num.val = 15 * 8 = 120
(6)	L → id R_4	R_4.arr.n = R_4.dim = 3
		R_4.arr.types = type = int
		R_4.arr.C = 0
		width = R_4.size * width = 120 * 4 = 480
		enter(x, R_4.arr, 0, 480)，将 x 填入符号表
		offset = 0+480 = 480
(7)	D → T L ;	

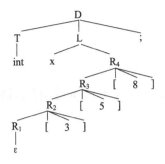

符号表：

name	type	offset	width
x		0	480

内情向量：

n=3	C=0	type=int
$d_1=3$	$d_2=5$	$d_3=8$

(a) 数组声明的分析树　　　　　(b) 符号表与内情向量

图 4.31　数组声明的分析与处理

2. 动态数组的内情向量

如果程序设计语言允许声明动态数组，则数组声明 A :array[d_1, d_2, $\cdots$, d_n] of integer 中的 d_i 可以是变量，这些变量的值在程序运行时才能够确定。由于编译时不能确定数组的大小，因而无法在编译时为数组分配存储空间。也由于不知道各 d_i 的具体值，所以无法在编译时为数组元素的引用正确计算地址。

但是，数组存储空间大小的确定和数组元素地址的计算所需的数据均需要从内情向量中获取，所以解决这些动态数组问题的关键就成为能否将内情向量中内容的填写从编译时推迟到程序运行时，使得在真正需要时它们是确定的。

分析数组声明语句 A : array[d_1, d_2, $\cdots$, d_n] of integer 的语法可以看出，在编译时虽然不能确定数组各维的大小，但是可以确定数组的维数，也就是说，内情向量的结构和大小在编译时已知，因此上述设想是可行的。可以按下述的方法进行动态数组的存储分配和数组元素地址计算的翻译：

(1) 将原来编译时为数组分配的存储空间修改为分配给内情向量，即将内情向量从存放在符号表中修改为存放在运行时的存储空间。

(2) 编译时在原来所生成的代码前边加入一段代码，该代码根据运行时确定的各维的 d_i 值填写内情向量，然后根据内情向量为数组动态地分配一块存储区，并且正确填写内情向量的各项内容。在生成的代码序列中，对数组元素的引用与静态数组的引用方式是一样的，唯一的不同就是对 d_i 的引用从一个固定值变为一个在内情向量中的变量。对这种解决方案的限制是，运行时数组声明之前各 d_i 的值均已确定。所需增加的代码可以作为一个子程序，其框架如下：

参数：内情向量地址, n, type, width, d_1, d_2, $\cdots$, d_n

```
{
  i = 1;   cells = 1;   c = 1;
  while (i <= n) {
      cells = cells * d_i;
      将 d_i 填入内情向量中；
      i = i + 1;
      if (i > n) break;
```

```
        c = c * d_i + 1;
    }
    c = c * width;
    cells = cells * width;
    申请 cells 个单元的数组空间，令首地址为 a，将 n, c, type, a 等填入内情向量;
}
```

4.5.3　过程的定义与声明

过程(procedure)是程序设计语言的重要元素，它是操作的抽象，为过程式的程序设计范型提供直接支持。过程的接口称为**规格说明**(specification)或**过程头**(header)，它为过程的使用者提供使用时所必需的信息，包括过程名、参数和可能的返回值。规格说明告诉使用者过程"做什么"，而过程所要完成操作的具体实现称为**过程体**(body)，它包括过程"如何做"的实现细节。对过程的一次调用就是对过程体的一次执行。有返回值的过程也称为**函数**(function)，而**主程序**(program 或 main)可以被认为是运行时系统调用的过程。过程在C/C++、仓颉等语言中统一实现为函数，无论是否有返回值。**下面对过程的讨论，同样适用于函数，因此不再刻意区分。**

在程序设计语言中，过程允许以三种形式出现：**过程定义、过程声明和过程调用**。过程定义是对过程的完整描述，包括规格说明和过程体。例如，一个名称为 swap 的 Ada 过程(1～4 行)及 C++ 函数(6～9 行)如程序清单 4.3 所示。

程序清单 4.3　Ada 语言的 swap 过程和 C 语言的 swap 函数

行号	过程(函数)定义	注释
1	`procedure swap(x, y: integer) is`	-- is 之前是规格说明，之后是过程体
2	`temp : integer;`	-- 过程体中的声明
3	`begin temp := x; x := y; y := temp;`	-- 过程体中的可执行语句序列
4	`end swap;`	
5		
6	`void swap(int x, int y)`	// 函数首部(规格说明)
7	`{   int temp;`	// 函数体用{}包围
8	`    temp = x; x = y; y = temp;`	// 函数体内包括声明和可执行语句
9	`}`	

过程声明是为使用者提供使用过程的信息，它仅涉及规格说明。Ada 对 swap 的声明和调用形式如下：

```
    procedure swap(x, y: integer);                    -- 过程声明
    swap(a,b);                                        -- 过程调用
```

C++对函数 swap 的声明和调用形式如下：

```
    void swap(int x, int y);                          // 函数声明(函数原型)
    swap(a,b);                                        // 函数调用
```

如果一个过程的定义在前、调用在后，则过程的声明可以省略，因为定义中已经包括

了对过程的声明。而如果对过程的调用在过程的定义之前，则必须在调用前先对过程进行声明，因为使用者必须知道的有关过程的信息均在规格说明中提供。先声明后引用的原则会给语言的翻译，特别是类型的检查，带来很大的方便，所以当前通用的程序设计语言一般都遵循这一原则。

本节重点讨论规格说明和过程体中声明的处理，包括参数的传递、名字作用域及其信息的保存等。为了简单起见，下述讨论中将过程定义和过程声明统称为过程声明，读者不难从上下文中确定它们的具体含义。

1. 左值与右值

从字面上理解，左值和右值分别表示出现在赋值运算符的左边和右边的值，但它的实质是该值是否对应一个存储空间。对于程序设计语言中的哪些对象可以作为左值，哪些对象可以作为右值，首先通过下述语句得到对左值和右值的一些初步印象：

(1)　const int two = 2;　　　　　　// 声明一个值为 2 的常量 two
(2)　int x;　　　　　　　　　　　// 声明一个类型为整型数的变量 x
(3)　int max(int a, int b) ;　　　　// 声明一个返回值类型是整型数的函数
　　　　　　　　　　　　　　　// max 返回 a、b 中的较大者
(4)　x = two;　　　　　　　　　　// 赋值句执行后，x 当前值为 2
(5)　x = two + x;　　　　　　　　// 赋值句执行后，x 当前值变为 4
(6)　x = max(two,x)+x;　　　　　　// 赋值句执行后，x 当前值变为 8
(7)　4 = x;　　　　　　　　　　　// 错误，字面量不能作为左值
(8)　two = x;　　　　　　　　　　// 错误，常量不能作为左值
(9)　max(two,x) = two;　　　　　　// 错误，函数 max 的返回值不能作为左值
(10)　x+two = x+two;　　　　　　// 错误，表达式的值不能作为左值

上述可执行语句中，只有变量 x 可以出现在赋值号的左边，而其他任何常量、函数返回值、表达式的值等，均不能出现在赋值号的左边，即变量既有左值也有右值，其他表达式只有右值。通过赋值运算可以改变左值对象的值，因此左值是有存储空间的对象，可认为不能被改变的右值是没有存储空间的对象。更通俗地讲，**左值是地址，右值是值**，也可以说**左值是容器，右值是内容**。可以作为左值的是变量，包括简单变量和复合变量；可以作为右值的包括字面量、常量、表达式的值、函数的返回值和变量的值等。

2. 参数传递

过程与过程之间的数据传递，往往通过非局部量或者参数进行。在过程的声明和调用时均要用到参数，为了能够区分它们，一般将声明时的参数称为形式参数(parameter 或 formal parameter)，简称形参，而调用时的参数称为实际参数(argument 或 actual parameter)，简称实参。在根据上下文可以区分的情况下，形参和实参也被统称为参数。最常用的参数传递方式有值调用(call by value, pass by value)、引用调用(call by reference, pass by reference)，另外还有复写—恢复(copy-in copy-out)和换名调用(call by name, pass by name)。参数传递方式的根本区别在于实参是代表左值、右值，还是实参本身的正文。

1) 值调用

值调用是最基本的参数传递方法。调用时，首先计算实参，并把它的右值传递给被调

用的过程。通用程序设计语言都支持值调用方式，C 语言仅支持值调用和换名调用方式。值调用传递的是右值，这就意味着实参不一定有存储空间。对程序员来讲，值调用的典型特征就是，过程内部对参数的修改不影响作为实参的变量原来的值。例如，程序清单 4.4 给出一个值调用的 C 语言程序，调用 swap 后实参 a 和 b 的值均不改变。

程序清单 4.4　C 语言的 swap 函数定义及值调用

```
1   void swap (int x, int y)
2   {   int temp;
3       temp = x;    x = y;   y = temp;
4   }
5   int main( )
6   {   int a = 1;  b = 2;
7       swap(a, b);
8       printf("a=%d b=%d\n", a, b);   // 输出 a=1 b=2
9       return 0;
10  }
```

值调用的参数传递和过程内对参数的使用应按下述原则处理：

(1) 过程定义中，形参被当作本地数据，并在过程内部为形参分配存储单元。

(2) 调用过程前，首先计算实参，并将实参的右值放入形参的存储单元。

(3) 过程内部对形参单元中的数据直接访问。

2) 引用调用

对于引用调用，调用时首先计算实参的地址，并将此地址传递给被调用过程。引用调用传递的是左值，因此实参应是有存储空间的对象(如变量)，而不是常量或者表达式。Pascal 中 var 形式的参数采用的是引用调用方式，而形参没有 var 关键字时表示值调用方式。对程序员来讲，引用调用的特征就是，过程内部对形参的修改本质上是对实参的修改。程序清单 4.5 所示的 Pascal 程序中，过程 swap 的形参有"var"关键字，因此在 swap(a,b)调用之后实参 a、b 的值实现了交换。

程序清单 4.5　Pascal 语言的 swap 过程定义及引用调用

```
1    program reference ( input, output);
2       var a, b : integer;
3       procedure swap(var x, y : integer);
4          var temp : integer;
5       begin
6          temp := x ;    x := y;    y := temp
7       end;
8    begin
9       a := 1;   b := 2;    swap(a, b);
10      write('a=', a); writeln(' b=', b)
11   end.
```

输出结果:

　　a = 2　b = 1

　　C 语言不提供引用调用方式,但是可以通过对变量地址的引用,实现引用调用的相同效果,如程序清单 4.6 所示。

程序清单 4.6　C 语言的 swap 函数定义及模拟引用调用

```
 1  void swap (int *x, int *y)
 2  {   int temp;
 3      temp = *x;    *x = *y;   *y = temp;
 4  }
 5  int main( )
 6  {   int a = 1,  b = 2;
 7      swap(&a, &b);
 8      printf("a=%d b=%d\n", a, b);  // 输出 a=2 b=1
 9      return 0;
10  }
```

　　上面 C 语言程序中,本质上参数传递仍然是值调用。因为传递的实参是 a 和 b 的地址,调用前后 a 和 b 的地址并没有改变,只是在函数 swap 内部通过指针引用修改了 a 和 b 的值。

　　引用调用的参数传递和过程内对参数的使用应按下述原则进行:

　　(1) 过程定义中,形参被当作本地数据,并在过程内部为形参分配存储单元。形参的值被当作某变量地址看待。

　　(2) 调用过程前,将作为实参的变量的地址放进形参的存储单元。

　　(3) 过程内部把形参单元中的数据当作地址,进行间接访问。

　　由于引用调用的实用性,C++、Ada、C# 等不少语言都提供了引用调用方式,程序清单 4.7 是用 C++ 语言定义的 swap 函数及引用调用示例。

程序清单 4.7　C++ 的 swap 函数定义及引用调用

```
 1  void swap (int &x, int &y)            // 形参为引用类型
 2  {   int temp;
 3      temp = x;    x = y;   y = temp;
 4  }
 5  int main( )
 6  {   int a = 1, b = 2;
 7      swap(a, b);
 8      cout << "a=" << a << "b=" << b << endl;  // 输出 a=2 b=1
 9      return 0;
10  }
```

　　C++ 中引用类型的实例在使用时与它所引用的对象在语法上并非必须一致对应,因而 C++ 引用类型的不恰当使用会破坏程序的可读性。

　　3) 复写—恢复

　　引用调用方式中可视为形参与实参对应同一块存储区,因此过程内部对形参的修改可

认为就是对实参变量的修改，从而可能造成不期望的副作用。

值调用时实参与形参分别使用不同的地址，不会产生副作用，但是值调用方式下不能通过参数向调用者返回数据。例如，对于 swap(x, y)过程，如果采用值调用的方式传递参数，则调用 swap(a, b)之后，实参 a 和 b 中的值并没有被交换。

复写－恢复参数传递是一种既可以实现参数值的返回，又可以避免副作用的方法。它是值调用和引用调用的一种结合，调用方式和过程内部对参数的使用方式均与值调用相同，唯一的区别在于：过程返回前需要将形参中的内容拷贝回对应的实参，从而实现参数值的返回。复写－恢复的参数传递和过程内对参数的使用按下述原则进行(前三条实际上就是值调用的处理方法)：

(1) 过程定义中，形参被当作本地量看待，并在过程内部为形参分配存储单元。

(2) 调用过程前，首先计算实参，并将实参的右值放入形参的存储单元(复写)。

(3) 过程内部对形参单元中的数据直接访问。

(4) 过程返回前，将形参的右值放回实参的存储单元(恢复)。

虽然调用时传递的是右值，但是返回时需要实参有对应的存储空间，因此要求实参应是变量（具有左值）而不是表达式或常量。

复写－恢复与引用调用的主要区别在于：复写－恢复方式在过程体中不对实参进行操作，因此，过程体中对形参的修改并不影响过程体外的实参。当过程返回时，把对形参的操作结果返回给实参。

Ada 语言支持复写－恢复参数传递方式，它采用的语言结构是把参数声明为"in out"形式，详见程序清单 4.8，该程序能够正确进行实参 a、b 的数据交换。

程序清单 4.8　Ada 的 swap 过程定义及复写-恢复调用

```
1   procedure reference is
2       a, b : integer;
3       procedure swap(x, y : in out integer) is
4           temp : integer;
5       begin
6         temp := x ;    x := y;    y := temp;
7       end swap;
8   begin
9       a := 1;   b := 2;    swap(a, b);
10      put_line('a=', a); put_line('b=', b);
11  end reference;
```

在程序清单 4.9 定义的 add_one 过程中，形参 x 有"in out"声明，因此实参 a 和形参 x 在任何时刻都不会共用一个地址，"a := a+2"将非本地变量 a 的值由 2 改为 4，"x := x+1"将形参 x 的值由 2 变为 3，返回时将 x 的值恢复给实参 a，因此，程序的运行结果是 a = 3。

程序清单 4.9　Ada 的 add_one 过程定义及复写-恢复调用

```
1   procedure test is
2       a : integer;
3       procedure add_one(x : in out integer) is
```

```
4      begin
5          a := a+2;        x := x+1;
6      end add_one;
7   begin
8      a := 2;     add_one(a);  put_line('a=', a);
9   end test;
```

4) 换名调用

严格意义上讲，换名调用并不是真正的过程调用和参数传递。历史上，换名调用由 Algol 的复写规则定义：

(1) 过程看作是宏，每次对过程的调用，实质上是用过程体去替换过程调用，替换中用实参的文字替换体中的形参。这样的替换方式称为宏替换或宏展开。

(2) 被调用过程的局部名和调用过程的名字保持区别。可以认为在宏展开前被调用过程的每个局部名系统地重新命名成可区别的名字。

(3) 当需要保持实参的完整性时，可以为实参加括弧。

换名调用在 C 语言中的形式是宏定义(#define)。C 语言对宏定义的处理，实质上是采用预处理的方法，在预处理时进行宏替换。宏替换将过程体直接展开在它被调用的地方，因此在经过宏替换之后的程序中已经不存在过程的调用与参数传递。例如，程序清单 4.10 中第 5 行的"swap (a, b)"会被预处理器替换为"int temp = a; a = b; b = temp"。

程序清单 4.10　C 语言的宏定义及宏调用(即换名调用)

```c
1   #define swap(x, y) int temp = x; x = y; y = temp
2   int main( )
3   {
4      int a = 1, b = 2;
5      swap(a, b);    printf("a=%d b=%d\n", a, b);
6      return 0;
7   }
```

宏替换的特点是运行速度快，但需谨慎使用，否则会产生不希望的结果。

3. 作用域信息的保存

1) 过程的作用域

与程序块类似，在允许嵌套定义过程的程序设计语言中，相同的名字可以同时出现在不同的作用域中，因此有必要讨论如何设计符号表来存放它们。此处讨论的过程作用域同样遵循在 4.4.3 小节指出的静态作用域原则和最近嵌套原则。

【例 4.33】 计算阶乘 $f(n) = n!$ 的 C 语言程序见程序清单 4.11，各变量符合作用域规则。函数形参的作用域是其函数体，如第(4~5)行中的 n 处在第(2)行声明的 n 的作用域中；而函数体外的名字的作用域是全局作用域，如第(8)行中的 n 处于第(1)行声明的 n 的作用域中。

程序清单 4.11　计算 n!的 C 程序

```c
1   int n = 10;
2   int f( int n )
```

```
3  {
4      if (n<=1) return 1;
5      else      return n*f(n-1);
6  }
7  int main( )
8  {  f(n);  return 0; }
```

【例 4.34】 程序清单 4.12 是一个进行快速排序的仓颉语言函数。函数 partition 的作用是按照设定的基准元素 v 对数组进行划分，将小于 v 的元素交换到其前面，而不小于 v 的元素都交换到其后面，即对 a[lo..hi]完成划分后，若 a[i]等于 v，则所有小于 v 的值均被交换到 a[lo..i−1]中，所有不小于 v 的值均被交换到 a[i + 1..hi]中。

考虑仓颉函数 sort 中名字 i 的作用域：i 在 readarray、exchange、quicksort 和 partition 中共被声明了四次，quicksort 和 partition 是嵌套的，根据作用域规则，(30)行所引用的 i 处在(16)行声明的作用域中，而(21～27)行中所引用的 i 处在(19)行声明的作用域中。函数 readarray、exchange、quicksort 的作用域是并列的，它们内部声明的 i 相互独立。

程序清单 4.12　用仓颉语言实现的快排函数定义

```
1   func sort()   {
2     var a : VArray<Int, $10>;
3     var x : Int = 0;
4     a =[ 33, 45, 17, 89, 11, 76,  8, 95, 25, 30];  // 初始化 a
5     func readarry() {
6         var i = 0;
7         while(i < a.szie) {
8             a[i] = Int.parse(Console.stdIn.readln().getOrThrow());
9             i++;
10         }
11     }
12     func exchange(i : Int, j : Int) {
13         x = a[i];  a[i] = a[j];  a[j] = x;
14     }
15     func quicksort(m : Int, n : Int) : Unit {
16        var i : Int;
17        var v : Int;
18        func partition( lo : Int, hi : Int) : Int {
19            var i : Int = lo;   var j : Int = hi;
20            v = a[lo];
21            while (i<j) {
22                while (i<j && a[j] >= v) { j--; }
23                exchange(i,j);
24                while (i<j && a[i] < v) { i++; }
```

```
25              exchange(i,j);
26          }
27          return (i);
28      }
29      if (m<n) {
30          i = partition(m, n); quicksort(m, i-1);  quicksort(i+1, n);
31      }
32   }
33   readarray();
34   quicksort(0, a.size - 1);
35 }
```

定义 4.4 设主程序(最外层过程)的嵌套深度 $d_{main} = 1$，则

(1) 若过程 A 中直接嵌套定义过程 B，则 $d_B = d_A + 1$。

(2) 变量声明时所在过程的嵌套深度被认为是该变量的嵌套深度。

在此定义下，程序清单 4.12 中各过程(函数)及其中变量的嵌套深度如下(省略了过程的形参)：

过程(函数)	过程中的变量	嵌套深度
sort	a, x	1
readarray	i	2
exchange		2
quicksort	i, v	2
partition	i, j	3

对于嵌套定义的过程之间的嵌套关系，可以用树的形式直观表示：当且仅当过程 b 直接嵌套在过程 a 中时，结点 a 是结点 b 的父亲。表示例 4.34 中过程嵌套关系的树如图 4.32(a) 所示。若树根被认为是第一层，则过程的嵌套深度恰好是过程对应结点在树中的层次数。

2) 符号表中的作用域信息

过程定义的简化文法可以如(G4.8)所示。产生式(1)指出过程是一个声明；产生式(3)和(4)分别给出了变量声明和过程定义的形式；而产生式(2)指出一个声明可以是由若干声明形成的序列。文法中的 T 表示类型，如整型、实型等；S 是可执行的语句，如赋值句、控制语句等，此处予以忽略。为了简单起见，文法(G4.8)中过程的定义忽略了参数。有关过程中参数的作用域信息问题，留作一个练习，供读者自己思考。

$P \rightarrow D$	(1)	
$D \rightarrow D ; D$	(2)	(G4.8)
$\mid$ id : T	(3)	
$\mid$ func id ; D; S	(4)	

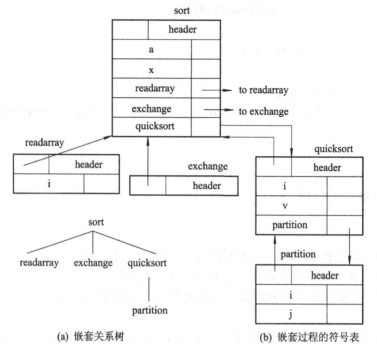

图 4.32　过程的嵌套关系与符号表

嵌套过程中名字作用域信息的保存，可以用具有嵌套结构的符号表来实现:

(1) 每个过程各有一个符号表，用于记录该过程中直接声明的名字;

(2) 过程之间的嵌套关系用符号表之间的嵌套关系表示。

按这种方式组织的多个符号表，实际上形成一棵符号表树，每个过程的符号表都是树中的一个结点，树中的父子关系恰好是相应符号表之间的嵌套关系(即相应过程之间的嵌套关系)。嵌套关系可以用双向的链表连接，正向的链指示过程的嵌套关系，而逆向的链可以用来实现按作用域规则对名字的访问。符号表的这种组织方式也可用于块作用域。

【例 4.35】　对于例 4.34 的快排函数，忽略函数参数定义的符号表结构如图 4.32(b)所示。sort 内嵌套定义了 readarray、exchange 和 quicksort，在 sort 中可以访问到它们。quicksort 内又嵌套定义了 partition，因为隔着一层 quicksort 的封装，使得在 sort 中无法访问到 partition。在 partition 的函数体中，可以访问的名字除了自身声明的 i 和 j 之外，还可以沿着逆向链访问到 quicksort 中的 v 和 partition，以及 sort 中的 a、x、readarray、exchange 和 quicksort，但不能访问 quicksort 中声明的 i(名字隐藏)。并列的两个作用域中声明的名字，其作用域是不相交的。例如，readarray 和 quicksort 中都有变量名 i，但是从两个函数体中分别访问不到对方的 i，因为两个 i 的作用域互不相交。

3) 语法制导翻译生成符号表

在过程声明时要做的工作之一，是在分析的过程中逐步生成上述形式的符号表，并将符号信息正确填写进符号表，以便在编译器的后续工作中为名字分配正确的存储空间和正确的使用名字。为了在从外向内分析的过程中逐步生成并填写符号表，需要将文法进行适当的改造。

在分析每个声明之前，需要准备好记录该声明的符号表结点，这个动作应该在分析每个 D 之前完成。但在自下而上的分析方法中，G4.8 中产生式(1)和(4)的 D 前是无法加入语义动作的，也就是说，无法在分析 D 之前先为 D 产生一个新的符号表结点。为了解决这个问题，在产生式(1)和(4)的 D 前分别加入两个非终结符 M 和 N，形成新的文法：

P → M D	(1)	
D → D ; D	(2)	
	id : T	(3)	(G4.9)
	func id ; N D; S	(4)	
M → ε	(5)	
N → ε	(6)	

由于引入的是两个空产生式，它们除了多一步推导之外，并不产生任何新的内容，所以文法 G4.8 与 G4.9 是等价的。而引入的空产生式右部可以加入语义动作，使得在自下而上分析过程中，对空产生式归约时的语义动作正好在 D 的前面执行。由此可见，M 产生式的语义动作应该是生成一个像图 4.32(b)中 sort 那样的树根结点，而 N 产生式的语义动作应该是生成一个像 readarray 或 quicksort 那样的非根结点，二者的区别在于有没有父结点。

对嵌套结构的分析过程具有栈的特性，最先进入外层过程，而最早从内层过程退出。为了正确处理符号表之间的嵌套关系，需要用栈来记录各符号表结点的生成过程，以便正确产生双向的链结构。因为记录在栈中的每个符号表对应一个作用域，所以该栈也称为作用域栈。此处采用一个有序对栈(tblptr, offset)。其中，tblptr 用于保存指向符号表结点的指针；offset 用于保存符号表结点对应的过程中已被分析的所有变量的存储宽度之和，也是该过程中下一个待分析变量的存储位置的偏移量。栈上的操作包括：将有序对压入栈中的 push(t, o)；从栈中弹出一个有序对的 pop；访问栈顶元素某个分量的 top(field)，它既可以作为左值，也可以作为右值，其中的参数 field 既可以是 tblptr，也可以是 offset。

设计下述函数和过程，来实现符号表树的构造和符号信息的保存。

- 函数 mktable(previous)：建立一个新的符号表结点，并返回指向新结点的指针。参数 previous 是逆向链，指向该结点的父亲。
- 过程 enter(table, name, type, offset)：在 table 指向的符号表中为名字 name 建立新的条目，包括名字的类型和存储位置等。
- 过程 addwidth(table, width)：计算 table 指向的符号表中所有变量条目的累加宽度，并记录在该符号表的头部信息中。
- 过程 enterproc(table, name, newtable)：为过程 name 在 table 指向的符号表中建立一个新的条目。参数 newtable 是正向链，指向 name 过程自身的符号表。

具体语法制导翻译如下：

(1) P → M D   { addwidth(top(tblptr), top(offset));
　　　　　　　　　　 pop(); }

(2) M → ε   { t = mktable(null);
　　　　　　　　　　 push(t, 0); }

(3) D → D ; D

(4) D → id : T   { enter(top(tblptr), id.name, T.type, top(offset));
　　　　　　　　　　 top(offset) = top(offset) + T.width; }

  (5) D → func id ; N D; S   { t = top(tblptr);
               addwidth(t, top(offset));
               pop();
               enterproc(top(tblptr), id.name, t); }
  (6) N → ε   { t = mktable(top(tblptr));
               push(t, 0); }

其中，对 T 的处理前文已经介绍，而关于可执行语句 S 的处理，此处暂时予以忽略。属性 ".name"".type" 和 ".width" 分别表示一个变量的名字、类型，以及它所需的宽度。

  【例 4.36】 下面是一个符合文法(G4.9)的简化程序，名称为 sort 的过程体中声明了变量 a、x 和过程 readarray，readarray 的过程体中声明了变量 i。

   func sort;
     a : array[10] of int;
     x : int;
     func readarray;
       i : int;
       read(a);   // 函数 readarray 的可执行语句
     readarray   // 函数 sort 的可执行语句

为它建立的分析树如图 4.33(a)所示，树中内部结点的序号(下标)标记了剪句柄的次序，归约时使用的产生式和语义处理结果如下。生成的符号表树如图 4.33(b)所示，它与图 4.32 所示的最大区别是多了一个结点 t1，它是符号表树的根结点，用于保存最外层声明的名字 sort。

步骤	产 生 式	语 义 处 理 结 果
(1)	$M_1 \to \varepsilon$	t1 = mktable(null); push(t1, 0);
(2)	$N_1 \to \varepsilon$	t2 = mktable(top(tblptr)); push(t2, 0);
(3)	$T_1 \to int$	T_1.type = integer; T_1.width = 4
(4)	$T_2 \to array[10]\ of\ T_1$	T_2.type = array(10, integer); T_2.width = 40
(5)	$D_1 \to a: T_2$	将(a, array, 0)填进 t2 所指结点，top(offset) = 40
(6)	$T_3 \to int$	T_3.type = integer ; T_3.width = 4
(7)	$D_2 \to x : T_3$	将(x, int, 40)填进 t2 所指结点，top(offset) = 44
(8)	$N_2 \to \varepsilon$	t3 = mktable(top(tblptr)); push(t3, 0);
(9)	$T_4 \to int$	T_4.type = integer; T_4.width = 4
(10)	$D_3 \to i : T_4$	将(i, int, 0)填进 t3 所指结点，top(offset) = 4
(11)	$D_4 \to func\ readarray\ N_2\ D_3 ; S$	t3 = top(tblptr); addwidth(t3, top(offset)); pop(); enterproc(top(tblptr), readarray, t3);
(12)	$D_5 \to D_2 ; D_4$	
(13)	$D_6 \to D_1 ; D_5$	
(14)	$D_7 \to func\ sort\ N_1\ D_6 ; S$	t2 = top(tblptr); addwidth(t2, top(offset)); pop(); enterproc(top(tblptr), sort, t2);
(15)	$P \to M_1\ D_7$	addwidth(top(tblptr), top(offset)); pop();

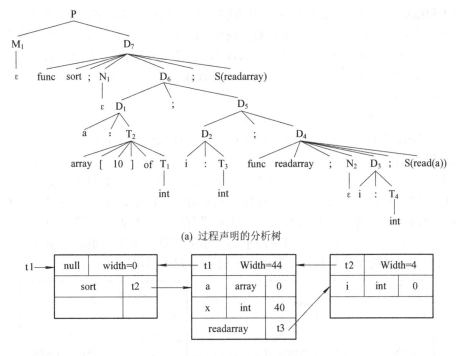

(a) 过程声明的分析树

(b) 语法制导翻译构造的符号表树

图 4.33　嵌套过程声明的处理

4.5.4　记录的域名

记录(在 C 语言中是结构体)把若干个变量(称为域或字段)封装在一起,形成一个新的数据类型。记录中的域还可以是一个记录,这意味着记录的域也可以是嵌套的。对域名的处理与过程中的嵌套定义很相近。首先,扩充文法 G4.9 中关于 T 的定义,使其包括记录类型:

　　　T → record D end

关键字 record 的作用与 G4.9 中的 func 相同,每出现一个 record,则进入记录的一层嵌套。与过程定义的处理相似,添加非终结符 L 和对应的空产生式,得到修改的文法和语法制导翻译如下:

　　　T → record L D end　　{ T.type = record(top(tblptr));　　T.width = top(offset);　　pop(); }
　　　L → ε　　　　　　　　{ t = mktable(null);　　push(t, 0); }

产生式 L→ε 的语义规则用于建立记录自身的符号表,函数 record(table)用于生成并返回对一个记录类型的内部表示,其参数 table 指明记录类型自身的符号表。

 ## 4.6　简单算术表达式与赋值句

程序设计语言中最基本也是最重要的语句就是赋值句,它将赋值号右边的表达式求值后赋给左边的变量,即以赋值号为界,将右值赋给左值。所谓的简单算术表达式和赋值句,是指表达式和赋值句中的变量是不可再分割的简单变量，如整型数或字符等，而不是复合变量或复合变量的元素，典型的复合变量有数组或记录(结构体)，它们的元素一般也称为分量。

关于简单算术表达式和赋值句的文法(G4.5)已在中间代码简介部分给出，当时未考虑运算中的类型不一致问题。本节的讨论仍基于文法(G4.5)，现复述如下：

$$A \rightarrow id = E$$
$$E \rightarrow E_1 + E_2 \mid E_1 * E_2 \mid - E_1 \mid (E_1) \mid id$$

为了程序设计的灵活性，通用程序设计语言往往允许算术表达式的变量可以是不同类型的，既可以是整型量也可以是实型量。类型不同的数据，其存储布局往往不同。如果允许表达式中变量的类型不同，则必须提供一种机制，使得不同类型变量的值按照相同的布局存储，从而可以进行运算。这种机制称为强制(coercion)。它按照一定的原则，将不同类型的变量值转换为相同的类型，然后进行同类型数据的计算。为了不损失变量中的信息，一般原则是将占用存储空间小的类型的数据转换为占用存储空间大的类型的数据，如整型量转换为实型量，变量的类型转换原则如图 4.34 所示。

op(+/*) $\diagdown$ E_2 E_1	int	double
int	int	double
double	double	double

op(=) $\diagdown$ E id	int	double
int	int	int
double	double	double

(a) 二元运算的类型转换　　　　　　　(b) 赋值运算的类型转换

图 4.34　类型转换原则

为了进行类型转换，需要用属性".type"记录数据类型，它可以取值 int 或 double(即 real)。同时，还需要引入两个新的三地址码指令，进行整型和实型之间的类型转换：

T = itr E　将 E 的值从整型变为实型，结果存放在 T 中；

T = rti E　将 E 的值从实型变为整型，结果存放在 T 中。

赋值句中表达式类型的确定比较简单，赋值号左部变量是什么类型，就将右边表达式转换为什么类型。对产生式 E → E_1 op E_2 中各表达式类型的确定可以用图 4.35 所示的判断树来表示。

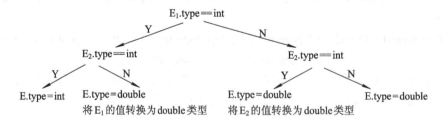

图 4.35　确定算术表达式的类型

加入类型转换后的赋值句和表达式的语法制导翻译如下，其中运算+和*在产生式中合并为 op：

(1) A → id = E　　{　tmode = entry(id.name).type;

　　　　　　　　　if (tmode == E.type) { emit(entry(id.name) '=' E.place); }

　　　　　　　　　else {　T = newtemp();

$$\text{if}\quad(tmode == int)\ \{\ emit(T\ '='\ rti\ E.place);\ \}$$
$$\text{else}\ \{\ emit(T\ '='\ itr\ E.place);\ \}$$
$$emit(entry(id.name)\ '='\ T);$$
$$\}$$
$$\}$$

(2) $E \rightarrow E_1$ op E_2 { $T = newtemp();$　$E.type = double;$
　　　　　if　$(E_1.type == int)$ {
　　　　　　if　$(E_2.type == int)$ {
　　　　　　　　$emit(T\ '='\ E_1.place\ OP^i\ E_2.place);$　$E.type = int;$
　　　　　　}
　　　　　　else { $U = newtemp();$
　　　　　　　　$emit(U\ '='\ itr\ E_1.place);$　$emit(T\ '='\ U\ OP^r\ E_2.place);$
　　　　　　}
　　　　　}
　　　　　else if　$(E_2.type == int)$ { $U = newtemp();$
　　　　　　　$emit(U\ '='\ itr\ E_2.place);$　$emit(T\ '='\ E_1.place\ OP^r\ U);$
　　　　　}
　　　　　else { $emit(T\ '='\ E_1.place\ OP^r\ E_2.place);$ }
　　　　　$E.place = T;$
　　　　}

(3) $E \rightarrow -E_1$　　{　$E.type = E_1.type;$　$E.place = newtemp();$
　　　　　　　$emit(E.place\ '='\ '-'\ E_1.place);$
　　　　　}

(4) $E \rightarrow (E_1)$　　{ $E.type = E_1.type;$　$E.place = E_1.place;$}

(5) $E \rightarrow id$　　　{ $E.type = entry(id.name).type;$　$E.place = entry(id.name).offset;$ }

【例 4.37】　赋值句 x = − a*b+c 中，x、a、b 的类型为 int，c 的类型为 double，它的注释分析树如图 4.36 所示，语法制导翻译中使用的产生式和生成的代码序列如下：

步 骤	产 生 式	中 间 代 码
(1)	$E_1 \rightarrow a$	
(2)	$E_2 \rightarrow -E_1$	t1 = −a
(3)	$E_3 \rightarrow b$	
(4)	$E_4 \rightarrow E_2 * E_3$	t2 = t1 *^{i} b
(5)	$E_5 \rightarrow c$	
(6)	$E_6 \rightarrow E_4 + E_5$	t4 = itr t2
		t3 = t4 +^{r} c
(7)	$A \rightarrow x = E_6$	t5 = rti t3
		x = t5

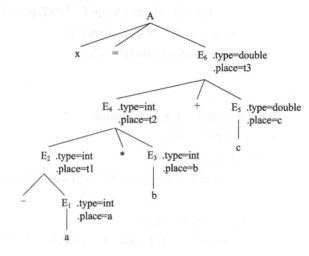

图 4.36　x = -a*b+c 的注释分析树

4.7　数组元素的引用

对于简单变量，如整型数或字符等，属性".place"就可以表示变量的存储位置，最终它对应内存中一个位置和大小均确定的存储空间。例如，整型数可以是 4 字节，而字符可以是 1 字节。

数组是由类型相同的多个元素组成的。无论一个数组是几维的，它最终都会被映射成一个线性序列，对应到内存中一段地址连续的空间。在访问数组元素之前，可以确定的是这段连续空间的首地址和它的大小，而其中某个数组元素在这段空间中的具体位置，却需要在程序运行时经过计算来确定。例如，一个三行、三列的二维数组 a[0..2, 2..4]有如下元素：

a[0, 2], a[0, 3], a[0, 4]

a[1, 2], a[1, 3], a[1, 4]

a[2, 2], a[2, 3], a[2, 4]

将该数组存储到内存中时，可以有两种不同的映射方式。当以行为主存储时，元素排列为

a[0, 2], a[0, 3], a[0, 4], a[1, 2], a[1, 3], a[1, 4], a[2, 2], a[2, 3], a[2, 4]

当以列为主存储时，元素排列为

a[0, 2], a[1, 2], a[2, 2], a[0, 3], a[1, 3], a[2, 3], a[0, 4], a[1, 4], a[2, 4]

若将数组元素构成的线性序列中，第一个元素的存储空间地址称为数组首地址，则对于数组元素 a[1,4]的引用，在以行为主的存储方式中，应该是从首地址开始的第 6 个元素，而在以列为主的存储方式中，应该是从首地址开始的第 8 个元素。

由此可以看出，对于一个数组元素的引用，至少需要两个因素来确定它的具体位置，即数组的首地址和相对首地址的偏移量。如果映射方式不同，则同一个元素相对首地址的偏移量往往不同。本节首先根据某种确定的映射方式给出计算数组中元素位置的一般公式，然后给出按此公式生成数组元素引用的三地址码的语法制导翻译。

4.7.1　数组元素的地址计算

不失一般性，设 n 维数组用 $A[l_1..u_1, l_2..u_2, \cdots, l_n..u_n]$ 表示，第 i 维下标的下界 l_i 和上界 u_i 在数组声明中是常量，说明第 i 维有 $u_i - l_i + 1$ 个成员(下文表示为 d_i)。

设数组的存储空间首地址为 a、每个元素占据 w 个标准存储单元，下面讨论对数组元素 $A[i_1, i_2, \cdots, i_n]$(其每维的下标都在上、下界范围内)进行引用时涉及的问题。现假设数组元素以行为主存放，对于 n 维数组，就是数组的第 i 维中每个成员都是一个 n–i 维的数组。

当 n = 1 时(即一维数组)，元素 $A[i_1]$ 的地址应该是首地址加上前边 $i_1 - l_1$ 个元素决定的偏移量(存储空间大小)，即

$$addr(A[i_1]) = a + (i_1 - l_1)*w = a - l_1*w + i_1*w$$

当 n = 2 时(即二维数组)，元素 $A[i_1, i_2]$ 的地址应该是首地址加上排列在其前面的元素总数所决定的偏移量，即前边 $i_1 - l_1$ 行的元素与第 i_2 行的前边 $i_2 - l_2$ 个元素共同形成的偏移量，即

$$addr(A[i_1, i_2]) = a + (i_1 - l_1)*(u_2 - l_2 + 1)*w + (i_2 - l_2)*w$$
$$= a - (l_1*(u_2 - l_2 + 1) - l_2)*w + (i_1*(u_2 - l_2 + 1) + i_2)*w$$
$$= a - (l_1*d_2 - l_2)*w + (i_1*d_2 + i_2)*w$$

依次类推，n 维数组元素 $A[i_1, i_2, \cdots, i_n]$ 的地址计算公式为

$$addr(A[i_1, i_2, \cdots, i_n]) = a + (i_1 - l_1)*(u_2 - l_2 + 1)*(u_3 - l_3 + 1)*\cdots*(u_n - l_n + 1)*w$$
$$+ (i_2 - l_2)*(u_3 - l_3 + 1)*(u_4 - l_4 + 1)*\cdots*(u_n - l_n + 1)*w$$
$$+ \cdots + (i_n - l_n)*w$$
$$= a + (i_1 - l_1)*d_2*d_3*\cdots*d_n*w + (i_2 - l_2)*d_3*d_4*\cdots*d_n*w$$
$$+ \cdots + (i_n - l_n)*w \tag{4.4}$$

式(4.4)中的 $d_i = u_i - l_i + 1 (i = 1, 2, \cdots, n)$。为了计算简单，假设数组每维下标的下界均为 1，即 $l_i = 1$，$d_i = u_i$。将与下标无关的部分 c 和有关的部分 v 分列，得到下式：

$$addr(A[i_1, i_2, \cdots, i_n])$$
$$= a + ((i_1 - 1)*d_2*d_3*\cdots*d_n + (i_2 - 1)*d_3*d_4*\cdots*d_n + \cdots + (i_n - 1))*w$$
$$= a - (d_2*d_3*\cdots*d_n + d_3*d_4*\cdots*d_n + \cdots + d_n + 1)*w \tag{4.5}$$
$$+ (i_1*d_2*d_3*\cdots*d_n + i_2*d_3*d_4*\cdots*d_n + \cdots + i_{n-1}*d_n + i_n)*w$$
$$= a - c*w + v*w$$

提取公因式之后，c 和 v 可以转化为便于迭代计算的公式：

$$c = (\cdots((d_2 + 1)*d_3 + 1)\cdots + 1)*d_n + 1$$
$$v = (\cdots((i_1*d_2 + i_2)*d_3 + i_3)\cdots + i_{n-1})*d_n + i_n$$

令　　　　　　　　　　$v_1 = i_1$
则　　　　　　　　　　$v_2 = i_1*d_2 + i_2 = v_1*d_2 + i_2$
　　　　　　　　　　　$v_3 = (v_1*d_2 + i_2)*d_3 + i_3 = v_2*d_3 + i_3$

依次类推，从而得到下述 v 的一般递推式(4.6)：

$$v_1 = i_1$$
$$v_j = v_{j-1}*d_j + i_j \ (j = 2, 3, \cdots, n) \tag{4.6}$$

当 $j = n$ 时，就得到了完整的 v，即 $v = v_n$。

同理，可以得到 c 的一般递推式(4.3)，读者不妨试着推导一下，该公式在对数组声明的翻译中已经被使用。

无论是静态数组还是动态数组，a 和 c 均可以在数组元素引用前确定，因此在数组元素引用时被认为是常量，无需再计算。需要计算的仅是与各下标变量 i_j 有关的 v_j。因此，数组元素引用时的地址计算实际上可以分为如式(4.7)所示的两个部分：

$$addr(A[i_1, i_2, \cdots, i_n]) = a - c*w + v*w = CONSPART + VARPART \tag{4.7}$$

由 $a - c*w$ 组成的 CONSPART 称为不变部分，由 $v*w$ 组成的 VARPART 称为可变部分。

4.7.2　数组元素引用的语法制导翻译

数组元素的地址由不变部分和可变部分共同确定，可以用变址的方式表示为

CONSPART[VARPART]，或者 T1[T]

将不变部分作为基址，可变部分作为变址，于是取数组元素的值和对数组元素赋值的三地址码可以分别如下所示：

(1) 取值 X = T1[T]

(2) 赋值 T1[T] = X

文法 G4.10 描述赋值语句和表达式中允许变量是数组元素的情形：

$$
\begin{aligned}
A\ &\to V = E \\
V\ &\to id[EL] \mid id \\
EL\ &\to EL, E \mid E \\
E\ &\to E + E\ \mid (E) \mid V
\end{aligned}
\tag{G4.10}
$$

文法中引入了一个新的非终结符 V，它既可以是简单变量，也可以是数组元素，而数组可以是多维的。对于数组元素引用的语法制导翻译，关键是在从左向右的分析过程中，根据式(4.6)逐步生成计算数组元素地址的可变部分的中间代码。

考察文法(G4.10)，它并不适合递推公式的同步计算，因为在自下而上的分析过程中，只有当 EL 归约完成后才归约 $V \to id[EL]$，也就是说，对数组元素的下标列表进行分析时，并不知晓它是数组元素的下标部分，也不知道是哪个数组的下标列表，所以无法利用式(4.6)来生成计算元素地址的中间代码。显然，我们希望只要知道 id 是数组名，立刻就获得这是一个数组变量的信息，接着分析完第一维下标时就得到递推公式的基础项 $v_1 = i_1$，从而在其后的分析中逐步得到各 v_j。为此目的，可以将文法(G4.10)改写为下述形式：

$$
\begin{array}{lll}
A\ &\to V = E & (1) \\
V\ &\to id & (2) \\
&\mid EL\,] & (3) \\
EL\ &\to id\,[\,E & (4) \\
&\mid EL, E & (5) \\
E\ &\to E + E & (6) \\
&\mid (E) & (7) \\
&\mid V & (8)
\end{array}
\qquad (G4.11)
$$

由产生式 EL→id[E 首先可以得到数组名和其第一维下标，然后由产生式 EL→EL,E 对剩余各维下标进行分析，最终由产生式 V→EL]完成数组元素引用的分析，此时恰好得到了数组元素的最后一维下标。这一过程与递推公式中各 v_j 的计算过程就完全一致了。

为生成计算数组元素的地址的中间代码，需要引入下述属性和函数。

- 属性".array"：记录数组名在符号表中的入口，为简单起见，也表示数组首地址。
- 属性".dim"：数组维数计数器，用于记录当前分析到了数组的第几维。
- 属性".place"：对于下标列表 EL，".place"是存放 $v_j = v_{j-1}*d_j+i_j (j=2, 3, \cdots, n)$ 的临时变量；对于简单变量 id 和算术表达式 E，它仍然表示相应数据的地址；而对于数组元素 id[EL]，它用于存放数组元素地址中的不变部分，一般可以是一个临时变量。
- 属性".offset"：用于保存数组元素地址中的可变部分，即式(4.7)中的 $v*w$。而对于简单变量，它为空，可记为 null。
- 函数 limit(array, k)：计算并返回数组 array 中第 k 维的成员个数 d_k。

加入数组元素之后，赋值句的语法制导翻译如下，关键是在根据产生式(4)、(5)、(3) 归约时如何正确生成计算数组元素地址中可变部分的中间代码。产生式(3)的语义动作中，C 为式(4.7)中的 c*w，w 为每个元素的存储宽度，二者均可从数组的内情向量中得到(详见 4.5.2 小节)，此处为了便于理解，省略了查询内情向量的操作。

(1) A → V = E   { if (V.offset == null) emit(V.place '=' E.place);
                    else   emit(V.place '[' V.offset ']' '=' E.place);
              }

(2) V → id   { V.place = entry(id.name); V.offset = null; }

(3) V → EL]   { V.place = newtemp(); emit(V.place '=' EL.array '−' C);
                   V.offset = newtemp(); emit(V.offset '=' EL.place '*' w; }

(4) EL → id [E   { EL.place = E.place;   // v_1
                  EL.dim = 1; EL.array = entry(id.name); }

(5) EL → EL₁ , E   { T = newtemp(); k = EL₁.dim+1; d_k = limit(EL₁.array, k);
                  emit(T '=' EL₁.place '*' d_k);   // $v_{k-1} * d_k$
                  emit(T '=' T '+' E.place);   // $v_{k-1} * d_k + i_k$
                  EL.array = EL₁.array; EL.place = T; EL.dim = k; }

(6) E → E₁ + E₂   { T = newtemp(); emit(T '=' E₁.place '+' E₂.place); E.place = T; }

(7) E → (E₁)   { E.place = E₁.place; }

(8) E → V   { if (V.offset == null) { E.place = V.place; }
                 else { T = newtemp();
                      emit(T '=' V.place' ['V.offset'] '); E.place = T;
                 }
              }

【例 4.38】 设数组声明为 arr: array[10, 20] of int，数组元素的宽度 w = 4，则表达式 arr[i + x, j + y] = m + n 的带部分注释的分析树如图 4.37 所示，分析过程中的重要步骤及所产生的三地址码如下，其中 $C = (c_1*d_2 + 1)*w = (1*20 + 1)*4 = 84$。

步骤	产 生 式	属 性 计 算 结 果	中 间 代 码
(1)	$V_1 \rightarrow i$	$V_1.place = i$; $V_1.offset = null$	
(2)	$E_1 \rightarrow V_1$	$E_1.place = V_1.place = i$	
(3)	$V_2 \rightarrow x$	$V_2.place = x$; $V_2.offset = null$	
(4)	$E_2 \rightarrow V_2$	$E_2.place = V_2.place = x$	
(5)	$E_3 \rightarrow E_1 + E_2$	$E_3.place = t1$	$t1 = i + x$
(6)	$EL_1 \rightarrow arr\ [\ E_3$	$EL_1.place = t1$; $EL_1.dim = 1$	
		$EL_1.array = arr$	
(7)	$E_6 \rightarrow E_4 + E_5$	$E_6.place = t2$	$t2 = j + y$
(8)	$EL_2 \rightarrow EL_1 , E_6$	$EL_2.array = arr$; $EL_2.dim = 2$	$t3 = t1 * 20$
		$EL_2.place = t3, d_2 = 20$	$t3 = t3 + t2$
(9)	$V_5 \rightarrow EL_2\ ]$	$V_5.place = t4$; $V_5.offset = t5$	$t4 = arr - 84$
			$t5 = t3*4$
(10)	$E_9 \rightarrow E_7 + E_8$	$E_9.place = t6$	$t6 = m + n$
(11)	$A \rightarrow V_5 = E_9$		$t4[t5] = t6$

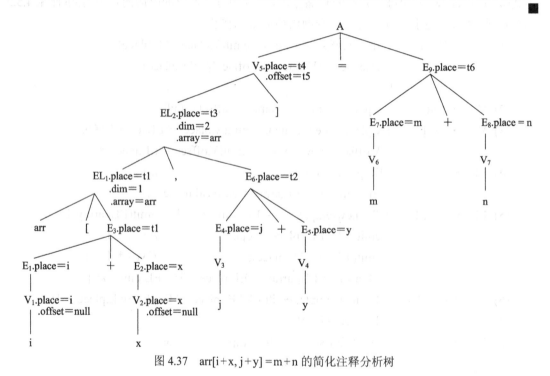

图 4.37　arr[i+x, j+y]=m+n 的简化注释分析树

4.8　布尔表达式

4.8.1　布尔表达式的作用与结构

对布尔表达的求值结果只有 true 和 false 两种,基本的布尔运算符为"or"(或)、"and"

(与)、"not"(非)，不同语言可能采用不同的符号表示。例如，在 C/C++中使用"||"(或)、"&&"(与)、"!"(非)，下面为了清楚起见，用"or""and""not"表示基本的布尔运算。布尔表达式在程序中被广泛使用在两个方面：

(1) 逻辑运算，如 x = a or b；

(2) 控制语句的控制条件，如 if (C) …，while (C) …等。

在程序设计语言中，布尔运算的优先级一般低于关系运算和算术运算。一个较完整的布尔表达式的语法如下。其中，relop 表示关系运算(<、<=、==、!=、>=、>)、op 表示算术运算(+、−、*、/ 等)：

$$BE \rightarrow BE \text{ or } BE \mid BE \text{ and } BE \mid \text{not } BE \mid (BE) \mid RE \mid \text{true} \mid \text{false}$$
$$RE \rightarrow RE \text{ relop } RE \mid (RE) \mid E$$
$$E \;\; \rightarrow E \text{ op } E \mid -E \mid (E) \mid \text{id} \mid \text{num}$$

在已经讨论过算术表达式的基础上，本小节对布尔表达式的讨论基于下述的简化文法：

$$E \rightarrow E \text{ or } E \mid E \text{ and } E \mid \text{not } E \mid (E) \mid \text{id relop id} \mid \text{id} \mid \text{true} \mid \text{false} \qquad (G4.12)$$

其中，布尔运算 or、and、not 的优先级规定为从低到高，且 or 和 and 具有左结合性质，not 具有右结合性质。

4.8.2　布尔表达式的计算方法

布尔表达式的计算可以采用两种方法：数值表示的直接计算与逻辑表示的短路计算。

直接计算方法与算术表达式的计算方法基本相同，它的特点是翻译简单，生成的代码逻辑简单，常用于布尔运算的求值。如果用数值 1 代表 true，数值 0 代表 false，并将 or、and、not 与+、*、−(一元取负运算)对应，则直接计算的布尔表达式 A or B and not C 的三地址码序列如下：

  t1 = not C

  t2 = B and t1

  t3 = A or t2

对于关系运算表达式，如 a<b 的计算，可以翻译成如下的固定三地址码序列：

  (i) if a<b goto i+3

  (i+1) t1 = 0

  (i+2) goto i+2+2

  (i+3) t1 = 1

  (i+4) …

由于布尔表达式仅有"真"或"假"两个取值，因此在许多情况下，对布尔表达式计算到某一部分就可以得到结果，而无需对其进行完全计算。短路计算以 if-then-else 的方式解释布尔表达式，一旦确定了真假，后边的部分就不再被计算。采用短路计算时，三个布尔运算的具体控制逻辑如下：

  A or B : if A then true else B

  A and B : if A then B else false   (4.8)

  not A   : if A then false else true

对布尔表达式 A or B and not C 采用短路计算，则等价于下述解释：

> if　　A
>
> then true
>
> else　　if　　B
>
> 　　　　then if　　C　　then false else true
>
> 　　　　else false

在不产生副作用的情况下，短路计算与直接计算是等价的。由于短路计算的控制逻辑比直接计算要复杂，因而似乎并没有必要进行短路计算。但是在有些控制语句的控制条件中，短路计算却是必不可少的。例如，C 语言语句：

> while (ptr && ptr->data==x) …

当指针变量 ptr 不是空指针时，对作为循环控制条件的布尔表达式 ptr && ptr->data==x 进行直接计算不会出现任何问题；而当 ptr 是空指针时，对 ptr->data 的引用就是一个无效的引用，会造成程序运行时的错误。如果采用短路计算，则 ptr 是空指针时，运算 "&&" 的左操作数 ptr 为 "假"，布尔表达式计算结束并返回 "假"，从而回避了对 ptr->data 的引用，就不会造成程序运行时的错误。

对布尔表达式是否进行短路计算，在大多数的程序设计语言中并不以语法的形式明确规定，而是在语义方面进行规定，或者由编译器的实现来确定。后一种情况就可能造成一个问题：同一程序在不同的编译器环境下，会得出不同的运行结果。如上面的 C 语言语句，在 ptr 为空指针的情况下，短路计算和直接计算的结果是不同的。为了解决这一问题，有些程序设计语言以语法的形式明确规定布尔表达式的计算方式，如在 Ada 语言中，提供两组运算：

> and　和　and then
>
> or　和　or else

需要短路计算时，使用 and then 和 or else，否则使用 and 和 or。于是，用 Ada 语句书写的上述 while 语句如下，该语句在任何 Ada 的编译器上均会采用短路计算：

> while ptr/=null and then ptr^.data=x loop …

4.8.3　直接计算的语法制导翻译

首先，我们引入一个新的变量 nextstat，它总是表示下一个可用的三地址码序号，每调用一次 emit 操作，nextstat 的值增加 1，于是文法 G4.12 的语法制导翻译如下：

(1)　　$E \rightarrow E_1$ or E_2　　{ E.place = newtemp(); emit(E.place '=' E_1.place 'or' E_2.place); }

(2)　　　| E_1 and E_2　　{ E.place = newtemp(); emit(E.place '=' E_1.place 'and' E_2.place); }

(3)　　　| not E_1　　　　{ E.place = newtemp(); emit(E.place '=' 'not' E_1.place);}

(4)　　　| (E_1)　　　　　{ E.place = E_1.place; }

(5)　　　| id_1 relop id_2

　　　　　　　　　　　{ E.place = newtemp();

　　　　　　　　　　　emit('if' id_1.place relop.op id_2.place 'goto' nextstat+3);

　　　　　　　　　　　emit(E.place '=' '0');

```
                        emit('goto' nextstat+2);
                        emit(E.place '=' '1');
                    }
(6)        | id          { E.place = entry(id.name); }
(7)        | true        { E.place = newtemp(); emit(E.place '=' '1'); }
(8)        | false       { E.place = newtemp(); emit(E.place '=' '0'); }
```

【例 4.39】 考虑布尔表达式 "a<b or c<d and e<f"，直接计算的注释分析树如图 4.38(a) 所示。设 nextstat 的初值为 1，语法制导翻译的主要过程和所生成的三地址码序列如下。

步骤	产生式	三 地 址 码
(1)	$E_1 \rightarrow a < b$	(1) if a<b goto 4
		(2) t1 = 0
		(3) goto 5
		(4) t1 = 1
(2)	$E_2 \rightarrow c < d$	(5) if c<d goto 8
		(6) t2 = 0
		(7) goto 9
		(8) t2 = 1
(3)	$E_3 \rightarrow e < f$	(9) if e<f goto 12
		(10) t3 = 0
		(11) goto 13
		(12) t3 = 1
(4)	$E_4 \rightarrow E_2$ and E_3	(13) t4 = t2 and t3
(5)	$E_5 \rightarrow E_1$ or E_4	(14) t5 = t1 or t4

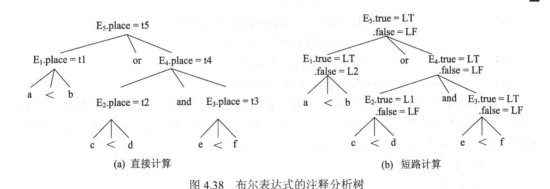

(a) 直接计算　　　　　　　　(b) 短路计算

图 4.38　布尔表达式的注释分析树

4.8.4　短路计算的语法制导翻译

当布尔表达式用于控制条件时，并不需要完整计算表达式的值，而是一旦确定了表达式为"真"或者为"假"，就将控制流转向相应的代码。也就是说，短路计算的实质是将布尔运算翻译为跳转指令，而表达式的值用跳转到的目标位置表示。因此为布尔表达式 E 引入两个新的属性和一个产生标号的函数。

- 属性".true"：称为表达式的真出口，它指向表达式为"真"时的转向。
- 属性".false"：称为表达式的假出口，它指向表达式为"假"时的转向。
- 函数 newlable：与 newtemp 类似，但它产生的是一个标号而不是一个临时变量。

考虑布尔表达式 $E \to E_1$ or E_2，应为其生成具有下述逻辑结构的三地址码序列：

$$E_1.code$$
$$E_1.false:\quad E_2.code$$

即首先生成计算表达式 E_1 的中间代码，然后在计算表达式 E_2 的中间代码之前设置一个标号 $E_1.false$，即当表达式 E_1 为假时，转而计算表达式 E_2。根据布尔表达式短路计算的逻辑(4.8)，"or"运算表达式"真""假"出口之间存在以下关系：

$$E_1.true = E_2.true = E.true\quad 和\quad E_2.false = E.false$$

暂不考虑".true"和".false"的具体实现问题，为文法 G4.12 设计的语法制导定义如下，其中，".code"是综合属性，".true"和".false"是继承属性，"||"表示连接。

(1)　$E \to E_1$ or E_2　　　{ $E_1.true = E.true$; $E_1.false = newlabel()$;
　　　　　　　　　　　　　　$E_2.true = E.true$; $E_2.false = E.false$;
　　　　　　　　　　　　　　$E.code = E_1.code$ || emit($E_1.false$ ':') || $E_2.code$; }

(2)　　　|E_1 and E_2　　　{ $E_1.false = E.false$; $E_1.true = newlabel()$;
　　　　　　　　　　　　　　$E_2.false = E.false$; $E_2.true = E.true$;
　　　　　　　　　　　　　　$E.code = E_1.code$ || emit($E_1.true$ ':') || $E_2.code$;}

(3)　　　|not E_1　　　　　{ $E_1.false = E.true$; $E_1.true = E.false$; $E.code = E_1.code$; }

(4)　　　|(E_1)　　　　　　{ $E_1.false = E.false$; $E_1.true = E.true$; $E.code = E_1.code$; }

(5)　　　|id1 relop id2
　　　　　　　　　　　{ $E.code$ = emit('if' id1.place relop.op id2.place 'goto' E.true)
　　　　　　　　　　　　　　|| emit('goto' E.false); }

(6)　　　| id　　　　{ $E.code$ = emit('if' id.place 'goto' E.true)
　　　　　　　　　　　　　　|| emit('goto' E.false); }

(7)　　　| true　　　{ $E.code$ = emit('goto' E.true); }

(8)　　　| false　　　{ $E.code$ = emit('goto' E.false); }

【例 4.40】再考虑布尔表达式"a<b or c<d and e<f"，短路计算的注释分析树如图 4.38(b)所示。设整个表达式(即 E_5)的"真""假"出口分别用 LT 和 LF 表示，newlable 生成的标号依次用 L1, L2, …等表示，则最终生成的三地址码序列如下。

```
    if a<b goto LT
    goto L2
L2: if c<d goto L1
    goto LF
L1: if e<f goto LT
    goto LF
```

其中，综合属性".code"可以通过对分析树的自下而上遍历得到，而继承属性".true"和
".false"则需通过对分析树的自上而下遍历得到。

4.8.5　拉链与回填

4.8.4 小节的语法制导定义仅是原理上的，而真正要付诸实施，需要解决两个问题：

(1) 如何实现表达式的"真""假"出口。

(2) 如何在语法分析的同时正确生成三地址码序列，即所有的转向均可确定。

换句话讲，设计一种什么样的翻译方案，使得仅对分析树进行一次遍历(LR 分析中就
是对分析树的一次深度优先后序遍历)，即可生成所需的中间代码序列。其中，关键是如何
控制"真""假"出口的正确转向，即在一次遍历中如何确定三地址码中的"真"出口和"假"
出口。一种简单有效的方法是采用拉链与回填技术，它的基本思想是当三地址码中的转向
不确定时，将所有转向同一地址的三地址码拉成一个链，一旦所转向的地址被确定，则沿
此链对所有的三地址码回填此地址。为此需要新增两个属性。

- 属性".tc"：真出口链，链接所有转向同一个"真"出口的三地址码。
- 属性".fc"：假出口链，链接所有转向同一个"假"出口的三地址码。

通过引入下述函数和过程来实现三地址码的拉链与回填操作。

- 函数 mkchain(i)：为序号为 i 的三地址码构造一个新链，且返回指向该链的指针。
- 函数 merge(P1, P2)：将两个链 P1 和 P2 合并，且 P2 成为合并后的链头，并返回链
头指针。
- 过程 backpatch(P, i)：将 P 链中所记录的三地址码的转向目标均用 i 值回填。

【例 4.41】 假设有两个序号分别为 i 和 j 的三地址码(i)goto −、(j)goto −。操作 P1 =
mkchain(i)和 P2 = mkchain(j)之后所生成的链如图 4.39(a)所示；操作 P2 = merge(P1, P2)之后
的链如图 4.39(b)所示；操作 backpatch(P2, k)之后的三地址码如图 4.39(c)所示。

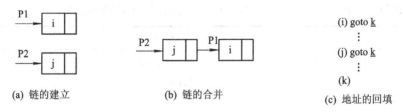

|(a) 链的建立　　　　　　　(b) 链的合并　　　　　　　(c) 地址的回填|

图 4.39　三地址码链上的操作

下述语法制导翻译仍然建立在自下而上语法分析的基础上。为了实现拉链与回填，
除了增加新的属性和过程之外，还需要修改文法。由于 LR 分析的语义规则只能加在产生
式的最右边，所以当需要在产生式右部的中间位置加入语义规则时，仍然通过在需要语
义规则的位置引入一个非终结符的方法来实现。根据这一原则，将文法(G4.12)改写为下
述文法(G4.13)：

$$E \rightarrow E\ or\ M\ E\ |\ E\ and\ M\ E\ |\ not\ E\ |\ (E)\ |\ id\ relop\ id\ |\ id\ |\ true\ |\ false \qquad (G4.13)$$
$$M \rightarrow \varepsilon$$

同时，为 M 引入一个新的属性 ".stat"，它记录当前第一个可用的三地址码序号。于是短路计算的语义规则可设计如下：

(1)　M → ε　　{ M.stat = nextstat; }

(2)　E → E$_1$ or M E$_2$

　　　　　　　{ backpatch(E$_1$.fc, M.stat); E.tc = merge(E$_1$.tc, E$_2$.tc); E.fc = E$_2$.fc; }

(3)　　| E$_1$ and M E$_2$

　　　　　　　{ backpatch(E$_1$.tc, M.stat); E.fc = merge(E$_1$.fc, E$_2$.fc); E.tc = E$_2$.tc; }

(4)　　| not E$_1$　　{ E.tc = E$_1$.fc;　　E.fc = E$_1$.tc; }

(5)　　| (E$_1$)　　　{ E.tc = E$_1$.tc;　　E.fc = E$_1$.fc; }

(6)　　| id$_1$ relop id$_2$

　　　　　　　{ E.tc = mkchain(nextstat); E.fc = mkchain(nextstat+1);

　　　　　　　　emit('if' id$_1$.place relop.op id$_2$.place 'goto –');

　　　　　　　　emit('goto –');

　　　　　　　}

(7)　　| id

　　　　　　　{ E.tc = mkchain(nextstat); E.fc = mkchain(nextstat+1);

　　　　　　　　emit('if' id.place 'goto –');

　　　　　　　　emit('goto –');

　　　　　　　}

(8)　　| true　{ E.tc = mkchain(nextstat); E.fc = mkchain( ); emit('goto –'); }

(9)　　| false　{ E.fc = mkchain(nextstat); E.tc = mkchain( ); emit('goto –'); }

【例 4.42】 再考虑布尔表达式 "a<b or c<d and e<f"。采用上述语法制导翻译，它的注释分析树如图 4.40 所示。设 nextstat 初值为 1，自下而上分析的主要归约过程和所生成的三地址码序列如下。由于分析树中 E$_5$ 的 "真""假" 出口链分别是(5, 1)和(6, 4)，所以在后继的分析中，一旦 E$_5$ 的 "真""假" 出口被确定，就可以沿这两个链正确回填。生成的三地址码(2)和(3)中的转向用下画线标记，表示它们是通过回填确定的。

步骤	产 生 式	三 地 址 码
(1)	E$_1$ → a < b	(1) if a<b goto –
		(2) goto <u>3</u>
(2)	M$_1$ → ε	
(3)	E$_2$ → c < d	(3) if c<d goto <u>5</u>
		(4) goto –
(4)	M$_2$ → ε	
(5)	E$_3$ → e < f	(5) if e<f goto –
		(6) goto –
(6)	E$_4$ → E$_2$ and M$_2$ E$_3$	
(7)	E$_5$ → E$_1$ or M$_1$ E$_4$	

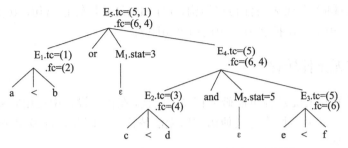

图 4.40　标记"真""假"出口链的注释分析树

4.9　控 制 语 句

在程序设计语言的可执行语句中，除了顺序执行的语句之外，更多的是控制语句。控制语句可以根据程序员的意图，有条件或无条件地改变程序的流程。控制语句大致可以分为四类：无条件转移语句、条件转移语句、循环语句和分支(分情况)语句。不同程序设计语言表示这四类语句的语法可能会有不同，但语义基本是一致的。

无条件转移是指将程序控制流无条件地转向程序中的某个地方，典型的如 C 语言中的 goto L，它将程序的控制无条件转向标号 L 所指的语句。goto 转向的随意性会破坏程序的结构。大部分结构化的程序设计语言还提供结构化的无条件转移语句，如 break、exit 等，它们不是转向某个特定语句，而是退出某个局部范围，如某个分支、某层循环或者某个过程等。

条件转移是指根据给定条件执行程序的某个分支或者某个部分，典型的如 if 语句和 while 语句。在 if 语句中，若条件成立，则转向执行称为"真"分支部分的语句，否则执行"假"分支部分的语句。在 while 语句中，若条件成立，则执行表示循环体部分的语句，否则结束循环的执行。

不同的程序设计语言会提供描述重复计算过程的不同形式的循环语句，有些语言的循环语句特指可以根据设定的上限、下限和步长来确定循环执行若干次的语句，如 Pascal 的 for-do、Ada 的 for-loop 语句。while 语句一般是根据循环条件来决定循环次数，也属于循环语句。分支语句是根据表达式的不同取值执行不同语句序列的语句，如 case 或 switch 语句等。循环语句、分支语句与条件语句翻译方法是相通的。本节仅讨论无条件转移和条件转移，它们基于如下的文法：

$$
\begin{array}{lll}
S \rightarrow & \text{id} : S & (1) \\
| & \text{goto id} & (2) \\
| & \text{if } (E) \ S & (3) \\
| & \text{if } (E) \ S \text{ else } S & (4) \\
| & \text{while } (E) \ S & (5) \\
| & A & (6) \\
| & \{ L \} & (7) \\
L \rightarrow & L ; S & (8) \\
| & S & (9)
\end{array}
$$

(G4.14)

其中，产生式(1)和(2)形成无条件转移结构，(3)～(5)是条件转移语句，(6)是前面章介绍过的赋值句，(7)～(9)将语句扩展为语句块和语句序列。

4.9.1　标号与无条件转移

虽然无条件转移的随意性可能破坏程序的结构，在程序设计中使用它被认为是有害的，但是它可随意转向的灵活性也是其他语句所无法替代的。因此，许多程序的设计语言仍保留了这一语句类型。

无条件转移一般有两个要素：标号所标记的位置和 goto 所转向的标号。起标记位置作用的标号称为标号的定义出现，如文法(G4.14)中产生式(1)中的 id；用于 goto 转向的标号称为标号的引用出现，如产生式(2)中的 id。

在一定的作用域内，标号仅可以定义一次，而可以引用多次。当分析到标号定义时，可以将它的有关信息填写进符号表中；而当分析到标号引用时，就可以根据符号表中的信息生成正确转移的三地址码。但是，在有些情况下，标号的引用先于标号的定义。这样当分析到标号引用时，符号表中还没有相应标号定义的信息，所以，此时还不知道应该转向何处。显然，借助符号表的拉链与回填方法可以很好地解决这一问题。

首先，在符号表中为标号设置以下信息域。

.type：记录标识符所代表的程序实体的种类(简称标识符种类)，如 '标号''变量''函数' 或 '未知' 等。

.def：记录标识符所代表的程序实体是否已定义，如 '未定义' 或 '已定义'。

.addr：标号定义前记录链头，标号定义后记录此标号对应三地址码的序号。

同时，引入一个过程 fill(entry(id.name), a, b, c)，分别将 a、b、c 填写到符号表中标识符 id 的 .type、.def、.addr 域中。若此时.addr 域记录的是链头，则 fill 过程将 c 添加到对应链中。

通过上述的准备，可以设计下述生成无条件转移语句三地址码序列的翻译方案。

(1)　S 　→ goto id
　　　　{ if　(entry(id.name).type == '未知')　{　// 标识符应是标号且第一次出现
　　　　　　　fill(entry(id.name), '标号', '未定义', nextstat);　// 需拉链
　　　　　　　emit('goto –'); }
　　　　else if　(entry(id.name).type == '标号')　{ // 已出现过且是标号
　　　　　　　if　(entry(id.name).def == '未定义') { // 标号尚未定义，需拉链
　　　　　　　　　fill(entry(id.name), '标号', '未定义', nextstat);
　　　　　　　　　emit('goto –');
　　　　　　　} else {
　　　　　　　　　emit('goto'　entry(id).addr);
　　　　　　　}
　　　　　　}
　　　　else　error；　　// 标识符已出现但其种类不是标号，错误
　　　　}
(2)　S　→ LAB S₁ { /* 略(根据 S1 语句的种类进行相应翻译) */ }

(3)　LAB → id :

    { if　(entry(id.name).type == '未知') {　// 标识符作为标号且是第一次出现
        fill(entry(id.name), '标号', '已定义', nextstat); }
    else if　(entry(id.name).type == '标号'
        and entry(id.name).def == '未定义') {// 定义出现之前有引用
      q = entry(id.name).addr;　// 取出链表，接着回填
      fill(entry(id.name), '标号', '已定义', nextstat);
      backpatch(q, nextstat);　}
    else error;　　　　　　　　　　　　　　// 其他情况均出错
    }

其中，产生式(1)是对标号的引用，产生式(2)和(3)是对标号的定义，它们是对文法(G4.14)产生式(1)的改写，以便在"id:"之后加入语义规则。此翻译方案的基本思想是当所引用的标号还没有定义时，将所有引用相同标号的三地址码进行拉链，并将链头放在符号表条目的".addr"域中；而一旦此标号定义出现，就用出现时的三地址码序号回填。由于符号表中".addr"域具有双重作用，因而只要此标号已经被填进符号表中，其后的引用均是相同的，即生成相同的三地址码(emit('goto'　entry(id).addr))。

【例 4.43】　设有无条件转移语句如下。其中，对标号 lab 的定义在先，对 lab 的引用在后。假设表示下一条三地址码序号的 nextstat 初始值为 1。

    lab: x = a+b
      …
    goto lab

由于 lab 标记了语句"x = a+b"的位置，因此应在符号表中填写标号 lab 及其标记的语句位置；对于"goto lab"需将控制流转向 lab 所标记的语句位置，通过查符号表可得到该 goto 的转向，分析过程如下。

步骤	产 生 式	语 义 动 作	语义结果及三地址码
(1)	LAB → id:	entry(id.name).type == '未知' 成立 执行 fill(entry(id.name), '标号', '已定义', 1);	在符号表中加入 lab 条目 | name	type	def	addr | |---|---|---|---| | lab | 标号 | 已定义 | 1 |
(2)	S → LAB S₁	完成 S₁ 对应语句 x = a+b 的翻译	(1)　t1 = a+ b (2)　x = t1
(3)	S → goto id	entry(id.name).type == '标号' 成立 entry(id.name).def == '未定义' 不成立 emit('goto',　entry(id).addr)	… (k)　goto 1

【例 4.44】　下面的无条件转移语句中，对标号 lab 的引用在先，而对 lab 的定义在后。假设表示下一条三地址码序号的 nextstat 初始值为 1。

    goto lab
      …
    goto lab

```
lab:  x = a+b
      ...
      goto lab
```

前两条"goto lab"需将控制流转向 lab 所标记的语句位置，而查符号表可知 lab 尚未加入符号表，所以需先将 lab 填入符号表并将其".type"域填写为"标号"".def"域填写为"未定义"，接着产生相应的三地址码"goto –"(转向不确定)，并在".addr"域记下该三地址码的序号(拉链)；当标记了语句"x = a+b"位置的 lab 定义出现时，在符号表中完善其信息，将其".def"域修改为"已定义"，在".addr"域记下"x = a+b"的位置(即其三地址码起始序号)，并回填转到该语句的"goto –"(已借助标号 lab 条目的".addr"域完成拉链)。

步骤	产 生 式	语 义 动 作	语义结果及三地址码
(1)	S → goto id	设此时 nextstat 为 1。 entry(id.name).type == '未知' 成立 执行 fill(entry(id.name), '标号', '未定义', 1)并拉链； 执行 emit('goto –')；	在符号表中加入 lab 条目并标记为"未定义"，并在.addr 域中记录链头，链中记录下一条三地址码序号 1； 表：name=lab, type=标号, def=未定义, addr=1 (1) goto –
(2)	S → goto id	设此时 nextstat 为 m。 entry(id.name).type == '标号' 成立 entry(id.name).def == '未定义' 成立 执行 fill(entry(id.name), '标号', '未定义', m)并继续拉链；执行 emit('goto –')；	表：name=lab, type=标号, def=未定义, addr=m,1 (m) goto –
(3)	LAB → id:	entry(id.name).type == '标号' 且 entry(id.name).def == '未定义' 成立， 执行 q = entry(id.name).addr; fill(entry(id.name), '标号', '已定义', m+1); backpatch(q, m+1); //回填	在符号表中完善 lab 条目，改为"已定义"，并在.addr 域中记录三地址码序号 m+1 表：name=lab, type=标号, def=已定义, addr=m+1 (1) goto m+1 ... (m) goto m+1
(4)	S → LAB S₁	完成 S₁ 对应语句 x = a+b 的翻译	(m+1) t1 = a+ b (m+2) x = t1
(5)	S → goto id	设此时 nextstat 为 n。 entry(id.name).type == '标号' 成立 entry(id.name).def == '未定义' 不成立 执行 emit('goto' m+1)	(n) goto m+1

4.9.2 条件转移

1. 条件转移的三地址码序列与语法制导定义

文法(G4.14)中的条件转移有三种结构：if、if-else 和 while，具体语法形式如产生式(3)、(4)、(5)所示。它们分别应该具有表 4.4 所示的逻辑上的三地址码序列。其中，".begin"和".next"作为语句 S 的属性，分别表示 S 开始和 S 结束后的三地址码序号，可分别称为 S 的"入口"和"出口"，其中".next"是继承属性。

表 4.4　条件转移语句的三地址码序列

if 结构	if-else 结构	while 结构
E.code	E.code	S.begin: E.code
E.true: S_1.code	E.true:　S_1.code	E.true:　S_1.code
E.false: ...	goto S.next	goto S.begin
	E.false: S_2.code	E.false: ...
	S.next:　...	

对于 if 结构来讲，首先应该生成的是一段计算表达式 E 的三地址码，然后是一段当表达式为"真"时应该执行的三地址码序列，其第一条三地址码的序号由 E.true 标记，紧随此结构之后的第一条三地址码的序号被标记为 E.false。其他两个结构是类似的。于是可以得到下述的语法制导定义：

(1)　S → if (E) S_1

　　　　{ E.true = newlabel();　　　E.false = S.next;　　　S_1.next = S.next;

　　　　　S.code = E.code || emit(E.true ':') || S_1.code;

　　　　}

(2)　S → if (E) S_1 else S_2

　　　　{ E.true = newlabel();　　　E.false = newlabel();

　　　　　S_1.next = S.next;　　　S_2.next = S.next;

　　　　　S.code = E.code || emit(E.true ':') || S_1.code

　　　　　　　　　|| emit('goto' S.next) || emit(E.false ':') || S_2.code;

　　　　}

(3)　while (E) S_1

　　　　{ S.begin = newlabel();　　E.true = newlabel();

　　　　　E.false = S.next;　　　S_1.next = S.begin;

　　　　　S.code = emit(S.begin ':') || E.code

　　　　　　　　　|| emit(E.true ':') || S_1.code || emit('goto' S.begin);

　　　　}

2. 条件转移的控制流程与翻译方案

条件语句的共同特点是根据布尔表达式取值分别执行不同的语句序列，其所带来的一个问题是不同的语句序列结束后，如何使控制流转向语句的结束。对于下述语句：

　　if (E1) if (E2) S1 else S2 else S3

和

　　while (E3) while (E4) S4

它们的控制流程分别如图 4.41(a)、(b)所示。

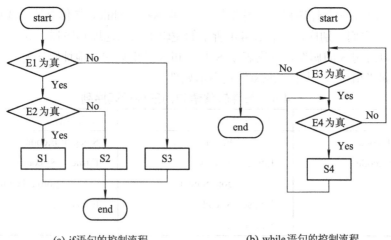

(a) if 语句的控制流程　　　　　　　　　(b) while 语句的控制流程

图 4.41　条件语句的控制流程

　　图 4.41 所示的 S1、S2、S3、S4 结束时控制流程的转向应如何处理？if 语句中 S1、S2、S3 的任何一个结束，整个 if 语句结束，它们应该都转向 if 语句的后继语句；while 语句中的 S4 结束后，应该转向判断内层 while 的条件 E4，同样，内层 while 循环结束后应该转向判断外层的条件 E3，而只有当条件 E3 为"假"时，整个 while 语句才结束。

　　显然，图 4.41 中所有 Yes 和 No 转向分别可由布尔表达式的真出口和假出口来指示，而当若干语句具有相同的出口时，就需要像设置"真""假"出口链那样，设置一个链，将所有转向出口相同、但转向目标不确定的三地址码链起来，并通过拉链与回填技术来处理它们。为此，需要引入两个新的属性。

　　• 属性".nc"：记录语句结束后的转向。如果若干语句结束后转向同一地方，则用此属性将它们链在一起，即用该链记录所有转向相同但转向位置不确定的三地址码。

　　• 属性".begin"：某三地址码序号，如 while 语句对应的第一条三地址码序号。

　　仿照布尔表达式短路计算的语法制导翻译方法，可以得到条件转移的语法制导翻译如下，其中产生式(6)的语义动作用于构造一个空链，使得 S.nc 具有确定值。

(1) $M \rightarrow \varepsilon$　{ M.stat = nextstat; }

(2) $S \rightarrow if (E) M S_1$

　　　　　{ backpatch(E.tc, M.stat);　　S.nc = merge(E.fc, S_1.nc); }

(3) $N \rightarrow \varepsilon$　{ N.nc = mkchain(nextstat);　emit('goto –'); }

(4) $S \rightarrow if (E) M_1 S_1 N else M_2 S_2$

　　　　　{ backpatch(E.tc, M_1.stat);　　backpatch(E.fc, M_2.stat);

　　　　　　S.nc = merge(S_1.nc, merge(N.nc, S_2.nc)); }

(5) $S \rightarrow while (M_1 E) M_2 S_1$

　　　　　{ backpatch(S_1.nc, M_1.stat);　　backpatch(E.tc, M_2.stat);

　　　　　　　　S.nc = E.fc;　　emit('goto' M$_1$.stat);

　　　　　　}

(6)　S→A　　{ S.nc = mkchain( ); }

【例 4.45】　将语句"if (a<b) while (a<b) a = a + b"翻译成三地址码序列的主要分析过程和生成的中间代码序列如下。其中，nextstate 的初值为 1，忽略了赋值句 A → id = E 的处理过程。三地址码中加下画线的序号是经回填过程确定的，整个语句的出口由 S$_3$.nc 指示，它包含序号为(4)和(2)的两条三地址码。简化的注释分析树如图 4.42 所示。对于"a<b"按短路计算方式翻译。

步骤	产 生 式	语义处理结果	三 地 址 码
(1)	E$_1$ → a < b	E$_1$.tc=(1)	(1) if a<b goto <u>3</u>
		E$_1$.fc=(2)	(2) goto –
(2)	M$_1$ → ε	M$_1$.stat=3	
(3)	M$_2$ → ε	M$_2$.stat=3	
(4)	E$_2$ → a < b	E$_2$.tc=(3)	(3) if a<b goto <u>5</u>
		E$_2$.fc=(4)	(4) goto –
(5)	M$_3$ → ε	M$_3$.stat=5	
(6)	A		(5) t1 = a+b
			(6) a = t1
(7)	S$_1$ → A	S$_1$.nc=()	
(8)	S$_2$ → while (M$_2$ E$_2$)	backpatch(3, 5)	(7) goto 3
	M$_3$ S$_1$	S$_2$.nc= E$_2$.fc= (4)	
(9)	S$_3$ → if (E$_1$) M$_1$ S$_2$	backpatch(1, 3)	
		S$_3$.nc=merge(E$_1$.fc, S$_2$.nc)=(4, 2)	

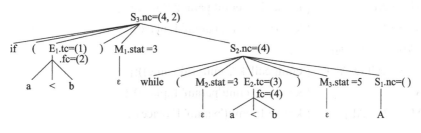

图 4.42　条件转移语句的注释分析树

4.10　过 程 调 用

　　过程调用也是改变控制流的一种方式，但与其他控制语句不同的是，被调用的过程执行结束后，控制流将回到调用点继续执行。翻译过程调用需要完成的工作主要包括实现参数传递、保存返回地址、控制转移。4.5 节讨论了参数传递的多种不同方式，此处仅考虑最简单的值调用方式。简化的过程调用文法如下：

$$S \rightarrow \text{call id(AL)} \tag{1}$$
$$AL \rightarrow AL，E \tag{2} \qquad \text{(G4.15)}$$
$$| \quad E \tag{3}$$

对于过程调用语句 call sum(X + Y, Z)，应该生成如下形式的三地址码序列：

```
            ...
            T = X + Y
    (k-3)   param T
    (k-2)   param Z
    (k-1)   call 2, sum
    (k)     ...
```

首先，计算第一个参数 X + Y，结果放在临时变量 T 中；然后，将 T 和 Z 作为参数顺序排列；最后，控制转向 sum 过程。从 sum 中返回时，应该返回到序号为 k 的三地址码。

需要一个属性".list"记录下分析过程中的各个参数，以便最后统一排列在 call 三地址码的前边。根据对参数排列的不同要求，".list"可以是一个队列，也可以是一个栈。下面给出的是不考虑参数一致性检查及简化了的过程调用的语法制导翻译：

(1) S → call id(AL)　{　for (AL.list 中的每一项 p)　{ emit('param' p);　}

　　　　　　　　　　　　emit('call' k ',' entry(id.name)); }

(2) AL → AL₁，E　　　{　k = k+1;　　E.place 加入 AL.list }

(3) AL → E　　　　　 {　k = 1; 初始化 AL.list，使其仅含有 E.place }

当参数均为简单变量时，还可以将语法制导翻译简化成如下两种形式：

1) 参数按正序排列：

(1) S → call id(AL)　{ emit('call' k ',' entry(id.name));}

(2) AL → AL₁，E　　 { k = k+1;　emit('param' E.place);}

(3) AL → E　　　　　{ k = 1;　　emit('param' E.place);}

2) 参数按逆序排列：

(1) S → call id(AL)　{ emit('call' k ',' entry(id.name));}

(2) AL → E　　　　　{ k = 1;　　emit('param' E.place);}

(3) AL → E，AL₁　　 { k = k+1; emit('param' E.place);}

4.11* 类 型 检 查

类型检查是避免程序发生运行时错误。它的基本思想和语法分析是一致的，具体来讲就是为程序设计语言设计类型系统和类型检查器。这类似为语言结构设计文法和语法分析器。

类型系统是一组规则，用于规定如何将类型赋予程序中的每个表达式，通过对规则的计算或推导来保证表达式的类型正确。**类型检查器**是实施规则计算或推导的算法或程序。

类型检查既可以在编译时进行，也可以在运行时进行，前者称为**静态类型**检查，后者称为**动态**类型检查。若一个类型系统可以保证程序不出现运行时类型错误，则称它是一个**健全**的类型系统(Sound Type System)。若一个程序设计语言中的任何类型错误总是可以被检测出来（无论是静态检查还是动态检查），则称此语言是**强类型**的，否则称为是**弱类型**的。

从某种意义上讲，类型的发展是程序设计语言发展的重要因素之一。由程序设计语言提供强类型的保障机制，为提高软件的可靠性和可维护性作出了不容忽视的贡献，但同时也给编译器提出了更高的要求，因为强类型语言是由编译器而不是由程序员来检查源程序中的类型错误的。

4.11.1　类型与类型检查

1. 从不分类到强类型

计算机发展的早期，没有类型的概念。无论是可执行代码还是被处理的数据，均被认为是具有固定大小的位串(bit string)或存储字(memory word)。计算机无法区别它们的用途，无法识别一个字或字节到底是代表代码还是数据，是整型数还是字符串，从而将正确使用这些字或字节的负担强加给了程序设计人员。人们希望按照字或字节所表示的信息的特性和用途将它们分类，然后根据它们的特性和作用进行管理，于是就有了类型的概念。

定义 4.5　类型是由值集合和值集合上的操作集合组成的系统。可以将其表示为一个二元组：

type = (value-set, operator-set)

值集合中的任何值只能进行操作集合中所允许的操作，从而将被禁止的操作排除在类型之外。

【例 4.46】　整数类型(integer)是一个表示一部分整数的类型，在不同的计算环境中，有不同的值集合。如[−32 768，32 767]就是一个被普遍采用的值集合，该值集合的操作可以包括加、减、乘、除等。而 3.5、8.2、7/3 均不是整型数。10 000 000 是数学意义上的整型数，但不是此计算环境中的整型数，因为它超出了值集合的上界。

引入类型是让编译器与运行时环境承担起对类型检查的责任，如什么样的操作在哪些操作对象上是允许的，而在哪些操作对象上是不允许的。这些限制形成的规则就构成了程序设计语言的类型系统，而类型检查器用于实现这些限制，即根据这些限制进行类型检查。

类型检查一般在编译阶段进行，即静态类型检查，而有些语言机制必须在运行时才能进行类型检查，即动态类型检查。

【例 4.47】　对于如下源程序代码段：

```
var x : integer;      y : boolean;
y = x;
```

若不允许不同类型之间的直接赋值，我们可以对赋值表达式 y = x 进行静态类型检查：

A → id = E { if (id.type≠E.type) then A.type = type_error; else ⋯ }

因为 x 和 y 的类型在编译时是确定的。

若程序设计语言中允许动态数组，则下述源程序段是合法的：

```
var x, y : integer;
  ⋮
procedure sort(left, right : integer) is
    A : array[left..right] of objects;
end sort;
  ⋮
sort(x, y);
```

因为 x 和 y 是整型值，故可以作为数组的下界和上界。但是，x 和 y 的值只能在运行时确定，而当 x＞y 时，sort(x, y)不能正确运行。因此，为保证 sort 可以正确运行，必须要有运行时的类型检查机制，在执行 sort(x, y)之前先检查是否能保证 x≤y。

可以通过静态类型检查来保证程序不出现类型错误的程序设计语言称为**静态类型语言**。换句话讲，静态类型语言要求编译阶段就可以检查出程序中的所有类型错误，这对程序设计语言是一个很大的限制。不考虑类型错误是静态时被查出还是运行时被查出，能够保证程序运行时不出现类型错误的程序设计语言称为**强类型语言**，否则称为**弱类型**语言。强类型语言降低了对语言的限制，但是提高了对编译器的要求且降低了程序运行的效率，因为编译器除了编译时的类型检查之外，还要提供运行时的类型检查。

2. 强类型与多态(Polymorphism)

强类型语言对类型的严格检查提高了软件的可靠性和安全性，但是降低了程序的灵活性和有效性。例如，如果 x 是整型量，y 是实型量，那么表达式 x + y 是否合法？显然我们希望 x+y 可以进行计算。又例如 Ada 程序中表示一个栈的抽象数据类型程序包 stack(object)，它允许的操作 push(object)和 pop(object)中的参数 object 可以取什么类型？显然我们希望 object 可以取任何类型。两种情况下都希望一个操作(如+、push 等)可以有不同类型的操作对象，这种允许操作或操作对象取多于一种类型的机制称为**多态**。

我们可以根据是操作取多于一种的类型还是操作对象取多于一种的类型将多态分为两类。操作对象可以具有多于一种类型的函数称为**多态函数**，这类多态属于**通用多态**；操作可以施加于多于一种类型的操作对象的(操作)类型称为**多态类型**，这类多态属于**特定多态**。

无论是通用多态还是特定多态，在现实生活的语言中均被广泛使用。例如，"会计"和"会计算"，"会"在不同上下文中具有不同的意思，这是一个特定多态；又例如"吃水果"是"吃苹果""吃葡萄"等的概括，这是一个通用多态。正如自然语言离不开多态一样，完全禁止多态的程序设计语言是无法使用的。多态的分类如图 4.43 所示。

图 4.43　多态的分类

1) 通用多态

通用多态的典型特征是**实例可以有无穷多个**，具体有两种表现形式：参数多态与包含多态。

(1) **参数多态**。参数多态是程序设计语言中最具代表性的通用多态，它具有"宏(macro)"的特征，即参数的类型可以有无穷多个，而对所有允许类型的参数，均执行同一个代码序列。与一般意义宏的概念不同的是宏的参数是变量，而参数多态的参数是类型，即一般意义下不变的类型在此是可改变的。

【例 4.48】包括 C++、Java 在内的不少程序设计语言均支持泛型程序设计，其核心机制是模板(template)或类属(generic)。下面是一个用 C++语言定义的函数模板，它允许以类型为参数，这是典型的参数多态。

```
template<typename T> T max(const T& a, const T& b) {
    return (a>b) ? a : b;
}
```

(2) **包含多态**。包含多态是另一种形式的通用多态。子类型、派生类型、子类(派生类)均属于包含多态。不同的是，子类型和派生类型的基类型是程序设计语言提供的，而子类的基类是程序设计者自己定义的。它们的共同特征是从一个基本的类型中可以"生出"无穷多个属于此基本类型的其他类型。

【例 4.49】 Ada 语言的源程序中可以定义整型的子类型 height 和 weight 如下：

```
subtype height is integer range 1..200;        -- 身高的取值范围
subtype weight is integer range 1..200;        -- 体重的取值范围
```

height 和 weight 的值集合均是 integer 的子集[1, 200]，它们的变量可以进行 integer 允许的所有运算(子类型继承基类型的运算)，但是取值范围只能是[1, 200]。

2) 特定多态

特定多态的共同特征是操作对象(操作数)仅可以有**有限个不同的且不关联的类型**，从实现的角度看，就是对不同类型的操作对象执行不同的代码序列。特定多态有两种表现形式：重载与强制。

(1) **重载**。重载是将相同的操作符施加于不同的操作对象，根据上下文确定操作的具体类型，即采用哪段代码序列实现这一操作。例如，程序设计语言中的"+"可以表示整型数相加、实型数相加、字符串连接和集合的并运算等。对于表达式 x+y，需要根据上下文，即根据 x 和 y 的类型来确定"+"具体表示什么运算。

(2) **强制**。强制是指根据应用需求对操作数进行内部类型转换，以减少重载的类型。在程序设计语言中，重载和强制往往是相互关联的，二者之间没有明确界限。

【例 4.50】 对于算术表达式 3 + 4、3.0 + 4、3 + 4.0 和 3.0 + 4.0，"+"可以有三种解释：

(1) "+"有四种重载含义，对应四种形式的运算。

(2) "+"仅有一种重载含义，所有形式的运算均强制为 real + real。

(3) "+"有两种重载含义：integer + integer 和 real + real。对于 integer + real 和 real + integer 两种形式，均强制为 real + real。

对于同一个表达式，采用什么样的重载与强制取决于语言的实现。大多数程序设计语言均采用上述第(3)种方法，其合理性是显而易见的。

强类型提高了软件的安全性，多态提高了程序设计的灵活性，二者的结合为程序设计人员提供了良好的程序设计环境，但是却加大了类型检查的强度。同时，强类型和多态之间并没有必然的联系，因此多数的程序设计语言是有条件的多态和受限制的强类型。另外，还需要特别强调多态与不分类的区别。不分类的程序设计语言将运算和运算对象之间是否相符的决定权留给了程序员，而多态的程序设计语言要求编译器进行类型检查以保证程序运行中类型的正确性。

3. 类型与类

面向对象程序设计语言(Object-Oriented Programming Language, OOPL)是程序设计语言的一个重要发展。它的最重要特征是将对象类型化、允许类型继承和方法重置 (overriding)，即将构造新的类型的权利交给了程序设计语言的使用者。换句话讲，传统的 PL 为我们提供了类型，而 OOPL 为我们提供了构造(定义)类型的方法。从引入类型来看，OOPL 应该是强类型的和多态的。

4. 类型与类型检查

应用的多样性造成了语言的多样性。有些应用要求语言类型化，而有些应用并不要求。从编译的角度来看，程序设计语言中引入类型是为了进行类型检查，使得不出现或少出现运行时的错误，以提高软件的可靠性和安全性。但是从应用的角度来看，语言中引入类型是为了便于程序设计，而过多的检查反而破坏了程序设计的灵活性和程序运行的效率。这就需要在可靠性、安全性与灵活性、有效性之间进行一定的折中。

语言的类型化与类型检查之间并没有必然的联系。换句话来说，语言的类型化和强类型并没有必然的联系。但是类型检查的缺失会造成安全的缺失，典型的例子是 C 语言中越界检查的缺失会造成程序运行时的缓冲区溢出，给大量的病毒制造者带来可乘之机。语言的类型化与安全性之间的关系可由表 4.5 中的例子加以说明。

表 4.5　类型化与安全性

	类型化的	非类型化的
安全的	ML、Java、Ada、仓颉	LISP
不安全的	C/C++	Assembler

4.11.2　类型系统

1. 类型表达式

类型系统是一组规则，用于规定如何将类型赋予程序中的每个表达式，通过对规则的计算或推导来保证表达式的类型正确。我们用类型表达式作为类型规则，并通过对类型表达式的计算来确定语言结构的类型。

类型表达式与算术表达式和布尔表达式类似，也是由基本的运算对象和运算组成的递归式子。类型表达式的运算符称为类型构造符。类型表达式具体可以表述如下：

(1) 基本类型是类型表达式。

(2) 类型名是类型表达式。

(3) 类型变量的值是类型表达式。

(4) 类型构造符作用于类型表达式的结果是一个类型表达式。

前三条指出了基本的类型表达式，第四条指出类型运算的结果仍然是类型表达式，从而形成了类型表达式的递归定义。

1) 程序设计语言的基本类型作为类型表达式

程序设计语言提供的、不可分割的基本类型(也称为简单类型)是类型表达式，如 boolean、character、integer(包括子范围，如 1..15、15)、real 等。此处需要注意类型表达式与程序设计语言中类型声明的区别。例如，integer 和 character 类型在 C++ 中分别被声明为 int 和 char。在后续的讲述中我们并不特别强调二者的区别，因为可以根据上下文进行区分。

除了程序设计语言中定义的常见基本类型之外，void 是一个类型表达式，它表示对类型的不关心，或习惯上称为无类型。type_error 是一个类型表达式，它表示类型错，与 error 在 YACC 中的作用十分相似。在 YACC 中用 error 表示一个语言结构错误，而在类型系统中，当没有一个正确的类型表达式与相应语言结构的类型匹配时，就用 type_error 表示发现了一个类型错误。换句话来讲，error 表示一个语法错误，type_error 表示一个语义错误。

2) 类型名与类型变量的值作为类型表达式

大多数的程序设计语言都允许为类型起名字，类型的名字是一个类型表达式。事实上，当一个类型的结构太复杂或需要反复被使用时，我们就为它起个名字，用抽象的名字代替此复杂结构。抽象是程序设计中一个最基本的概念，并被广泛使用。例如，当一个正规式太复杂或反复被使用时就为它起个名字；当一个操作太复杂或反复被使用时就将其构造成一个函数；当需要反复使用一组值和值上类似的操作时，就将其抽象为一个类。从某种意义上来讲，程序设计语言的发展之一就是抽象层次的提高。

在允许多态的程序设计语言中，类型是可变的，可变的类型可以用类型变量来表示。类型变量的值是一个类型表达式，它与基本类型和类型名一样，可以作为基本的类型表达式。

【例 4.51】　类型声明语句 type student is record…end 中的 student 是一个类型名，它是一个类型表达式，代表所声明的记录类型。

再看类型变量与类型变量的值，在下述 Ada 源程序段中，我们可以定义一个栈：

```
generic                      -- 关键字 generic 指出 stack 是一个多态的程序包
    type object is private;      -- object 是类型变量
package stack is
    procedure push(element : in object);        -- push 的对象可以是任何变量
    procedure pop(element : out object);
    …
end stack;
```

其中，object 是一个类型变量而不是类型表达式。使用该栈时需要先将类型确定化，例如，可以声明一个整型数栈，它将类型变量实例化为一个整型：

    package int_stack is new stack(integer);

之后即可以如下使用：

    int_stack.push(3);

这里 integer 是类型变量的值，所以它是类型表达式。

我们也可以这样定义：

    package char_stack is new stack(character);

    char_stack.push("student");

显然，类型变量的值 character 也是一个类型表达式。

3) 类型构造符

程序设计语言中提供了一些基本的类型组合方法，可以将简单类型组合为复杂类型，这些类型的组合方法在类型系统中称为类型构造符，即利用类型构造符构造出复杂的类型表达式。程序设计语言中常见的组合方法有数组、记录、指针等，它们均可以作为类型表达式中的类型构造符。

(1) **数组(array)**。array 是一个类型构造符。由于数组有两个基本成分：数组元素的类型 T 和数组下标的类型 I，所以数组的类型可以表示为 array(I, T)，即类型构造符 array 作用于类型表达式 I 和 T 的结果是一个类型表达式。

(2) **积(×, Cartesion Products)**。×是一个类型构造符，用于表示若干个类型的并列关系，如参数列表或程序包的分量等。若 T_1、T_2 分别是类型表达式，则 T_1 和 T_2 的积 $T_1 \times T_2$ 也是一个类型表达式。可以规定×具有左结合性质，即

$$T_1 \times T_2 \times T_3 = (T_1 \times T_2) \times T_3$$

(3) **记录(record)**。record 是一个类型构造符。记录可以看作是各 field(域或字段)的积，而每个字段由名字与类型共同确定。记录的类型可以表示为

$$record(F_1 \times F_2 \times \cdots \times F_n)$$

其中，$F_i = name_i \times field_i$，即 record 作用于 $F_1 \times F_2 \times \cdots \times F_n$ 的结果是一个类型表达式。

(4) **指针(pointer)**。pointer 是一个类型构造符。若 T 是类型表达式，则 pointer(T)是表示"指向类型 T 的对象的指针类型"的类型表达式。

(5) **函数(→, function)**。→是一个类型构造符。→作为一个类型构造符具有特别重要的意义，这说明函数也被看作一个类型，它是定义域到值域的一个映射。设定义域类型为 D，值域类型为 R，则函数的类型表达式为 D→R。

(6) **异或积(+, disjunctive products)**。+是一个类型构造符，用于表示若干个类型中的某一个，如记录中变体部分的各分量之间的关系。

【例 4.52】 类型化的程序设计语言通过数据对象的声明语句提供其类型信息。编译器可以通过对声明语句的分析建立它们的类型表达式。对于下述 Pascal 和 C/C++ 的类型定义语句和数据对象声明语句：

Pascal 语句：

    var x: integer;

```
        a: array [1..10] of integer;
   type row = record
        address : integer;
        lexeme : array [ 1..15 ] of char;
   end;
   var table : array [1..10] of row;
   var p : ^row;
   function max ( x : integer, y : integer) : integer;
   function f(a, b : char) : ^integer;
```

C/C++语句：

```
   union A
   {   int i;
       char c;
       double d;
   };
```

它们的类型表达式可以分别表示如下：

变量 x 是一个整型数，它的类型表达式可以表示为 int。

变量 a 是一个数组，它的下标类型为 1..10，数组元素的类型为 int，所以 a 的类型表达式是类型构造符 array 作用于下标类型和数组元素类型形成的类型表达式 array(1..10, int)。

row 是一个类型名，它代表的类型是一个具有两个域的记录，根据记录的类型表达式的构造方法为

row = record((address × int) × (lexeme×array(1..15, char)))

row 一旦被定义就是一个类型表达式，因此变量 table 的类型表达式可表示为 array(1..10, row)，即数组元素的类型为 row。而变量 p 是一个指针类型，它所指向的对象的类型是 row，因此 p 的类型表达式为 pointer(row)。

函数的类型是定义域到值域的一个映射，因此函数 max 的类型表达式为 int × int→int，函数 f 的类型表达式为 char×char→pointer(int)。如果我们将 void 引入函数的类型表达式，则 D→void 是没有返回值的函数(在 Pascal 中称为过程)，void→R 是没有参数的函数，而 void→void 是既无参数又无返回值的函数。

对于 C/C++ 语言的 union A，它也是一个记录类型，但是其特征是三个分量只能取其一，因此 A 的类型表达式为 record(i × int + c × char + d ×double)。

2. 类型表达式的图型表示

类型表达式与算术表达式或布尔表达式相似，均是由操作数与操作符(类型构造符)组成的，所以用于表示算术表达式或布尔表达式的图均可表示类型表达式，如树、有向无环图(DAG)等。其中，叶子表示基本类型，非叶子结点表示类型构造符。显然这种树也可以称为类型表达式的语法树。例如，例 4.52 中的函数 f 和类型 row 的类型表达式就分别如图 4.44(a) 和(b)所示。

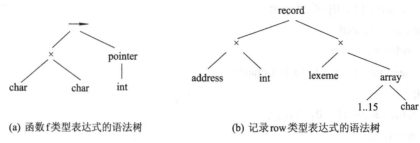

(a) 函数 f 类型表达式的语法树　　　　　(b) 记录 row 类型表达式的语法树

图 4.44　类型表达式的图形表示

4.11.3　简单的类型检查

编译时进行的类型检查称为静态类型检查，它的基本思想是用类型表达式规定语言结构的类型，并通过类型表达式的计算确定所有语言结构的类型。通常的做法是声明时构造类型表达式，引用时检查类型表达式，因此一般的类型化程序设计语言均要求先声明后引用。

1. 一个简单的程序设计语言

首先设计一个简单的程序设计语言，它的语言结构由下述的文法规定。此语言由两部分组成：声明部分 D 和表达式部分 E，并且声明在先引用在后。

$$P \rightarrow D ; E$$
$$D \rightarrow D ; D \mid id : T$$
$$T \rightarrow char \mid int \mid array[num]\ of\ T \mid {}^\wedge T \tag{G4.16}$$
$$E \rightarrow literal \mid num \mid id \mid E\ mod\ E \mid E[E] \mid E^\wedge$$

该语言提供的基本类型有 char、int 和简化了的数组下标类型 num(它表示的范围是 1..num)，类型构造符有 pointer($^\wedge$)和 array(array)。另外，用 type_error 作为基本类型表示类型错误。

声明时的语义规则可以设计如下：类型表达式作为文法符号的属性，用 .type 标记。当一个类型 T 被定义之后，它的属性 .type 可用下述语义规则确定，在 id 被声明时将其类型信息通过函数 addtype 填写进符号表中：

$$P \rightarrow D ; E$$
$$D \rightarrow D ; D$$

$D \rightarrow id : T$	{ addtype(entry(id.name), T.type);}
$T \rightarrow char$	{ T.type = char; }
$\mid int$	{ T.type = int; }
$\mid {}^\wedge T_1$	{ T.type = pointer(T_1.type);}
$\mid array\ [\ num\ ]\ of\ T_1$	{ T.type = array(num.val, T_1.type);}

（G4.16-1）

2. 表达式的类型检查

当声明语句被上述的类型规则确定了每个 id 的类型之后，可执行语句中表达式 E 的类型 E.type 可用下述的语义规则进行检查：

$E \rightarrow literal$	{ E.type = char;}
$\mid num$	{ E.type = int;}
$\mid id$	{ E.type = lookup(entry(id.name));}

（G4.16-2）

$$| \ E_1 \ mod \ E_2 \quad \{ \ T.type = if \ E1.type == int \ and \ E_2.type == int$$
$$then \ int \ else \ type\_error; \ \}$$
$$| \ E_1[E_2] \qquad \{ \ E.type = if \ E_2.type == int \ and \ E_1.type == array(s, t)$$
$$then \ t \ else \ type\_error; \ \}$$
$$| \ E_1 {}^{\wedge} \qquad \{ \ E.type = if \ E_1.type == pointer(t) \ then \ t \ else \ type\_error; \ \}$$

3. 语句的类型检查

语句的作用是执行一个或一串动作，语句本身没有值，所以没有类型。为此，我们用 void 作为语句的类型表达式，对文法 G4.16 进行扩充，使其含有语句，即可对语句的类型进行检查。

$$S \rightarrow id = E \qquad \{ \ S.type = \quad if \ compatible(id.type, E.type)$$
$$then \ void \ else \ type\_error; \ \}$$
$$| \ if \ E \ then \ S_1 \qquad \{ \ S.type = \quad if \ E.type == boolean$$
$$then \ S1.type \ else \ type\_error; \ \}$$
$$| \ while \ E \ do \ S_1 \qquad \{ \ S.type = \quad if \ E.type == boolean \qquad (G4.16\text{-}3)$$
$$then \ S_1.type \ else \ type\_error; \ \}$$
$$| \ S_1 \ ; \ S_2 \qquad \{ \ S.type = \quad if \ S_1.type == void$$
$$then \ S_2.type$$
$$else \ type\_error; \ \}$$

4. 函数的类型检查

根据函数类型的定义可知，函数的类型是一个定义域到值域的映射。值域可以是一个类型 T，也可以是 void。当它是 T 时，函数调用是一个表达式；否则，函数调用是一个语句。将函数的调用引入类型检查，需要做两件事情：

(1) 如何定义函数，并在定义函数的时候确定其类型；

(2) 如何调用函数，并在调用时检查函数的类型。

因为函数是一个类型，所以我们原理上可以从语法上扩充 T，使其包含函数的定义，即类型的定义与函数的声明是分离的。而实际程序设计语言中，二者是结合的，即语法上并没有将函数作为一个类型。下面我们首先考虑函数作为类型的情况，然后考虑实际程序设计语言中的函数定义。

1) 将函数作为类型

函数作为类型在语法上的描述如下：

$$D \rightarrow id : T \qquad \{ \ addtype(entry(id.name), T.type); \} \qquad (G4.16\text{-}4)$$
$$T \rightarrow T_1 \ '\rightarrow' \ T_2 \qquad \{ \ T.type = \quad T_1.type \rightarrow T_2.type; \ \}$$
$$E \rightarrow E_1(E_2) \qquad \{ \ E.type = \quad if \ E_2.type == s \ and \ E_1.type == s \rightarrow t$$
$$then \ t \ else \ type\_error; \ \}$$

文法(G4.16-4)是对文法(G4.16-1)和(G4.16-2)的扩充。其中，T 产生式中扩充了函数类型 $T_1 \ '\rightarrow' \ T_2$，即定义域类型到值域类型的映射。当函数名在 D 产生式中像变量一样被声明为 T 类型时，函数的类型表达式就通过 addtype 被填写进了符号表中。

E 产生式中扩充了函数调用的语法。其中，E_1 是函数名；E_2 是实参列表构成的表达式。

函数调用与文法(G4.16-2)中数组元素引用的区别是此处用圆括号而不是方括号来表示。函数调用时进行上述语义规则所规定的类型检查，若实参的类型为 s，函数名的类型为 s 到 t 的映射，则显然函数返回值的类型应该是 t，否则发现一个类型错误。

2) Pascal 的函数声明

大多数的程序设计语言，如 Pascal、C++等，并没有函数类型的语法表示，而是将函数的类型隐含在函数的声明中。我们以下述的 Pascal 语法(G4.16-5)为例，来讲述如何从函数的声明中获取和填写类型信息。同样，文法(G4.16-5)也是对文法(G4.16-1)和(G4.16-2)的扩充。

$$D \to function\ id\ (PS) : T$$
$$\{ addtype(id.entry,\ PS.type \to T.type); \} \qquad (G4.16-5)$$
$$PS \to id : T \qquad \{ addtype(id.entry,\ T.type);\ PS.type = T.type; \}$$
$$| \ PS_1 ; PS_2 \qquad \{ PS.type = PS_1.type \times PS_2.type; \}$$
$$E \to E_1, E_2 \qquad \{ E.type = E_1.type \times E_2.type; \}$$
$$| \ E_1(E_2) \qquad \{ E.type = \quad if\ E_2.type == s\ and\ E_1.type == s \to t$$
$$then\ t\ else\ type\_error; \}$$

D 产生式中扩充了函数声明。其中，PS 是形参列表；T 是返回值类型。因此，函数名 id 的类型应该是 $PS.type \to T.type$，即形参类型到返回值类型的映射，因此在函数声明时将该类型填写进符号表中，使得 id 具有了该类型。函数调用时进行与文法(G4.16-4)中相同的检查。注意，无论是形参列表还是实参列表，它们的类型均是所有参数的积。

【例 4.53】 对于 Pascal 的函数声明 function max(a:integer; b:integer):integer 和函数调用 max(5,8)，我们可以用文法(G4.16-1)、(G4.16-2)和(G4.16-5)中相应的语法制导翻译分别对声明和调用进行类型检查。

首先分析声明语句 function max(a:integer; b:integer):integer。反映它的语法结构的分析树如图 4.45(a)所示。依照分析树上剪句柄的次序，参考文法(G4.16-1)、(G4.16-2)和(G4.16-5)中的语义规则，在每次归约后计算各非终结符的属性.type，并将标识符的类型信息填写进符号表。

归约使用的产生式	语义规则的计算	计 算 结 果
$T_1 \to int$	$T_1.type = int$	$T_1.type = int$
$PS_1 \to id : T_1$	$PS_1.type = T_1.type$	$PS_1.type = int$
	$addtype(a, int)$	(第一个参数类型是 int)
$T_2 \to int$	$T_2.type = int$	$T_2.type = int$
$PS_2 \to id : T_2$	$PS_2.type = T_2.type$	$PS_2.type = int$
	$addtype(b, int)$	(第二个参数类型是 int)
$PS_3 \to PS_1 ; PS_2$	$PS_3.type = PS_1.type \times PS_2.type$	$PS_3.type = int \times int$
$T_3 \to int$	$T_3.type = int$	$T_3.type = int$
$D \to function\ max(PS_3):T_3$	$addtype(max, int \times int \to int)$	max 的类型是 $int \times int \to int$

由此得到注释分析树，如图 4.46(a)所示。此时，符号表中 max 的类型填写的是 int × int→int。

　　然后构造函数调用语句 max(5, 8)的分析树如图 4.45(b)所示。按分析树上剪句柄的次序以同样的方法计算各非终结符的属性.type，并进行类型检查：

被归约的产生式	语义规则的计算	计 算 结 果
$E_1 \rightarrow$ max	$E_1.\text{type} = \text{lookup}(\text{entry}(\text{max}))$	$E_1.\text{type} = \text{int} \times \text{int} \rightarrow \text{int}$
$E_2 \rightarrow$ num	$E_2.\text{type} = \text{int}$	$E_2.\text{type} = \text{int}$
$E_3 \rightarrow$ num	$E_3.\text{type} = \text{int}$	$E_3.\text{type} = \text{int}$
$E_4 \rightarrow E_2, E_3$	$E_4.\text{type} = E_2.\text{type} \times E_3.\text{type}$	$E_4.\text{type} = \text{int} \times \text{int}$
$E_5 \rightarrow E_1(E_4)$	$E_5.\text{type} =$	$E_5.\text{type} = \text{int}$
	if $E_4.\text{type} == s$ and $E_1.\text{type} == s \rightarrow t$	
	then t else type_error;	

最终得到如图 4.46(b)所示的注释分析树。

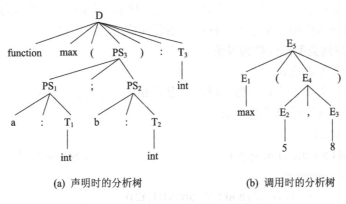

(a) 声明时的分析树　　　　　　(b) 调用时的分析树

图 4.45　函数声明与调用语句的分析树

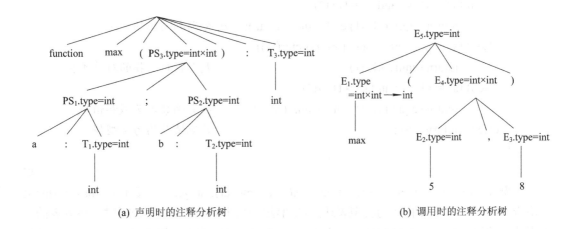

(a) 声明时的注释分析树　　　　　　(b) 调用时的注释分析树

图 4.46　函数声明与调用语句的注释分析树

4.11.4　类型表达式的等价

在 4.11.3 小节的简单类型检查中，通过判定所给的两个类型的类型表达式是否相等来进行类型检查。对于单态的类型，我们引入一个更专业的术语**类型等价**来描述类型检查。类型的等价与类型的表示有关，表示不同，等价的概念也不同。本小节讨论三个问题：有哪些类型等价，程序设计语言规定什么样的等价，以及等价的判别。

1. 结构等价与等价的判别

若两个仅由类型构造符作用于基本类型组成的类型表达式完全相同，则称两个类型表达式**结构等价**。换句话来讲，类型表达式结构等价当且仅当二者完全相等。若类型表达式中没有名字，则结构等价就是类型等价。例如，int 与 int 结构等价，array(1..10, real)与 array(1..10, real)结构等价。结构等价反映在类型表达式的语法树上，就是两棵语法树完全相同。

我们可以用下面的算法 4.3 判定两个类型表达式是否结构等价。算法的主体是一个递归函数 sequiv(s, t)，它的全过程实际上是模拟了对 s 和 t 两个类型表达式的语法树的遍历。具体地讲，若 s 和 t 是基本类型，则直接判别是否相等；若 s 和 t 是相同的类型构造符，则分别判定它们对应的作用对象是否等价；其他任何情况均不等价。

算法 4.3　判别类型是否结构等价

输入　两个类型表达式。

输出　若两个类型表达式结构等价，则返回 true，否则返回 false。

方法　用下述递归函数进行判别：

```
bool sequiv(s, t) {
    if (s and t are the same type)              // 基本类型相同
            return true;
    else if (s == array(s1, s2) and t == array(t1, t2))
            return sequiv(s1, t1) and sequiv(s2, t2);   // 分别判别数组的两个参数
    else if (s == s1×s2 and t == t1×t2)
            return sequiv(s1, t1) and sequiv(s2, t2);   // 分别判别积的两边
    else if (s == pointer(s1) and t == pointer(t1))
            return sequiv(s1, t1);              // 判别指针所指的对象类型
    else if (s == s1→s2 and t == t1→t2)
            return sequiv(s1, t1) and sequiv(s2, t2);   // 判别函数定义域和值域
    else    return false;                       // 其他情况均为类型错
}
```

【例 4.54】　考虑函数声明 function max(x, y : integer):integer 和函数调用 max(5,8)的类型检查。声明时为 max 构造的类型表达式的语法树如图 4.47(a)所示，调用时实参列表的类型表达式的语法树如图 4.47(b)所示。在按文法(G4.16-5)中的语义规则对调用语句 max(5,8)的类型检查中，因为函数形参的类型和实参的类型等价(sequiv(s, E_2.type) = true)，所以最终

的函数值的类型为 int，如图 4.47(c)所示。

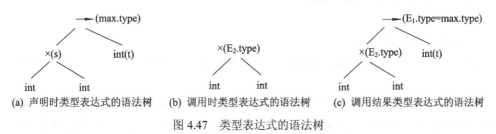

(a) 声明时类型表达式的语法树　　(b) 调用时类型表达式的语法树　　(c) 调用结果类型表达式的语法树

图 4.47　类型表达式的语法树

2. 引入类型名的等价判别

在允许为类型命名的程序设计语言中，类型名被看作是一个基本类型表达式。例如，例 4.52 中的 row，它所代表的类型表达式是 record((address × int) × (lexeme × array(1..15, char)))。但是，它本身可以像 int 或 char 那样，在类型表达式中作为一个基本类型表达式被使用。例如，声明语句 var p:^row 中变量 p 的类型表达式可以写为 pointer(row)。将 row 展开为它所代表的类型表达式，则变量 p 的类型表达式也可以写为 pointer(record((address × int) × (lexeme × array(1..15, char))))。row 是以自身还是以它所表示的结构出现在类型表达式中，将使得类型等价的判别产生不同的结果。为此，我们根据类型名在类型表达式中两种不同的使用方式，定义不同的等价方式。

若每个类型名作为一个可区分的类型出现在表达式中，并且使得两个类型表达式完全相同，则称它们**名字等价**。若将类型表达式中的所有名字均用其定义的类型表达式替换后两个类型表达式完全相同，则称它们**结构等价**。

【例 4.55】　下面是一段 Pascal 程序的类型定义和变量声明。

```
type cell = array[1..10] of integer;
type link = ^cell;
var     next : link;
        last : link;
        p    : ^cell;
        q, r : ^cell;
```

采用名字等价，则变量 next 和 last 的类型表达式为 link，变量 p、q、r 的类型表达式为 pointer(cell)。显然，next 和 last 名字等价，p、q、r 名字等价。

若将名字用它们所代表的结构代替，则 5 个变量的类型表达式均为 pointer(array(1..10, int))，因此它们全部结构等价。

可以看出，名字等价是较为严格的等价，通过对取值范围相同但是代表不同意义的对象取不同的类型名，使得它们具有不同的类型。不同类型的对象不能进行运算，从而避免了潜在的错误。名字等价提高了程序的可靠性，但是降低了程序的灵活性。因此，程序设计语言可以根据不同的需求采用不同的等价策略。例如，Algol 68 采用结构等价，而 Ada 采用名字等价。

【例 4.56】　下述的 Ada 类型定义语句将完全相同的结构定义为不同的名字：

```
type male_type is node_array;
type female_type is node_array;
male : male_type;
female : female_type;
```

在名字等价下，变量 male 和 female 的类型不同，使得这两个变量之间不能运算。

由于对同一段程序采用不同的等价策略所得结果是不同的，因此程序设计语言应该明确规定采用何种等价策略。Pascal 最早设计时没有规定采用何种等价，其等价问题依赖实现，这给熟悉名字等价或结构等价的程序员带来了不必要的、使用上的混乱。Pascal 关于类型等价的一种解决方案是：变量声明时对类型的每次引用均隐含地为它构造一个类型名，然后采用名字等价。

【**例 4.57**】 对于例 4.55 中的 Pascal 程序段，编译器将它们看作下述形式：

```
type   cell = array[1..10] of integer;
type   link = ^cell;
       np   = ^cell;
       nqr  = ^cell;
var    next : link;
       last : link;
       p    : np;
       q,r  : nqr;
```

在名字等价的定义下，原来与 q 和 r 类型等价的 p 现在被认为不与任何变量的类型等价。

Pascal 的这种类型等价的实现方法似乎比名字等价更为严格。程序员可以采用一种变通的方法将 Pascal 程序转换为名字等价，若有不同的变量声明具有结构等价的类型时先定义此类型，即为此类型命名。例 4.58 演示了这种变通。

【**例 4.58**】 定义 Pascal 程序的下面两个声明语句，变量 a 和参数 x 的类型表达式实质上结构等价：

```
var   a : array [ 1..10] of integer;
function test ( x : array [1..10] of integer) : integer;
```

根据 Pascal 的等价策略，a 与 x 类型不等价，因此 a 不能作为函数 test 的实参。如果希望 a 作为 test 的实参，则必须首先为它们共同的类型命名，然后 a 和 x 均被声明为此类型名所代表的类型：

```
type arr_type = array [1..10] of integer;
var   a : arr_type;
function test ( x : arr_type ) : integer;
```

从而使得 a 与 x 类型等价。

综上所述，我们可将单态的类型检查归纳为以下过程：

(1) 确定一种类型等价方式：没有类型名的情况下所有等价问题均是结构等价；名字可以作为类型表达式时，就需要确定等价策略是采用名字等价还是结构等价。

(2) 根据类型信息构造类型表达式，名字等价与结构等价的唯一区别就是类型名是否可以出现在类型表达式中。

(3) 判定表达式的类型等价就是判定它们的类型表达式是否相等。

4.11.5　多态函数的类型检查

用通俗的语言来讲，程序设计语言中的多态就是一个符号可以有多种意思。多态与强类型是密不可分的。虽然一个符号可以有多种意思，但是编译器必须保证它的每次使用是确定的并且是类型正确的，否则并不是多态而是弱类型。弱类型的典型例子是 C 语言，例如，在 C 语言程序中，char 类型的变量和 int 类型的变量可以运算，但是运算结果的正确性由程序员负责。

1. 多态函数与类型变量的表示

1) 多态函数、类型变量与类型推断

本小节讨论的是参数多态中的多态函数。**多态函数**的基本特征是参数的类型是类型变量且该变量可以取无穷多个值，但是所有类型均对应同一代码序列。

多态函数中形参的类型是一个变量，称为**类型变量**，用 α、β、δ 等表示。从语言结构的使用方式推断其类型称为**类型推断**(type inference)。例如，从函数体推断函数的类型。

【例 4.59】　对于函数定义：

function deref(p);

begin

　　return p^

end；

从函数体中可以看出，p 的类型应该是指向某对象的指针，而 p^返回它所指向的对象。设该对象的类型为 α，则 p 的类型是 pointer(α)，因此函数 deref(p)的类型应该是：

　　$\forall α.pointer(α) \rightarrow α$

即对于任何一个类型为 α 的对象，函数 deref(p)将指向 α 对象的一个指针类型映射到该对象。例 4.59 中的 deref 是 dereference 的简写，dereference 操作习惯上也称为脱引用(或解引用)。

2) 含多态函数语言的文法

多态函数与单态函数的本质区别是形参是类型还是数据。因此，对文法(G4.16)和(G4.16-4)进行扩充，将含有类型变量的类型定义引入产生式。

　　P → D ; E

　　D → D ; D | id : Q

　　Q → ∀type-variable.Q | T　　　　　　　　　　　　　　　　(G4.16-6)

　　T → T '→' T | T × T | unary-constructor(T)

　　　　| basic-type | type-variable | (T)

E → E(E) | E, E | id

此扩充与将数据从简单变量扩充为含有数组元素类似。首先，文法将原来的单态类型 T 扩展为多态类型 Q，Q 除了包括 T 产生式的全部外，又引入了受约束的类型变量。同时 T 产生式中增加了类型变量(type-variable)，即将类型变量引入类型。

【例 4.60】 按文法 G4.16-6 书写的一个程序如下：

deref : $\forall\alpha.\text{pointer}(\alpha) \to \alpha$;

q : pointer(pointer(int));

defef(deref(q));

首先声明一个函数 deref 和一个指针变量 q，然后是一个函数调用语句 defef(deref(q))，其中内层函数调用的返回值作为外层调用的实参。显然，两个相同的函数在不同位置的出现具有不同的参数类型和返回值类型。

可以将含有类型变量的函数调用 E(E) 表示为图 4.48(a)所示的语法树，读作"函数名作用于参数得到函数返回值"。各结点上对应不同的类型信息，若函数名结点对应函数的类型，参数结点对应参数类型，则"作用于"结点上就对应返回值类型。以此为 deref(deref(q)) 构造的语法树如图 4.48(b)所示。为了反映两个 deref 调用的参数类型和返回值类型均不同这一事实，分别用下标 0 和 i 来标记语法树上这两个不同的 deref 调用。

考虑图 4.48(b)所示语法树上各结点应具有的类型。由程序中的声明信息可知 q 的类型是 pointer(pointer(int))，deref_0 和 deref_i 应该具有不同的类型，虽然当前还未知，但是我们可以分别令它们的类型为 $\text{pointer}(\alpha_0) \to \alpha_0$ 和 $\text{pointer}(\alpha_i) \to \alpha_i$，其中 α_0 和 α_i 均是未知的类型表达式，而不再是类型变量。

根据这些已知的类型信息，可以从语法树自下而上地推导出两个函数返回值的类型。首先根据函数类型可以确定两个返回值类型应分别是 α_0 和 α_i，然后由已知的类型和函数类型的映射关系推测出 α_0 和 α_i 的确定类型。已知 q 的类型是 pointer(pointer(int))和 deref_i 的类型是 $\text{pointer}(\alpha_i) \to \alpha_i$，由函数的映射关系可知，q 的类型与 $\text{pointer}(\alpha_i)$ 应该等价，由此可推测出 $\alpha_i=\text{pointer}(\text{int})$。$\alpha_i$ 作为 deref_0 的参数，用同样的方法可推测出 $\alpha_0=\text{int}$。最终得到标注了各结点类型信息的语法树，如图 4.48(c)所示。

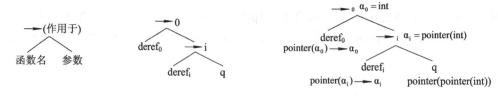

(a) 函数调用的语法树　(b) deref(deref(q))的语法树　　(c) deref(deref(q))语法树上各结点的类型

图 4.48　多态函数调用的语法树

2. 代换、实例与合一

由例 4.60 可以得出多态函数类型检查的一般方法：首先，设法消除类型变量；然后，判定消除类型变量后的类型表达式是否结构等价。有三点与单态的类型检查不同：

(1) 消除约束变元。 类型表达式中约束变元的每次出现，在语法树中均要被替换为自由变元，并且同一类型表达式的多态函数的不同出现，变元可以具有不同的类型。消除的方法是每引入一个多态的类型表达式，就为其中的变元引入一个新的类型变量。例如，将 $\forall \alpha.pointer(\alpha) \rightarrow \alpha$ 改写为 $pointer(\alpha_0) \rightarrow \alpha_0$ 或 $pointer(\alpha_i) \rightarrow \alpha_i$，从而消除了全称量词和约束变元。

(2) **合一(unify)类型表达式**。判断类型表达式 s 和 t 是否等价改变为能否使 s 和 t "合一"，即当把 s 和 t 的类型变量用不含类型变量的类型表达式替换后，判断 s 和 t 是否结构等价。例如，在对 $deref_i$ 进行类型检查时，将 α_i 用 $pointer(int)$ 替换，即 $\alpha_i = pointer(int)$，可使得函数的形参类型 $pointer(\alpha_i)$ 与实参类型 $pointer(pointer(int))$ 等价。

(3) **记录合一的结果**。对每次合一的结果，需要记录下来，以便后续的类型检查使用。例如，将 α_i 用 $pointer(int)$ 替换后结果是正确的，则此结果需要记录下来，再用于 $deref_0$ 的类型检查。

为了讨论多态的类型检查，我们引入以下基本概念：代换、实例与合一。

(1) **代换(substitutions)**。代换是从类型变量到类型表达式的一个映射。例如，类型变量 α_i 到类型表达式 $pointer(int)$ 的映射。

(2) **实例(instances)**。代换的结果称为代换的一个实例，用 $S(t)$ 表示。$S(t) < t$ 表示 $S(t)$ 是 t 的一个代换的实例。例如，类型表达式 $pointer(int)$ 是类型变量 α_i 的一个实例，可以表示为 $pointer(int) < \alpha_i$。不含类型变量的类型表达式是其自身的一个实例，如 $int < int$。

(3) **合一(unification)**。若存在一个代换 S，使得 $S(t1) = S(t2)$，则称 t1 和 t2 能合一，该代换过程称为合一操作。

(4) **最一般的合一**。代价最小的代换称为最一般的合一。代价最小的代换具有下述性质：

① $S(t1) = S(t2)$；

② $\forall S'.S'(t1) = S'(t2)$ 均有 $S' < S$，即 $\exists t.S'(t) < S(t)$。

或者说 S 是代换次数最少的一个实例，即一旦有了可以确定类型是否等价的代换结果，就马上停止代换。

代换算法与类型等价算法很相似，算法 4.4 仅考虑了函数的情况，而其他类型构造符的类型代换与之类似。

算法 4.4　代换算法

输入　类型表达式 t。

输出　t 的代换实例。

方法　用下述递归函数进行代换：

```
type_expression subs(type_expression t) {
        if (t 是基本类型)
            return t;                    // 基本类型的代换是其自身
        else if (t 是类型变量)
            return S(t);                 // 返回类型变量的一个代换实例
        else if (t 是函数类型 t1→t2)
            return subs(t1)→subs(t2);    // 分别代换映射两边的类型表达式
    }
```

【例 4.61】 根据算法 4.4 可以判断：

pointer(int) < pointer(α)

real < real

int→int < α→α

而   int≮real，因为 int 和 real 是两个不同的基本类型表达式。

int→real≮α→α，因为 α 的代换不一致，映射的左边被代换为 int，而右边被代换为 real。

int→α≮α→α，因为 α 的代换不完全，映射的左边被代换，而右边没有代换。

3. 多态函数的类型检查

多态函数类型检查的基本思想是对两个要被检查的类型进行合一操作。所谓判定类型表达式 e 和 f 是否能合一，是指能否找到一个代换 S，使得 S(e) = S(f)，即检查 e 和 f 在代换 S 下是否等价。下面讨论的方法是分别给出 e 和 f 的语法树，如果两棵语法树经过代换之后重合为一棵语法树，则说明 e 和 f 能合一。

算法 4.5   类型表达式的合一算法

输入   以 m 和 n 为根的两棵类型表达式的语法树。

输出   若 m 和 n 代表的类型表达式能合一则返回 true，否则返回 false。

方法   用下述递归函数进行合一处理：

```
bool unify(nptr m, n) {
    s = find(m);   t = find(n);        // 分别找到 m 和 n 所在等价类的代表
    if (s == t 或者 s 和 t 代表相同基本类型的结点 )
        return true;
    else if (s 和 t 代表相同的类型构造符并分别具有孩子结点(s1, s2)和(t1, t2)) {
        union(s, t);              // 构造等价类并分别合一左孩子和右孩子
        return unify(s1, t1) and unify(s2, t2);     }
    else if  (s 或 t 代表一个类型变量) {
        union(s, t);              // 合并为一个等价类
        return true;
    }
    else   return false;          // 其他均不可合一
}
```

算法 4.5 中用到的语义函数如下。

• find(m)：找到并返回 m 所在等价类中的代表。

• union(m, n)：构造 m 和 n 的等价类，并在等价类中选取一个代表。union(m, n)选取等价类代表的关键是两个类型表达式中非类型变量的类型表达式被优先选取为代表，从而保证了类型变量到类型表达式的代换；否则，任选其一作为代表，例如，可以选取结点编号小的。

可以看出合一算法与判定类型等价的算法很相似。从语法树的根结点开始，首先分别找到 m 和 n 的等价类代表 s 和 t(若等价类中仅有一个元素则分别有 m = s 和 n = t)，然后判

定 s 和 t 是否能合一。若 s 和 t 结构等价或 s 和 t 是相同的基本类型，则合一成功并返回 true；若 s 和 t 是相同的类型构造符，则将 s 和 t 合并为一个等价类并且分别递归判定它们的孩子是否能合一；若 s 和 t 至少有一个类型变量，则将它们合并成一个等价类并返回合一成功；其他任何情况均不可合一并返回 false。

有了合一算法，我们可以用下面的语法制导翻译对多态函数文法 G4.16-7 中的表达式进行类型检查：

$$E \rightarrow E_1(E_2) \qquad \{ \quad \gamma = mkleaf(newtypevar);$$
$$unify(E_1.type, mknode('\rightarrow', E_2.type, \gamma)); \qquad (G4.16\text{-}7)$$
$$E.type = \gamma; \}$$
$$| \ E_1, E_2 \qquad \{ \quad E.type = mknode('\times', E_1.type, E_2.type); \}$$
$$| \ id \qquad \{ \quad E.type = fresh(id.type); \}$$

其中，语义函数 fresh(t) 把类型表达式 t 中的约束变元用一个新的自由变元来代替，若 t 是一个类型常量则结果仍然是 t 自身。这一过程类似产生临时变量的语义函数 newtemp，所不同的是 newtemp 产生的是临时变量 t1、t2 等，而 fresh 产生的是类型变量的自由变元 α、β、δ 等。例如，$fresh(deref：\forall \alpha.pointer(\alpha) \rightarrow \alpha)$ 可以得到 $pointer(\alpha_1) \rightarrow \alpha_1$，而 $fresh(int)$ 得到 int。

函数调用的产生式 $E \rightarrow E_1(E_2)$ 的语义处理可以解释如下：设函数名的类型表达式 $E_1.type = \alpha$，并且在函数声明时类型 α 已经确定，不妨令 $\alpha = s \rightarrow t$。设实参的类型表达式 $E_2.type = \beta$。根据形参和实参的关系应有未知类型 γ，使得 $S(\alpha) = S(\beta \rightarrow \gamma)$，即 $S(s \rightarrow t) = S(\beta \rightarrow \gamma)$。为此，设 α 语法树的根结点为 n，并建立一个类型为 γ 的叶子结点和一个类型为 $\beta \rightarrow \gamma$ 的新结点 m，如图 4.49 所示。将 m 与 n 进行合一，若合一成功则其结果 γ 成为 E.type 的类型。

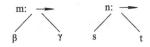

图 4.49　多态函数调用的类型检查

【**例 4.62**】 用算法 4.5 和语法制导翻译(G4.16-7)对 deref(deref(q)) 进行类型检查。根据文法为 deref(deref(q)) 建立如图 4.50 所示的分析树。剪句柄得到每一步归约和归约后的语义结果如下：

$$E_1 \rightarrow deref \qquad E_1.type = fresh(deref.type) = pointer(\alpha_0) \rightarrow \alpha_0$$
$$E_2 \rightarrow deref \qquad E_2.type = fresh(deref.type) = pointer(\alpha_1) \rightarrow \alpha_1$$
$$E_3 \rightarrow q \qquad E_3.type = fresh(q.type) = pointer(pointer(int))$$
$$E_4 \rightarrow E_2(E_3) \qquad E_4.type = \gamma_1 = pointer(int)$$
$$E_5 \rightarrow E_1(E_4) \qquad E_5.type = \gamma_0 = int$$

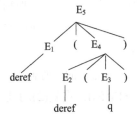

图 4.50　deref(deref(q)) 的分析树

类型检查的过程中，需要对多态函数 deref 的两次调用进行合一操作。

(1) 首先，归约 E_1、E_2、E_3 后得到类型表达式的语法树如图 4.51 所示。根结点分别为 n1、n2 和 n3，标记 1、2、3 等是各结点的编号。

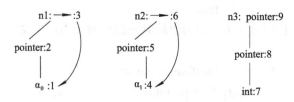

图 4.51　deref(deref(q))类型表达式的语法树

(2) 归约第一次 deref 调用 $E_4 \to E_2(E_3)$：根据(G4.16-7)的语义规则建立一个叶子结点 γ_1 和一个类型为 $E_3.\text{type} \to \gamma_1$ 的新结点 m，如图 4.52(a)所示。用算法 4.5 对 $E_2.\text{type}$ 的语法树 n2 和 m 进行合一操作(分别用语法树上结点的编号表示各结点)。m 结点编号是 11，n2 结点编号是 6，因此调用 unify(11, 6)。因为 11 和 6 两个结点是相同的类型构造符，所以首先构造两个结点的等价类，并选编号小的为等价类的代表。例如，11 和 6 的等价类代表是 6，可以表示为 union(11, 6)→6。执行 unify(11, 6)可得到活动树[1]，如图 4.53 所示。对活动树进行深度优先遍历，得到合一后的类型表达式的语法树如图 4.52(c)所示，活动树中的 find(t) = t 函数调用均被忽略，仅保留了 find(4)，因为 4 的等价类代表是 8。合一后 γ_1 结点的类型 pointer(int)成为 E4.type。

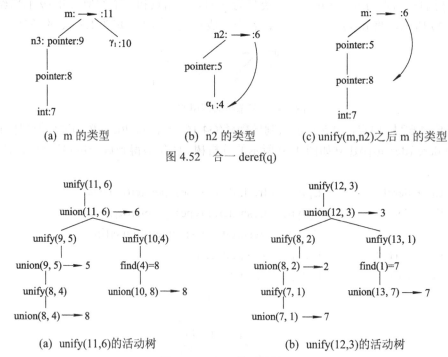

(a) m 的类型　　　　　(b) n2 的类型　　　　(c) unify(m,n2)之后 m 的类型

图 4.52　合一 deref(q)

(a) unify(11,6)的活动树　　　　　　(b) unify(12,3)的活动树

图 4.53　unify 的活动树

(3) 归约第二次 deref 调用 $E_5 \to E_1(E_4)$：重复(2)的处理过程。建立一个叶子结点 γ_0 和一

---
[1] 活动树定义见第 5 章定义 5.2。

个类型为 $E_4.type \to \gamma_0$ 的新结点 m'，如图 4.54(a)所示。用算法 4.5 对 $E_1.type$ 的语法树 n1 和 m' 进行合一操作。unify(12, 3)的活动树如图 4.53(b)所示，两个类型合一后的结果如图 4.54(c)所示。其中，γ_0 结点的类型 int 成为 $E_5.type$，即 deref(deref(q))的类型是整型数。

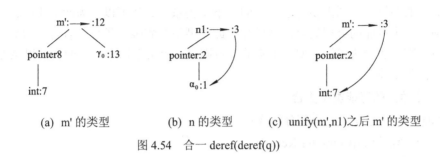

$$(a)\ m'\ 的类型 \qquad (b)\ n\ 的类型 \qquad (c)\ unify(m',n1)之后\ m'\ 的类型$$

图 4.54　合一 deref(deref(q))

4.11.6　特定多态的类型检查

1. 函数与算符、重载与算符的辨别

1) 函数与算符

函数和算符是运算作用于运算对象的两种不同的表现形式，但它们的实质是相同的。算符作用于操作数形成结果，等价于函数作用于参数得到返回值。例如，对于整型数 i 和 j，算符 '+' 作用于运算对象形成的表达式 i+j 与函数作用于参数形成的表达式 '+'(i, j)，其作用和结果完全相同。

两种表现形式的语法可以分别用式(4.9)表示：

$$E \to E_1 + E_2$$
$$E' \to E_1'(E_2')$$

若　　$E_1'.type == +.type$ 　　　　　　　　　　　　　　　　　　　　(4.9)

　　　$E_2'.type = E_1.type \times E_2.type$

则　　$E.type = E'.type$

这表明表达式的两种表现形式是等价的，有时可以相互转换。在程序设计中习惯上将简单的运算表示为算符，而将较复杂的运算表示为函数。

2) 算符的重载与重载的消除

算符重载是特定多态的一种，其特征是多态的算符仅可以取有限个不同的、也无关联的类型值。不同类型的操作对象表示不同的含义并对应不同的代码序列，具体采用何种代码序列由上下文确定。例如，在 Ada 语言中 "( )" 是重载的。A(I)至少有三种含义：数组元素、函数调用和类型转换，具体是哪种含义由上下文 A 和 I 而定。若 A 是 integer，I 是变量名，则 A(I)是类型转换；若 A 是数组名，I 是数组下标变量，则 A(I)是数组元素。又例如，Ada 中的 "null" 也是重载的，它在源程序不同的地方出现可以表示不同的意思，如空语句、空地址、空分量和空值等。

对于一个重载的算符，在一个具体的上下文中仅对应一种含义。确定重载算符在源程序中的唯一含义称为**算符的辨别**。

对于简单的情况，如 Pascal 源程序中的算术表达式，可以根据表达式中与算符邻近的上下文来进行算符辨别。例如，x=a＋b，若 a 和 b 都是实型数，则 ＋ 是一个实型运算并得到一个实型的结果值；若 x 是一个整型变量，则需要将结果强制为整型然后赋给 x。因此，重载与强制均是特定多态，并且是互为补充的。

更一般的算符辨别需要考虑更多的上下文关系，具体可以分为两个步骤：首先根据上下文确定一个可能的类型集合，然后缩小此类型集合到唯一类型。若可以得到这样一个唯一类型，则说明表达式的类型是正确的，否则是一个类型错误。下面我们以 Ada 为例讲述如何进行类型检查。

2. 表达式的可能类型集合

Ada 的编译系统由三个部分组成：

① 编译器核心(Compiler Kernel)；

② 预定义的和用户自定义的程序库单元(Library Units)；

③ 程序库管理(Library Management)。

Ada 所允许的基本类型包括 boolean、integer、float、character 等，均定义在 Ada 预定义的程序库单元 standard 程序包中。其中，包括对 integer 值域和乘法运算的定义如下：

　　type integer is { … }　　　-- integer 的值域定义，它们是实现相关

　　function "*" (x, y : integer) return integer;

　　　　　　　　　　-- 乘法运算的声明，可以用 x*y 的形式引用，也可用此声
　　　　　　　　　　　明的形式引用

　　…

用户可以使用 standard 程序包中提供的整型数乘法运算，也可以再定义其他不同类型的乘法运算。例如，若用户定义了一个复数类型 complex，就可以定义 complex 上的乘法运算如下：

　　function "*" (x, y : integer) return complex;

　　function "*" (x, y : complex) return complex;

用 i 表示 int，用 c 表示 complex。则 "*" 至少有三种含义：$i \times i \rightarrow i$、$i \times i \rightarrow c$ 和 $c \times c \rightarrow c$。用属性.types 表示表达式的可能类型集合，则确定可能类型集合的语法制导翻译可设计如下：

$$E' \rightarrow E \qquad\qquad E'.types = E.types$$
$$E \rightarrow E_1(E_2) \qquad E.types = \{t \mid \exists s.s \in E_2.types \text{ and } s \rightarrow t \in E_1.types\} \qquad\qquad (G4.17)$$
$$\mid \quad id \qquad\qquad\quad E.types = lookup(id.entry)$$
$$\mid \quad n \qquad\qquad\quad E.types = \{i\}$$

【例 4.63】 考虑算术表达式 3*5 的类型检查，它的注释分析树如图 4.55 所示，其中，"{}" 中标注的是文法符号可能的类型集合。首先我们根据式(4.9)将 3*5 看作 "*"(3, 5)，然后利用 $E \rightarrow E_1(E_2)$ 的语义规则进行类型检查。因为 $\exists(i \times i).(i \times i \in E_2.types)$ 使得 $\{i \times i \rightarrow i, i \times i \rightarrow c\} \in E_1.types$，所以 E.types ={i, c}。具体取什么类型视上下文而定。如果有整数变量 a 和复数变量 x，那么 a=3*5 中 "*" 的类型应该取 $i \times i \rightarrow i$，即表达式的结果值应该是整型数；而 x= 3*5 中 "*" 的类型应该取 $i \times i \rightarrow c$，即表达式的结果值应该是复数。

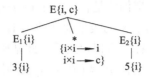

图 4.55 3*5 的注释分析树

3. 缩小可能类型集合到唯一类型

根据文法(G4.17)的语义规则，总可以从 E 中标识符重载的类型中选择出适当的类型 t 成为 E.types 中的类型。我们称 E.types 中的每个类型 t 均是**可行的**(feasible)。换句话来讲，表达式 E 的所有可选择的类型都是可行的。

对于表达式 E 的可行类型，可能有多于一种的方法到达该可行类型，即到达可行类型的方法不是唯一的，而这种不唯一性实质上是操作的不确定性。例如，对于函数 f(x)，其中 f:{a→c, b→c}，x:{a, b}。根据文法(G4.17)的语义规则 f(x)应有类型 c。但是，采用 a→c 和 b→c 均可使 f(x)有可行类型 c，从而造成操作的不确定性。

【例 4.64】 考虑 x= (3*5)*(3*5)，其中 x 的类型是 c，在图 4.55 所示的基础上可以得到它的注释分析树，如图 4.56 所示。由于 x 的类型是 c，所以 E_3 的类型应该是 c。但是 E_1 和 E_2 均可取 i 类型或 c 类型，且 {i×i→c, c×c→c}均可使 E_3 获得 c 类型。因此 "*" 取 i×i→c 还是取 c×c→c 并不确定。∎

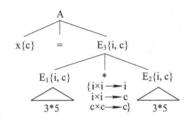

图 4.56 x=(3*5)*(3*5)的注释分析树

当出现不确定的操作时可以有两种解决方法：由于无法缩小到唯一类型，所以可以简单地认为产生了类型错误；也可以从可行的类型中选取一个确定的类型，即确定唯一的操作。下面缩小表达式类型集合的语法制导翻译中简单地认为其产生了类型错误。

缩小表达式类型集合的语法制导翻译建立在(G4.17)的基础之上。在自下而上计算了综合属性.types 之后，为表达式 E 增加一个依赖文法 .types 的继承属性.unique，并自上而下将 E.types 缩小为 E.unique。若 E.nuique 均是唯一类型则类型检查成功，否则出现一个类型错误。具体的语法制导翻译如下：

$$E' \rightarrow E \quad \{ \quad E'.types = E.types;$$
$$\qquad\qquad\qquad E.unique = \text{if } E'.types==\{t\} \text{ then } t \text{ else } type\_error; \}$$

$$E \rightarrow id \quad \{ \quad E.types = \{lookup(id.entry)\}; \}$$

$$| \ n \quad \{ \quad E.types = \{i\}; \}$$

$$| \ E_1(E_2) \quad \{ \quad E.types = \{s'|\exists s.s \in E_2.types \text{ and } s \rightarrow s' \in E_1.types\};$$
$$\qquad\qquad\qquad t = E.unique;$$
$$\qquad\qquad\qquad S = \{ \ s \ | \ s \in E_2.types \text{ and } s \rightarrow t \in E_1.types\}; \qquad (G4.18)$$
$$\qquad\qquad\qquad E_2.unique = \text{if } S==\{s\} \text{ then } s \text{ else } type\_error;$$
$$\qquad\qquad\qquad E_1.unique = \text{if } S==\{s\} \text{ then } s \rightarrow t \text{ else } type\_error; \}$$

$$A \rightarrow id=E \quad \{ \quad E.unique = \text{if } id.types \in E.types \text{ then } id.types \text{ else } type\_error; \}$$

【例 4.65】 设 "*" 的可行类型仍然是 $\{i \times i \to i, i \times i \to c, c \times c \to c\}$，用文法(G4.18)的语义规则再分析 x= (3*5)*(3*5)，其中 x 的类型现在改为 i。首先在分析树上自下而上计算属性.types，得到图 4.57(a)所示的注释分析树，然后在此基础上自上而下计算属性.unique。根据产生式 A→id= E 的语义规则，x 的类型 i 在 E_7.types 中，因此得到 E_7.unique = i。访问根结点 A 后访问 E_7 结点。根据产生式 $E \to E_{\mathrm{I}}(E_{\mathrm{II}})$ 的语义规则和式(4.9)，E_{I}.types=$*_3$.types = $\{i \times i \to i, i \times i \to c, c \times c \to c\}$，$E_{\mathrm{II}}$.types = E_5.types × E_6.types。由于 E_7.unique = i，所以仅有 $i \times i \to i$ 符合 S 集合中运算的要求，于是有 S=$\{i \times i\}$，故得到 $*_3$.unique = $i \times i \to i$，E_5.unique=i，E_6.unique = i。依次类推，最后得到所有子表达式均有唯一类型，标记唯一类型的注释分析树如图 4.57(b)所示。

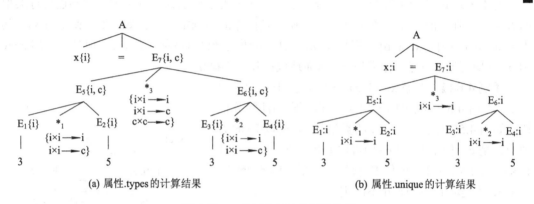

(a) 属性.types 的计算结果   (b) 属性.unique 的计算结果

图 4.57 x=(3*5)*(3*5)的属性计算

4.12 本 章 小 结

本章讨论的重点是程序设计语言的静态语义分析。相对于语法分析而言，语义分析涉及的内容更广泛，采用的技术更复杂。本章的内容可以分为基本知识和更深入的讨论两个层次。基本知识部分包括语法制导翻译与中间代码、符号表的基本结构，声明语句的翻译以及可执行语句的翻译等内容，侧重于结合程序设计语言的实际例子讨论语言结构的具体翻译方法和一些实用技术。更深入的讨论侧重于两个方面：属性与属性计算和类型与类型检查，对于这两部分原理的讨论对深刻理解语义分析和实际编译器的设计均具有重要作用。本书学习阶段的重点是掌握基本内容。

1. 基本概念

• 语法与语义：语法和语义描述语言的不同方面，二者之间没有严格界线，语义形式化描述的困难性。

• 属性：用属性表示语义特征(语义值)，以及属性的计算和属性之间的依赖关系。

• 语法制导翻译：为产生式配上"语义规则"并在适当的时刻执行；语法制导定义和翻译方案是语义规则的两种描述形式，两种描述的等价性以及各自的特点与适用范围；不同语法分析方法对翻译方案的影响。

- 中间代码：为什么生成中间代码，中间代码的特征，各种形式的中间代码以及它们之间的关系，最常用的中间代码形式。

2．符号表的组织

- 符号表的条目与信息的存储：符号的分类与符号表的拆分，符号表条目的基本信息，符号相关信息的直接存储与间接存储。
- 作用域信息的保存：线性表与散列表，表上的基本操作，散列函数的计算。

3．声明语句的翻译

- 定义与声明：类型定义与变量声明，过程定义与过程声明。
- 变量声明：符号表信息的填写。
- 数组声明：符号表与内情向量，内情向量的内容及其填写。
- 过程声明：左值与右值；参数传递，包括参数传递的不同形式，各种参数传递形式的处理方式；名字的作用域，包括静态作用域与最近嵌套原则；声明中作用域信息的保存。

4．可执行语句的翻译

- 简单算术表达式和赋值句的翻译：语法制导翻译的设计，类型转换。
- 数组元素的引用：数组元素地址计算的递推公式，地址的可变部分与不变部分，可变部分计算的语法制导翻译。
- 布尔表达式短路计算的翻译：为什么需要短路计算，短路计算的控制流，"真"出口与"假"出口，"真"出口链与"假"出口链，拉链/回填技术。
- 控制语句的翻译：控制语句的分类，无条件转移与条件转移，拉链/回填技术。
- 过程调用：参数的计算与过程调用的三地址码。

5．属性与属性的计算

- 继承属性：自上而下包括兄弟；综合属性：自下而上包括自身。
- 原理上的计算方法：语法制导定义—分析树—依赖图—拓扑排序—按次序计算。
- 实际上的计算方法：与具体语法分析的方法联系在一起，实现语法分析与属性计算的同步进行(增量分析)；　L_属性与 LL 分析，S_属性与 LR 分析。
- LR 分析方法中 L_属性的增量分析：如何利用属性的等价关系，使得在分析的任何时刻所需属性值均可在分析栈中得到，通过复写规则和引入标记非终结符来实现，也可以通过改写文法消除继承属性，特别是消除依赖右兄弟的继承属性来实现。
- 属性的存储空间分配：优化使用语义栈，生存期不同的属性值共享同一空间，尽量使用左递归。

6．类型与类型检查

- 从不分类到类型：类型的定义；静态类型与强类型，编译器承担类型检查的责任。
- 从单态到多态：既保障类型一致性又提高程序设计的灵活性；通用多态，无穷多个类型对应同一个代码序列；特定多态，有限个无关联的类型对应不同的代码序列，选取哪一个由上下文确定。
- 类型系统：施加在语言结构(文法符号)上的一组类型表达式；基本类型与类型构造符；类型表达式的图形表示。
- 类型的等价：等价的判别；提高等价判别的方法是对类型构造符的重要成分编码以

过滤重要成分不等价的类型。

• 结构等价与名字等价：是否允许为类型命名；不同的名字是否作为不同的类型；名字等价与结构等价的定义与各自的特点；为什么需要确定采用什么样的等价规则；名字等价与结构等价的类型检查方法。

• 多态函数(通用多态)的类型检查：类型变量与类型推断；代换、实例与合一；利用合一操作进行多态函数的类型检查。

• 多态类型(特定多态)的类型检查：可行的类型集合；缩小可行类型集合到唯一类型。

习　题

4.1　将下述语句分别翻译成后缀式、三地址码和树。

(1) a*−(b + c)；

(2) − (a + b)*(c + d) + (a + b −c)；

(3) if (i < 10)　i = 10 else i = 0。

4.2*　证明如果所有的操作符都是二元的，则操作符和操作数的串是后缀表达式，当且仅当操作符个数正好比操作数个数少一个，且此表达式的每个非空前缀的操作符个数少于操作数的个数时。

4.3　使用 C 语言的作用域规则，确定下述程序中对 a 和 b 的引用属于哪个声明的作用域，并给出程序运行的结果。

```
void b(int u, int v, int x, int y) {
    struct { int a, b; } a;
    struct { int b, a; } b;
    a.a = u; a.b = v;
    b.a = x; b.b = y;
    printf("%d %d %d %d\n", a.a, a.b, b.a, b.b);
}
int main() { b(1,2,3,4); return 0;}
```

4.4　假定下面程序中的过程 p 分别采用值调用、引用调用、复写—恢复和换名调用，请给出它们的打印结果。

```
program main(input, output);
    procedure p(x, y, z);
    begin y = y+1;　z = z+x　end;
begin a = 2;　b = 3;　c = a+b;　p(c, a, b);　print a,b,c　end.
```

4.5　对于例 4.34 中的快排函数，若以线性表方式组织符号表，请给出分析到第(19)行时符号表的状态。

4.6*　过程定义时，形参被当作过程的本地变量考虑。

(1) 修改图 4.32(b)所示的符号表，在符号表中加入参数的信息。

(2) 修改文法(G4.9)，在产生式(4)中引入对参数的声明。

(3) 修改基于文法(G4.9)的语法制导翻译，加入对参数的语义处理。

(4) 根据修改后的文法，仿照例 4.36 编写一个简化的快排序程序，并用它对你的设计进行验证。

4.7　设有赋值句 x = – (a + b)*(c + d)，其中 x、a、c 是整型量，b、d 是实型量。根据本书中提供的翻译方案，生成它的中间代码序列(给出分析树和主要的分析过程)。

4.8　根据本书中数组元素引用的语法制导翻译，写出赋值句 result = a[x, y, z]的三地址码序列，其中的三维数组的声明为 a[10, 20, 30]。

4.9　设整型数组声明的形式为 int A[d_1, d_2, $\cdots$, d_n]，并且假设每个整型数占据 4 个字节。

(1) 试推导以列为主存储时计算 c 和 v 的递推公式。

(2)* 设计数组声明的语法制导翻译(包括语法和语义)，以使得在对数组声明从左到右分析的同时，正确填写符号表和内情向量的所有信息。

4.10　本书中的语法制导翻译将表达式 E→id_1<id_2 翻译成一对三地址码：

　　if id_1<id_2 goto –

　　goto –

现将上述三地址码对用三地址码 if id_1>=id_2 goto – 代替，当 E 为真时执行后继代码。请修改 4.8.5 小节的翻译方案，使之产生这样性质的三地址码序列。

4.11　请根据短路计算的语法制导翻译，生成布尔计算的赋值句 x=not (a or b) and (c or d)的三地址码序列(给出分析树和主要分析过程)。

4.12　设有一个描述布尔表达式的 EBNF 文法如下：

　　C → TB (or TB)*

　　TB → FB (and FB)*

　　FB → '(' C ')' | not FB | id (relop id)?

请用递归子程序的方法为其加入语义，生成计算布尔表达式值的三地址码序列(采用非短路计算方法)。

4.13*　写出标准 C 语言布尔表达式的无二义文法 G，并为 G 加入语义，使之分别生成短路计算的和非短路计算的三地址码序列。

4.14*　对 4.9.2 小节讨论的控制语句文法与翻译方案进行扩充，使其可以翻译下述结构，它与 C 语言的 switch-case 结构具有相同语义，其中 num_i(i=1,2,$\cdots$,n)为一组互不相同的整数字面量。请结合一个简单例子给出相应的分析过程、注释分析树和生成的三地址码序列。

```
switch( E ) {
    case num1: S1; break;
    case num2: S2; break;
    ...
    case numn: Sn; break;
    default: Sn+1; break;
}
```

4.15*　C 语言中 for 语句的形式为 for (e1; e2; e3) stmt，它和语句序列

　　e1; while(e2) {stmt; e3}

有相同的意义。请设计语法制导定义，将 C 语言风格的 for 语句翻译成三地址码序列。

4.16 根据条件语句的翻译方案，写出对下面语句的分析过程和生成的三地址码序列。

  while (x>0) while (x>10) x=x+1;

4.17 对于文法(G4.14)：

(1) 为产生式(7)、(8)、(9)设计适当的语义，使得语句序列也可被翻译为三地址码。

(2) 给出 if (x>5) {if (x<10) x = 10; if (x>10) x = 0; }的注释分析树和主要分析步骤，并给出最终的三地址码序列。

4.18* 对于在 4.2 节给出的文法(G4.1)：

(1) 改写文法，使得可以为其设计 S_属性定义。

(2) 设计文法(G4.1)的语法制导定义和翻译方案，它们实现同样的功能，但是所有的属性计算均是自下而上的。

4.19* 试证明在 LL(1)文法的任何位置加上唯一的标记非终结符后，结果文法是 LR(1)文法。

4.20* 对于例 4.16 的语法制导定义，如果采用显式的属性空间分配，试设计它的翻译方案。

4.21* 扩充文法(G4.16-3)，设计语句 if E then S1 else S2 的类型检查。

4.22* 像扩充函数一样，在文法(G4.16-4)或(G4.16-5)中扩充下述语言结构中声明和引用时的类型检查：

(1) 无参函数：void → T 的类型检查。

(2) 过程 D → void 的类型检查。

(3) 无参的过程 void → void 的类型检查。

第5章 运行环境

程序最终需要运行，因此我们必须了解与源程序等价的目标程序在运行时如何使用内存，为了程序的正确运行需要什么样的支持。不同源语言结构所需的运行环境和支持有所不同。本章仅以最简单的基于过程的、顺序执行的程序为前提进行讨论，即源程序的基本结构是顺序执行的过程，过程与过程之间仅通过过程序(过程、函数)调用的方式进行控制流的转移。在这一前提下，需讨论的问题包括：静态的过程在运行时具有什么样的动态特性，运行时需要什么样的环境支持(存储空间分配)，过程之间的调用与返回应如何实现等。

5.1 过程的动态特性

5.1.1 过程与活动

过程的每一次运行(或执行)称为一次**活动**(activation)。活动是一个动态的概念，除了设计为永不停机的过程(如操作系统等)，或者是因设计错误而出现死循环的过程之外，任何过程的活动均有有限的**生存期**(life time)。

定义 5.1 活动的生存期是指从进入活动的第一条指令开始执行到离开此活动前的最后一条指令执行结束的这段时间，其中包括调用其他过程时其他活动的生存期。

活动之间存在两种调用关系：如果活动 A 调用活动 B，从 B 中退出后又调用活动 C，则 B 和 C 是被顺序调用的活动，显然被顺序调用的活动的生存期是不交的；如果活动 A 调用活动 B，而活动 B 又调用活动 C，则 B 和 C 是被嵌套调用的关系。特别需要指出的是，活动的嵌套与过程的嵌套是两个截然不同的概念。过程的嵌套实际上是过程定义的嵌套，是指在一个过程的定义中包含另外一个过程的定义，这是一个静态的概念，仅读源程序就可以确定过程之间的嵌套定义关系。而活动的嵌套实际上是活动调用的嵌套或者活动生存期的嵌套，是指当一个活动在执行过程中又调用了另外的活动，这是一个动态的概念，它们的嵌套关系是由确定活动执行轨迹的条件(如决定过程是否调用的参数或变量等)动态确定的。

顺序执行的程序的最大特征是程序的执行在时间上是顺序的和排他的，即一个程序的运行轨迹由若干顺序或嵌套的活动组成，并且在程序执行的任一瞬间，有且仅有一个活动正在运行。假想时间是一支笔，则任何一个顺序程序的执行过程(控制流)是一个"一笔画"，于是顺序程序运行时的控制流满足以下两点：

(1) 控制流是连续的。

(2) 过程间的控制流可以用树来表示。

定义 5.2　用来描绘控制进入和离开活动方式的树结构称为活动树，在活动树中：

(1) 每个结点代表过程的一个活动。

(2) 根代表主程序的活动。

(3) 结点 a 是结点 b 的父亲，当且仅当控制流从 a 的活动进入 b 的活动时。

(4) 结点 a 处于结点 b 的左边，当且仅当 a 的生存期先于 b 的生存期时。

活动树反映了顺序执行程序的调用和时序关系，它把每个活动的生存期缩小到了一点。也就是说，如果我们关心的仅是活动之间的控制流和它们的生存期，而不关心活动执行的细节和时长，则活动树是最好的表示形式。

【例 5.1】　阶乘函数的计算可以用下述函数 test 实现(见程序清单 5.1)。函数 test 首先调用 get_line(n)得到一个整型数值，然后调用递归函数 f(n)计算出 n 的阶乘，最后将结果输出。令 n = 4，则 test 运行时活动的轨迹如图 5.1(a)所示。其中，纵向是时间轴，横向反映控制流。如果忽略活动执行的时间，仅考虑控制流的流向，即将图 5.1(a)所示的各活动执行时间均压缩为一个点，且将其旋转后按调用次序重新布局，则演变成为如图 5.1(b)所示的活动树。树的边是双向的，既表示调用又表示返回。

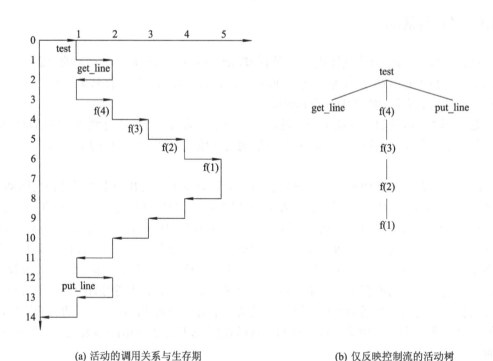

(a) 活动的调用关系与生存期　　　　　　　　(b) 仅反映控制流的活动树

图 5.1　顺序执行的程序的控制流

程序清单 5.1　一个简单的求阶乘函数(仓颉语言定义)

```
1   func test() {
2       var n : Int;
3       func f(n:Int) : Int  {
4           if (n<2)  { return 1; }  else { return n*f(n-1); }
5       }
6       get_line(n);           //读取一个整数存入变量 n,实现略
7       n = f(n);
8       put_line(n);           //输出变量 n 的值,实现略
9   }
```

【**例 5.2**】考虑例 4.34 的快排函数,若要求对数组下标 1 至 9 范围内的元素进行快排,则相应的函数调用为 quicksort(1,9)。若忽略 partition 中对 exchange 的调用,则对于某组数据,sort 的活动树如图 5.2(a)所示,该图反映了活动的嵌套,而图 4.32(a)所示反映的是过程定义的嵌套。

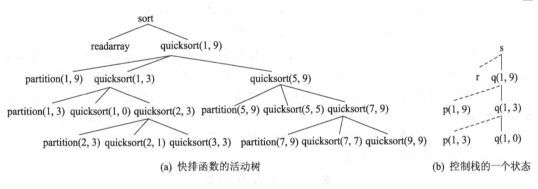

(a) 快排函数的活动树　　　　　　　　　　(b) 控制栈的一个状态

图 5.2　活动树与控制栈

5.1.2　控制栈与活动记录

一个程序执行的完整控制流,恰好是对它的活动树的一次深度优先遍历。根据顺序执行程序的控制流特性,活动树上各结点之间具有下述关系:

(1) 同一层次的活动生存期不交。

(2) 任一时刻,处在生存期的活动构成一条从根到某结点的路径。

(3) 路径上各结点的生存期是嵌套的(后进先出)。

换句话来讲,任何时刻仅需要为所有处在生存期的活动提供它们的活动场所,称为运行环境。根据上述的(2)和(3),存储运行环境的最佳数据结构应该是一个栈,称为**控制栈** (control stack)。而栈上的每个结点是每个活动的运行环境,称为**活动记录**(activation record),有时也称为帧(frame)。每个活动开始时,就为它分配一个活动记录,即将此活动记录分配在栈顶。活动的整个生存期中活动记录一直存在,而当活动结束时,将它从当前栈顶撤销。控制栈的栈顶一般由 top 指示,为了提高效率,top 一般放在寄存器中。

活动记录中至少应该存放两类信息:控制信息和访问信息,具体细节在 5.3 节给出。

(1) 控制信息：用于控制活动的正确调用与返回以及用于控制活动记录的正确切换。

(2) 访问信息：用于支持当前活动提供对数据的访问，包括对本地数据和非本地数据的访问。

【例 5.3】 图 5.2(b)所示给出了快排函数运行时的某个状态。其中，s、r、q、p 分别是 sort、readarray、quicksort 和 partition 的缩写。从 s 开始，实线所链接的活动构成了活动树上的一条路径，也是控制栈的一个状态。在当前状态下，栈中共有 4 个结点，从栈底到栈顶依次是 s、q(1, 9)、q(1, 3)、q(1, 0)。这些活动均处在它们的生存期，但是只有栈顶的 q(1,0)是正在运行的活动。

5.1.3　名字的绑定

定义 5.3　运行时为名字 X 分配存储空间 S，这一过程称为绑定(binding)。

绑定是名字 X 与存储空间 S 的结合。此处，名字 X 是一个对象，它既可以是数据对象，如变量，与之结合的是一个存储单元；也可以是操作对象，如过程，与之结合的是一段可执行的代码。本章的讲述仅限于 X 是一个数据对象。

现在有两个关于名字的问题：名字的声明与名字的绑定。它们都需要有对应的存储空间，而存储空间的对应方式，一种是静态的，一种是动态的。声明时我们关心的是声明的作用域，即当一个名字被引用时，在不同的作用域中与该名字的不同声明结合；绑定时我们关心的是绑定的生存期，即当一个名字在运行时被实际分配的存储单元，名字与存储单元结合的这段时间称为绑定的生存期，显然这个生存期应该和名字的生存期是一致的。静态与动态概念之间的对应关系见表 5.1。

表 5.1　静 态 与 动 态

静　　态	动　　态
过程的定义	过程的活动
名字的声明	名字的绑定
声明的作用域	绑定的生存期

在名字绑定的概念下，对一个变量的赋值，实际上是通过两步映射来实现的。源程序中的一个名字，需要经过名字的绑定将名字映射到一个实际的存储空间，然后经过赋值将此存储空间映射到一个实际的值。名字到存储空间的映射称为"环境"，存储空间到值的映射称为"状态"。由于存储空间对应的是左值，而值对应的是右值，因此我们也可以说，环境将名字映射到左值，状态将左值映射到右值，或者说环境改变存储空间，状态改变值。

同样，在名字绑定的概念下，对一个常量的初始化实质上就是直接将名字与一个具体的值绑定，或者说环境将名字映射到右值，或者说环境直接改变值。变量与常量的映射关系分别如图 5.3(a)、(b)所示。由于表示常量的名字没有左值，因此，常量是不能通过赋值句被改变的。

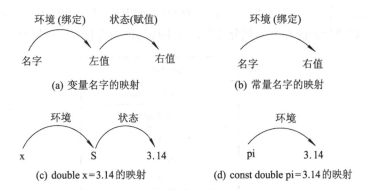

图 5.3　变量与常量名字的映射

【例 5.4】 对于声明语句 double x = 3.14，首先为变量 x 分配一个存储单元 S，然后将 3.14 赋值给 S。对于常量声明 const double pi=3.14，直接将 pi 与 3.14 绑定，于是在程序运行的任何时刻，pi 的值不能被改变。它们的映射关系分别如图 5.3(c)、(d)所示。

在允许过程递归的情况下，当一个活动还没有执行完成时，可能会进入同一过程的另一个活动。这就需要同时保存同一过程的两个或更多活动对应的运行环境，意味着同一个作用域中的同一个名字在运行时可能会被分配多个存储空间，也就是说，同一作用域中的同一个名字可以同时绑定到多个存储单元。例如，图 5.2(b)中同一个快排函数的三个活动的活动记录 q(1, 9)、q(1, 3)和 q(1, 0)均被放在控制栈中，同一个形参在三个活动记录中有不同的存储空间，用于存放不同的值，从而使在快排函数的递归调用中，能够通过实参的值进行正确的排序操作。因此，环境是一个一对多的映射。同样，由于一个存储单元可以（在不同时间）存放不同的值，因而状态也是一个一对多的映射。

编译器怎样对存储空间进行组织和采用什么样的存储分配策略，很大程度上取决于程序设计语言中所采用的机制，如过程能否递归，过程定义能否嵌套，过程调用时参数如何传递，哪些实体可以作为参数和返回值，是否允许动态地为对象分配和撤销存储空间，存储空间是否必须显式地释放等。

 ## 5.2　运行时数据空间的组织

5.2.1　运行时内存的划分与数据空间的存储分配策略

程序运行时，内存空间被划分为代码区和数据区，分别用来保存可执行代码和代码所操作的数据。可执行代码的大小在编译时可以静态确定，因此可以把它放在编译时就可确定的代码区。而对于数据，可以有三种存储方式，对应三种组织形式的数据区，它们分别是静态数据区、栈区和堆区。静态数据区用于存放一对一的绑定且编译时就可确定存储空间大小的数据(如全局变量)；栈用于存放一对多的绑定且与活动生存期相同的数据(如过程内的非静态局部变量、活动记录)；堆用于存放与活动生存期不一致且可以由程序员安排指令来动态生成和撤销的数据，典型的如 C 语言的库函数 malloc()和 free()、C++ 的 new 和 delete 算符，都是为此目的设计的。程序运行时的虚拟内存空间布局因操作系统、硬件和编译器等而异，图 5.4 给出了一种典型的内存空间划分方案，其中栈与堆的增长空间可以是共享的。

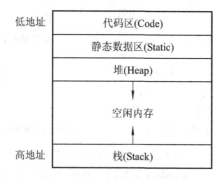

图 5.4　内存空间划分

三种数据区对应下述三种不同的分配策略，具体实现编译器时，根据语言机制的特性，可以采用其中的若干种。

(1) 静态分配策略：编译时安排数据对象的存储。

(2) 栈分配策略：按栈的后进先出方式管理运行时的存储。

(3) 堆分配策略：在运行时根据要求从堆数据区动态地分配和释放存储空间。

5.2.2　静态与动态分配简介

1. 静态分配策略

在静态分配中，名字在程序编译时与存储空间结合，运行时不再改变。采用静态分配策略的数据通常包括全局变量和局部作用域中声明的静态变量等。在整个程序运行期间，同一个静态分配的名字被映射到同一存储单元，这种性质允许名字的值在活动停止后仍能保持，即当控制再次进入活动时，变量的值与控制上一次离开时相同。

采用静态分配策略的存储空间可以这样组织：编译器为每个模块分配一块连续的存储空间，根据模块中名字的类型确定它所需空间的大小。为了称呼上的统一，我们称每个模块的数据区为活动记录。由于每个活动记录的大小均是确定的，所以若干活动记录组成的连续存储空间的大小也是确定的。这一确定的空间在程序运行时一并装入内存，而不管各活动记录是否在某次特定的运行中被使用，程序运行时不再有对存储空间的分配。

静态数据区中，变量的地址可以有两种表示方法。以图 5.5 中变量 X 的地址偏移量 Δ_x 为例，它可以相对 base 寻址，也可以相对 $base_2$ 寻址。事实上，由于数据的静态特性，所有的 $base_i$ 相对于 base 的偏移量均是编译时可以确定的常量，因此两种表示方法没有实质性的区别。但是，相对于 $base_i$ 寻址的方法，可以将静态存储分配与栈式存储分配的方法统一起来，同时也有利于将各活动记录中的共享数据提取出来进行统一处理。

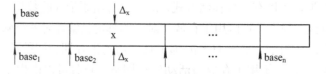

图 5.5　静态存储分配

静态分配的特点，使得它所适用的程序设计语言在某些方面受到限制：

(1) 数据对象的大小和它在内存中位置的限制必须在编译时确定，如数组的大小不能是动态确定的。

(2) 不允许程序递归，因为一个过程的所有活动使用同样的名字绑定，即绑定是一对一的，而递归调用执行时必然存在一对多的绑定关系。

(3) 不允许动态生成数据，因为没有运行时的存储分配机制。

Fortran 语言的早期版本可以完全采用静态存储分配策略。目前，常用的通用程序语言仅在部分数据的空间分配时采用静态存储分配策略。对于允许分别编译的程序设计语言，分别编译模块中的数据定义模块(特别是全程引用的数据)，可以采用静态分配策略，因为它们一般在整个程序运行期间是被共享的。

2．栈分配策略

栈分配策略是一种动态分配策略，它的基础是活动的控制栈，所有与活动具有相同生存期的数据均可以采用栈分配策略。当活动处在生存期时，相应的数据被分配，生存期结束后，数据被撤销。对于这样的数据，其分配与撤销实际上就是控制栈上活动记录的分配与撤销。活动记录被分配在栈区中，栈顶由统一的栈顶指针 top 指示。活动记录的大小如果是 L，则当活动开始时(确切讲应是开始前)，top 增加 L；在活动结束后，top 减少 L。

对于采用静态分配策略分配的数据，也可采用栈分配策略。因为静态分配数据的特征是编译时可以确定大小，所以栈分配策略可以把这些静态可确定的数据在编译时就安排在栈的底部。而对于静态存储分配无法处理的递归程序调用问题和动态数组问题，均可以采用栈分配的策略来解决，因为对于递归调用的活动，其活动记录的分配和撤销可以在程序运行时(即活动运行时)动态地添加到栈顶或是从栈顶撤销；动态数组的存储空间大小也可以根据保存在活动记录中的内情向量信息计算出来，然后动态地添加在当前的栈顶。

由于采用栈分配策略通常要求分配的数据必须与活动同生存期，所以该策略无法满足程序设计语言的下述要求：

(1) 当活动停止时，局部活动中名字的值必须保持(否则会出现悬空引用)。

(2) 在程序运行的任意时刻，可以随时生成或撤销动态数据。

(3) 被调用者的活动比调用者的"活"得更长，此时，活动树不能正确描绘过程间的控制流。

栈分配策略是本章介绍的重点，将在 5.3 节中详细讲述。

3．堆分配策略

堆分配策略是三种分配策略中最灵活的一种，它对程序设计语言几乎不做什么限制，可以采用静态分配策略或栈分配策略进行分配的数据均可采用堆分配策略处理。而对栈分配策略不能分配的数据，堆分配策略却可以分配。

堆分配策略可以采用一个双向链表的结构，将所有可以分配的自由空间链接在链表中，链表中的每个结点指示一个连续可用空间的信息，典型的如可用空间的起始和结束地址。结点的顺序应与可用空间的地址先后一致。

堆分配策略可采用下述方法实现，当收到存储空间的申请要求时，就在链表的结点中找到一块大小合适的区域，将区域中的部分或全部空间分给需要的对象，并将已分配的空间从链表的结点信息中删除。根据是全部还是部分分配，将结点从链中摘除或者修改结点可用空间信息。当空间需要释放时，首先在链表中进行查找，检查释放的空间是否与某个(或某两个连续的)结点中的可用空间相邻。若与一个相邻，则修改当前链表中结点的可用空间信息；若与两个相邻，则合并两个结点为一个结点并修改结点的可用空间信息；若不与任何可用空间相邻，则在链表的适当位置加入一个新的结点。

开始时，链表中仅有一个结点，它提供的是一个连续的可用空间的全部。随着程序的运行，各活动和动态分配的数据不断地从可用空间中获取存储空间，或者将释放的空间放回到可用空间。经过一段时间后，堆中可能包含交错出现的正在使用和已经释放的区域，使得可用存储空间不再连续(如图 5.6 所示)。如果存储空间的分配与撤销算法设计得不合理，就会造成程序运行到一定的时刻，所有可用的存储空间被分割成许多不连续的碎片，使其无法再进行分配。因此，堆分配的空间分配与撤销算法的核心思想之一就是使可用存储空间尽可能保持连续。当然，算法的效率也是需要考虑的问题之一。

(a) 堆分配的存储空间示意图

(b) 堆分配的可用存储空间链表示意图

图 5.6　堆分配

5.3　栈式动态分配

5.3.1　控制栈中的活动记录

前边已经提到，控制栈中活动记录的作用是为当前的活动提供运行环境，因此它既需要提供活动所操作的数据对象的存储空间，也需要提供适当的信息，以保证活动调用与返回时实现控制的正确转移和活动记录的正确切换。因此，活动记录中需要保存两类信息：控制信息与访问信息，具体内容如图 5.7 所示。

1. 参数与返回值	actuals and return value
2. 控制链(可选)	optional control link
3. 访问链(可选)	optional access link
4. 保存的机器状态	saved machine status
5. 本地(局部)数据	local data
6. 临时变量	temporaries

图 5.7　活动记录的内容概要

(1) 参数与返回值：用于存放实参和返回值(如果有的话)。

(2) 控制链：指向调用者活动记录的指针，用于当调用返回时，将当前栈顶正确切换到调用者的活动记录；如果是静态分配，该项可以没有。

(3) 访问链：用于指示访问非本地数据；当过程定义不允许嵌套时，该项也可以没有。

(4) 机器状态：包括本次过程调用之前的机器状态信息，如程序计数器(返回地址)、寄存器等的内容，对于特定的计算机，这些被保存信息是固定的。被调用过程返回时将恢复这些内容。

(5) 过程内部声明的数据，如本地(局部)数据等。

(6) 临时变量：源程序中不出现的、由编译器产生的变量，如表达式 x + y + z 求值时产生的 t1、t2 等。

指示当前活动记录的一般有两个指针：一个是指向实际栈顶位置的栈顶指针 top；另一个是用于数据访问的指针 sp，其中 sp 指向活动记录中的某个位置(如保存的机器状态末端或访问链)。活动记录中的所有数据均可以相对于 sp 寻址。通常，top 和 sp 分别放在两个寄存器中，并且以 sp 作为活动记录的代表。

下面首先通过一个例子了解一下程序运行时控制栈中的活动记录是怎样变化的，然后讲述采用什么样的方法来实现这样的变化。

【例 5.5】回顾图 5.2(b)所示控制栈的一个状态，当前栈中有 4 个活动记录 s、q(1, 9)、q(1, 3)、q(1, 0)。从活动 s 开始，控制栈中的活动记录需要根据控制流的转变，经过一系列的变化，才能到达当前的状态。活动 s 刚开始时，栈中仅有 s 的活动记录。当 s 调用 r 之后，栈顶加入了 r 的活动记录。当控制从 r 退出又进入 q(1,9)时，首先需要在退出 r 时将 r 的活动记录从栈顶弹出，再将 q(1,9)的活动记录压进栈。图 5.8 给出了控制流与控制栈的部分变化过程。

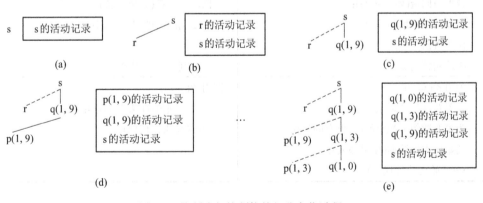

图 5.8 控制流与控制栈的部分变化过程

5.3.2 调用序列与返回序列

实现控制流正确转移和活动记录正确切换的方法，是在过程发生调用和返回处加入适当的可执行代码。在调用处加入的代码称为**调用序列**(call sequence)，返回处加入的代码称为**返回序列**(return sequence)。

以图 5.9 所示的过程 A 调用过程 B 为例，调用前的栈顶是 A 的活动记录，top(A) 指向当前栈顶，A 中的变量 i 相对于 sp(A)寻址(如 $\Delta i[sp]$ = sp(A) + Δi)。调用发生时，调用序列将 B 的活动记录加入栈顶，使得栈顶指针改变为 top(B)，而 B 中的变量 j 相对于 sp(B)寻址(如 $\Delta j[sp]$ = sp(B) + Δj)。B 运行结束返回时，将当前栈顶的活动记录弹出，栈的参数又恢复到调用前的 top(A)和 sp(A)。

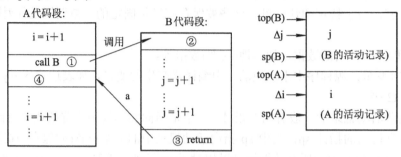

图 5.9　过程的调用与返回

这一系列的控制流转移和栈顶活动记录的切换，由调用序列和返回序列来完成。一般来讲，调用序列和返回序列的内容既可以放在调用者中，也可以放在被调用者中。根据经验，能让被调用者做的事情尽量不要让调用者做，因为在被调用者中只需要一个序列，而在调用者中每调用一次就需要一个序列。表 5.2 所示是一个可能的调用序列与返回序列的安排，其中图 5.9 的①和②形成调用序列，③和④形成返回序列。

表 5.2　调用序列与返回序列

调 用 序 列	返 回 序 列
调用者(①)： 　传递参数； 　维护访问链(如果必要)； 　保存返回地址和控制链； 　保存机器状态； 　将控制转向被调用者	被调用者(③)： 　保留返回值(如果有的话)； 　恢复访问链(如果必要)； 　恢复调用时的机器状态； 　恢复控制链； 　将控制返回调用者
被调用者(②)： 　设置新的活动记录大小； 　为可变数组分配空间(如果有的话)； 　初始化本地数据(如果必要)； 　…(开始可执行代码)	调用者(④)： 　接收返回值(如果有的话)； 　…(继续执行代码)

5.3.3　栈式分配中对非本地名字的访问

如果过程不允许嵌套定义，则过程中只可能访问该过程的本地数据和全局的静态数据。全局数据可以放在静态数据区中(或者栈底)，而本地数据均可以放在过程的活动记录中，且相对于活动记录的 sp 寻址。

如果过程允许嵌套定义，则过程中会访问到一些定义在其他过程中的数据，这些数据既不是本地数据，也不是全局数据。

对允许嵌套定义过程的语言(如 Pascal、仓颉等)进行栈式分配,需要考虑两个关键问题:

(1) 同一名字在不同的作用域内可以表示不同的数据对象。

(2) 如何通过当前的活动记录访问非本地数据。

第一个问题由名字的作用域规则解决(静态作用域 + 最近嵌套原则),第二个问题通过引入访问链的方法解决。

1. 访问链

嵌套过程作用域的直接实现是在每个活动记录中加入一个访问链。访问链是一个指针,它起着双重作用:

(1) 它本身所在的位置可以作为本活动记录中数据寻址的基础,即活动记录的 sp。

(2) 访问链的内容指向它直接外层过程的最新活动记录的访问链,即直接外层最新活动记录的 sp。如果当前栈顶活动记录的过程 p 的嵌套深度为 n_p,则沿当前 sp 间接访问一次(习惯上称沿访问链追踪一次),sp 所到达活动记录的嵌套深度减 1。沿访问链进行若干次追踪,则可到达任何嵌套深度小于 n_p 过程的活动记录。这实际上等价于可以沿访问链找到过程 p 的所有外层最新活动记录的 sp,通过这些 sp 就可以访问任何 p 中需访问的非本地数据。

2. 利用访问链访问非本地数据

假定过程 p 的嵌套深度是 n_p,在过程 p 中引用一个嵌套深度为 n_a,且 $n_a \leq n_p$ 的变量 a,设 p 和 a 的层次之差为 x,即 $n_a + x = n_p$(或者 $x = n_p - n_a$),则可以按如下方法找到 a 的存储位置:

(1) 当控制在 p 中,p 的一个活动记录肯定在栈顶。从栈顶的活动记录中追踪访问链 $n_p - n_a$ 次。$n_p - n_a$ 的值是静态作用域规则决定的,可以在编译时计算得到。

(2) 追踪访问链 $n_p - n_a$ 次后,找到 a 的声明所在过程的活动记录的访问链 sp(a)。

因此,在过程 p 中对变量 a 的地址计算需要两个信息:层次差 $n_p - n_a$ 和偏移量 Δa,它们均可以在编译时计算得到,因此可以将有序对

$$(n_p - n_a, \ \Delta a) \tag{5.1}$$

存放在符号表 a 的条目中,这些信息用于生成存取变量 a 的代码。

3. 在调用序列中生成访问链

建立访问链的代码是过程调用序列的一部分。假定嵌套深度是 n_p 的过程 p 调用嵌套深度为 n_x 的过程 x,则建立访问链分为下面两种情况。

(1) $n_p < n_x$ 的情况:因为被调用过程 x 比 p 嵌套得更深,所以根据作用域规则,x 肯定直接声明在 p 中,即 $n_x = n_p + 1$。例如,sort 调用 quicksort,quicksort 调用 partition 等。此时,被调用过程 x 的访问链必须指向栈中刚好在它下面的调用过程 p 活动记录的访问链。

(2) $n_p \geq n_x$ 的情况:根据作用域规则,p 和 x 具有公共外层,即静态包围 p 和 x 且嵌套深度为 1, 2, $\cdots$, $n_x - 1$ 的过程。例如,quicksort 调用自身,partition 调用 exchange 等。从调用过程追踪访问链 $n_p - (n_x - 1) = n_p - n_x + 1$ 次,到达静态包围 x 和 p 的最接近过程的最新活动记录。所到达的访问链就是被调用过程 x 必须指向的访问链。同样,

$$n_p - n_x + 1 \tag{5.2}$$

可以在编译时计算。

事实上，上述两种情况均可用统一的式(5.2)计算。因为对于第一种情况，$n_p - n_x = -1$，所以 $n_p - n_x + 1 = 0$，即直接将当前的访问链地址填写进被调用者的访问链中，而无须追踪访问链。

【例5.6】 再考察例4.34的快排函数。假设当前控制栈的状态是：s、q(1, 9)、q(1, 3)、p(1, 3)、e(1, 3)。其中，$n_s = 1$，$n_q = 2$，$n_p = 3$，$n_e = 2$，则从 s 开始，活动记录中的控制链和访问链如图 5.10 所示。图中简化的活动记录中 cl 和 al 分别表示控制链和访问链。左边的控制链反映了动态的调用关系(活动的嵌套)，右边的访问链反映了静态的嵌套关系(过程嵌套)。下述是部分访问链建立和利用访问链访问非本地数据的过程。

(1) s 调用 q(1, 9) 时访问链的建立：当前控制栈如图 5.10(a)所示，根据式(5.2)，$n_s - n_q + 1 = 1 - 2 + 1 = 0$，直接令 q(1, 9) 的访问链指向 s 的访问链地址，形成如图 5.10(b)所示的访问链。

(2) p(1, 3) 调用 e(1, 3) 时访问链的建立：当前控制栈如图 5.10(d)所示，$n_p - n_e + 1 = 3 - 2 + 1 = 2$，从 p(1, 3) 追踪访问链两次，到达 s 的访问链，于是形成如图 5.10(e)所示的访问链。

(3) e(1, 3) 中访问变量 x：根据有序对(5.1)的计算公式，追踪访问链 $n_e - n_x = 2 - 1 = 1$ 次，到达 s 的访问链，利用此访问链对 x 进行寻址。

(4) p(1, 3) 中访问数组 a：追踪访问链 $n_p - n_a = 3 - 1 = 2$ 次，也同样到达 s 的访问链，利用此访问链对 a 进行寻址。

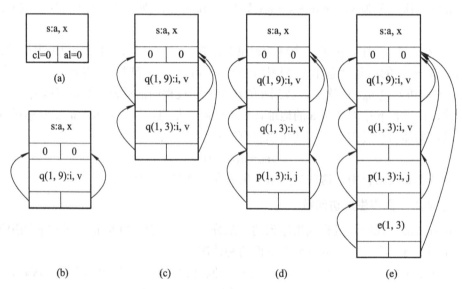

图 5.10　活动记录中的控制链与访问链

4. 利用显示表(display)快速访问非本地数据

考察访问链的特点不难看出，对于任何一个深度为 i 的活动来说，它可能访问的本地与非本地数据只能是嵌套深度不大于 i 的、最新被调用的活动。例如，在图 5.10(d)中，当前活动 p(1, 3) 的嵌套深度是 3，它除了可以访问本地的 i 和 j 之外，还可以沿访问链访问嵌套深度为 2 的最新活动 q(1, 3) 中的 i(但作用域规则不允许访问这个 i)和 v，以及嵌套深度为 1 的最新活动 s 中的 a 和 x。虽然栈中嵌套深度为 2 的活动有两个，但是在 p(1, 3) 中可以访问的是最新的活动 q(1, 3)，而不是 q(1, 9)。换句话来讲，在嵌套层次小于等于当前活动嵌套层次的活动中，每层仅有一个活动中的数据可以被当前的活动访问到。

为了加快对非本地数据的访问，可采用显示表(display)方案。在显示表中直接记录各嵌套层当前过程在控制栈活动记录中的访问链地址，即显示表中的 d[i]存放的是嵌套深度为 i 的最新活动记录的访问链地址。因此，一个活动记录处在栈顶且深度为 i 的活动，可以通过显示表的内容直接访问它外层(嵌套深度小于 i)的任何一个非本地数据，而无须再沿访问链进行若干次追踪。

假定过程 p 的嵌套深度是 n_p，它需要引用一个嵌套深度为 $n_a(n_a \leqslant n_p)$的变量 a，则存储 a 的活动记录中的访问链地址可以在 $d[n_a]$中找到，于是过程 p 中变量 a 的地址信息的有序对(5.1)可以简化为下述的有序对(5.3)，它同样可以在编译时确定，并存放在符号表中：

$$(n_a, \Delta a) \tag{5.3}$$

5. 生成与维护显示表

在沿访问链追踪的访问模式中，访问链只需建立，无须撤销，因为撤销活动记录的同时自然也撤销了访问链。如果采用显示表方式，则当进入和退出活动时，均需对显示表进行维护。

维护显示表的方法是利用活动记录中的访问链。与前述访问链不同，在显示表方案中，活动记录中的访问链已不是指向直接外层的最新活动记录，而是指向同层次的次新活动记录。

维护的过程被分别加入对应的调用和返回序列中。一开始，显示表的初值被置为 0，表示不指向任何活动记录的访问链。当一个嵌套深度为 i 的活动被调用，调用序列在为它建立新的活动记录时，也对显示表进行如下修改：

(1) 将 d[i]的值保存在新活动记录的访问链中。

(2) 令 d[i]指向新的活动记录(即设置 d[i]内容为新活动记录的访问链地址)。

当活动结束时，在返回序列中恢复 d[i]原来的值，即执行(1)的逆操作。

6. 显示表的存储分配

由于顺序执行程序的排他性特点，程序运行到任何一个时刻，只需一个显示表副本。为了提高访问速度，可以用一组寄存器来作为显示表的存储空间，寄存器的个数(即显示表的容量)就是程序设计语言允许过程嵌套的层次数。原理上，程序嵌套的深度是不应受到限制的，而寄存器资源是十分宝贵的。因此，也可以设立一块静态存储区作为显示表，在栈分配中，它可以被放在栈底。

显示表的另外一种存储分配是给显示表多个副本。栈顶每生成一个新的活动记录，就从旧栈顶的活动记录中复制两个活动的公共外层的显示表部分，而把当前活动记录的访问链地址作为显示表中的最新元素。

【例 5.7】将图 5.10 中的访问链改为显示表方案，则显示表建立的过程如图 5.11(a)～(f)所示。读者可以根据上述方法，在活动返回的序列中再将显示表和控制栈的内容从图 5.11(f)恢复到图 5.11(a)。

图 5.11(a)示意了显示表 d[]的初态；图 5.11(b)示意了在调用第 1 层的 sort 时，设置 d[1]；图 5.11(c)示意了在 sort 中调用第 2 层的 quicksort(1, 9)时，设置 d[2]；图 5.11(d)示意了在 quicksort 中递归调用 quicksort(1, 3)时，将 quicksort(1, 9)的访问链入口记录在 quicksort(1, 3)

活动记录的访问链域中，设置 d[2]指向 quicksort(1, 3)的访问链入口；图 5.11(e)示意了在 quicksort 中调用第 3 层的 partition(1, 3)时，设置 d[3]；图 5.11(f)示意了在 partition 中调用第 2 层的 exchange 时，将 d[2]的当前值记录在 exchange 活动记录的访问链域中，并设置 d[2] 指向 exchange(1, 3)的访问链入口。

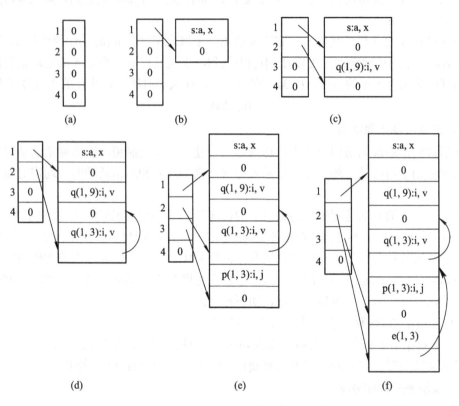

图 5.11　显示表的维护

5.3.4　参数传递的实现

根据第 4 章的分析，我们知道不同参数传递方式之间的主要区别在于传递的是左值还是右值，而且无论是哪种情况，均可按下述原则处理：

(1) 过程定义时形参被当作局部名看待，即在活动记录中为参数分配存储单元。

(2) 将调用时实参的左值或者右值放入形参单元。

(3) 根据传递的是左值还是右值确定过程中对形参是间接访问还是直接访问。

此处，我们仅考虑最简单的情况，即参数是简单变量，且传递的是右值(值调用)。对于 4.10 节中的过程调用 call sum(X+Y，Z)，当时生成了如下的中间代码：

(k − 3) param T

(k − 2) param Z

(k − 1) call 2, sum

设 sum 的声明为 proc sum(a,b:int)，则可按下述方式来处理参数传递。

1．设计含有参数存储单元的活动记录

设计一个简化的活动记录，如图 5.12(a)所示，其中访问链和控制链存放在连续的两个单元中，sp 指向访问链的存储单元。当所处理的语言不需要访问链时，sp 直接指向控制链。如果有 n 个参数，则相对 sp 寻址的前 n+1 个单元分配给参数，从第 n+2 个单元开始分配给过程中声明的变量，最后是代码生成时引进的临时变量。对于一段完整的过程来讲，所有这些内容在编译时均是可以确定的，因此，过程活动记录的长度 L 是可以确定的。这实际上给栈式分配带来了很大的方便：为新的活动记录分配存储空间就是将旧的 top 加上 L 形成新的栈顶。

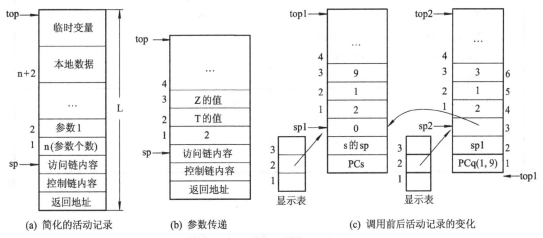

(a) 简化的活动记录　　　(b) 参数传递　　　(c) 调用前后活动记录的变化

图 5.12　活动记录与内容的填写

2．调用序列中将实参的值放入对应的存储单元

参数传递的过程在调用者的调用序列中实现。将 call 2, sum 扩充为一个调用序列，其中的参数传递代码如下，从而得到图 5.12(b)所示的 sum 活动记录的参数的内容，程序计数器 pc 保存了下一条要执行指令的地址：

(k - 3) param T

(k - 2) param Z

(k - 1) 4[top] = 2

(k)　　 5[top] = -4[pc]

(k + 1) 6[top] = -4[pc]

(k + 2) ...

3．过程内部对参数访问的实现

值调用时参数传递的是右值，过程内部对参数进行直接访问，形参 a 和 b 的地址分别为 2[sp] 和 3[sp]。注意：此时是在 sum 的活动记录中相对 sp 寻址，而参数传递过程是在调用者中实现的，相对当时的栈顶 top 寻址。

【例 5.8】 用显示表实现非本地数据的访问，考虑 q(1, 9)调用 q(1, 3)以及从 q(1, 3)返回 q(1, 9)的过程，它们的调用序列和返回序列分别如表 5.3 所示，其中忽略了函数的返回值和机器状态的保存与恢复等。具体的活动记录和显示表内容如图 5.12(c)所示，本地数据

的分配均简化为一个变量占用一个存储单元。

表5.3　例5.8的调用序列和返回序列

调 用 序 列		返 回 序 列	
q(1,9):		q(1,3):	
4[top] = 2	-- 参数传递	d[2] = 0[sp]	-- 恢复访问链
5[top] = -4[pc]		sp　 = -1[sp]	-- 恢复旧 sp
6[top] = -4[pc]		top　= top-L	-- 恢复旧 top
3[top] = d[2]	-- 维护访问链	pc　 = 1[top]	-- 恢复返址
d[2]　 = top+3		jmp pc	-- 控制转移
2[top] = -1[sp]	-- 保存控制链		
1[top] = pc	-- 保存返址		
jmp q	-- 控制转移		
q(1,3):		q(1,9):	
sp = top+3	-- 设置新 sp	⋮	
top = top+L	-- 设置新 top		
⋮			

5.4　本　章　小　结

本章介绍了程序运行时的空间组织，重点讲述了如何通过对过程的静态分析(包括符号表的利用)建立运行环境，以保证程序的正确执行。

1．过程的动态特性

- 过程、活动、活动的生存期、顺序执行程序的控制流。
- 活动树、控制栈、活动记录。
- 声明的作用域与名字的绑定、变量名字的绑定与常量名字的绑定、"环境"与"状态"、映射的一对多特性。

2．运行时的存储空间组织

- 运行时内存的划分：代码区、静态数据区、栈区、堆区。
- 活动记录的具体内容：参数与返回值、返回地址、控制链(可选)、访问链(可选)、机器状态、局部数据、临时变量等。

3．存储分配策略

- 静态分配：简单的分配策略、对语言机制的限制。
- 栈分配：基于控制栈、可被分配数据的特点、对语言机制的限制、与静态分配的关系。
- 堆分配：可以任意动态分配和撤销数据空间，用双向链表管理可用空间信息，对语言机制不作限制，分配策略的实现较为复杂。

4．栈分配策略

- 控制栈中活动记录的具体内容。
- 调用序列与返回序列：调用序列和返回序列的作用、内容；调用序列与返回序列功能的划分；如何设计调用序列与返回序列，以保证控制流的正确转移和活动记录的正确切换。
- 控制链与访问链：控制链用于活动记录的正确切换，体现活动的嵌套关系；访问链用于访问非本地数据，体现过程的嵌套关系。
- 访问链的不同实现方法：通过访问链访问非本地数据；通过显示表访问非本地数据；两种方法对访问链的维护。

5．参数传递的实现

- 如何进行实参与形参的结合；如何在代码中实现对参数的正确存取。

习 题

5.1 静态分配策略对语言有哪些限制？栈分配策略对语言有哪些限制？

5.2 有函数 p 和 max 定义如下(参数传递均为值调用)：

```
int max ( a，b：integer )
{   if (a < b) return b else return a；
}
void p()
{ int   x. Y;
  x = 3; y = 5；x = max( x，y ); }
```

(1) 请写出 p 与 max 之间的调用序列与返回序列。

(2) 请画出 p 与 max 各自的活动记录，列出活动记录中所有可以确定的内容。

(提示：函数定义中没有嵌套，活动记录中可以没有访问链，此时，控制链的地址作为本地数据寻址的基址。)

5.3 试解释为什么在程序运行的任何时刻，均可以通过控制链进行活动记录的正确切换，并且均可以通过访问链正确访问非本地数据。

5.4 设过程 p 和过程 q 的嵌套深度分别为 n_p 和 n_q，试证明无论是 $n_p < n_q$ 还是 $n_p \geqslant n_q$，本章所讲述的显示表维护方法均能正确工作。

5.5 设有简化的仓颉语言函数 A 如下所示：

```
func A() {
    func B() {
        func D() {
            x : Rune;

            ...
```

```
      } //end D
    } //end B
    func C() {
        x : Int;
        func E() {
            y : Int;
            ...
        } //end E
        func F() {
            y : Float32;
            ...
        } //end F
        ...
    } //end C
    ...
  } //end A
```

采用静态作用域、最近嵌套原则，设 A 是第 1 层的函数。

(1) 给出反映过程嵌套层次的嵌套树，指出各个过程的嵌套层次。

(2) 给出可以正确反映作用域信息的符号表。

(3) F 可以调用 E 吗？可以调用 D 吗？可以调用 B 吗？为什么？

(4) 若一个可能的程序运行控制流是 A→C→E→F→B，试给出每次调用和返回时控制栈中各活动记录的可确定内容和显示表的变化。

(5) 分别给出 C 调用 E 的调用序列和从 E 返回的返回序列。

5.6* 如果题 5.2 中过程的参数传递采用的是传地址，试给出参数传递的实现过程，包括中间代码的形式，复制实参到形参单元以及过程内部对参数的存取。

第6章 代 码 生 成

目标代码生成是编译器的最后一个阶段，它以中间代码和符号表信息为输入，生成最终可以在机器上运行的目标代码。本章以三地址码形式的中间代码为代码生成器的输入，讲述目标代码生成过程中涉及的共性问题。

 6.1 代码生成的相关问题

目标代码的生成由代码生成器来实现。如何生成正确、高效的目标代码，以及如何使得所设计的代码生成器能够便于实现、测试和维护，是我们所关心的问题。代码生成所需考虑的主要问题如下。

1. 中间代码形式

在第 1 章曾经指出，为提高目标代码的执行效率，实际编译器中往往设计有基于中间表示的代码优化处理，而在优化过程所使用的中间表示又可能有多种形式。其中，树与后缀式适用于解释器，而对于希望生成目标代码的编译器而言，中间代码多采用与一般机器指令格式相近的形式。为简单起见，本章选用三地址码形式的中间代码作为目标代码生成器的输入。

2. 目标代码形式

目标代码的形式可以分为两大类：汇编语言和机器指令。机器指令又可以根据需求的不同分为绝对机器代码和可重定位机器代码。绝对机器代码的优点是可以立即执行，一般应用于一类称为 load-and-go 形式的编译模式，即编译完成后立即执行，不形成磁盘形式的目标文件，这种形式特别适合于初学者。可重定位机器代码的优点是目标代码可以被任意链接并装入内存的任意位置，是采用最多的目标代码形式。

汇编语言作为一种中间输出形式，便于软件开发人员的测试；load-and-go 提供给初学者使用；可重定位机器代码用于真正的软件开发。出于教学的目的，此处选择汇编语言作为目标代码。

3. 寄存器的分配

由于寄存器的存取速度远远快于内存，因而一般情况下总是希望尽可能多地使用寄存器，但计算机中的寄存器数量有限，因此，如何分配寄存器是目标代码生成时需要考虑的重要问题之一。

4. 计算次序的选择

代码执行的次序不同，会使代码的运行效率有很大的差别。在生成正确目标代码的前提下，优化安排计算次序和适当选择代码序列，也是代码生成需要考虑的重要因素之一。

6.2 简单的计算机模型

首先设计一个假想的计算机模型，并且约定：M 表示内存单元，R_i 表示寄存器，c 表示常量，op 表示运算，* 表示间接寻址。

1. 指令系统与寻址方式

计算机模型的指令系统与寻址方式如表 6.1 所示。令 X 代表 R_i 或者 M，则赋值号右边的(X)表示直接取 X 的内容作为操作对象，((X))表示一层间接，即取 X 的内容作为地址。可以看出，此模型中的指令与三地址码十分相似。基本寻址方式有直接型、寄存器型和变址型，对应这三种寻址方式，均可以间接寻址。

表 6.1 计算机模型的指令系统与寻址方式

寻址类型	指 令 形 式	指 令 意 义	三地址码形式
直接型	op R_i, M	R_i = (R_i) op (M)	x = x op y
寄存器型	op R_i, R_j	R_i = (R_i) op (R_j)	x = x op y
变址型	op R_i, c(R_j)	R_i = (R_i) op (c+(R_j))	x = x op c[y]
间接型	op R_i, *M	R_i = (R_i) op ((M))	x = x op *y
	op R_i, *R_j	R_i = (R_i) op ((R_j))	x = x op *y
	op R_i, *c(R_j)	R_i = (R_i) op ((c+(R_j)))	x = x op *(c[y])

表 6.1 中 op 均表示二元运算；若为一元运算，则指令 op R_i, M 的意义为 R_i = op (M)，对应三地址码形式为 x = op y。

2. 特殊指令

除了上述寻址方式和一般的运算指令之外，计算机模型的指令系统中还包括如表 6.2 所示的特殊指令，主要有两大类：内存与寄存器交换类，包括 LD 与 ST；比较与转移类，如 CMP 与 J relop X 等。

表 6.2 计算机模型的特殊指令

指 令 格 式	指 令 意 义
LD R_i, M	R_i = (M)，即将存储单元 M 的内容装入寄存器 R_i
ST R_i, M	M = (R_i)，即将寄存器 R_i 的内容存入存储单元 M
J X	goto X，无条件转向 X 单元
CMP A, B	比较 A 和 B 单元的内容，根据结果置寄存器 CT 的内容： A < B, CT = 0; A = B, CT = 1; A > B, CT = 2

续表

指 令 格 式	指 令 意 义
J<X	if CT==0 goto X
J≤X	if (CT==0 or CT==1) goto X
J==X	if CT==1 goto X
J≠X	if (CT==0 or CT==2) goto X
J>X	if CT==2 goto X
J≥X	if (CT==2 or CT==1) goto X

可以看出，CMP A, B 和 J relop X 共同完成三地址码 if A relop B goto X 的功能。其中，relop 是上述关系算符中的任意一个。

3．指令的代价

由于各指令中的操作对象可以是寄存器或内存地址，也可以是直接寻址或间接寻址，因此，各指令的执行时间(称为指令代价)不同。假设寄存器的代价为 1，内存地址的代价为 2，则上述计算机模型的指令代价如表 6.3 所示。代价并不是一个严格的量化指标，只是可以用它大概估算不同类型指令执行时间的差异，因此也可以采用所谓的相对代价，即令代价最小的指令的相对代价为 0，则其他指令代价与其的差就是相对代价的值。

表 6.3　计算机模型的指令代价

指 令 格 式	指令代价	相对代价
op R_i, M	4	1
op R_i, R_j	3	0
op R_i, c(R_j)	7	4
op R_i, *M	6	3
op R_i, *R_j	5	2
op R_i, *c(R_j)	9	6
LD R_i, M ST R_i, M	3	0

【例 6.1】 以下是一个三地址码序列和对应的目标代码序列，在注释中给出了各指令的相对代价。

t = a + b	LD	R_1, a	//相对代价为 0
	ADD	R_1, b	//相对代价为 1
t = t * c	MUL	R_1, c	//相对代价为 1
t = t / d	DIV	R_1, d	//相对代价为 1

6.3　简单的代码生成器

本节所介绍的代码生成器以三地址码为输入，并将其转换为上述计算机模型的汇编指令序列。首先介绍程序控制流中基本块的相关概念，然后着重讲述在一个基本块内如何充分利用寄存器以提高目标代码的运行效率，并且给出寄存器分配的一般方法。

6.3.1　基本块、流图与循环

定义 6.1　一段顺序执行的语句序列称为一个**基本块**。其中，第一条语句称为基本块的**开始语句**(或简称为开始)，最后一条语句称为基本块的**结束语句**(或简称为结束)。

由于基本块中的语句是被顺序执行的，因此基本块的控制流总是从开始语句进入，不会有进入块内部的跳转；从结束语句退出，中途没有退出或停机。任何一个复杂的程序控制流均可以划分为若干个基本块；极端情况下，一条语句构成一个基本块。

将基本块作为一个图中的结点，结点之间的边指示程序控制流的转移，就可以形成一个程序的图形表示，称为控制流图(control-flow graph)或简称为流图(flow graph)。

定义 6.2　程序的**流图**是有向图，基本块构成图的结点。若在程序控制流中，当且仅当基本块 C 的开始语句可能紧随 B 的结束语句执行，则从 B 到 C 有一条边，称 B 是 C 的**前驱**，C 是 B 的**后继**。

所谓基本块的划分，实际上就是如何找出程序段中所有顺序执行的子序列。基本块划分的算法如下：

算法 6.1　划分基本块与构造流图

输入　三地址码的语句序列。

输出　流图。

方法　按下述原则划分基本块，并且记录基本块之间的控制流转移。

(1) 求出各基本块的开始语句，并为其编号 1，2，…，它们包括：

① 程序的第一条语句；

② 能由条件转移或无条件转移语句转移到的语句；

③ 紧跟在条件转移或无条件转移语句之后的语句。

对所求出的每个开始语句 $i(i=1, 2, \cdots, n)$，构造基本块 B_i，每个基本块 B_i 包括从开始语句 i 直到下一个开始语句 i+1 的前一条语句或中间代码的结束语句的所有语句。

(2) 为基本块构造它们之间的控制流转移关系，其中 $prev(B_i)$ 为 B_i 的前驱结点集合。只要确定了所有结点的前驱，每个结点的后继也就确定了。

① 从开始语句 i 到下一开始语句 i+1 的前一条语句，若 B_i 的最后一条语句不是无条件转移语句，加入 B_i 到 $prev(B_{i+1})$；

② 从开始语句 i 到一条转移语句(设转向开始语句 j)，加入 B_i 到 $prev(B_j)$。

(3) 修改转移语句，从转向某语句修改为转向语句所在基本块。

(4) 凡未被划分到某个基本块中的语句，都是程序控制流无法到达的语句，可以删除。

从程序的第一条指令开始构造基本块，不断添加指令到基本块中，直到遇到一个无条件跳转、条件跳转或者一个标号。如果没有跳转和标号，则控制顺序地从一条指令转移到下一条指令。将这些基本块作为流图的结点，并且在基本块划分时记录下控制流的转移，即可得到流图。

【例 6.2】　下面的 C 语言程序段将一个 10×10 矩阵的值设置为一个单位矩阵，与该程序段对应的三地址码如图 6.1(a)所示，用算法 6.1 构造它的流图如图 6.1(b)所示。本例假设一个实数占用 8 个标准存储单元。

```
for(i=0; i<10; ++i)
        for(j=0; j<10; ++j)
              a[i][j] = 0.0;
        for(i=0; i<10; ++i)
              a[i][i] = 1.0;
```

首先，根据算法 6.1 的步骤(1)找出所有的开始语句：图 6.1(a)中，(1)是，因为它是程序的第一条语句；(2)、(3)、(12)是，因为它们是条件转移语句转向的语句；(9)和(11)也是，因为它们是紧随条件转移之后的语句。

然后，根据算法的步骤(2)求出每个开始语句对应的基本块和各个基本块的前驱信息：图 6.1(a)中，(1)的基本块就是(1)，记为 B_1；(2)的基本块就是(2)，记为 B_2；(3)的基本块是从(3)到(8)，记为 B_3；(9)的基本块是(9)和(10)，记为 B_4；(11)的基本块就是(11)，记为 B_5；(12)的基本块是从(12)到(15)，记为 B_6。

为每个基本块构造一个结点，并且若 B 是 C 的前驱(或者说 C 是 B 的后继)，则从 B 到 C 有一条边，最终得到如图 6.1(b)所示的流图。

程序入口指向基本块 B_1，因为 B_1 包含程序的第一条指令。B_1 的唯一后继是 B_2，因为 B_1 不以跳转结束且 B_2 的开始指令紧随 B_1 结束之后。

块 B_3 有两个后继。一个后继是其自身，因为 B_3 的开始语句是块 B_3 结束语句所跳转到的目的地；另一个后继是 B_4，因为若 B_3 最后一条语句的条件"j<10"不成立，控制就进入 B_4 的开始语句。

仅有 B_6 指向流图的出口，因为到达流图出口的唯一途径是通过 B_6 结束语句的条件跳转指令。

基本块中转移语句的转向由原来的转向某三地址码语句改变为转向该语句所在的基本块。根据算法 6.1 中基本块的划分方法可知，转移语句的转向一定是一个开始语句，因此这一改变不会造成语义上的不等价。同时，它还有一个好处，便于进行不同基本块中的优化变换，因为基本块中的语句可能会被优化而发生改变。如果跳转到语句，就必须在每次目标代码发生改变时不断地去修改相应的跳转指令。

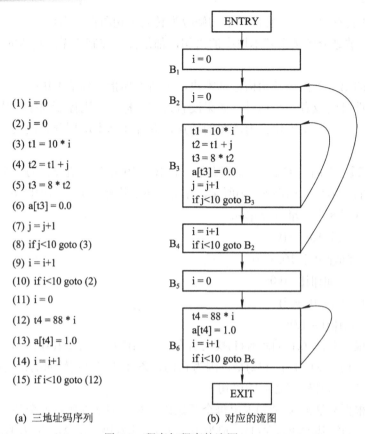

(a) 三地址码序列　　　　　(b) 对应的流图

图 6.1　程序与程序的流图

　　流图作为普通图，可以用任何适用表示图的数据结构来表示。结点(基本块)的内容需要专门的表示方式。可以使用一个指向三地址码数组中起始语句的指针来表示结点内容，并附加一个语句数量或者另一个指向基本块结束语句的指针。由于可能会频繁地改变基本块中的语句条数，所以以给每个基本块构造一个语句链表会更方便。

　　从图 6.1(b)中可以看到多个环路，事实上这些环路就是程序中的循环，即被反复执行的部分。

　　为了方便起见，习惯上还为流图增加两个空结点：入口结点 ENTRY 和出口结点 EXIT，它们不包含任何语句，仅作为流图的唯一入口和唯一出口。具体地讲就是，从入口结点有一条边到流图的第一个可执行结点，即第一条三地址码所在的基本块；从包含程序最后一条可执行语句所在的基本块到出口结点有一条边，如果程序的最终指令不是无条件跳转的，则包含程序最终指令的基本块是出口的前驱之一。

　　定义 6.3　我们称流图中具有下述性质的结点集合 L 是一个**循环**(loop)：

　　(1) L 中有一个结点称为循环入口(loop entry)，条件是 L 中没有任何结点(除循环入口本身外)有循环外部的前驱结点。也就是说，任何从程序入口出发到 L 中结点的路径必须经过循环入口。

　　(2) L 中的任何结点均有一条完全在 L 中的非空路径到达 L 的循环入口。

程序设计语言定义的循环结构如 while 语句、do-while 语句和 for 语句等，在执行中会进行大量循环。由于实际上程序的绝大部分时间都在执行循环，所以生成"好"的循环代码对编译器来说尤为重要，而通过某种算法找出这些循环是构造"好"代码的基础。

【例 6.3】 图 6.1(b)中有三个循环：

(1) { B_3 }是一个循环。

(2) { B_6 }是一个循环。

(3) { B_2, B_3, B_4 }是一个循环。

前两个循环仅有一个结点和一条指向自身的边。例如，B_3 构成一个以 B_3 为入口结点的循环。根据定义 6.3 的第(2)条性质，循环中必须有一条非空的到达入口结点的路径，此处是从 B_3 到 B_3。单一结点 B_2 没有一条从 B_2 到 B_2 的边，所以它不是循环，因为在{B_2}中没有从 B_2 到其自身的非空路径。

第三个循环是 L = {B_2, B_3, B_4}，B_2 是它的入口结点，因为三个结点中只有 B_2 有循环之外的前驱结点 B_1，同时三个结点均有一个在循环中的到达 B_2 的非空路径。例如，对 B_2 有路径 $B_2 \rightarrow B_3 \rightarrow B_4 \rightarrow B_2$。

6.3.2　下次引用信息与活跃信息

为了生成"好"的目标代码，需要知道变量的值在什么时候被使用。如果一个变量的值当前在寄存器中并且以后再也不被使用，则该寄存器就可以分配给其他变量。

定义 6.4　在形如(i) x = y op z 的三地址码中，出现在"="左边和右边的变量分别称为对变量的**定值**和**引用**，i 称为变量的**定值点**或**引用点**。若变量的值在 i 之后的代码序列中被引用，则称变量在 i 点是**活跃**的。若变量 x 在 i 点被定值，在 j 点被引用，且从 i 到 j 没有 x 的其他定值，则称 j 是 i 中变量 x 的**下次引用信息**，所有这样的下次引用信息 j_k(k = 1, 2, …)构成一个**下次引用链**。

一个变量 x 可以多次被定值，一次定值后又可以多次被引用。一个变量 x 在最后一次被引用之后就不再活跃了，因此一个变量 x 在其下次引用链的范围内总是活跃的。

目标代码生成时，需要确定三地址码 x = y op z 中 x、y 和 z 的下次引用信息。下面的算法 6.2 通过对基本块的逆向扫描，计算变量的下次引用和活跃信息。暂不考虑基本块外的情况，对变量出基本块后是否活跃可作如下假设：

(1) 一般情况下，临时变量不允许跨基本块引用，临时变量出基本块后是不活跃的。

(2) 非临时变量出基本块后是活跃的。

(3) 如果允许临时变量跨基本块引用，则这样的临时变量出基本块后也是活跃的。

下面的算法对每个基本块进行逆向扫描时，将信息存放在符号表中，因此需要在符号表的变量条目中增加下次引用信息和活跃信息两个栏目，用于存放计算的中间结果。

算法 6.2　确定基本块中每条语句的活跃信息与下次引用信息

输入　三地址码语句的基本块 B。

输出　对 B 中的每条语句(i) x = y op z，为 i 附加上 x、y 和 z 的活跃信息和下次引用信息。

方法 假设一开始 B 中的所有非临时变量是活跃的，并且临时变量是不活跃的。从 B 的最后一条语句开始逆向扫描到第一条语句，对每条语句(i) x = y op z 进行下述操作：

(1) 将当前符号表中 x、y 和 z 的活跃信息和下次引用信息附加在语句 i(的变量)上。

(2) 在符号表中置 x 为"不活跃"和"非下次引用"。

(3) 在符号表中置 y 和 z 为"活跃"并且 y 和 z 的下次引用为 i。

如果三地址码语句 i 形如 x = op y 或 x = y，则步骤同上但是忽略 z。注意操作(2)和(3)的次序不能交换，因为 x 也可能是 y 或 z。

【例 6.4】 在下述左列的基本块中，设 a、b、c、d 是源程序中的变量，t、u、v 是临时变量。如果我们用 F 分别标记"非下次引用"和"不活跃"，用 L 标记"活跃"，用(i)标记三地址码位置，则下述右列给出了各变量或临时变量的下次引用信息和活跃信息，用算法 6.2 从(4)到(1)依次计算下次引用信息和活跃信息的过程如表 6.4 所示。其中，信息填写的形式是"下次引用/活跃"。

(1) $t = a - b$ (1) $t^{(3)/L} = a^{(2)/L} - b^{F/L}$

(2) $u = a - c$ (2) $u^{(3)/L} = a^{F/L} - c^{F/L}$

(3) $v = t + u$ (3) $v^{(4)/L} = t^{F/F} + u^{(4)/L}$

(4) $d = v + u$ (4) $d^{F/L} = v^{F/F} + u^{F/F}$

表 6.4 下次引用信息与活跃信息的计算

	初值	(4)	(3)	(2)	(1)
a	F/L			(2)/L	(1)/L
b	F/L				(1)/L
c	F/L			(2)/L	
d	F/L	F/F			
t	F/F		(3)/L		F/F
u	F/F	(4)/L	(3)/L	F/F	
v	F/F	(4)/L	F/F		

6.3.3 简单的代码生成

代码生成的基本依据是变量的下次引用信息与活跃信息，以及寄存器的分配原则。下面首先规定寄存器的分配原则，然后在此原则下对寄存器和内存地址的信息进行简要描述，并且设计如何为名字选择存储位置(getreg 函数)，并在此基础上生成目标代码。

1. 寄存器的分配原则

在指令的执行代价中，访问寄存器的代价最小，因此，总是希望将尽可能多的运算对象放在寄存器中。由于任何一个计算机模型中的寄存器个数都是有限的，所以需要根据一些原则对寄存器进行分配。下面是基于基本块的寄存器分配的一般原则：

(1) 当生成某变量的目标代码时，让变量的值或计算结果尽量保留在寄存器中，直到寄存器不够分配时为止，这样可以减少对内存的存取次数，降低代价。

(2) 当到达基本块结束语句时，将变量的值存放在内存中。因为一个基本块可能有多个后继结点，同一个变量名在不同前驱结点的基本块的结束语句前存放的寄存器可能不同，或没有定值，所以应该在结束语句前把寄存器的内容放在内存中。从而使得进入基本块时，每个变量的值均在内存中。

(3) 在一个基本块内、后面不再被引用的变量占用的寄存器应尽早释放，以提高寄存器的利用效率。

2. 寄存器与内存地址的描述符

代码生成器使用描述符来跟踪寄存器的内容和名字的地址。寄存器描述符跟踪当前每个寄存器中的内容，当需要一个新寄存器时就查找描述符。假设初始状态寄存器描述符对所有寄存器为空(若寄存器被跨基本块赋值，则假设可能不成立)。随着基本块中代码的生成，每个寄存器在任何时刻可能持有 0 个或若干个名字的值。地址描述符跟踪运行时可以在其中找到名字当前值的存储位置，该位置可以是寄存器、栈中某单元、其他内存地址或它们的集合。该信息可以存放在符号表中，用于确定对一个名字的存取方式。

3. getreg 函数

getreg 函数为赋值 x = y op z 返回一个持有 x 值的存储位置 L。如何选择 L 是一个复杂的问题，此处仅讨论一种简单且易于实现的方法，此方法基于前面所讲述的下次引用信息。该方法的主要步骤如下：

(1) 若名字 y 在不含其他名字的寄存器中(通过拷贝可以使一个寄存器中持有若干个变量的值)，并且在执行过 x = y op z 之后不再被引用也不活跃，则返回 y 的寄存器作为 L。修改 y 的地址描述符以指出 y 已不在 L 中。

(2) 若(1)失败，则返回一个空闲的寄存器。

(3) 若(2)失败，如果 x 在基本块中具有下次引用信息，或者 op 是一个如下标之类的、需要寄存器的操作符，则找到一个被占用的寄存器 R，将 R 的值存入适当的内存位置 M，修改 M 的地址描述符，并且返回 R。若 R 中持有若干个变量的值，则需要将它们均存入适当的内存位置。对 R 的选择原则应该是 R 中的值已经在内存中或者最近不被使用。

(4) 若 x 在基本块中没被使用，或者找不到合适的被占用寄存器，则选择 x 的内存位置作为 L。

4. 代码生成算法

算法 6.3　代码生成算法

输入　基本块。

输出　基本块的目标代码序列。

方法

(1) 对每个形如 x = y op z 的三地址码，按下述原则计算：

① 调用 getreg 函数确定一个位置 L，用于存放 y op z 运算的结果。L 通常应是一个寄

存器，也可以是一个内存地址。

② 查找 y 的地址描述符以确定 y 的当前存储位置(或存储位置之一)y'。若 y 当前的值既在寄存器又在内存中，则寄存器优先，即选择寄存器作为 y'。如果 y 的值尚未存储在 L 中，则生成一条指令"LD L, y'"将 y 的拷贝放入 L。

③ 产生一条指令"op L, z'"，其中 z'是 z 的当前位置，也是寄存器优先。修改 x 的地址描述符使得 x 在位置 L 中。若 L 是一个寄存器，则修改 L 的描述符使得它含有 x 的值。

④ 若 y 和(或)z 的当前值不再使用，出基本块后不再活跃，且也不在寄存器中，则修改寄存器描述符，使得在 x = y op z 执行之后，这些寄存器分别不再含有 y 和(或)z。

对于形如 x = op y 的一元运算，处理的方法是类似的。特别是对于 x = y 的情况，如果 y 的值存放在一个寄存器中，则只需修改相应的寄存器和地址描述符，记下 x 的值仅存在于持有 y 的值的寄存器中即可。若 y 的当前值不再使用且出基本块后不再活跃，则寄存器不再持有 y 的值。

(2) 一旦处理完了基本块中的所有三地址码，将所有出基本块后是活跃的、且不在它们内存位置的名字通过 ST 指令存回内存。具体地，用寄存器描述符确定哪些名字留在寄存器中，用地址描述符确定名字是否不在它们的内存位置，用活跃信息确定名字是否需要存储。

【例 6.5】将算法 6.3 应用于例 6.4 中的三地址码序列，所产生的目标代码序列以及寄存器和地址描述符的内容如表 6.5 所示。

表 6.5　三地址码与目标代码

三地址码	目标代码	寄存器描述符	地址描述符
$t = a - b$	LD　R_0, a SUB R_0, b	R_0 中含有 t	t 在 R_0 中
$u = a - c$	LD　R_1, a SUB R_1, c	R_0 中含有 t R_1 中含有 u	t 在 R_0 中 u 在 R_1 中
$v = t + u$	ADD R_0, R_1	R_0 中含有 v R_1 中含有 u	v 在 R_0 中 u 在 R_1 中
$d = v + u$	ADD R_0, R_1 ST　R_0, d	R_0 中含有 d	d 在 R_0 中 d 在 R_0 和内存中

6.4　本　章　小　结

目标代码生成是编译器的最后一个阶段，是编译器中唯一与目标机器特性相关的阶段。这一阶段所需考虑的问题大部分是基于特定机器的，如机器的指令系统与寄存器等。本章以一个假想的机器指令系统为基础，简单介绍了目标代码生成所涉及的共性问题，如寄存器的分配原则、基本块与流图、基于基本块的简单代码生成等。

(1) 代码生成的相关问题：中间代码与目标代码的形式，指令系统的选择，代码的执行代价，寄存器的分配原则，计算次序的选择。

(2) 基本块与流图：基本块的划分与流图的构造，流图中的循环等。

(3) 目标代码生成器：下次引用信息与活跃信息，寄存器与内存地址的描述符，存储位置的选择(即 getreg 函数)，基于基本块的简单代码生成算法。

习　题

6.1　根据 6.2 节的假设，计算下述各指令的相对代价。

LD　R_0, a

SUB R_0, b

LD　R_1, a

SUB R_1, c

ADD R_0, R_1

ADD R_0, R_1

ST　R_0, d

6.2　下述是一个简单的计算矩阵乘法程序。

for (i=0; i<n; i++)

　　for (j=0; j<n; j++) c[i][j] = 0.0;

for (i=0; i<n; i++)

　　for (j=0; j<n; j++)

　　　　for　(k=0; k<n; k++) c[i][j] = c[i][j] + a[i][k] * b[k][j];

(1) 将程序改写为本节所用的三地址码语句。假设矩阵的元素需要 8 个标准存储单元，并且矩阵以行为主存储。

(2) 构造上述三地址码程序的流图。

(3) 标记出流图中的循环。

6.3　对于下述三地址码序列，用算法 6.1 为它划分基本块并构造流图。

(1) a = 1　　　　　　　　(7) e = e + 1

(2) b = 2　　　　　　　　(8) b = a + b

(3) c = a + b　　　　　　(9) e = c − a

(4) d = c − a　　　　　　(10) a = b * d

(5) d = b * d　　　　　　(11) b = a − d

(6) d = a + b

6.4　设变量 a、b、c 出基本块是活跃的，d、e 出基本块后是不活跃的，用算法 6.2 计算 6.3 题各个变量的下次引用信息与活跃信息，并以表格的形式写出各计算步骤的中间结果。

6.5*　假设有无穷多个寄存器可以使用，用算法 6.3 构造 6.3 题的目标代码。

第7章 代码优化

假设有两段代码 A 和 B，它们的功能完全相同，但是 B 的性能优于 A，如代码比 A 少、运行时间比 A 短、运行时占用空间比 A 小等，就称 B 是优化代码。所谓代码优化，就是进行一系列保持语义的等价变换，逐步将代码段 A 变换为代码段 B。代码优化既可以在程序的编写阶段由程序员实施，也可以在程序的翻译阶段由编译器实施。从优化的阶段上划分，编译器对代码的优化主要在两个阶段进行：与机器无关的中间代码阶段和与具体机器相关的目标代码阶段。从优化的范围上划分，编译器可以在程序局部的范围内进行优化，也可以在全局的范围内进行优化。编译器优化所依据的重要手段是数据流分析。

本章从三个方面进行简要的讨论：局部优化、独立于机器的全局优化以及数据流分析。

 7.1 局部优化

局部优化是在程序的一个小范围内进行的优化，包括基本块的优化、窥孔优化、表达式优化等。局部优化直接面向目标代码生成，一些基本概念在第 6 章中已经介绍。但是，局部优化所采用的一些方法和技术也同样适用于独立于机器的优化。

7.1.1 基本块的优化

目标代码生成器通常以基本块作为目标代码生成的基本单位，因此在生成目标代码之前对基本块内部进行优化能够显著提升运行时性能。

1. 基本块的 DAG 表示

许多局部优化的重要技术都是从将基本块变换为有向无环图(Directed Acyclic Graph, DAG)开始的。第 4 章已经简单介绍了表达式的 DAG 表示，目的是消除树中的公共子树。现在我们将 DAG 的概念扩展到一个基本块中的表达式集合，可用下述方法构造基本块的 DAG：

(1) 出现在基本块中的每个变量的初始值在 DAG 中有一个结点。

(2) 块中的每条语句 s 关联一个结点 N。N 的孩子结点是那些先于 s，并且是 s 中所用变量的最后定值的语句对应的结点。

(3) 结点 N 由 s 中的算符标记，同时与 N 关联一个在块中最后定值的变量列表。

(4) 某些特定的结点称为输出结点。输出结点的特点是其中的变量在退出基本块后仍然活跃，即变量的值在控制流图的其他后续基本块中可能会被引用。

基本块的 DAG 表示有助于进行若干代码优化变换，例如：

(1) 消除局部公共子表达式(即计算已经被计算了的值的代码)。

(2) 消除死代码(即计算的值从不被引用的代码)。

(3) 对不依赖其他代码的代码重新排序，这样可以减少临时值在寄存器中存放的时间。

(4) 对三地址码的运算对象根据代数性质重新排序，以简化计算。

2. 找出局部公共子表达式

当需要在 DAG 中加入一个新结点 M 时，考察是否存在其运算及孩子序列均与 M 相同的结点 N，若有，则 N 和 M 计算的是相同的值并且可以用 N 取代 M。

【例 7.1】 考虑图 7.1 所示的基本块和对应的 DAG。当为基本块的第三条语句 $c = b + c$ 构造结点时，我们知道 b 在 b+c 中的引用是图 7.1(b)中标记为 "−" 的结点，因为它是 b 最近的定值，所以不会混淆其在语句 1 和 3 中的计算。

但是，对应第四条语句 $d = a - d$ 的结点具有运算符 "−" 并且以变量 a 和 d_0 为其孩子结点。由于其运算符和孩子均与语句 2 的结点相同，所以并不构造此结点，而是将 d 加在标记 "−" 的结点的定值列表中。

由于图 7.1 所示的 DAG 中仅有三个非叶子结点，所以图 7.1(a)所示的基本块可以被仅有三条语句的基本块所代替。事实上，如果 b 在块的出口处不再活跃，则无须计算该值，并且可以用 d 来接收标记为 "−" 的结点的值，于是可从 DAG 得到新的基本块，如图 7.1(c)所示。

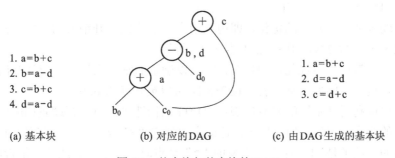

1. a=b+c		1. a=b+c
2. b=a-d		2. d=a-d
3. c=b+c		3. c=d+c
4. d=a-d		

(a) 基本块　　　　　(b) 对应的 DAG　　　(c) 由 DAG 生成的基本块

图 7.1　基本块与基本块的 DAG

但是，如果 b 和 d 在出口处均是活跃的，则第四条语句必须用来复制相应的值。一般来讲，当从 DAG 构造结点时必须小心选择变量的名字。如果一个变量 x 被定值了两次，或者它被定值了一次但它的初值 x_0 也被引用了，则必须确保在所有 x 初值被引用之前 x 的值均没有被改变。

【例 7.2】 寻找公共子表达式的实质是在寻找保证计算相同的值的表达式，不管该值是如何计算的。因此，DAG 方法有时会丢失一些重要信息。例如，在图 7.2(a)所示的基本块序列中，DAG 方法会忽略第一条语句和第四条语句计算的表达式相同的事实，即 $b + c$。

尽管 b 和 c 在第一条和第四条语句之间都发生了改变，但是它们的和仍然保持不变，因为 b + c = (b − d) + (c + d)。此序列的 DAG 如图 7.2(b)所示，但是该 DAG 没有显示任何公共子表达式。

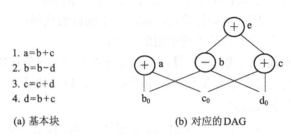

1. a=b+c
2. b=b−d
3. c=c+d
4. d=b+c

(a) 基本块　　　　　　　　　　(b) 对应的 DAG

图 7.2　基本块与缺失信息的 DAG

3．死代码消除

DAG 上对应死代码消除的操作可以这样实现：从 DAG 中删除没有附加任何活跃变量的根(即没有前驱的结点)。重复此操作可以消除掉 DAG 中所有相应的死代码。

【例 7.3】 在图 7.2(b)中，如果结点 a 和 b 是活跃的，但是结点 c 和 e 不是，则可以立刻删除标记为 e 的根。然后，标记为 c 的结点暴露为根并可继续被删除。标记为 a 和 b 的根被保留，因为它们分别附有活跃变量。

4．代数恒等式的使用

在基本块的优化中，重要的一类是利用代数恒等式化简。例如，可以用下述算术恒等式消除基本块中的一些计算：

$$x + 0 = 0 + x = x \qquad x − 0 = x$$
$$x*1 = 1*x = x \qquad x/1 = x$$

强度削弱也是一类常用的优化，即用开销小的运算代替开销大的运算，例如，用 x*x 代替 x^2，用 x+x 代替 2*x，用 x*0.5 代替 x/2，等等。

此外，还有常量求值优化，即将编译时可以确定的常量表达式的值计算出来，并且用值替换常量表达式。例如，常量表达式 2*3.14 可以被替换为 6.28。

有些优化可利用基本块的 DAG 实现。DAG 的构造过程可以帮助我们应用如交换律和结合律这样的变换。例如，如果程序设计语言中规定"*"运算是可交换的，即 x*y = y*x，那么当生成的左孩子是 M、右孩子是 N 的"*"结点时，除了查看此结点是否已存在之外，还需要检查左孩子是 N、右孩子是 M 的"*"结点是否存在。

结合律可以用于发现公共子表达式。例如，对于下述源代码：

    a = b + c;
    e = c + d + b;

可以产生如下中间代码：

    a = b + c
    t = c + d
    e = t + b

如果 t 在其后不被使用，则可以通过使用"+"的结合律和交换律将其改写为如下的序列：

$a = b + c$

$e = a + d$

因为 $e = t + b = c + d + b = b + c + d = a + d$。

但是，由于运算中可能出现上溢和下溢，计算机中并不总是遵循数学的代数恒等式，所以在进行代码优化时一定要认真研究语言参考手册和目标机器的指令系统，以确定允许什么样的运算。

5. 数组引用的表示

数组下标结构初看起来似乎可以与任何其他算符同样对待。例如，考虑下述三地址码序列：

$x = a[i]$

$a[j] = y$

$z = a[i]$

如果将 $a[i]$ 设为一个包含 a 和 i 的类似 $a + i$ 的运算，则两个 $a[i]$ 的引用出现会被当作公共子表达式。对于这样的情况，似乎可以将三地址码 $z = a[i]$ 优化为 $z = x$，但由于 j 可能等于 i，使得中间的语句会改变 $a[i]$ 的值，所以这一优化是不合法的。

DAG 中数组的恰当表示方式如下：

(1) 形如 $x = a[i]$ 的数组赋值表示为生成一个算符"=[]"的新结点。它有两个孩子：一个代表数组空间首地址的 a_0 和一个下标 i。变量 x 成为此新结点的标号。

(2) 形如 $a[j] = y$ 的数组赋值表示为生成一个算符"[]="的新结点。它有三个孩子：a_0、j 和 y。没有变量作为此结点的标号。此结点的生成注销所有值依赖 a_0 的结点，且被注销掉的结点不可以再接受任何标号，即它不可能成为一个公共子表达式。

【例 7.4】考虑图 7.3(a)中对数组元素赋值的基本块。标号为 x 的结点 N 首先生成，而标记为"[]="的结点生成后 N 就被注销(killed)。因此，当标号为 z 的结点生成时，z 不能用来标记 N，而是需要生成一个具有相同运算对象 a_0 和 i_0 的新结点，换句话来讲，x 和 z 不能是同一个结点的标号，即它们的值可能不同。

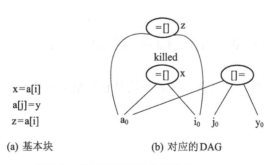

图 7.3 数组元素赋值的基本块与 DAG

6. 指针赋值与过程调用

当通过指针访问对象时，如下面赋值句中的指针 p 和 q，我们并不知道 p 或 q 指向什么。

　　x = *p

　　*q = y

　　事实上，x = *p 可能是对任意变量的引用，而*q = y 可能是对任意变量的赋值。因此，与数组元素运算的算符"=[]"和"[]="类似，算符"=*"必须将当前所有与标识符关联的结点作为参数，这与死代码消除有关。更重要的是，算符"*="将注销到目前为止在 DAG 中构造的结点。

　　可以通过全局指针分析来约束代码给定位置中指针引用的变量集合，不过局部分析有时也可以约束一个指针的范围。例如，下述序列：

　　p = &x

　　*p = y

　　此处明显由 y 而不是其他任何变量给 x 赋值，因此除了附有 x 的结点被注销之外，其他任何结点无须被注销。

　　过程调用很像通过指针的赋值。在缺少全局数据流信息的情况下，必须假设过程引用会改变任何它所访问的数据。因此，如果变量 x 在过程 P 的作用域内，则对 P 的调用既引用附有变量 x 信息的结点又注销此结点。

7. 由 DAG 重组基本块

　　对构造 DAG 过程中的优化完成之后，可以重新组织构造 DAG 的基本块中的三地址码。对每个附有一个或多个变量的结点，构造一个计算这些变量之一的值的三地址码，一般为出基本块后仍然活跃的变量求值。如果没有全局活跃变量信息，则应假设除编译器产生的临时变量之外的所有变量出基本块后均是活跃的。

　　如果一个结点附有的活跃变量有多个，就必须用拷贝语句给每个变量赋正确的值。当然，如果可以合理组织变量的使用，其中有些拷贝可以在全局优化中被消除。

　　回顾图 7.1(b)中的 DAG，如果可以确定 b 出基本块后不活跃，那么图 7.1(c)所示的重构后的基本块就可以减少一条语句。为了讨论方便，重写如下：

　　a = b + c

　　d = a − d

　　c = d + c

　　注意：第三条指令 c = d + c 必须用 d 而不能用 b 作为其运算对象，因为优化后的块中不再计算 b。

　　如果 b 和 d 出基本块后都活跃，或者不清楚它们出基本块后是否活跃，则必须为 b 赋值，具体基本块如下：

　　a = b + c

　　d = a − d

　　b = d

　　c = d + c

　　虽然与原始的基本块语句数相同，但因为用了相对开销小的拷贝代替了减法运算，所以修改后的基本块还是比原始的基本块更优。事实上，在后续的全局分析中还可以通过用 d 替代 b 来消除基本块外部对 b 的引用，并且随后返回基本块中消除赋值语句 b = d。直观上，只要 d 中保留有 b 的值并且 b 被引用，则拷贝语句均有可能被消除。

在由 DAG 重构基本块时，不但要关注哪些变量用于保存 DAG 中结点的值，还要关注计算这些变量的值的次序。具体包括下述规则：

(1) 指令次序需与 DAG 中结点的次序一致，即直到一个结点的所有孩子结点的值均计算完毕才可以计算它的值。

(2) 对一个数组元素的赋值必须在前面对该数组元素的赋值或从该数组元素取值的语句之后，这些指令的执行次序必须与它们在原始基本块中的次序一致。

(3) 任何数组元素的取值必须遵循原始基本块中对同一数组元素的赋值次序。对同一数组元素的两次取值次序可以任意，只要它们没有对该数组元素交叉赋值。

(4) 对任何变量的引用必须在所有原始基本块前面的过程调用或指针间接赋值之后。

(5) 任何过程调用或通过指针的间接赋值必须在原始基本块中之前的任何变量取值之后。

也就是说，当重排代码次序时，任何语句不能跨越过程调用或通过指针间接赋值；对同一数组元素的引用，仅当均是读取数组元素而不是赋值时才可以相互交叉。

7.1.2 窥孔优化

另一个简单但有效的目标代码局部改进技术是"窥孔优化"。窥孔优化即通过考察目标代码的一个称为窥孔(peephole)的滑动窗口，尽可能用较短、较快的代码序列代替原来的序列。窥孔优化也可以应用在独立于机器的优化中以改进中间代码。

窥孔是程序中的一个小的滑动窗口。窥孔中的代码无须连续(尽管有些实现要求它们连续)。窥孔优化的一个重要特征就是每一个改进都给后面的改进提供了机会，所以为了达到最大收益，有时需要反复扫描目标代码。下面是几个典型的窥孔优化程序变换。

1. 冗余存取(load 和 store)的消除

对于目标代码中的下述指令序列：

```
LD R0, a
ST R0, a
```

可以消除第二条指令，因为第一条指令保证了寄存器 R0 有 a 的值。注意：如果 ST 指令有一个标号，则不能保证第二条指令总是紧跟在第一条指令之后执行，因此，不可以消除 ST 指令。换句话说，为了安全起见，这样的程序变换的前提是两条指令必须在同一个基本块中。

2. 不可达代码的消除

窥孔优化的另一种形式是去除不可到达的代码。若紧随无条件跳转指令之后的代码不可达，则该代码可以被消除，并且可以重复此操作以消除一个指令序列。例如，出于程序调试的目的，一个程序中的特定代码段可能仅当调试变量 debug 等于 1 时才会被执行。考虑下述形式的中间代码：

> if debug == 1 goto L1
>
> goto L2
>
> L1: 打印调试信息
>
> L2:

上述代码中，一个明显的窥孔优化是消除跨越跳转的跳转指令，无论 debug 的值如何，上述代码序列均可以被替换为

> if debug != 1 goto L2
>
> 打印调试信息
>
> L2:

若程序一开始将 debug 置为 0，则可以将代码序列变换为

> if   0 != 1 goto L2
>
> 打印调试信息
>
> L2:

现在第一条语句的控制条件总为 true，因此该语句可以被替换为 goto L2，于是打印调试信息的所有语句都是不可达的，并且可以被一次全部消除。

3．控制流优化

简单的中间代码生成算法经常产生跳转到跳转、跳转到无条件跳转、无条件跳转到跳转的指令。这些不必要的跳转指令可以通过下述的窥孔优化在中间代码或目标代码中消除。例如：

> goto L1
>
> ⋮
>
> L1: goto L2

可以替换为

> goto L2
>
> ⋮
>
> L1: goto L2

如果 L1 的前面是一个无条件跳转并且没有跳转语句跳转到 L1，也可以将 L1: goto L2 消除。类似地，下述序列：

> if a < b goto L1
>
> ⋮
>
> L1: goto L2

可以替换为

> if a < b goto L2
>
> ⋮
>
> L1: goto L2

最终，假设只有一条跳转到 L1 的指令且 L1 前面是一条无条件跳转指令，则下述序列：

```
        goto L1
        ⋮
    L1: if a < b goto L2
    L3:
```

可以被替换为

```
        if a < b goto L2
        goto L3
        ⋮
    L3:
```

尽管两个序列中的指令条数是相同的，但是程序执行有时会跳过第二个序列中的无条件跳转而不能跳过第一个序列中的无条件跳转。因此第二个序列在执行时间上优于第一个序列。

4. 代数化简与强度削弱

在基本块的优化中，我们已经讲述了可以用来化简 DAG 的代数恒等式。这些代数恒等式也可以被窥孔优化用来消除下述窥孔中的三地址码：

$x = x + 0$ 或 $x = x * 1$

类似地，强度削弱可以被用在窥孔优化中，用目标代码中代价低的运算取代代价高的运算。例如，x^2 用 $x*x$ 来实现比调用指数计算例程的代价要低；用移位实现定点的 2^n 的乘或除的代价要低；浮点数除以一个常数几乎等于乘以另一个常数，但后者的代价要低。

5. 使用机器方言

目标机器可能有专门的硬件指令来有效实现一些特殊的运算。在可行的情况下，使用这些指令可以大大降低执行时间。例如，有些计算机有自增和自减寻址模式，这些指令使得在用一个运算对象之前或之后会将该值加 1 或减 1。使用这种模式可以大大改进对栈的 push 和 pop 操作。这些模式还可以用于像 $x = x+1$ 这样的代码。

7.1.3 表达式的优化代码生成

当一个基本块中仅有一个表达式或者有足够的资源一次生成基本块中所有表达式的目标代码时，可以优化地选择寄存器。下述算法中，为表达式树(表达式的语法树)结点引入一种计数模式，以帮助生成有固定个数寄存器的表达式树计算的优化代码。

1. 分配寄存器的计数方法

对表达式树的结点赋予一个称为 Ershov 数的数，用于记录临时变量存放到寄存器的情况下，计算表达式所需的寄存器个数。计数方法的规则如下：

(1) 任何叶子结点被标记为 1。

(2) 具有一个孩子的内部结点由其孩子的标记来标记。

(3) 具有两个孩子的内部结点用下面的方式标记：

① 若两个孩子的标记不同，取较大的孩子标记；

② 若相同，则取孩子的标记加 1。

【例 7.5】 表达式(a + b) + e*(c + d)的三地址码和它的表达式树分别如图 7.4(a)和(b)所示。

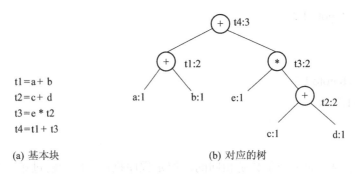

t1 = a + b
t2 = c + d
t3 = e * t2
t4 = t1 + t3

(a) 基本块　　　　　　　　　　　　(b) 对应的树

图 7.4　标记有 Ershov 数的树

根据上述的规则(1)，所有的 5 个叶子结点被标记为 1。结点 t1 的两个孩子标记相等，均为 1，根据规则(3)②，t1 的标记为 2。同理，t2 的标记也为 2。t3 的两个孩子分别标记为 1 和 2，所以根据规则(3)①，它取较大的值 2。最后，t4 的两个孩子的标记相等，均为 2，所以它的标记为 3。

■

2．从被标记的表达式树生成代码

如果所有的运算对象和运算结果(包括临时变量)必须在寄存器中且运算对象和结果均可使用寄存器，则可以证明结点上的标记就是为计算该结点对应表达式的过程中所需的最少寄存器个数。下述算法使用与结点标记相同个数的寄存器，产生无须将临时变量存储到内存的目标代码。对算法的限制是所有运算应该满足交换律。对于不满足交换律的运算，如减法或除法运算，其情况比较复杂，应作特殊考虑。

算法 7.1　从被标记的表达式树生成代码

输入　每个运算对象仅出现一次的被标记表达式树(即没有公共子表达式)。

输出　在寄存器中计算根结点表达式的优化的目标代码序列。

方法　下述递归算法生成机器代码。如果算法应用于标记为 k 的结点，则仅有 k 个寄存器被使用。需要一个基数 b ≥ 1(即从第 b 个寄存器开始使用)，因此实际使用的寄存器是 $R_b, B_{b+1}, \cdots, R_{b+k-1}$，而最终结果总是在 R_{b+k-1} 中。从根结点开始采用如下步骤：

(1) 用下述规则生成标记为 k 且两个孩子的标记相等(必定为 k - 1)的内部结点的目标代码：

① 递归生成右孩子的代码，使用基数 b + 1，结果在寄存器 R_{b+k-1} 中；

② 递归生成左孩子的代码，使用基数 b，结果在寄存器 R_{b+k-2} 中；

③ 生成指令"OP　R_{b+k-1}, R_{b+k-2}"，其中 OP 是内部结点对应的运算。

(2) 假设有一个标记为 k 且两个孩子的标记不同的结点，其中"大"的孩子标记为 k，"小"的孩子标记为 m < k。使用基数 b 用下述规则生成此结点的目标代码：

① 为"大"结点递归生成目标代码，结果在寄存器 R_{b+k-1} 中；

② 为"小"结点递归生成目标代码，结果在寄存器 R_{b+m-1} 中(注意：由于 m < k，所以 R_{b+k-1} 和更大编号的寄存器均不会被使用)；

③ 生成目标代码"OP R_{b+k-1}，R_{b+m-1}"。

(3) 对于代表运算对象 x 的叶子结点，如果基数是 b，则生成指令"LD R_b, x"。

【例 7.6】 将算法 7.1 应用于图 7.4(b)所示的树。因为根的标记为 3，所以结果会在 R3 中，并且仅有 R1、R2 和 R3 被使用。根的基数 b = 1。由于根有两个相同标记的孩子，因此先为右孩子生成代码并且基数 b 为 2。

当为根的右孩子(标记为 t3)的结点生成代码时，t3 的右孩子是"大"结点，左孩子是"小"结点，因此，首先为右孩子生成代码，基数 b 为 2。应用算法中生成相同孩子标记和叶子结点代码的规则，为标记为 t2 的结点生成如下代码：

```
LD   R3, d
LD   R2, c
ADD R3, R2
```

为根结点的右孩子的左孩子生成代码，此结点是标记为 e 的叶子结点。因为 b=2，所以生成指令如下：

```
LD R2, e
```

然后加入下述指令，完成根的右孩子结点的代码序列的生成如下：

```
MUL R3, R2
```

接着算法生成根的左孩子的目标代码，使用基数 b=1 且将结果存放在 R2 中。最后完整的目标代码序列如下：

```
LD   R3, d
LD   R2, c
ADD R3, R2
LD   R2, e
MUL R3, R2
LD   R2, b
LD   R1, a
ADD R2, R1
ADD R3, R2
```

3．无充足寄存器情况下的表达式求值

如果可用寄存器个数小于根结点的标记，则无法直接应用算法 7.1，需要引入存储指令将子树的值存入内存，并且在必要时将这些值再装入寄存器。下述算法是对算法 7.1 的改进，并考虑了寄存器个数上限的情况。同样，限制运算要满足交换律。

算法 7.2 从被标记的表达式树生成代码

输入 每个运算对象仅出现一次的被标记表达式树(即没有公共子表达式)和一个寄存器个数 r≥2。

输出 在寄存器中计算根结点表达式的优化的目标代码序列，使用不多于 r 个的寄存

器(R_1, R_2, …, R_r)。

方法　用下述递归算法生成机器代码，从根结点开始且基数 b = 1。对于标记为 r 或小于 r 的结点 N，其算法与算法 7.1 相同；对于标记为 k > r 的内部结点，需要分别处理树的两个子树并且存储"大"子树的结果。结果在 N 被求值之前存入内存，最后的步骤在寄存器 R_{r-1} 和 R_r 中进行。其具体步骤如下：

(1) 结点 N 中有至少一个标记为 r 或者更大的孩子。取较大的孩子为"大"孩子(相等情况下取任意一个)，另一个为"小"孩子。

(2) 为"大"孩子递归生成代码，使用基数 b = 1，结果在寄存器 R_r 中。

(3) 生成机器指令"ST t_k, R_r"。其中，t_k 是一个内存中的临时变量，用于存放标记为 k 结点的值。

(4) 生成"小"孩子的目标代码。若"小"孩子的标记为 r 或比 r 大则取基数 b = 1；若"小"孩子的标记 j < r，则取 b = r − j。然后递归应用此算法，结果在寄存器 R_r 中。

(5) 生成指令"LD R_{r-1}, t_k"。

(6) 生成代码"OP R_r, R_{r-1}"。

【例 7.7】　重新考虑图 7.4(b)所示的表达式树，但是现在假设 r = 2，即在表达式的求值过程中仅有 R1 和 R2 两个寄存器可以使用。当应用算法 7.2 到图 7.4(b)所示的树上时，根结点的标记为 3 大于 2，因此我们需要知道哪一个是"大"孩子。由于两个孩子标记相同，因而可以随便选一个，假设取右为"大"孩子。

"大"孩子的标记为 2，所以有足够的寄存器。于是应用算法 7.2 到右子树，使用基数 b=1 和两个寄存器。所生成的代码序列类似例 7.6 中的代码序列，但是寄存器 R2 和 R3 改变为 R1 和 R2。其代码如下：

```
LD   R2, d
LD   R1, c
ADD R2, R1
LD   R1, e
MUL R2, R1
```

由于左孩子需要两个寄存器，所以需要生成如下存储指令：

```
ST t3, R2
```

下面为根结点的左孩子生成目标代码。同样，寄存器足够使用，于是得到如下代码序列：

```
LD   R2, b
LD   R1, a
ADD R2, R1
```

最后用下述指令将右孩子的值重新装入寄存器：

```
LD R1, t3
```

并用下述指令执行根的运算：

```
ADD R2, R1
```

最终完整的代码序列如下：

```
LD   R2, d
LD   R1, c
ADD R2, R1
LD   R1, e
MUL R2, R1
ST t3, R2
LD   R2, b
LD   R1, a
ADD R2, R1
LD   R1, t3
ADD R2, R1
```

7.2　独立于机器的全局优化

编译器的优化必须保持原始程序的语义。一旦程序员选择并实现了一个特殊的算法，编译器一般不能充分了解程序意图，也不能以不同的和更有效的算法代替它。编译器仅能知道如何应用相对低级的程序变换，诸如 $i+0=i$ 这样的代数恒等式或者诸如在相同值上进行相同的操作产生相同结果等的简单事实。

本节讨论独立于机器的全局优化，即对跨基本块的中间代码的改进，重点是消除冗余代码。

典型的程序中有许多的冗余。冗余可以是源代码级别的，例如，有时程序员会发现重新计算某些结果更直观方便，具体是否仅有一个计算是必需的则留给编译器去辨别，更多的冗余是编写高级语言程序所产生的副作用。在大多数语言中，程序员只能用类似 A[i][j] 或者 X.f1 来引用数组元素或者记录分量(C 或 C++ 语言除外，因为它们允许指针的算术运算)。当一个程序被编译时，每个这样的高级数据结构访问都被扩展为若干低级算术运算。例如，计算矩阵 A 中第(i, j)个元素的位置等，而访问同一数据结构往往共享许多低级操作。程序员看不到这些低级操作从而无法消除它们。事实上，从软件工程的角度来看，程序员仅应通过高层次的名字来访问数据元素，这样程序更容易书写、理解和处理。利用编译器消除冗余，可使得程序更有效和更容易维护。

7.2.1　运行实例：快排序

编译器可以采用若干种可改进程序但不改变其功能的方法，如公共子表达式消除、复写传播、死代码消除和常量求值等，它们均是保持功能(或保持语义)的变换。

本节讨论的优化均基于快速排序的程序片段，在程序清单 7.1 中给出对应的 C 语言源代码。

程序清单 7.1　实现快速排序的 C 语言源代码

```
1   void quicksort( int m, int n ) {        // 递归地对 a[m..n]中的元素进行排序
2       int i,  j,  v,  x;
3       if ( n <= m ) return;               // -----程序片段从下一行开始-----
4       i = m - 1; j = n; v = a[n];
5       while ( 1 ) {
6           do { i = i + 1; } while ( a[i] < v );
7           do { j = j - 1; } while ( a[j] > v );
8           if ( i >= j ) break;
9           x = a[i]; a[i] = a[j]; a[j] = x;      // 交换 a[i]和 a[j]
10      }
11      x = a[i]; a[i] = a[n]; a[n] = x;          // 交换 a[i]和 a[n]
12                                     // -----程序片段到此结束-----
13      quicksort( m, j ); quicksort( i+1, n );
14  }
```

在消除地址计算中的冗余之前，首先必须将程序中的地址计算化解为低级别的算术运算以便暴露出冗余。假设用三地址码作为中间表示，并且用临时变量存放所有中间表达式的结果，则上述源程序中被标记的程序片段的三地址码序列如图 7.5 所示。

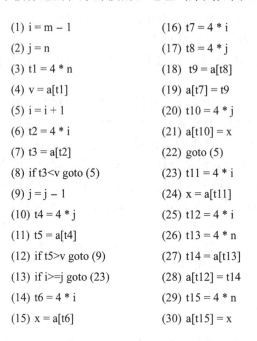

$$(1)\ i = m - 1 \qquad\qquad (16)\ t7 = 4 * i$$
$$(2)\ j = n \qquad\qquad (17)\ t8 = 4 * j$$
$$(3)\ t1 = 4 * n \qquad\qquad (18)\ t9 = a[t8]$$
$$(4)\ v = a[t1] \qquad\qquad (19)\ a[t7] = t9$$
$$(5)\ i = i + 1 \qquad\qquad (20)\ t10 = 4 * j$$
$$(6)\ t2 = 4 * i \qquad\qquad (21)\ a[t10] = x$$
$$(7)\ t3 = a[t2] \qquad\qquad (22)\ goto\ (5)$$
$$(8)\ if\ t3 < v\ goto\ (5) \qquad\qquad (23)\ t11 = 4 * i$$
$$(9)\ j = j - 1 \qquad\qquad (24)\ x = a[t11]$$
$$(10)\ t4 = 4 * j \qquad\qquad (25)\ t12 = 4 * i$$
$$(11)\ t5 = a[t4] \qquad\qquad (26)\ t13 = 4 * n$$
$$(12)\ if\ t5 > v\ goto\ (9) \qquad\qquad (27)\ t14 = a[t13]$$
$$(13)\ if\ i >= j\ goto\ (23) \qquad\qquad (28)\ a[t12] = t14$$
$$(14)\ t6 = 4 * i \qquad\qquad (29)\ t15 = 4 * n$$
$$(15)\ x = a[t6] \qquad\qquad (30)\ a[t15] = x$$

图 7.5　quicksort 中程序片段的三地址码

在此例中，假设整型数占据 4 字节。赋值句 x＝a[i]被翻译成图 7.5 中语句(14)和(15)所示的两条三地址码：

$$t6 = 4 * i$$
$$x = a[t6]$$

类似地，a[j] = x 翻译为语句(20)和(21)：

$$t10 = 4 * j$$
$$a[t10] = x$$

即原始代码中的每个数组访问都被翻译为一对运算，包括一个乘法运算和一个数组下标运算。

图 7.6 所示是图 7.5 中三地址码序列的流图。块 B_1 是入口结点。图 7.5 中所有跳转语句的跳转目标在图 7.6 中均被替换为跳转到基本块。图 7.6 中有三个循环：$\{B_2\}$、$\{B_3\}$、$\{B_2, B_3, B_4, B_5\}$。其中，B_2 是 $\{B_2, B_3, B_4, B_5\}$ 的唯一入口。

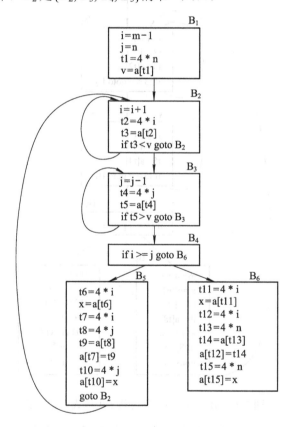

图 7.6 quicksort 中程序片断的流图

7.2.2 全局公共子表达式

若一个表达式 E 多次出现，并且 E 中变量 x 的值从前边 E 被计算后没有被改变，则 E 称为公共子表达式。在这种情况下，使用前面已经被计算的值就可以避免 E 的重复计算。如果 E 中变量 x 的值改变，而我们把原来的值赋给一个新变量 y 而不是 x，并且重新计算 E 时用 y 而不是用 x，也同样可以重用 E。公共子表达式可以出现在一个基本块内，也可以出现在若干基本块之间。

【例 7.8】 一个基本块中经常会包含对同一值的几次计算，如数组元素的偏移量等。

图 7.6 的块 B_5 中重复计算了 4*i 和 4*j，块 B_6 中重复计算了 4*i。块 B_5 中对 t7 和 t10 的赋值分别是公共子表达式 4*i 和 4*j，因此，可以用 t6 代替 t7，t8 代替 t10。同理，B_6 中也可以用 t11 代替 t12。消除了 B_5 和 B_6 基本块内的公共子表达式的流图如图 7.7 所示。

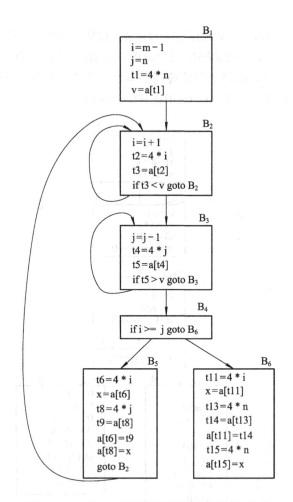

图 7.7　B_5 和 B_6 中局部公共子表达式消除之后

【例 7.9】 以图 7.7 所示的流图为基础，考虑 B_5 和 B_6 中全局和局部公共子表达式的消除，结果如图 7.8 所示。

在图 7.7 中，局部公共子表达式被消除之后，B_5 中仍然有 4*i 和 4*j 的计算。它们是公共子表达式，特别对于 B_5 中的三地址码：

　　t8 = 4*j

　　t9 = a[t8]

　　a[t8] = x

使用 B_3 中计算的 t4，B_5 中的三地址码可以替换为

　　t9 = a[t4]

　　a[t4] = x

在图 7.7 中很明显可以看出，控制从 B_3 中的 4*j 计算到 B_5，j 和 t4 均没有改变，因此，当需要 4*j 时可以使用 t4。

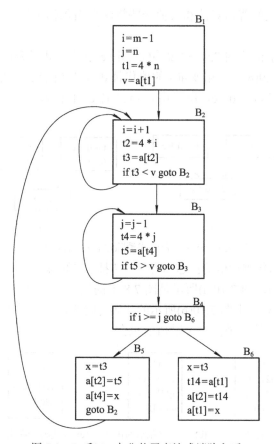

图 7.8 B_5 和 B_6 中公共子表达式消除之后

B_5 中的另一个公共子表达式是 t4 代替 t8 之后显现出来的。新表达式 a[t4] 相对于源代码中的 a[j]。j 和在临时变量 t5 中计算的 a[j] 在控制离开 B_3 进入 B_5 时的值均没有改变，因为中途没有对数组 a 的元素赋值。因此下述语句

t9 = a[t4]

a[t6] = t9

在 B_5 中可以替换为

a[t6] = t5

类似地，图 7.7 中 B_5 块内赋给 x 的值与块 B_2 中赋给 t3 的值相同。最终消除了公共子表达式的结果如图 7.8 所示。用类似的方法也可以对 B_6 进行优化，得到图 7.8 中的 B_6。

值得注意的是，图 7.8 的 B_1 和 B_6 中的表达式 a[t1] 不被认为是公共子表达式。虽然 t1 在两个地方均可使用，但是当控制从离开 B_1 之后到进入 B_6 之前，它还可以穿过 B_5，而 B_5 中有对 a 中元素的赋值。因此，a[t1] 在到达 B_6 时可能与离开 B_1 时有不同的值，所以把 a[t1] 当作公共子表达式是不安全的。

7.2.3　复写传播(Copy Propagation)

消除公共子表达式的普通算法和其他一些算法会引入拷贝语句，使得代码序列中的拷贝语句数量增加很快。

【**例 7.10**】　为了消除图 7.9(a)中语句 c = d+e 中的公共子表达式，必须使用一个新的变量存放 d+e。在图 7.9(b)中，用变量 t 的值代替 d+e 赋值给 c。注意：由于控制可能会在 a=t 之后或 b=t 之后到达 c = d+e，所以用 c=a 或者 c=b 代替 c = d+e 均不正确。

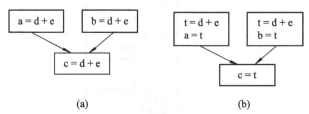

图 7.9　公共子表达式消除过程中引入的拷贝

我们将通过拷贝语句进行值的传递称为复写传播，它的思想是任何时刻在拷贝语句 u = v 之后用 v 代替 u。例如，图 7.10(a)所示是图 7.8 中的块 B₅。其中，赋值句 x = t3 是一个拷贝。复写传播应用于 B₅ 产生图 7.10(b)所示的代码。此变化可能看不出改进，但是在随后的讲述中我们会看到，它给了消除对 x 赋值的机会。

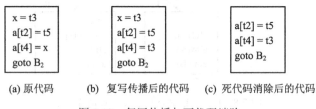

图 7.10　复写传播与死代码消除

7.2.4　死代码消除(Dead-Code Elimination)

若一个变量的值在某点之后不再被引用，则称此变量在该点是死的或者无用的。类似地，若一条语句所计算出的值从未被引用则称该语句是无用代码或死代码。虽然程序员并没有引入死代码，但是程序的变换可能会造成死代码的出现。

【**例 7.11**】　假设在程序的不同点将 debug 置为 TRUE 或 FALSE，并且在类似下述的语句中使用：

　　　if (debug) print …

则编译器就可能会在程序每次到达该语句且 debug 的值为 FALSE 时消除它。假设在程序实际执行的任何分支序列中，下述赋值语句：

　　　debug = FALSE

均是对 debug 测试之前的最后一次赋值。那么，若复写传播用 FALSE 代替 debug，则 print 语句就成为死代码，因为不可能到达它，可以将测试语句和 print 语句都从目标代码中删除。

复写传播的一个优点是它经常使得拷贝语句成为无用代码。例如，对图 7.10(a)应用复写传播得到图 7.10(b)，其中的 x 被 t3 代替，使得 x 成为无用变量，从而进一步使得赋值句 x = t3 成为无用代码。将无用代码删除最终得到图 7.10(c)所示的代码。

7.2.5 代码外提(Code Motion)

程序中的循环是优化中需要重点考虑的部分，特别是耗费大量运行时间的内层循环。如果可以减少内层循环的指令条数，即便增加了外层循环的指令条数，也可以缩短程序的运行时间。

减少循环内代码数的一个重要改进方式是代码外提。这一变换将循环内与循环次数无关的表达式值的计算(称为循环不变量)放在进循环之前计算。注意："循环之前"假设有一个循环入口，即有一个基本块，所有循环外的跳转均从此入口进入循环。

【例 7.12】 下述 while 语句中的 limit − 2 是一个循环不变量：

while (i <= limit − 2)   // 语句并没有改变 limit

代码外提如下：

t = limit − 2

while (i <= t)   // 语句并没有改变 limit 或 t

现在 limit − 2 仅在进入循环之前被计算一次，而外提之前需要计算 n + 1 次(假设循环次数为 n)。

　　　　　　　　　　　　　　　　　　　　　　　　　　　　　　　■

7.2.6 归纳变量与强度削弱

另一个重要的优化是找出循环中的归纳变量并优化对它们的计算。如果有一正常数或负常数 c，使得每次循环迭代时 x 的值总是增加 c，则变量 x 称为"归纳变量"。例如，i 和 t2 在图 7.8 块 B_2 中是归纳变量。归纳变量在循环迭代的每次计算中，可以简单地加 c 或减 c。将代价高的运算(如乘法)变换为代价低的运算(如加法)，称为强度削弱。在适当的时候不仅可以对归纳变量进行强度削弱，而且如果循环体内有一组归纳变量的值保持同步变化，还可以仅保留其中一个而消除其他变量。

处理循环的方式一般是"由内到外"，即从最内层循环开始围绕循环逐步扩大。我们还是通过 quicksort 的例子来考察如何进行这样的优化，优化从图 7.8 所示的最内层的循环 B_3 开始。注意：j 和 t4 的值关联且二者的变化始终同步，每次 j 的值减 1，t4 的值就减 4，因为 t4 的值复制自 4*j 的计算结果。这样 j 和 t4 就形成一对归纳变量。

当一个循环中有两个或者更多的归纳变量时，可以设法消除多余的归纳变量而仅保留一个。对于图 7.8 所示的内循环 B_3，我们不能彻底消除 j 或者 t4，因为 t4 在 B_3 中被使用而 j 在 B_4 中被使用。但是可以进行强度削弱并进行部分归纳变量消除。当考虑外层循环 $\{B_2, B_3, B_4, B_5\}$ 时，j 最终可以被消除。

【例 7.13】 由于关系 t4 = 4*j 在图 7.8 中对 t4 赋值后成立，并且 t4 在内循环 B_3 中其他任何地方没有改变，因此在语句 j = j − 1 之后执行 t4 = 4*j 就是对 t4 执行减 4 的操作。所以可以用 t4 = t4 − 4 代替 t4 = 4*j，剩下唯一的问题是当第一次进入 B_3 时 t4 没有值。

由于必须在 B_3 的入口维护关系 t4 = 4*j，所以可以在块 B_1 结束处且 j 被初始化后为 t4 赋初值，如图 7.11 中 B_1 的虚线部分所示。虽然在 B_1 中增加了一条指令，但是循环内部用减法代替了乘法，而在大多的计算机上减法比乘法运行速度快。

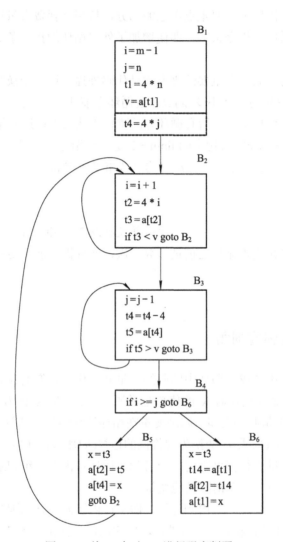

图 7.11　块 B_3 中对 4*j 进行强度削弱

最后再举一个消除归纳变量的例子。此例在 B_2、B_3、B_4 和 B_5 的上下文中考虑 i 和 j。

【例 7.14】　在围绕 B_2 和 B_3 的内循环中完成了强度削弱之后，i 和 j 的唯一作用就是在 B_4 中的判断。我们知道 i 和 t2 的值满足关系 t2 = 4*i，j 和 t4 满足关系 t4 = 4*j。因此，可以用判断 t2>=t4 来替代 i>=j。一旦进行了该替换，则 B_2 中的 i 和 B_3 中的 j 就成为无用变量，而对它们的赋值就成为无用代码并可以删除。结果流图如图 7.12 所示。

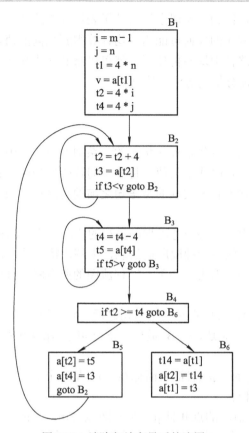

图 7.12　消除归纳变量后的流图

通过上述的讲述可知，代码改进变换是很有效的。从图 7.12 与图 7.6 的比较可以看出，块 B_2 和 B_3 中的指令条数由 4 减为 3，块 B_5 中的指令条数由 9 减为 3，B_6 中的指令条数由 8 减为 3。虽然 B_1 中的指令条数增加为 6 条，但是 B_1 在程序片断中仅运行了一次，因此总的运行时间受 B_1 大小的影响很小。

7.3*　数据流分析简介

在前两节的讲述中我们可能会产生这样的疑问，代码的优化需要知道代码之间或变量之间的关系，而这些关系是如何获得的？

大多数全局优化基于**数据流分析**，它是获取程序信息的基本方法。数据流分析的结果均有相同的形式：对程序中的每条指令，规定一些任何时刻执行该指令必须保持的特性。不同分析的区别在于它们计算的特性不同。例如，常量传播分析需要分析程序的每一点和程序中所使用的每个变量，判断变量是否在该点具有唯一的常量值。而活跃分析对于程序中的每个点，确定该点的一个特定变量所持有的值是否一定在被读之前被重写，若被重写就没有必要在寄存器或者内存中保留该值。

事实上，7.2 节所介绍的所有优化均依赖于数据流分析。数据流分析技术沿着程序执行的路径抽取数据流信息。例如，实现全局公共子表达式消除的一种方法就需要确定是否两个完全相同的表达式沿程序的任何可能路径均计算得到相同的值。再例如，如果一个赋值句的结果在随后的任何路径中均不再使用，就可以将其作为死代码删除。这些例子和其他许多例子均可以用数据流分析的方法来实现。

7.3.1　数据流抽取

一个程序的执行可以被看作是程序状态的一系列变换。其中，程序状态由程序中所有变量的值组成，也包括运行时栈中的值。每条中间代码语句的执行将一个输入状态变换为一个新的输出状态。与输入状态关联的是**语句之前的程序点**，与输出状态关联的是**语句之后的程序点**。

分析一个程序的行为时，必须考虑程序执行的流图中所有的程序点序列(常称为**路径**)，然后从每个点的可能程序状态中抽取所需信息，来解决特定的数据流分析问题。

为了便于研究，我们从考虑一个单一过程流图的所有路径开始。在流图中，程序点之间存在下述关系：

(1) 在一个基本块中，程序点在一条语句之后与它在下一条语句之前是相同的。

(2) 若从 B_1 到 B_2 有一条边，则 B_1 最后一条语句之后的程序点后面可以紧跟 B_2 第一条语句之前的程序点。

一条从点 p_1 到点 p_n 的"执行路径(简称路径)"是一个点的序列 p_1, p_2, …, p_n，使得对每个 i = 1, 2, …, n − 1 都有：

(1) p_i 是一条语句紧前面的点并且 p_{i+1} 是紧随该语句之后的点。

(2) 或者 p_i 是某个块的结束并且 p_{i+1} 是后继块的开始。

通常，一个程序的执行路径可能有无穷多条，并且执行路径的长度没有上限。程序分析总结所有可能的、可以发生在一个程序点的若干程序状态，这些状态上附有若干信息。不同的分析可以选择抽取出不同的信息。

【例 7.15】 图 7.13 所示是一个简单程序的流图，但是它有无穷多条执行路径，因为流图中有一个循环 $\{B_2, B_3\}$。不进入循环的最短的执行路径包含程序点(1、2、3、4、9)。执行一次循环的次短路径包含程序点(1、2、3、4、5、6、7、8、3、4、9)。程序点(5)第一次被执行时，d_1 的赋值使得 a 具有了值 1。我们称 d_1 在第一次迭代"到达"点(5)。随后的迭代中，d_3 到达点(5)并且 a 具有了值 243。

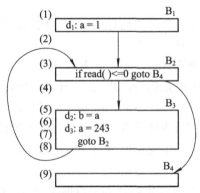

图 7.13　演示数据流抽取的程序例子

一般情况下，保持所有可能路径的所有程序状态是不可能的。数据流分析中，不区分到达某程序点的不同路径，也不保持对所有状态的跟踪，而是根据分析目的抽取某些细节，仅保留那些需要用于分析的数据。下述两种情况说明相同的程序状态如何可以导致从一点抽取不同的信息。

为了调试程序，往往希望找出变量在某程序点的所有可能的值和这些值可以在哪里被定值。例如，可以通过认定 a 的值是{1, 243}之一来归纳程序在点(5)的所有状态和它可能是{d_1, d_3}之一被定值。可沿某条路径到达某个程序点的定值称为**到达定值**。

再考虑常量求值的实现。如果变量 x 的一个引用仅由一个定值到达，并且此定值将一常量赋予 x，则可以用常量代替 x。但如果 x 的若干定值均可到达某程序点，则不能对 x 进行常量求值。因此，对于常量替换一般希望找出那些到达某程序点的变量的唯一的定值，而不考虑该定值是如何到达的。我们可以仅描述特定的、未被赋常量值的变量，而无须收集变量所有的可能值或者所有的可能定值。

从上述情况可以看出，由于分析的目的不同，相同的信息可以被进行不同的归纳。

7.3.2　数据流分析模式

在数据流的每个应用中，为每个程序点附着一个**数据流值**，它表示在该点可观测到的所有程序状态的集合。可能的数据流值集合是该应用的一个**域**(domain)，如到达定值的数据流值域是程序中所有定值子集的集合。每个数据流值是一个特定的定值集合，每个程序点应附着一个可到达该点的定值集合。如前所述，抽取方式的选择取决于分析目的。为了提高效率往往仅保持跟踪相关的信息。

我们分别用 IN[s]和 OUT[s]来表示语句 s 之前和之后的数据流值。对所有的语句 s，**数据流问题**就是找到在 IN[s]和 OUT[s]上的约束的解。具体有两个约束集合：基于语义的(称为传输函数)和基于控制流的。

1. 传输函数(Transfer Functions)

一条语句之前和之后的数据流值由语句的语义所约束。假设数据流分析涉及确定变量在程序点的常量值，若变量 a 在执行语句 b = a 之前具有值 v，则 a 和 b 在此语句之后均具有值 v。

语句之前和之后的数据流值之间的关系称为**传输函数**。传输函数具有两种形式：信息沿着执行路径**正向传播**，或者沿着执行路径**逆向传播**。

语句 s 的传输函数通常被表示为 f_s，在正向传播的数据流问题中，它以语句之前的数据流值为输入并且在语句之后产生一个新的数据流值，即

$$OUT[s] = f_s (IN[s]) \tag{7.1}$$

而在逆向传播的数据流问题中，传输函数产生新的数据流值的方向是相反的，即

$$IN[s] = f_s(OUT[s]) \tag{7.2}$$

2. 控制流约束(Control-flow Constraints)

数据流值上的第二个约束集合由控制流导出。基本块中的控制流很简单，若块 B 中语句序列为 s_1, s_2, …, s_n，则出 s_i 的数据流值与进入 s_{i+1} 的相同，即

$$IN[s_{i+1}] = OUT[s_i] \qquad i = 1, 2, \cdots, n-1 \tag{7.3}$$

基本块之间的控制流边在块的结束和后继块的开始之间产生较为复杂的约束。例如，如果我们的兴趣是收集所有可以到达某程序点的定值，那么到达基本块开始语句的定值集合是每个前驱结点的结束语句之后的定值的并集。

7.3.3　基本块上的数据流模式

当数据流模式技术上涉及程序中每个点上的数据流值时，可通过辨别块内信息来节省时间与空间。块内从开始到结束的控制流没有分支与中断，因此，可以用数据流值进入和离开块的术语来重新表示这一模式。用 IN[B]和 OUT[B]表示块 B 之前和之后的数据流值，而涉及 IN[B]和 OUT[B]的约束可以从块 B 中各语句 s 的 IN[s]和 OUT[s]中导出。

设块 B 由语句序列 s_1, s_2, $\cdots$, s_n 组成。若 s_1 是块 B 的第一条语句，则 IN[B]= IN[s_1]。类似地，若 s_n 是块 B 的最后一条语句，则 OUT[B]= OUT[s_n]。基本块 B 的传输函数 f_B 可以由合并块内语句的传输函数得到。也就是说，令 f_{si} 是语句 s_i 的传输函数，则 $f_B = f_{sn} \circ \cdots \circ f_{s2} \circ f_{s1}$。块开始与结束之间的关系为

$$OUT[B]= f_B(IN[B]) \tag{7.4-1}$$

块之间的控制流约束可以分别将 IN[s_1]和 OUT[s_n]代替为 IN[B]和 OUT[B]来重写。例如，若数据流值是可能会赋值给一个变量的常量集合，则可获得一个正向数据流问题，其中：

$$IN[B] = \bigcup_{P \text{ a predecessor of } B} OUT[P] \tag{7.4-2}$$

逆向数据流问题的描述很相似，仅将 IN 和 OUT 互换即可：

$$IN[B] = f_B(OUT[B]) \tag{7.5-1}$$

$$OUT[B] = \bigcup_{S \text{ a successor of } B} IN[S] \tag{7.5-2}$$

与数学的线性方程不同，数据流问题往往没有唯一解。我们的目标是找到最"实际"的解，它满足两个约束集合：控制流与传输函数。讲述的重点是找到合法的代码改进的解，而不会导致不安全的变换。

7.3.4　到达定值(Reaching Definitions)

到达定值是最普通和最有用的数据流模式之一。通过获知控制到达程序中每个点 p 时每个变量 x 在哪里被定值，可以确定关于 x 的很多信息。例如，编译器可以知道 x 在点 p 是不是常量，调试器可以告知 x 是不是未定义变量以及 x 在点 p 处是否被引用等。

我们称**定值 d 到达点 p**：如果从直接跟随 d 之后的点到 p 有一条路径，且 d 在该路径上没有被**注销**。若该路径的其他地方有 x 的其他定值，就注销变量 x 的定值。直观上，如果某变量 x 的定值 d 到达点 p，则 d 可能是 x 的值在 p 点被引用的最后定值。

变量 x 的定值是一条语句，它(可能)将一个值赋给 x。过程的参数、数组的访问以及间接引用，这些都可能产生别名，因此不易知道一条语句是否引用了一个特定的变量 x。程序分析必须是保守的，如果我们不知道语句 s 是否赋值给 x，则必须假设可能赋值给它，即变量 x 在语句 s 之后可能保留它原来的值，也可能具有了由 s 产生的新值。为了简单起见，其余章假设仅考虑没有别名的变量，这类变量包括大多程序设计语言中的本地标量

(scalar)变量，在 C 和 C++ 语言中，不包括地址已经在某处被计算的本地变量。

【例 7.16】 图 7.14 所示的流图有 7 个定值。考虑到达块 B_2 的定值。B_1 中的所有定值到达 B_2 的开始，B_2 中定值 $d_5: j = j–1$ 也到达 B_2 的开始，因为回到 B_2 的循环路径中再没有 j 的其他定值。但是该定值注销了定值 $d_2: j = n$，使其不可能到达 B_3 或 B_4。B_2 中的定值 $d_4:$ $i = i+1$ 也不能到达 B_2 的开始，因为变量 i 总是在 $d_7: i = u3$ 处被重新定值。最后，定值 $d_6:$ $a = u2$ 可到达 B_2 的开始。

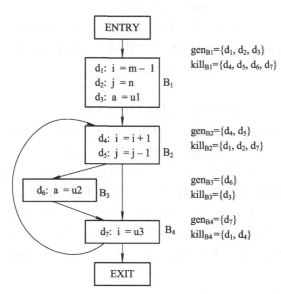

图 7.14　演示到达定值的流图

到达定值允许分析不一定完全正确，但是它们均在"安全"或者"保守"的范围内。例如，假设流图的所有边可以被访问到在实际中可能并不总是成立的。在下述程序段中，a 和 b 取任何值均不能使控制流实际到达 statement2：

　　　if (a == b) statement1; else if (a == b) statement2;

通常，为确定流图中的每条路径是否被执行是一个**不可判定**问题，因此我们仅假设流图中的每条路径可以出现在程序的某些执行中。在到达定值的大多数应用中，均保守地假设一个定值可以到达某点，即便它可能不到达。因此，可以允许存在没有在程序的任何执行中被经历的路径，也可以允许定值安全地穿过同一变量的二义定值。

1．到达定值的传输函数

为了建立到达定值问题的约束，我们从详细考察单一赋值句开始。考虑下述定值：

$$d: u = v+w$$

这里和随后的"+"均可以被认为是一般的二元运算符。该语句"产生"一个变量 u 的定值 d，并且"注销"程序中其他所有对变量 u 的定值(还未执行的定值除外)。因此，定值 d 的传输函数可以被表示为

$$f_d(x) = gen_d \cup (x–kill_d) \tag{7.6}$$

此处 $gen_d = \{d\}$ 是由当前语句产生的定值集合，$kill_d$ 是 u 在程序中其他所有定值的集合，应该被注销。

前面已经提到，基本块的传输函数可以通过合并块中语句的传输函数得到。式(7.6)的函数合并称为"产生-注销公式(gen-kill form)"。假设有两个函数 $f_1(x) = gen_1 \cup (x-kill_1)$ 和 $f_2(x) = gen_2 \cup (x-kill_2)$，则：

$$
\begin{aligned}
f_2(f_1(x)) &= gen_2 \cup (f_1(x)-kill_2) \\
&= gen_2 \cup ((gen_1 \cup (x-kill_1))-kill_2) \\
&= (gen_2 \cup (gen_1-kill_2)) \cup (x-(kill_1 \cup kill_2)) \\
&= gen_{1\_2} \cup (x-kill_{1\_2})
\end{aligned}
$$

将此规则扩展到包含多条语句的基本块。假设块 B 有 n 条语句，且第 $i(1 \leqslant i \leqslant n)$个语句的传输函数为 $f_i(x) = gen_i \cup (x-kill_i)$，则块 B 的传输函数可以表示为

$$f_B(x) = gen_B \cup (x-kill_B) \tag{7.7-1}$$

其中：

$$kill_B = kill_1 \cup kill_2 \cup \cdots \cup kill_n \tag{7.7-2}$$

$$gen_B = gen_n \cup (gen_{n-1}-kill_n) \cup (gen_{n-2}-kill_{n-1}-kill_n)$$

$$\cup \cdots \cup (gen_1-kill_2-kill_3-\cdots-kill_n) \tag{7.7-3}$$

与单个语句相同，一个基本块也产生一个定值集合并注销一个定值集合。gen 集合包含所有出块之后"可见的"的该块内的定值，称它们为**向下可见**(downwards exposed)。基本块中的一个定值是向下可见的，仅当它在同一基本块中没有被随后的定值注销。一个基本块的 kill 集合就是所有由块内单个语句所注销的定值的并。注意：一个定值会同时出现在基本块的 gen 和 kill 集合中。若这样则 gen 优先，因为在 gen-kill 公式中 kill 集合在 gen 集合之前使用。

【例 7.17】 对于下述基本块

$d_1: a = 3$

$d_2: a = 4$

其 gen 集合是$\{d_2\}$，因为 d_1 不是向下可见的。kill 集合包含 d_1 和 d_2，因为 d_1 注销了 d_2 且 d_2 也注销了 d_1。虽然如此，由于 kill 集合的减运算在与 gen 集合的并运算之前，所以此块的传输函数的结果总是包含定值 d_2。

2．控制流方程

下一步考虑从基本块之间的控制流导出的约束集合。由于若一个定值可以通过至少一条路径到达某个程序点则该定值就可到达该程序点，所以任何时刻有从 P 到 B 的控制流边就有 $OUT[P] \subseteq IN[B]$。但是，除非有一条到达某点的路径，否则定值不能到达该点，所以 $IN[B]$ 不能大于所有前驱块的到达定值的并。因此，下述假设是安全的：

$$IN[B] = \cup_{P\ a\ predecessor\ of\ B} OUT[P]$$

我们称并运算为到达定值的**交汇算符**。在任何数据流模式中，交汇算符均用来产生从不同路径到交汇处的"贡献"的总和。

3．到达定值的迭代算法

假设每个控制流图有两个空基本块，一个是用来表示图的开始的 ENTRY 结点，另一个是所有离开图的出口均从它出的 EXIT 结点。由于没有定值可以到达图的开始，因而块

ENTRY 的传输函数就是一个返回空集合 Φ 的简单常量函数，即 OUT[ENTRY]= Φ。

到达定值问题由下述方程定义：

$$OUT[ENTRY]= \Phi \tag{7.8-1}$$

并且对于所有不是 ENTRY 的其他基本块 B：

$$OUT[B] = gen_B \cup (IN[B]-kill_B) \tag{7.8-2}$$

$$IN[B] = \cup_{P\ a\ predecessor\ of\ B}\ OUT[P] \tag{7.8-3}$$

这些方程可以用算法 7.3 来解。算法的结果是方程的最少定点(least fixedpoint)，即解给 IN 和 OUT 所赋的值包含在方程的任何其他解中。该解是我们所希望的，因为它不包含我们认定不能到达的定值。

算法 7.3 到达定值分析

输入 对每个块 B 均已计算了 kill_B 和 gen_B 的流图。

输出 IN[B]和 OUT[B]，到达流图中每个块 B 的入口和出口的定值。

方法 从所有 B 的 OUT[B]=Φ 开始，用迭代的方法计算所有 IN 和 OUT 的希望值。由于必须迭代到 IN(也有 OUT)收敛，因此可以使用一个布尔变量 change 来记录在通过每个块的路径上 OUT 是否有变化。过程如下：

(1) OUT[ENTRY] = Φ;

(2) for (除 ENTRY 之外的每个基本块 B) OUT[B] = Φ;

(3) while (任何 OUT 有改变) {

(4)   for (除 ENTRY 之外的每个基本块 B) {

(5)   IN[B] = $\cup_{P\ a\ predecessor\ of\ B}$ OUT[P];

(6)   OUT[B] = gen_B $\cup$ (IN[B]-kill_B);

(7)   }

(8) }

前两行初始化特定的数据流值。第 3 行开始一个循环，重复此循环直到收敛，第 4 至第 7 行的内循环对所有的块应用数据流方程。

直观上，算法 7.3 在定值未被注销的情况下尽可能远地传播定值，以这种方式模拟程序的所有可能执行。算法 7.3 最终停机，因为对于每个 B，OUT[B]从不缩小，一旦加入了一个定值，它就永远在那里。由于所有的定值集合是有限的，最终必将有一遍 while 循环使得没有东西可以加入任何 OUT 中，于是算法结束。这样的结束是安全的，因为所有 OUT 不再改变时，则所有 IN 在下一遍中也不再改变。如果 IN 不改变，则 OUT 也不改变，于是所有随后的循环迭代都不会改变 IN 和 OUT 的值。

流图中的结点数是 while 循环遍数的上界。原因是如果一个定值到达某点，它仅可以沿着一条无环的路径到达该点，而流图中的结点数是一条无环路径中结点数的上界。while 语句每循环一次，每个定值沿相关路径传播至少一个结点，并且由于结点被访问的次序不同而经常有多于一个的结点传播。

事实上，如果在算法第四行的 for 循环中适当地安排块的次序，while 循环的迭代次数的经验值会小于 5。由于定值集合可以表示为位矢量，并且这些集合上的运算可以用位矢量上的逻辑运算实现，因此算法 7.3 在实际中是非常有效的。

【例 7.18】 用位矢量表示图 7.14 中流图的 7 个定值 $d_1, d_2, \cdots, d_7$，其中，从左开始的第 i 位表示 d_i。集合的并对应位矢量上的逻辑 OR 运算；两个集合的差 S−T 的计算首先对位矢量 T 取反，然后取反的结果与 S 进行 AND 运算。

表 7.1 所示的是算法 7.3 计算出的 IN 和 OUT 值。上标 0 表示的初值(如 $OUT[B]^0$)由算法 7.3 中第二行的循环赋值，它们每个都是空集合，由位矢量 000 0000 表示。算法在随后的各遍循环中的值也由上标表示，$IN[B]^1$ 和 $OUT[B]^1$ 是第一遍循环，$IN[B]^2$ 和 $OUT[B]^2$ 是第二遍循环。

假设第 4 行到第 7 行的 for 循环的执行中 B 取下述次序：

$$B_1, \quad B_2, \quad B_3, \quad B_4, \quad EXIT$$

当 $B = B_1$ 时，因为 OUT[ENTRY] = Φ，$IN[B_1]^1$ 是空集并且 $OUT[B_1]^1$ 是 gen_{B1}，该值与前边 $OUT[B_1]^0$ 的值不同，所以第一个循环中发生了改变(并且会进行下一循环)。

表 7.1　IN 和 OUT 的计算

块 B	$OUT[B]^0$	$IN[B]^1$	$OUT[B]^1$	$IN[B]^2$	$OUT[B]^2$
B_1	000 0000	000 0000	111 0000	000 0000	111 0000
B_2	000 0000	111 0000	001 1100	111 0111	001 1110
B_3	000 0000	001 1100	000 1110	001 1110	000 1110
B_4	000 0000	001 1110	001 0111	001 1110	001 0111
EXIT	000 0000	001 0111	001 0111	001 0111	001 0111

接下来考虑 $B = B_2$ 并且计算：

$$IN[B_2]^1 = OUT[B_1]^1 \cup OUT[B_4]^0 = 111\ 0000 + 000\ 0000 = 111\ 0000$$
$$OUT[B_2]^1 = gen[B_2] \cup (IN[B_2]^1 - kill[B_2])$$
$$= 000\ 1100 + (111\ 0000 - 110\ 0001) = 001\ 1100$$

该计算汇总在表 7.1 中。例如，第一遍循环结束时 $OUT[B_2]^1 = 001\ 1100$，反映的是 d_4 和 d_5 在 B_2 中产生，而 d_3 到达 B_2 的开始且没有在 B_2 中被注销。

注意：在第二遍循环之后，$OUT[B_2]$ 被改变以反映 d_6 也到达了 B_2 的开始，且也没有被 B_2 注销。但是在第一遍循环中并没有获取这一事实，因为从 d_6 到 B_2 的结束的路径 $B_3 \rightarrow B_4 \rightarrow B_2$ 在单独一遍循环中并不以此次序遍历。也就是说，当获知 d_6 到达 B_4 的结束时，我们已经在第一遍循环中计算了 $IN[B_2]$ 和 $OUT[B_2]$。

第三遍循环 OUT 集合再没有任何改变。因此，第三遍循环之后算法结束，结果如表 7.1 的最后两列所示。

7.3.5　活跃变量(Live Variable)

有些代码的改进变换依赖与程序控制流相反方向计算的信息。例如，在活跃变量分析中，我们希望知道对于变量 x 和点 p，x 在点 p 的值是否在沿着从 p 开始的一条路径上被引用，如果是则称 x 在点 p 是**活跃**的，否则是**不活跃**的。

活跃变量信息的一个重要应用是基本块中的寄存器分配。当一个变量在寄存器中被计算并且在一个基本块中被引用时，如果该变量出基本块后不是活跃的，就没有必要再在寄存器中保存该变量的值。同时，如果所有的寄存器均被占用并且还需要寄存器，就应该使用那些存放有不活跃值的寄存器，因为这样的值无须再存储。

此处，直接用 IN[B]和 OUT[B]定义数据流方程，它们分别表示紧在 B 之前和之后的活跃变量集合。这些方程也可以如此导出：首先定义各语句的传输函数，然后合并它们以产生基本块的传输函数。令：

(1) def_B 是变量的集合，它们在 B 中被定值(即确切被赋值)且定值前未曾在 B 中引用过。

(2) use_B 是变量的集合，它们在 B 中的定值之前可能被引用。

【例 7.19】 例如图 7.14 所示的块 B_2 引用 i。若 i 和 j 不是互为别名，则 B_2 也在 j 的任何重新定值之前引用 j。假设图 7.14 所示的变量没有别名，于是 $use_{B2}=\{i, j\}$。同时，B_2 定值 i 和 j。若没有别名，则也有 $def_{B2}=\Phi$，因为 B2 定值 i 和 j 之前先读取了 i 和 j 的值。∎

作为定值的结果，任何在 use_B 中的变量在 B 的入口处必须被认为是活跃的，而变量的定值集合 def_B 中的变量在 B 开始处必须是不活跃的。事实上，def_B 中的成员"注销"任何变量活跃的机会，因为路径从 B 开始。

因此，与 def 和 use 相关的方程 IN 和 OUT 定义如下：

$$IN[EXIT] = \Phi \tag{7.9-1}$$

而除 EXIT 之外的所有基本块：

$$IN[B] = use_B \cup (OUT[B]-def_B) \tag{7.9-2}$$

$$OUT[B] = \cup_{S\ a\ successor\ of\ B}\ IN[S] \tag{7.9-3}$$

方程(7.9-1)规定了边界条件，即程序的出口没有活跃变量。方程(7.9-2)描述一个变量进入块时是活跃的，如果它在块中被重定值之前被引用，或者出块时是活跃的并且在块中没有被重新定值。方程(7.9-3)陈述的是一个变量出块是活跃的当且仅当它在进入该块的某个后继时是活跃的。

需要特别注意活跃变量方程与到达定值方程之间的下述关系：

(1) 两组方程对交汇算符均有并关系，原因是在每个数据流模式中我们沿着路径传播信息，并且仅关心是否"任何"路径具有所希望的特性，而不是沿着所有路径是否某些事实均成立。

(2) 但是活跃变量的信息流是"逆向(backward)"传播的，与控制流的方向相反。因为在这类问题中希望确认的是，在 p 点对变量 x 的引用在执行路径中是否被传输到所有先于 p 的点，这样才会知道在这些点上 x 的值是否被引用。

为了解决逆向问题，我们并不初始化 OUT[ENTRY]，而是初始化 IN[EXIT]。集合 IN 和 OUT 的作用被交换，并且分别用 use 和 def 代替 gen 和 kill。对于到达定值，关于活跃方程的解无须是唯一的，并且希望是活跃变量最小集合的解。所用的算法就是算法 7.3 的逆向版本。

算法 7.4　活跃变量分析

输入　每个块均计算了 def 和 use 的流图。

输出　IN[B]和 OUT[B]，流图中每个块的入口和出口的活跃变量集合。

方法　执行下述处理：

　IN[EXIT] = Φ;

```
for (除 EXIT 之外的每个基本块) IN[B] = Φ;
while (任何 IN 有改变) {
    for (除 EXIT 之外的每个基本块) {
        OUT[B] = ∪_{S a successor of B} IN[S];
        IN[B] = use_B ∪ (OUT[B]–def_B);
    }
}
```

7.3.6 可用表达式(Available Expression)

如果从入口结点到程序点 p 的每一条路径均计算表达式 x + y，并且到达 p 之前的最后一次该计算之后没有对 x 或 y 的赋值，我们就称表达式 x + y 在点 p 处是**可用的**。对于可用表达式数据流模式，一个块注销表达式 x + y，如果它赋值(或可能赋值)给 x 或 y 并且随后没有重新计算 x + y；一个块产生表达式 x + y，如果它确实计算 x+y 并且随后不对 x 或 y 定值。

注意：可用表达式的"注销"和"产生"的概念与到达定值的相应概念并不完全相同。尽管如此，"注销"和"产生"的作用与到达定值中的作用基本是相同的。

可用表达式信息最基本的用途是检测全局公共子表达式。例如，在图 7.15(a)中，B_3 中的 4*i 若在 B_3 的入口处可用则会是一个公共子表达式。如果变量 i 在 B_2 中不被赋新值，或者如图 7.15(b)所示 i 在 B_2 中被赋值后 4*i 又被重新计算，则 4*i 就是可用的。

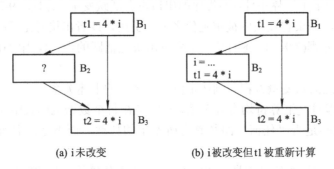

(a) i 未改变   (b) i 被改变但 t1 被重新计算

图 7.15 块之间潜在的公共子表达式

可以从块的开始到块的结束处理块内的每条语句，计算块中每个点上所产生的表达式集合。块之前的程序点处没有表达式被产生，如果在点 p 表达式集合 S 是可用的，并且 q 是 p 之后的点，二者之间是语句 x = y+z，则可通过下述两个步骤形成 q 点的可用表达式集合：

(1) 将表达式 y+z 加入集合 S 中。

(2) 从 S 中删除任何涉及变量 x 的表达式。

注意：动作的步骤一定要正确，因为 x 可能与 y 或 z 相同。当到达块的结束时，S 是为块产生的表达式集合，而被注销的表达式集合是那些形如 y+z 的表达式，其中 y 或 z 在块中被定值并且块中没有再产生 y + z。

【例 7.20】 考虑表 7.2 所示的 4 条语句。第一条语句之后 b + c 可用。第二条语句之后 a − d 成为可用，但是 b + c 不再可用，因为 b 已经被重新定值。第三条语句并没有使 b + c 重新可用，因为 c 的值立刻被改变。最后一条语句之后 a − d 不再可用，因为 d 被改变。因此，最后没有产生任何可用表达式，并且所有涉及 a、b、c 或 d 的表达式均被注销。∎

表 7.2 可用表达式的计算

语句	可用表达式
	Φ
a = b + c	
	{b + c}
b = a − d	
	{a − d}
c = b + c	
	{a − d}
d = a − d	
	Φ

可以参考到达定值的计算方法来找可用的表达式。假设 U 是出现在程序的一条或者多条语句中的所有表达式的全集，对于每个块 B，令 IN[B] 是 U 中在 B 的开始之前可用表达式的集合，令 OUT[B] 是紧跟 B 结束的可用表达式集合。定义 e_gen$_B$ 是由 B 产生的表达式，e_kill$_B$ 是 U 中在 B 中被注销的表达式集合。注意 IN、OUT、e_gen、e_kill 均可以用位矢量来表示，它们之间的关系可用下述方程描述：

$$\text{OUT[ENTRY]} = \Phi \qquad (7.10\text{-}1)$$

除 ENTRY 之外的所有基本块：

$$\text{OUT[B]} = \text{e\_gen}_B \cup (\text{IN[B]} - \text{e\_kill}_B) \qquad (7.10\text{-}2)$$

$$\text{IN[B]} = \bigcap_{P \text{ a predecessor of B}} \text{OUT[P]} \qquad (7.10\text{-}3)$$

上述方程与到达定值方程看上去几乎完全相同。与到达定值一样，上述方程的边界条件是 OUT[ENTRY]=Φ，因为在 ENTRY 的出口没有可用表达式。方程式(7.10)与方程式(7.9)的最重要的区别是交汇算符是交而不是并，因为一个表达式在某块的开始可用仅当它在块的所有前驱的结束可用。相反，一个定值到达某块的开始，只要它到达一个或若干前驱的结束即可。用∩而不用∪使得可用表达式方程的行为与到达定值不同。

这两个集合均无唯一解，但是对于到达定值，解是对应"到达"的定值的最小集合，从没有任何东西到达任何地方的假设开始，以此构造该解。除非可以找到一条从 d 到 p 的传播路径，否则决不假设定值 d 可以到达点 p。相反，对于可用表达式方程，希望得到可用表达式的最大集合，因此从一个超大的集合开始并且逐步缩小。

虽然由假设"除 ENTRY 结束处之外的任何地方的任何东西(即集合∪)均是可用的"开始，并且仅消除那些可以找到一条路径且沿此路径不可用的表达式的效果并不明显，但是的确到达一个真正可用的表达式集合。

对于可用表达式，保守的做法是产生一个实际可用表达式集合的子集合。选择保守集合的理由是希望用一个已经计算得到的值替代对一个可用表达式的计算。不知一个表达式是否可用只能对代码改进稍稍不利，而相信一个表达式可用、但实际并不可用会造成程序计算的改变。

【例 7.21】 通过考查图 7.16 中的 B_2 来说明将 OUT[B_2]大致初始化为 IN[B_2]的效果。令 G 和 K 分别是 e_gen$_{B2}$ 和 e_kill$_{B2}$ 的缩写。块 B_2 的数据流方程可以写为

$$IN[B_2] = OUT[B_1] \cap OUT[B_2]$$
$$OUT[B_2] = G \cup (IN[B_2] - K)$$

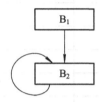

图 7.16　将 OUT 集合初始化为 Φ 的局限

这些方程又可以写为递归的形式。用 I^j 和 O^j 分别作为 IN[B_2]和 OUT[B_2]第 j 次近似：

$$I^{j+1} = OUT[B_1] \cap O^j$$
$$O^{j+1} = G \cup (I^{j+1} - K)$$

从 $O^0 = Φ$ 开始，$I^1 = OUT[B_1] \cap O^0 = Φ$。但是如果从 $O^0 = U$ 开始，则得到 $I^1 = OUT[B_1] \cap O^0 = OUT[B_1]$。直观上更希望从 $O^0 = U$ 开始得到的结果，因为它正确地反映了这一事实：OUT[B_1]中没有被 B_2 注销的表达式在 B_2 结束处是可用的。

算法 7.5　可用表达式分析

输入　每个块 B 计算了 e_gen$_B$ 和 e_kill$_B$ 的流图，初始块是 B_1。

输出　IN[B]和 OUT[B]，在每个块入口和出口可用的表达式集合。

方法　执行下述过程，步骤的解释与算法 7.4 类似。

```
OUT[ENTRY] = Φ;
    for (除 ENTRY 之外的每个基本块) OUT[B] = U;
    while (任何 OUT 有改变) {
        for (除 ENTRY 之外的每个基本块) {
            IN[B]   =  ∩_P a predecessor of B OUT[P];
            OUT[B]  =  e_gen_B ∪ (IN[B]-e_kill_B);
        }
    }
```

7.3.7　小结

本节中讨论了数据流问题的三个例子：到达定值、活跃变量和可用表达式。可以把它们总结在表 7.3 中。每个问题的定义包括数据流值的域、数据流方向、传输函数、边界条

件、初始值及交汇运算符(习惯上用∧表示)等。

表 7.3 的最后一行给出了迭代算法中所用的初始值。选择这些值使得迭代算法可以找到方程的最精确解。严格地讲，该选择不是数据流问题算法的一部分，它只是迭代算法所要求的。

表 7.3　三个数据流问题的归纳

	到达定值	活跃变量	可用表达式
域	定值集合	变量集合	表达式集合
方向	正向	逆向	正向
传输函数	$gen_B \cup (x - kill_B)$	$use_B \cup (x - def_B)$	$e\_gen_B \cup (x - e\_kill_B)$
边界条件	$OUT[ENTRY] = \Phi$	$IN[EXIT] = \Phi$	$OUT[ENTRY] = \Phi$
交汇运算 (∧)	$\cup$	$\cup$	$\cap$
方程	$OUT[B] = f_B(IN[B])$ $IN[B] = \wedge_{P,pred(B)} OUT[P]$	$IN[B] = f_B(OUT[B])$ $OUT[B] = \wedge_{S,succ(B)} IN[S]$	$OUT[B] = f_B(IN[B])$ $IN[B] = \wedge_{P,pred(B)} OUT[P]$
初始值	$OUT[B] = \Phi$	$IN[B] = \Phi$	$OUT[B] = U$

7.4　本 章 小 结

代码优化是编译器的重要环节之一，是否可以生成优化的目标代码是评价一个实用编译器优劣的重要指标之一。与优化相关的技术不但可以用于编译器优化，亦可以应用于软件安全领域中的程序分析。事实上，优化的核心技术——数据流分析亦是程序分析技术的核心。

本章重点讨论了三个方面：与目标代码相关的局部优化、独立于机器的全局优化、数据流分析技术。

由于编译器的优化建立在对程序语义的深刻理解之上，所以优化所涉及的原理与技术相对比较难理解。具体讨论的内容如下。

1. 局部优化

• 基本块内的优化：基本块的概念与表示；基本块内可以进行的优化，关键是基本块上的公共子表达式。

• 窥孔优化：窥孔优化的概念；可以进行的窥孔优化：冗余代码消除、不可达代码消除、代数化简与强度削弱、使用机器方言等。

• 表达式的优化代码生成：表达式树上的分配寄存器的计数方法；从表达式树生成目标代码的算法：有足够寄存器的情况与无足够寄存器的情况。

2. 独立于机器的全局优化

• 公共子表达式的优化：基本块与程序流图；基本块内公共子表达式的消除；全局公共子表达式的消除；复写传播与死代码消除。

- 与循环相关的优化：代码外提；消除归纳变量与代码强度削弱。

3. 数据流分析技术

- 数据流分析的基本概念：流图中的程序点、路径；数据流值：IN/OUT；传输函数与控制流约束；基本块内的数据流模式。
- 典型的数据流分析：到达定值分析；活跃变量分析；可用表达式分析。

习 题

7.1　构造下述基本块的 DAG：

　d = b * c
　e = a + b
　b = b * c
　a = e – d

7.2　简化习题 7.1 的三地址码，假设：

(1) 仅有 a 出基本块后是活跃的。

(2) a、b 和 c 出基本块后是活跃的。

7.3　为下述基本块构造 DAG。假设：

(1) p 可以指向任意位置。

(2) p 仅能指向 b 或 d。

　a[i] = b
　*p = c
　d = a[j]
　e = *p
　*p = a[i]

7.4　计算下述表达式的 Ershov 数：

(1) a/(b+c)–d*(e+f)；

(2) a+b*(c*(d+e))；

(3) (–a+*p)*((b–*q)/(–c+*r))。

7.5　使用两个寄存器为习题 7.1 的各表达式生成优化代码。

7.6　使用三个寄存器为习题 7.1 的各表达式生成优化代码。

7.7　流图如图 7.17 所示。

(1) 识别流图中的循环。

(2) B1 中的语句(1)和(2)均是拷贝语句，其中，a 和 b 被赋给常量值。对于 a 和 b 的哪些引用可以进行复写传播并且用常量代替这些引用？如有请这样做。

(3) 对每个循环识别任何全局公共子表达式。

(4) 识别每个循环中的归纳变量。确认(2)中引进的任何常量均予以考虑。

(5) 识别每个循环中的循环不变量。

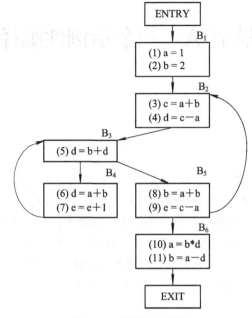

图 7.17　习题中的流图

7.8　下面的中间代码用于计算两个矢量 A 和 B 的点积。优化此代码，消除公共子表达式，对归纳变量进行强度削弱，并且尽可能地消除归纳变量。

```
    dp = 0
    i = 0
L:  t1 = i*8
    t2 = A[t1]
    t3 = i*8
    t4 = B[t3]
    t5 = t2*t4
    dp = dp+t5
    i = i+1
    if i<n goto L
```

7.9　在图 7.17 中，计算每个块的 gen 和 kill 集合以及每个块的 IN 和 OUT 集合。

7.10　计算图 7.17 中可用表达式的 e_gen、e_kill、IN 和 OUT 集合。

7.11　计算图 7.17 中用于活跃变量分析的 def、use、IN 和 OUT 集合。

7.12　通过对算法 7.3 中第四至第七行 for 循环迭代次数的归纳，证明 IN 和 OUT 集合不会缩小，即一旦某个定值在某次循环中被放进集合就决不会再出来。

附录 A 一个示例性编译器前端

本教材的正文部分主要讲述了程序设计语言翻译相关的概念、方法，附录 A 给出一个示例性的编译器前端 AMCC，展示一种将相关概念与方法落地到实际程序中的形态(即将理论具象化的一种方式)，以期望进一步提高读者对编译器的感性认知。首先给出 AMC 语言规范，接着指出 AMCC 的内部构成及其顶层处理流程，然后依次介绍 AMCC 的词法分析、语法分析、符号表构建、中间代码生成等模块的设计要点，最后指出 AMCC 中使用的错误处理策略。读者可通过访问西安电子科技大学出版社网站，在本书的资源页面中获取 AMCC 的下载网址。

A.1 AMC 语言

以 C 语言为基础，选用其部分基础结构并稍作调整，最终得到 Another Micro C(AMC) 语言。该语言可看作是 C 语言的子集，支持函数、简单变量、数组变量的声明和引用，支持嵌套定义函数，提供表示整数和实数的两种基本类型及相关运算，支持选择、循环、跳转等控制结构。本节给出 AMC 语言的语法规则和词法规则，它们既是构造 AMCC(AMC Compiler, 即本附录给出的编译器前端)的依据，也是理解 AMCC 工作原理的重要参考。

A.1.1 文法书写形式约定

为便于构造递归下降的语法分析器，本节采用 EBNF 文法描述 AMC 语言结构，关于 EBNF 的具体形式请阅读 3.4.5 小节相关内容。

为便于区分和理解，AMC 文法中的所有非终结符均为小写字母打头的单词或单词组合，具名终结符均为全大写单词，对于关键字、运算符、分隔符等具有固定文本的终结符，均使用一对单引号包围的字符串表示。例如，函数的形参表用 parameterList 表示，标识符用 ID 表示，整数字面量用 INT_LITERAL 表示，基本类型名 int 用 'int' 表示。

A.1.2 翻译单元与声明

用 AMC 语言编写的程序称为翻译单元(translationUnit)，它是 AMC 文法的开始符号，表示一个由若干变量声明(varDeclaration)、函数声明(funcDeclaration)形成的序列。此处声明的变量、函数都属于全局作用域。在函数体和复合语句中，也可以声明变量和函数，这些名字属于局部作用域。

AMC 语言提供两种基本类型，其中用 int 表示 32 位整数，用 double 表示 64 位实数。该语言也提供 void 类型，但该类型仅仅用于指明一个函数没有返回值，除此之外没有其他用途。

translationUnit	→	(declaration)+
declaration	→	varDeclaration | funcDeclaration
varDeclaration	→	typeSpecifier initDeclarator (',' initDeclarator)* ';'
typeSpecifier	→	'int' | 'double' | 'void'
initDeclarator	→	directDeclarator ('=' initializer)?
directDeclarator	→	ID (('[' INT_LITERAL? ']')
		('[' INT_LITERAL ']')*)?
initializer	→	additiveExpression
		| '{' (initializer (',' initializer)*)? '}'
funcDeclaration	→	typeSpecifier ID '(' parameterList ')'
		compoundStatement
parameterList	→	parameter (',' parameter)* | ε
parameter	→	typeSpecifier directDeclarator

在声明一个简单变量(也称为标量)、数组变量时，可带有初始化表达式(简称初始式)。其中，数组变量的初始式必须是用花括号包围的结构，每个元素的初始式应为非赋值形式的表达式。全局变量的缺省初始值为 0，局部变量的缺省初始值为随机值。

数组变量的声明中，通常应给出每一维的元素数量，但若在声明中带有初始式、或数组作为函数形参时，第一维的元素数量可省略。对于数组声明中有初始式且第一维元素数量未给出的情况，编译器需通过分析初始式来确定第一维的元素数量。数组变量的初始式中，初值的数量可少于元素数量，此时未指定初值的元素初值均为 0。

AMC 语言遵守静态作用域规则和最近嵌套的作用域规则。在同一个作用域中，声明的任意两个名字不能相同，任意一个名字指代的程序实体必须唯一且有相应的定义。一个 AMC 源程序中，必须有且仅有一个名为 main 的函数来指明整个程序的执行入口。

A.1.3 语句

AMC 语言支持 if-else 语句，else 对应的部分可省略，并约定每个 else 与距离其最近的 if 匹配。对于 if 语句的条件表达式，约定其值为 0 时表示假，为非 0 值则表示真。

AMC 语言支持 while 循环语句，对于其条件表达式，也约定其值为 0 时表示假，为非 0 值则表示真。

AMC 语言支持 break、continue、goto、return 等四种跳转语句，它们的语义和 C 语言的规定相同。其中，goto 语句中的 ID 必须是一个标号，也必须在同一个函数体中给出该标号的定义。AMC 允许标号先定义后引用，也可以先引用后定义。标号总是在声明它的整个函数体内部起作用(嵌套函数体除外)。

statement	→	selectionStatement	iterationStatement
		| jumpStatement	compoundStatement
		| labeledStatement	expressionStatement

selectionStatement	→	'if' '(' expression ')' statement
		('else' statement)?
iterationStatement	→	'while' '(' expression ')' statement
labeledStatement	→	ID ':' statement
jumpStatement	→	('break'	'continue'
			'goto' ID	'return' (expression)?
		) ';'
expressionStatement	→	(expression)? ';'
compoundStatement	→	'{' (blockItem)* '}'
blockItem	→	declaration	statement

复合语句(compoundStatement)指由一对花括号包围的语句序列，该序列可以为空，也可以是若干声明和语句形成的复合结构。函数体本身就是一个复合语句。

AMC 语言支持函数定义嵌套，即允许函数体内可以出现语句的地方，均可出现内嵌函数(Nested Function)的定义。内嵌函数只能在声明之后被引用，且在声明它的作用域内起作用，遵守最近嵌套的作用域规则。内嵌函数体中可以访问在其定义点可见的所有名字，包括外层作用域到全局作用域中的名字(标号除外)。例如，程序清单 A.1 给出的示例程序中，第 4 行声明的 nested 函数、第 13 行声明的 access 函数均是内嵌函数，且第 9、14、15 行的函数调用都是允许的。第 18 行对内嵌函数 access 的调用是错误的，因为调用点不在该函数的作用域范围内。

程序清单 A.1   函数定义嵌套示例

```
1   int  a = 10;
2   void outter (int arg) {
3      int var1 = 10;
4      int nested (int var2) {    // 定义一个内嵌函数
5         // 可引用此处可见的所有名字
6            return var1 + var2 + a * arg;
7      }
8      ...
9      var1 = nested( 10 );  // 可以调用
10     ...
11     if (...) {
12         int  var2 = 1;
13         void access () {  // 块作用中定义内嵌函数
14             outter( 5 );    // 可引用此处可见的所有名字
15             a = nested( var1 - var2 ); // 可以调用
16         }
17     }
18     access(); // 错误调用，除非外层存在另一个 access 函数声明
19  }
```

A.1.4 表达式

AMC 语言支持赋值表达式、布尔表达式、关系表达式、算术表达式和最基本的表达式，各运算的优先级和结合性沿用 C 语言规定。赋值运算的左操作数必须是一个左值，即简单变量引用或数组元素引用，右操作数可以是任何形式的表达式，包括赋值表达式。

expression	→	assignmentExpression
assignmentExpression	→	leftValue ('=' | '+=' | '-=' | '*=' | '/=' | '%=')
		assignmentExpression
		| logicalOrExpression
leftValue	→	ID ('[' expression ']')*
logicalOrExpression	→	logicalAndExpression ('||' logicalAndExpression)*
logicalAndExpression	→	equalityExpression ('&&' equalityExpression)*
equalityExpression	→	relationalExpression
		(('==' | '!= ') relationalExpression)*
relationalExpression	→	additiveExpression
		(('<' | '<=' | '>' | '>=') additiveExpression)*
additiveExpression	→	multiplicativeExpression
		(('+' | '-') multiplicativeExpression)*
multiplicativeExpression	→	unaryExpression
		(('*' | '/' | '%') unaryExpression)*
unaryExpression	→	('+' | '-' | '!') unaryExpression
		| primaryExpression
primaryExpression	→	INT_LITERAL | REAL_LITERAL
		| '(' expression ')'
		| functionCall | leftValue
functionCall	→	ID '(' argumentList ')'
argumentList	→	ε | assignmentExpression
		(',' assignmentExpression)*

A.1.5 词法规则

AMC 语言沿用 C/C++ 语言的行注释和块注释结构，关键字、操作符、分隔符已在上述文法中给出，其他单词的拼写一般沿用 C 语言规范，但在以下方面进行了限制。

(1) 标准 C 语言定义的关键字在 AMC 语言中是保留字。

(2) 不接受上述文法中未提及的、C 语言定义的其他操作符。

(3) 不支持字符字面量、字符串字面量。

(4) 对于数值字面量，标准 C 语言允许其末尾有类型后缀字符，但此类结构不被 AMC 语言接受。如对于 "123UL"，在 C 语言中它是类型为 unsigned long int 的整数字面量，但在 AMC 语言中它被识别为整数字面量 "123" 和标识符 "UL"。

(5) 整数字面量(INT_LITERAL)可以是十进制形式(不能以 0 打头)、以 "0b" 或 "0B" 打头的二进制形式、以 "0x" 或 "0X" 打头的十六进制形式、或以 "0" 打头的八进制形式。若字面量的值超过 32 位有符号整数可表示的最大值，则视为一个不确定的整数。

(6) 实数字面量(REAL_LITERAL)只能是十进制形式，指数部分采用科学记数法表示，如 "1.23E-9"。实数字面量的整数部分必须出现，小数部分(含小数点)和指数部分均可省略，指数部分的正负号可省略。若字面量的值超过 64 位双精度浮点数能表示的最大值时，则视为一个不确定的实数。

A.2　AMCC 的构成与顶层流程

AMCC 是用 C 语言实现的一个编译器前端。本节指出作者在开发 AMCC 过程中坚持的编程思想，依次给出 AMCC 的组件构成、顶层执行流程、模块划分与目录组织结构。

A.2.1　AMCC 的编程思想

作者在设计 AMCC 的过程中，不但希望能给读者提供一个示例性的程序，也从软件工程的角度考虑了多项因素，包括但不限于以下事项：

(1) 在提高程序模块化程度的同时，尽力降低模块间的耦合程度。

(2) 基于面向对象方法，将编译器中的相关概念类型化，同时尽量使程序具有较高的可理解性。例如，词法分析器、记号、语法分析器、分析树、符号表等概念，在 AMCC 中均采用 "struct + API 函数" 的组合形式定义为一个类型(受限于 C 语言机制，最终所得单元并不是真正意义的数据类型)。其中，用 C 语言的 "struct" 定义对象的数据结构，同时将对象的功能声明为全局作用域的 API 函数。

(3) 借助头文件来隐藏类型内部的实现细节。每个类型的 API 函数均声明在相应的头文件中，这些头文件中通常也给出类型内部使用的数据结构，以便于读者迅速找到它。类型内部的实现细节(源程序)均存放在各模块的专属目录，详见 A.2.4 小节。

(4) 对于复杂模块或类型一般采用分层设计原则。如用于支撑词法分析器实现的 "输入缓冲区" "记号池" "记号流" 等，它们均按上述思想被定义为独立类型。对于仅供模块内部使用的辅助类型/程序，一般存放在模块专属目录下的子目录 inside 中。

(5) 对于构造 AMCC 过程中所需的基础程序，如链表、哈希表、堆栈等，均按上述思路将它们设计为类型，以便于提高其可重用性。

(6) 实现 AMCC 过程中，不能忽视其执行过程中可能遇到的异常，其中不仅包括被分析程序中的错误，也包括 AMCC 自身执行时可能遇到的错误(如文件操作异常、内存申请异常等)。这点考虑使得 AMCC 的不少程序片段与错误处理相关。

A.2.2　AMCC 的组件构成

软件组件(Software Component，也称软件构件)一般指一个相对独立的软件单元，具有明确定义的功能，并通过接口与其他组件进行交互。一个组件可以和其他组件组合成更复杂的软件组件或软件系统。软件组件一般应具有封装性、可重用性、可替代性、独立性、易测试性等特点。结合编程思想和组件化思路，作者为 AMCC 设计了如图 A.1 所示的四层组件，上层组件的实现依赖下层组件。

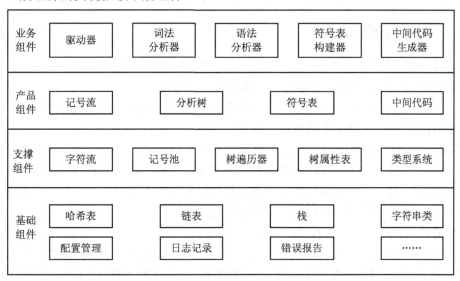

图 A.1 AMCC 的组件式结构

业务组件是 AMCC 的顶层组件，承担编译器前端各阶段的业务职能，其中，驱动器负责调度其他业务组件来共同完成程序翻译任务。**产品组件**是业务组件在执行过程中产生的输出数据，为便于读者研读这个程序，AMCC 会将它们保存到指定的文件中。**支撑组件**是为实现业务组件所需的重要依托，与基础组件共同构成 AMCC 的实现基础。**基础组件**是被频繁使用、功能相对单纯的组件，其中，哈希表、链表和栈属于通用程序，对其稍加扩充即可重用于其他软件的实现。在 AMCC 执行过程中，会按需创建基础组件的多份实例，如在记号池、符号表、类型系统等组件中，都使用哈希表作为其底层数据结构；在记号流、哈希表等组件中使用链表作为其底层数据结构。

绝大部分组件基于类型化思想设计，均声明有类型别名和创建对象、销毁对象、访问对象等三组 API 函数，在程序注释中说明了它们的功能、用法和注意事项等。例如公共头文件 lexer.h 中声明了词法分析器的 API，如程序清单 A.2 所示。其中，用 C 语言的关键字 typedef 定义的类型名 t_lexer 与 struct lexer 等价但更方便使用，t_lexer_ptr 是指向一个类型为 t_lexer 对象的指针类型名。组件的 API 函数名通常以类型名为前缀，其后紧跟可体现函数功能的、用下画线连接的单词，这样既可明确区分也可避免命名冲突。若要了解一个组件，首先应关注 API 声明，之后再结合其功能、数据结构等方面了解内部的实现细节。

程序清单 A.2 类型化组件声明示例

```
1  typedef struct lexer {     // 数据结构声明
2      ... ... ... ...
3  } t_lexer , * t_lexer_ptr; // 一对类型别名
4
```

```
5    // API 函数声明
6    t_lexer_ptr lexer_new (const char* inputFilePath);
7    void   lexer_destroy (t_lexer_ptr pThis);
8    int    lexer_run (t_lexer_ptr pThis);
```

A.2.3　驱动器与顶层流程

AMCC 的驱动器即主模块，其中的 main 函数执行以下步骤以完成语言翻译任务：

(1) 分析用户提供的命令行参数，完成运行参数配置。

(2) 准备好运行环境。在此过程中，调用业务组件的 API 函数完成各模块内部数据、全局数据的初始化，以便于各模块能正常工作。

(3) 依次调用词法分析器、语法分析器、符号表构建器、中间代码生成器等业务组件提供的 API 函数，完成对 AMC 源程序的翻译任务。若任一阶段执行过程中发现异常，驱动器均结束程序执行。驱动器还通过业务组件提供的 API 函数将各自的输出数据保存到指定文件，这些文件的具体路径由配置管理组件提供。

(4) 清理运行环境，结束程序执行。

上述(3)的关键执行过程如图 A.2 所示，图中虚线三角状箭头表示控制流，实线树枝状箭头表示数据流。显然 AMCC 是一个按阶段划分、分阶段执行的多遍编译器前端，四个业务组件之间唯一的交互就是前面阶段的输出数据，这些数据均由驱动器负责传递。这种组织策略在很大程度上降低了业务组件间的耦合度，也降低了 AMCC 的实现难度。

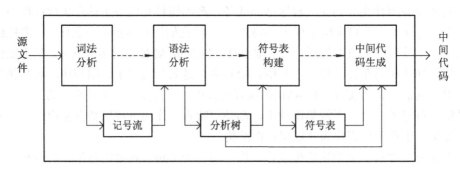

图 A.2　AMCC 的顶层流程

A.2.4　模块划分与目录结构

表 A.1 给出了 AMCC 内部的模块划分、各模块源文件的存放目录，以及该模块内定义的组件。对于较复杂的模块，如词法分析、语法分析、符号表构建等，在模块专属目录下设置有子目录 inside，用于存放仅在该模块内部使用的辅助程序。

读者可直接用预定义的 CMake 规则文件 CMakeLists.txt 完成对 AMCC 的编译构建，也可将整个程序包导入到个人所用的集成开发环境中使用。其中，CMake 规则文件指定利用 GCC 编译器将 AMCC 构建为两个二进制形态的制品：

(1) 静态例程库(libamcc)。它是将除了驱动器之外的其他所有程序编译、打包之后的二进制文件。以此制品为基础，可构建多个不同的可执行程序，如词法分析测试程序、语法分析测试程序等。

(2) 可执行程序(amcc)。该制品的顶层组件是 AMCC 的驱动器，编译时需要链接静态例程库 libamcc。

表 A.1 AMCC 的模块划分与目录组织

模块名	第一层目录	第二层目录	模块中的组件或子程序
AMCC 驱动器	main		驱动器
词法分析模块	libamcc	lexer	词法分析器、记号流、字符流、记号、记号池、关键字表等
语法分析模块	libamcc	parser	语法分析器、分析树、树遍历器等
符号表构建模块	libamcc	symtable	符号表构建器、符号表、符号条目等
类型系统模块	libamcc	typesys	类型系统、类型表等
中间代码生成模块	libamcc	ircode	中间代码生成器、三地址码等
工具程序模块	libamcc	util	配置管理、日志、哈希表、链表、字符串等等基础组件
公用头文件	libamcc	include	声明各组件公开接口的头文件
元数据	libamcc	meta	用于 AMCC 全流程的元数据定义，包括记号类别定义、DFA 的表示、关键字、非终结符定义、错误代码定义等

A.3 词法分析模块

本书的 2.5 节讲述了构造词法分析器时需要考虑的若干问题和三种实现策略，本节针对在实践中如何将这些知识落实到具体程序，依次给出 AMCC 的词法分析模块内部构成、记号存储结构、词法分析的高层处理流程及识别记号的核心实现。

A.3.1 词法分析模块的构成

AMCC 的词法分析模块包括词法分析器、记号流、记号、字符流、记号池、关键字表等组件，其中前三者要被其他模块使用，后三者仅在词法分析模块内部使用，图 A.3 采用 UML 类图形式说明了它们之间的关系。

当词法分析器对象被创建时，它会自动创建字符流对象和记号流对象；在词法分析过程中，词法分析器将识别到的每个记号追加到记号流尾部；在词法分析结束后，词法分析器、字符流组件再无用处，但其他组件仍保留到整个程序结束，以供后续阶段使用。

字符流组件扮演输入缓冲区的角色，它无须知道任何词法规则，通过 API 接口隐藏了缓冲区管理的内部细节，为词法分析器提供读一个字符、退回一个字符、标记单词起止位置和获取单词等功能。鉴于 AMCC 仅为示例，所以字符流组件假定通过一次系统调用即可将输入文件的全部内容加载到内存中。真实编译器的输入缓冲区管理更复杂，读者可阅读第 2 章或其他文献中的相关讨论。

对于关键字的处理不同于其他记号，AMCC 先按标识符的词法规则识别所有标识符和关键字，然后借助关键字表进一步确定具体的记号类别。关键字表存储了 AMC 语言和标准 C 语言定义的全部关键字，它实际上是一个专用的小型符号表，在程序启动时完成初始化，以哈希表为底层数据结构，这样既方便实现也可以提高查找效率。

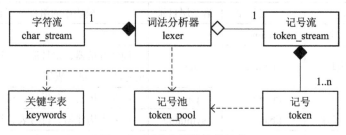

图 A.3　词法分析模块的结构

A.3.2　记号与记号池

在 AMCC 的初始设计中，表示记号的数据结构只有一个层次，包括形成记号的单词、类别，以及记号在输入文件中的出现位置(行号:列号)。其中，全体记号类别采用枚举类型 EnumTokenKind 声明为一组命名常量整数(详见头文件 token.h)，位置信息既用于在错误报告中向使用者指明一个错误的出现位置，也用于在产品数据文件中提示对应结构在输入文件中的位置。图 A.4 示意了此时的记号构成，指出了每个记号和输入文件(字符流)中字符序列的对应关系。词法分析器丢弃输入中的空白字符、换行标志字符、注释，当遇到输入结束(图 A.4 中用"#"示意)时在记号流末尾追加一个类别为"EOF"的特殊记号，这样的表示方式既与第 2 章和第 3 章的表示法保持一致，也有助于语法分析器的实现。

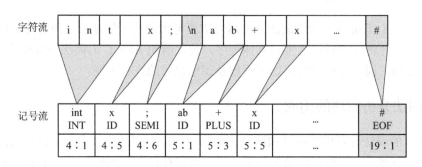

图 A.4　记号与字符流的对应关系及初始结构

在实现词法分析器的过程中，AMCC 中增设了记号池组件，对构成记号的每个不同单词仅存储一份。设计记号池的理由至少有两点：

(1) 同一单词在源程序中往往会多次出现，但每次出现的位置均不相同；

(2) 在 AMC 源程序中，若两个单词相同则二者所属的记号类别必然相同，即记号类别与单词在输入中出现的位置、上下文没有关系。实际上，大部分通用程序设计语言都是如此。

增设记号池有助于节约编译器运行时的存储空间，此时表示记号的数据结构包括图 A.5 所示的两个层次：

(1) **记号体**(token body)：包含形成记号的单词、记号类别、数值型记号对应的机内数值(图中省略)等字段。记号体存储在记号池中，且以单词为关键字，从而使得具有相同单词的记号体仅被存储一份。

(2) **记号对象**(token)：包含记号在输入文件中的出现位置、指向记号体的指针(图中用虚线箭头表示)等字段。图 A.5 所示的标识符 x，其记号体在记号池中仅出现一次，但它被两个记号对象共享，一个是第 4 行第 5 列处的定义，另一个是第 5 行第 5 列处对 x 的引用。

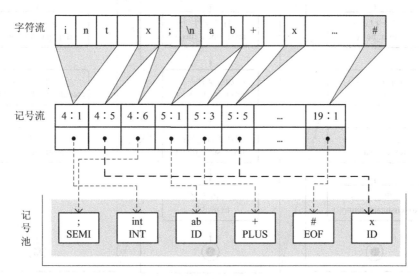

图 A.5 记号池与记号的存储结构

无论记号对象使用何种存储结构，这些细节均被 API 函数隐藏，所有记号对象最终都存储到记号流中供其他模块使用。

A.3.3 词法分析的高层流程

驱动器模块按图 A.6(a)所示流程通过调用词法分析器的三个 API 函数完成词法分析全部工作，然后调用 API 函数将全体记号写入指定文件(称为记号文件)，驱动器还负责将记号流传递给语法分析器使用。图 A.6(b)所示指出了函数 lexer_run 的关键执行流程。

(1) 打开待分析的 AMC 源程序文件，若失败则返回。

(2) 将 AMC 源程序文件的全部内容加载到内存并关闭文件，这一步工作实际上是由字符流对象完成的。

(3) 识别输入中的全部记号。此步骤由函数 lexer_scan_file 完成，它执行一个循环任务，直到遇到输入结束或不可恢复的错误为止。每次循环中均调用函数 recognize_nextToken 识别一个记号并将之保存到记号流中。但若所得记号是注释的开始标志(即 "//" 或 "/*")，则在此处读取并丢弃注释的剩余部分。

(4) 将输入扫描完毕后，向记号流末尾追加一个表示输入结束的 "EOF" 记号，并结束词法分析工作。

函数 recognize_nextToken 执行如图 A.6(c)所示步骤完成一个记号的识别。首先，调用函数 skipSpaceChars 跳过单词前面可能存在的空白字符，期间若遇到输入结束则停止记号识别，否则调用(下小节介绍的)recognize_token_core 函数识别一个记号；最后，由

postProcess 函数完成后处理。函数 postProcess 首先通过查询关键字表对记号类别进行修正，接着对支持的单词创建相应的记号对象并将其存放到记号流，对于不支持的单词则报告错误并丢弃。

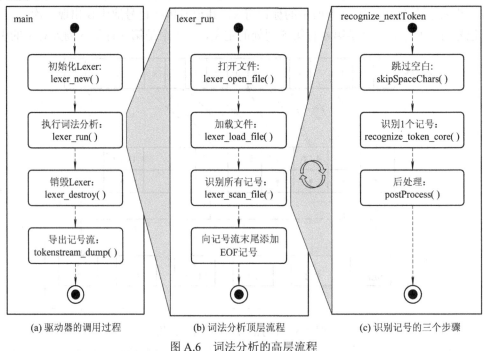

(a) 驱动器的调用过程　　　(b) 词法分析顶层流程　　　(c) 识别记号的三个步骤

图 A.6　词法分析的高层流程

A.3.4　识别记号的核心实现

函数 recognize_token_core 用于识别一个记号，是词法分析中最核心的操作，其本质就是根据词法规则或有限自动机识别记号的具体实现。AMCC 完整实现了在 2.5 节所述的表驱动型核心，也给出了递归下降型核心的代码框架，其中留有未完成的工作请读者完善。

源程序文件 dfa_tbldrv.c 给出了表驱动型核心的实现，所用 DFA 是根据 AMC 语言的词法规则构造得到的。该程序包括访问 DFA 的 API 函数、DFA 的状态转移表、DFA 的终态定义表三部分，仅后面两个部分与词法规则相关。

1. 访问 DFA 的 API 函数

访问 DFA 的 API 函数如程序清单 A.3 所示。其中，前三个函数用于隔离 DFA 的数据部分和上层调用者，逻辑上是 DFA 的内部操作，仅供第四个函数调用。函数 dfa_get_start_state 用于获取 DFA 的初态，该函数的设计初衷是让程序更通用。函数 dfa_is_final 用于判断给定状态是否为 DFA 的一个终态，若它是终态则返回该终态所识别的记号类别。函数 dfa_move 用于查找在当前状态 currentState 下遇到输入字符 ch 时的下一状态，若有下一状态则返回它，否则返回一个特定标志值。

程序清单 A.3　DFA 的 API 函数声明

```
1  int dfa_get_start_state ();
2  EnumTokenKind  dfa_is_final (int state);
```

```
3    int dfa_move (int currentState, char  ch);
4    t_word_info dfa_tableDriven_recognize (t_word_info  wordInfo);
```

第四个函数 dfa_tableDriven_recognize 被函数 recognize_token_core 调用，其实现代码如程序清单 A.4 所示。本质上，该函数是对算法 2.1(模拟 DFA 算法)的具体实现，它以返回值的形式告诉调用者刚刚扫描过的字符数量，以及它们是否形成一个有效的单词，若是，则同时告知对应的记号类别。调用者根据这些信息完成记号类别修正、记号对象创建等任务。

程序清单 A.4　表驱动的记号识别实现

```
1    typedef struct t_word_info {
2       t_lexer_ptr  theLexer;     //[in]  指向词法分析器对象的指针
3       int   n_scanedchars;       //[out] 扫描过的字符个数
4       EnumTokenKind kind;        //[out] 记号类别
5    } t_word_info;
6
7    t_word_info dfa_tableDriven_recognize (t_word_info  wordInfo) {
8       int  len = 0;
9       char ch1 = READ_CHAR(wordInfo.theLexer);       // 从字符流读取首字符
10      int  currentState = dfa_get_start_state();     // 获取 DFA 初态
11      for (int  nextState ; ! IS_EOF(ch1) ; ) { // 扫描字符序列
12         nextState = dfa_move(currentState, ch1); // 查询下一状态
13         if( nextState < 0 )          // 没有下一状态就结束记号识别
14            break;
15         currentState = nextState;
16         ++ len;
17         ch1 = READ_CHAR(wordInfo.theLexer); // 从记号流读取下一字符
18      }
19
20      BACK_CHAR(wordInfo.theLexer); // 向字符流退回一个字符
21      wordInfo.n_scanedchars = len; // 截至当前已扫描过的字符数量
22      wordInfo.kind = dfa_is_final(currentState); // 确定记号类别
23      return wordInfo;
24   }
```

程序中的 READ_CHAR 和 BACK_CHAR 是宏，在这里强调它们是字符流组件提供的 API 操作，前者用于从字符流获取下一个字符，后者用于将刚读到的字符退回给字符流，以便下一次还能读到被退回的字符。之所以需要退回字符，其根本原因在于：

(1) 在按照最长匹配原则进行词法分析时，往往需要多向前看若干字符才能确定单词的结束位置。但多向前看的字符可能是当前单词的构成部分，也可能是下一个单词的开头部分。

(2) 若多向前看的字符多于一个，还需要实现状态转移的回退(见 2.5.2 小节)。

按照 AMC 语言的词法规则，识别每个记号时最多仅需向前看一个字符，所以采用简单退回字符的方式即可。以操作符 ">" 和 ">=" 的识别过程为例：当得知第一个字符(记为 c1)是大于号时，仅需再向前看下一个字符(记为 c2)是否为等号，若是，则得到 ">="，否则得到的是 ">"。对于后一种的情况，此时读到的字符 c2 可能是空白字符、换行符等，也可能是下一个单词的首字符。因此，应将字符 c2 退回给字符流，这样既可确保下一个单词的完整性，也使得上层调用者的处理逻辑更简单。

2. DFA 的状态转移表

AMCC 采用两级数组协同表示 DFA 的全部状态转移，如程序清单 A.5 和 A.6 所示。

程序清单 A.5 中摘录了第二层数组的两个实例并给出了元素的数据结构，每个此类数组均定义了从某个状态出发的全部状态转移。状态转移的源状态标识 s 出现在数组名末尾，数组元素仅需指出从状态 s 出发的一条转移所对应的字符范围和下一个状态。例如，第 10 行元素指明在状态 0 下遇到字符 '0' 时转向状态 1，第 18 行元素表示在状态 1 下遇到 '0'～'7' 中的任一字符时均转向状态 5，第 19 行元素表示在状态 1 下遇到 '8' 或 '9' 时转向状态 6。

程序清单 A.5　从状态 0 和状态 1 出发的状态转移数组节选

```
1   typedef struct t_transition_of_state {
2       char   char_from;      // 字符范围的下界
3       char   char_to;        // 字符范围的上界
4       int    state_to;       // 下一状态
5   } t_transition_of_state;
6
7   // 从状态 0 出发的全部转移
8   t_transition_of_state trans_from_state__0 [] = {
9       ...  ...  ...  ...
10      { '0'  ,  '0'  ,    1 },
11      ...  ...  ...  ...
12      { '\0' ,  '\0' ,   -1 }  // 数组结束标志
13  };
14
15  // 从状态 1 出发的全部转移
16  t_transition_of_state trans_from_state__1 [] = {
17      { '.'  ,  '.'  ,    2 },
18      { '0'  ,  '7'  ,    5 },
19      { '8'  ,  '9'  ,    6 },
20      { 'B'  ,  'B'  ,    9 },
21      ...  ...  ...  ...
22      { '\0' ,  '\0' ,   -1 }  // 数组结束标志
23  };
```

第二层数组中，之所以使用字符范围而不是单个字符，主要考虑到在实际语言的 DFA 中往往存在这样的一组转移：它们的源状态相同、下一个状态相同，对应的字符恰好形成一个连续范围。采用字符范围形式可以将这些转移合并为一条数据，从而降低对存储空间的需求。另外，若仅考虑 ASCII 字符集中的可打印字符、并且 DFA 的状态数不太多，则该数组中每个元素的前两个字段也可以合并为一个整数，这样更有助于实施更高效的查找算法。

程序清单 A.6 摘录了第一层数组及其部分元素，每个元素是指向某个第二层数组的指针，元素下标恰好与第二层数组对应的源状态一致，即第一层数组实际上是索引表。

程序清单 A.6　DFA 的状态转移索引表示例

```
1   t_transition_of_state * allTransitions [] = {
2     /*  0 */    trans_from_state__0    // 从状态 0 出发的所有转移
3     /*  1 */  , trans_from_state__1    // 从状态 1 出发的所有转移
4     /*  2 */  , trans_from_state__2    // 从状态 2 出发的所有转移
5     ... ... ... ...
6     /* 15 */  , NULL                   // 没有从状态 15 出发的转移
7     ... ... ... ...
8     /* 26 */  , trans_from_state__26   // 从状态 26 出发的所有转移
9     ... ... ... ...
10  };
```

状态转移查询函数 dfa_move 的实现见程序清单 A.7，该函数首先从第一层数组中获得从当前状态出发的转移表入口(即第二层数组的首地址)，再从转移表中查询对于输入字符 ch 的下一个状态。这种对第二层数组的元素逐项测试的实现方式，效率不高。其实，若将第二层数组按字符范围排序，此处即可改用其他更高效的查找算法(如二分查找)来实现。

程序清单 A.7　函数 dfa_move 的实现主体

```
1   int dfa_move(int currentState, char  ch) {
2     ... ... ... ...                  // 检查参数有效性，略
3     // 获得从当前状态出发的状态转移表入口
4     t_transition_of_state * transOfCurrentState =
5                         allTransitions[currentState];
6     if (NULL == transOfCurrentState) // 没有下一状态
7         return -1;
8
9     // 在第二层数组中，查找对于当前输入字符 ch 的下一状态
10    for (bool isInRange=false ;  ;  ++ transOfCurrentState) {
11        // 第二层数组结束了
12        if( '\0' == transOfCurrentState->char_from )
13            break;
```

```
14        isInRange = IS_IN_RANGE( ch,
15                                 transOfCurrentState->char_from,
16                                 transOfCurrentState->char_to );
17      // 若输入字符 ch 属于当前这个字符范围，就找到了下一状态
18      if( isInRange )
19          return transOfCurrentState->state_to;
20      else
21          continue;
22    }
23
24    return -1;  // 未找到对于字符 ch 的下一状态
25 }
```

3. DFA 的终态定义表

为方便确定 DFA 的各个终态所接受的记号类别， AMCC 采用结构数组形式实现了终态表，如程序清单 A.8 所示。每个元素指明一个特定终态所接受的记号类别，该数组以终态为关键字升序排列。基于该数组的定义，函数 dfa_is_final 以给定状态为关键字，调用 C 语言的库函数 bsearch 对该数组进行二分查找，若找到则表明给定状态是终态，此时返回该终态接受的记号类别，若找不到则意味着给定状态不是终态，返回一个特殊值即可。

程序清单 A.8　DFA 终态定义表

```
1  typedef struct t_final_state {
2     int state;                  // 终态标识
3     EnumTokenKind  tokenKind;  // 该终态所接受的记号类别
4  } t_final_state;
5
6  static  t_final_state  finalStates [] = {
7      {   1, TK_INT_LITERAL_OCT        } // [0123]
8    , {   3, TK_INT_LITERAL_DEC        } // [123]
9      ... ... ... ...
10   , {  13, TK_REAL_LITERAL           } // [real-literal]
11   , {  14, TK_ID                     } // [identifier]
12   , {  15, TK_LPAREN                 } // [(]
13     ... ... ... ...
14 };
15 EnumTokenKind  dfa_is_final (int state) {
16    // 调用库函数 bsearch，在数组 finalStates 中查找 state 对应的条目
17 }
```

A.4 语法分析模块

作者为 AMC 语言构造了一个递归下降的语法分析器，它在执行过程中逐步为输入构造分析树。本节依次给出语法分析模块的内部构成、基于模板的递归下降函数的构造方式、语法分析的高层处理流程、分析树的结构及树遍历框架。

A.4.1 语法分析模块的构成

AMCC 的语法分析模块包括语法分析器、分析树、树遍历框架、树导出器等组件，图 A.7 所示采用 UML 类图形式说明了它们之间的关系。记号流是词法分析器的输出数据，语法分析器从中提取记号并进行分析，最终生成表示输入结构的分析树。

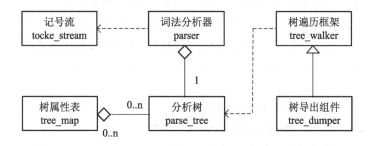

图 A.7 语法分析模块的结构

分析树在 AMCC 中具有非常重要的作用，是符号表构建、中间代码生成等阶段实施语法制导翻译的重要依托。AMCC 设计了一个较为通用的树遍历器框架，它以相同流程遍历分析树，要求使用树的其他程序实现对树中应用数据的访问操作。树导出组件是使用树的组件之一，它在遍历树的过程中将树保存到指定文件中。

树属性表组件用于存放关联于分析树结点的(表示语义的)属性，它以哈希表为底层数据结构，以树结点为关键字，这样既可确保属性表中树结点的唯一性，也可高效实现属性查找操作。在符号表构建阶段、中间代码生成阶段，都定义了各自的树属性表实例来存储各自不同的语义信息。

A.4.2 递归下降函数的构造方法

基于 A.1 节给出的 EBNF 文法，AMCC 实现了一个递归下降的语法分析器。其中，绝大部分程序是为所有非终结符定义的递归下降函数，它们的代码文本均源自程序清单 A.9 所示的递归下降函数的定义模板。模板的第 1 行和第 2 行中的占位符"@non-terminal@"应替换为某一个非终结符 X，所得函数就是 X 的递归下降函数。模板的第 4 行用于创建一个分析树的非叶子结点(记为 R0)，该结点由 X 标注且存储了用于展开 X 的产生式编号。第 5 行和第 22 行用于在日志文件中分别记录开始执行这个函数、这个函数执行完毕等跟踪性信息，第 6 行用于检查第 4 行创建树结点是否成功，若失败则跳转到第 21 行。模板的第 9 行至第 13 行应替换为 X 产生式展开后的程序代码，第 16 行至第 19 行的语句块用于捕获未更正产生式编号这一逻辑错误，第 20 行用于更正结点 R0 中记录的产生式编号。

程序清单 A.9　递归下降函数的定义模板

```
1   #define THIS_NT_ID  @non-terminal@
2   t_tree_ptr RDF_@non-terminal@ ( t_parser_ptr pThis ) {
3       int productionId = PRD_ID_UNKNOWN; // 保存推导所用产生式编号
4       t_tree_ptr root = tree_new_parent(THIS_NT, productionId);
5       enter_nonterminal ( pThis, THIS_NT, root );
6       CHECK_NULLTREE_ABORT ( root, root );
7   // -------  BEGIN of local action
8
9       // -------------------------------------------------
10      // 此处需替换为相应产生式展开、进行语法分析的代码片段，
11      // 期间构建下层分析树并返回给此处，并被添加为 root 的孩子。
12      // 也需将最左推导所用产生式的编号填写到变量 productionId。
13      // -------------------------------------------------
14
15  // -------  END of local action
16      if (PRD_ID_UNKNOWN == productionId) {
17          ERROR_REPORT_BUG("Forgot to correct the value of "
18                          "productionId in RDF_" NT_TEXT "()");
19      }
20      tree_reset_production( root, productionId );
21  LABEL_EXIT_RDF:
22      exit_nonterminal  ( pThis, THIS_NT, root );
23      return root;
24  }
```

当为一个非终结符 X 编写对应的递归下降函数时，只需替换模板中的三处，其他文字保持不变。模板第 1 行、第 2 行的 "@non-terminal@" 替换为非终结符 X，模板第 9 行至第 13 行的内容需要按照 3.4.5 小节所述方法展开产生式，展开后的程序必须满足下述要求：

(1) 应将最左推导所用产生式编号填写到局部量 productionId 中，该编号将被记录在树结点 R0 内部，它也被用来判断标注树结点的符号性质。

(2) 每一个递归下降函数都要为其分析的结构构造分析树，并将其树根结点(记为 R1)返回给调用者(模板第 23 行的 return 语句)。

(3) 调用者得到树结点 R1 后，立刻将其添加为模板第 4 行创建的结点 R0 的孩子。

(4) 若因语法错误使分析无法继续，函数返回空树即可。也就是说，将空树作为一个信号，逐层向各自的调用者通报发现了错误。

下文给出两个递归下降函数的实例，以帮助读者对比、理解。

【例 A.1】 在 A.1 节的文法中，非终结符 translationUnit 的产生式为

translationUnit → (declaration)+　　// 编号为 1

该非终结符的递归下降函数的核心部分如程序清单 A.10 所示，此处第 5 行至第 11 行是对应于模板第 9 行至第 13 行的部分。

程序清单 A.10　translationUnit 的递归下降函数

```
1   #define THIS_NT_ID translationUnit
2   t_tree_ptr RDF_translationUnit ( t_parser_ptr pThis ) {
3       ... ... // 此处省略模板的原有代码，它创建了树根 root
4   // ------- BEGIN of local action
5       productionId = 1;  // 填写正确的产生式编号
6       t_tree_ptr subTree;
7       while (TK_EOF != LOOK_AHEAD(pThis)) {  // 遇到输入结束即停止
8           subTree = RDF_declaration (pThis);
9           CHECK_NULLTREE_ABORT ( subTree, root );
10          tree_add_child(root, subTree);
11      }
12  // ------- END of local action
13      ... ... // 此处省略模板的原有代码
14  }
```

因为 translationUnit 产生式右部用闭包形式表明一个翻译单元是若干声明形成的结构，所以将闭包展开为一个循环结构。循环体中调用函数 RDF_declaration 分析一个声明结构，并将它返回的分析树的树根在第 10 行处添加为 root 的一个孩子结点。此处，第 9 行语句检测 RDF_declaration 返回的树是否为空，若为空树则销毁当前已经构造的树，然后跳转到函数末尾即结束函数执行。

【例 A.2】 在 A.1 节的文法中，非终结符 unaryExpression 的产生式为

unaryExpression → ('+' | '-' | '!') unaryExpression　　// 编号为 82
　　　　　　　　| primaryExpression　　// 编号为 83

该非终结符的递归下降函数的核心部分如程序清单 A.11 所示。此处，第 5 行至第 24 行是对应于模板第 9 行至第 13 行的部分。

程序清单 A.11　unaryExpression 的递归下降函数

```
1   #define THIS_NT_ID unaryExpression
2   t_tree_ptr RDF_unaryExpression ( t_parser_ptr pThis ) {
3       ... ... // 此处省略模板的原有代码，它创建了树根 root
4   // ------- BEGIN of local action
5       t_tree_ptr subTree = NULL;
6       EnumTokenKind la1 = LOOK_AHEAD(pThis); // 向前看一个终结符
```

```
7      switch ( la1 ) {
8        case TK_OP_PLUS: case TK_OP_MINUS: case TK_OP_NOT:
9            productionId = 82;
10           subTree = parser_match(pThis, la1); // 匹配操作符
11           CHECK_NULLTREE_ABORT (subTree, root);
12           tree_add_child(root, subTree);
13
14           subTree = RDF_unaryExpression(pThis);
15           CHECK_NULLTREE_ABORT (subTree, root);
16           tree_add_child(root, subTree);
17           break;
18       default :
19           productionId = 83;
20           subTree = RDF_primaryExpression(pThis);
21           CHECK_NULLTREE_ABORT (subTree, root);
22           tree_add_child(root, subTree);
23           break;
24     }
25 // -------  END of local action
26     ...   ... // 此处省略模板的原有代码
27 }
```

对于 unaryExpression 的两个候选项，应展开为 switch-case 结构或等价的 if-else 结构，每个候选项对应其中一个分支，各分支的区分条件是向前看输入的下一个终结符属于哪个产生式的 FIRST 集合。请注意两点：

(1) 一般在确定分支条件时，若非终结符的 FIRST 集合中包含 ε，还应考虑该非终结符的 FOLLOW 集合。但因为 unaryExpression 的两个产生式的 FIRST 集合中均不包含 ε，所以此处无须考虑其 FOLLOW 集合。

(2) 仔细琢磨第 18 行的"default"就会发现它并不妥当。因为可能会出现一种现象：若下一个终结符不属于两个候选项中任何一个的 FIRST 集合，则它肯定是无效输入，但该程序执行时仍会调用 RDF_primaryExpression，并由该函数发现错误，然后沿着调用链逐层上报，此过程显然存在不必要的冗余调用。若能在此处进行明确区分即可更早发现无效输入，从而避免这类冗余调用。本条所述现象在其他递归下降函数中普遍存在。

A.4.3　语法分析的高层流程

AMCC 的驱动器模块按图 A.8(a)所示流程依次调用语法分析器的三个 API 函数完成语法分析工作，然后将分析树写入指定文件(称为树文件)。树文件采用 XML 格式存储，用 XML 文档的树形结构直观表示分析树的层次结构，其中，每个树结点的重要信息均以 XML

文档元素的属性表示。

函数 parser_run 的基本处理步骤如图 A.8(b)所示：

(1) 从记号流中获取第 1 个记号，它也是分析开始后要向前看的第一个记号。

(2) 调用开始符号 translationUnit 的递归下降函数，即 RDF_translationUnit，完成语法分析全过程。**当该函数返回后，语法分析工作即告结束。**

(3) 若输入中没有语法错误，函数 RDF_translationUnit 会返回表示输入结构的分析树，这棵树将由驱动器传递到符号表构建、中间代码生成等阶段。若输入中存在语法错误，则函数 RDF_translationUnit 返回的分析树肯定不完整，所以销毁这棵树。

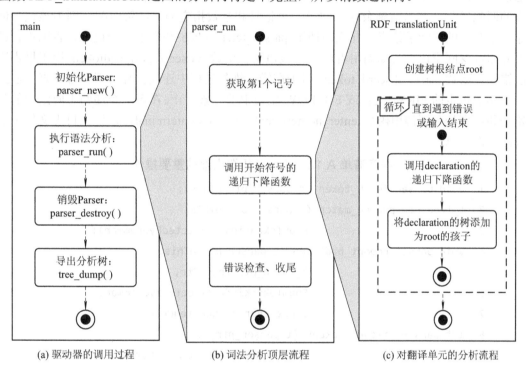

(a) 驱动器的调用过程   (b) 词法分析顶层流程   (c) 对翻译单元的分析流程

图 A.8 语法分析的高层流程

上述步骤(2)调用的函数 RDF_translationUnit 按图 A.8(c)所示流程执行，该流程与例 A.1 所示程序对应。首先创建完整分析树的树根结点(记为 R0)，该结点用文法符号 translationUnit 标记。因为文法指出一个翻译单元是由若干声明构成的结构，所以该函数采用循环方式逐个分析输入中的每一个声明，循环一直持续到因发现错误而无法继续分析或遇到输入结束为止。

对每一个声明结构的分析由文法符号 declaration 的递归下降函数 RDF_declaration 完成。若输入没有错误则该函数将返回一棵子树，其根节点用文法符号 declaration 标记，否则，该函数返回空树。对于 RDF_declaration 返回的每棵非空树，都在 RDF_translationUnit 函数中添加为树根 R0 的孩子。函数 RDF_declaration 内部通过调用 RDF_funcDeclaration 完成对函数声明的分析并得到表示函数结构的分析树，通过调用 RDF_varDeclaration 完成对变量声明的分析并得到表示变量声明结构的分析树。根据 AMC 文法及 A.4.2 小节可知，其他非终结符的递归下降函数与此类似，此处不再赘述。

总体上，递归下降的语法分析器具有这些基本特征：

(1) 每个非终结符均有一个递归下降函数。

(2) 分析过程的本质就是最左推导，此过程表现为一系列调用递归下降函数的过程。

(3) 每个递归下降函数从执行开始到执行结束的完整过程就是将对应的非终结符推导为终结符序列的过程。

除了递归下降函数之外，语法分析器内部还设计有几个重要操作，其接口如程序清单 A.12 所示。函数 parser_fetch_token 用于提取当前剩余输入的下一个记号，该记号就是语法分析过程中"向前看"的那个终结符的一个实例。函数 parser_match 实现对终结符的匹配操作，若当前剩余输入的第一个记号和参数指定的终结符匹配，则为该记号创建一个对应的树叶子结点，并立即调用 parser_fetch_token 获取下一个记号，否则报告错误并通过返回空树以告知调用者应处理该错误。函数 parser_report_badtoken 用于报告语法错误。函数 parser_discard_tokens 用于在错误恢复过程中连续丢弃若干记号，直到遇到一个属于指定的 FIRST 集合或 FOLLOW 集合中的元素为止。在每一个递归下降函数的开始处和结束处分别调用函数 enter_nonterminal 和 exit_nonterminal，以便在日志文件中记录跟踪性消息。

程序清单 A.12　语法分析器内部的重要操作

```
1   void parser_fetch_token (t_parser_ptr pThis);

2   t_tree_ptr parser_match (t_parser_ptr pThis,
3                            EnumTokenKind  expectedByGrammar);

4   void parser_report_badtoken (t_parser_ptr pThis,
5                                t_token_ptr tokenPtr,
6                                EnumTokenKind  expectedByGrammar,
7                                const char * expectedDesc);

8   int parser_discard_tokens (t_parser_ptr pThis,
9                              const EnumTokenKind * firstSet,
10                             const EnumTokenKind * followSet);

11  void enter_nonterminal (t_parser_ptr pThis,  EnumNonTerminal ntId,
12                          t_tree_ptr root);

13  void exit_nonterminal  (t_parser_ptr pThis,  EnumNonTerminal ntId,
14                          t_tree_ptr root);
```

A.4.4　分析树的结构

AMCC 中使用分析树表示句子结构，图 A.9 采用 UML 类图形式给出了树结点的详细结构，所有树结点的数据结构相同。其中，用斜体文字标注了部分字段的概念类型。描述树结点结构的类型为结构体 t_tree，其字段 parent 和 children 是描述父子关系的基本要素，其他字段均为应用相关数据。

字段 startPosition 和 stopPosition 分别保存以一个树结点为根的子树所描述的结构在输入中的起始位置和结束位置。字段 annotation 的设计初衷是让语义分析阶段在此保存附着在树结点上的语义信息，但语义分析阶段也可以利用前文提到的树属性表 tree_map 保存语义信息。字段 tree_marker 保存标注树结点的符号信息，其类型为 t_tree_marker。

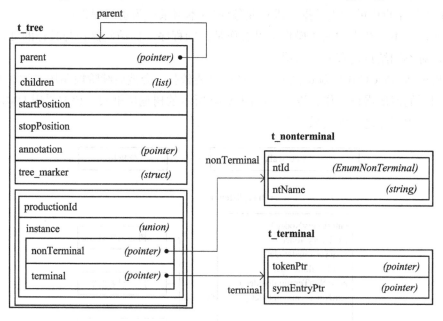

图 A.9　分析树结点的结构

在类型 t_tree_marker 中，字段 productionId 字面含义为产生式编号，主要用于区分标注结点的符号性质。分析树的非叶子结点一定是用非终结符标注，该字段由递归下降函数填写为用于推导的产生式编号(必须为正整数)；在用终结符标注的叶子结点中，该字段统一填写为负整数；在用 ε 标注的叶子结点中，该字段始终填写为 0。相应地，字段 instance 采用 C 语言的 union 机制，与字段 productionId 共同指明标注树结点的符号信息。

若 productionId 为正整数则字段 nonTerminal 有效，它指向一个类型为 t_nonterminal 的非终结符对象，此类对象具有唯一编号(ntId)和唯一名称(ntName)两个属性。

若 productionId 为负整数则字段 terminal 有效，它指向一个类型为 t_terminal 的终结符对象，构成此类对象的字段 tokenPtr 指向当前叶子结点对应的记号，若 tokenPtr 指向的是一个标识符(即名字)，则字段 symEntryPtr 指向该名字的符号表条目。在符号表构建阶段，当遇到名字定义时，为它创建一个符号表条目并在字段 symEntryPtr 中填写该条目的地址，当遇到名字引用时，查找名字的符号条目并在字段 symEntryPtr 中填写该条目的地址。

若 productionId 为零则表明树结点用 ε 标注，此时语法分析器创建一个表示 ε 的伪记号，并将该记号的地址填写到字段 terminal->tokenPtr 中。

分析树组件提供了访问以上信息的 API 函数，借此对调用者隐藏复杂的树结构细节，也有助于避免读者在理解相关流程的过程中迷失在复杂的数据结构中。

A.4.5　分析树的遍历框架

遍历树的一般目的是对记录在树中的应用数据进行某种/些业务处理。其中，涉及的操作可以分为两类：

(1) 根据父子关系将所有结点经历一遍(本附录称为**遍历操作**)；

(2) 访问结点中的应用数据并进行业务处理(本附录称为**访问操作**)。

显然，对不同结点的遍历操作可以看作是相同程序，但访问操作与具体的处理需求密切相关，对不同结点是有差异的程序。

分析树是 AMCC 中实施语法制导翻译的重要依托，会被后续阶段遍历多次。为避免反复实现相同的**遍历操作**，作者设计了如图 A.10 所示的树遍历框架，该图采用 UML 类图形式指出了相关程序之间的关系。

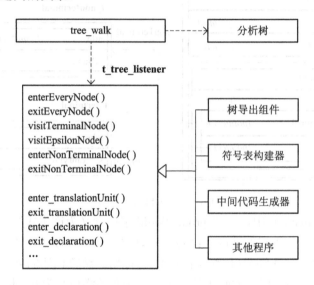

图 A.10　分析树遍历框架的结构

树遍历框架由两部分程序构成：

(1) 树遍历函数 tree_walk(t_tree * root, t_tree_listener * listener)，实现了树的**遍历操作**。该函数对树进行深度优先遍历。遍历过程中对遇到的每个结点均采用"函数回调"方式调用恰当的**访问操作**，其中，参数 root 指明要遍历的分析树的树根，参数 listener 指明提供访问操作实现的程序对象。

(2) 接口类型 t_tree_listener，声明了一组被 tree_walk 调用的**访问操作**原型，并将这组操作声明打包为一个 struct 结构。这些操作的原型定义为

　　　void _**visit-function-name**_ (t_tree_listener * pThis, t_tree * node);

其中，参数 node 指明被访问的树结点，参数 pThis 指向提供**访问操作**实现的对象。表 A.2 列出了该类型规定的主要访问操作，并说明了 tree_walk 函数对它们的调用策略。缺省情况下，这些操作不做任何事情，但允许应用层程序重新给出各自的不同实现。

从面向对象技术角度来看，类型 t_tree_listener 是一个基类，它将访问操作定义为空函数，那些访问树中应用数据的程序是 t_tree_listener 的派生类，它们按需对访问操作进行重置(overriding)。图 A.10 所示的树导出组件、符号表构建器、中间代码生成器等就是访问树中数据的具体应用层程序，都是 t_tree_listener 的派生类。

表 A.2 分析树的主要访问操作说明

函 数 名	函数用途及 tree_walk 的调用策略
enterEveryNode	该函数提供遍历每个结点之**前**的公共访问操作。 遍历每一个树结点及其孩子之**前**都会调用该函数
exitEveryNode	该函数提供遍历每个结点之**后**的公共访问操作。 遍历每一个树结点及其孩子之**后**都会调用该函数
visitTerminalNode	该函数提供对终结符标注的树结点的访问操作。 对于用终结符标注的结点，tree_walk 先调用 enterEveryNode，然后调用 visitTerminalNode，最后调用 exitEveryNode
visitEpsilonNode	该函数提供对 ε 标注的树结点的访问操作。 对于用 ε 标注的结点，tree_walk 先调用 enterEveryNode，然后调用 visitEpsilonNode，最后调用 exitEveryNode
enterNonTerminalNode	该函数提供遍历每个非终结符标注的结点之**前**的缺省访问操作。 在遍历非终结符 X 标注的结点前，tree_walk 先调用 enterEveryNode，然后根据函数 enter_X 是否有定义来确定调用哪个函数：若 enter_X 有定义则调用它，否则调用 enterNonTerminalNode
exitNonTerminalNode	该函数提供遍历每个非终结符标注的结点之**后**的缺省访问操作。 在遍历非终结符 X 标注的结点后，tree_walk 首先根据函数 exit_X 是否有定义来确定调用哪个函数：若 exit_X 有定义则调用它，否则调用 exitNonTerminalNode，之后再调用 exitEveryNode
enter_translationUnit	该函数提供遍历 translationUnit 标注的结点之**前**的访问操作。 在遍历 translationUnit 标注的结点前，tree_walk 先调用 enterEveryNode，然后试图调用 enter_translationUnit，但若它没有定义，就调用 enterNonTerminalNode
exit_translationUnit	该函数提供遍历 translationUnit 标注的结点之**后**的访问操作。 在遍历 translationUnit 标注的结点后，tree_walk 先试图调用 exit_translationUnit，但若它没有定义，tree_walk 就调用 exitNonTerminalNode，之后再调用 exitEveryNode

对于 A.1 节所给文法中的每个非终结符 X，在 t_tree_listener 中都声明有名为 entry_X 和 exit_X 的访问操作，它们的用途、tree_walk 函数对它们的调用策略均与表 A.2 中对 enter_translationUnit 和 exit_translationUnit 的说明相同，此处不再赘述。

【例 A.3】 对于 AMC 程序中的声明语句"int x ;"，图 A.11 示意了该语句中包含的记号、对应的分析树和遍历路径。为了方便起见，图中省略了记号的位置信息及记号池等细节，用灰色方框表示叶子结点，分别用 T1、T2、T3 命名，它们内部各有指针指向标注它们的记号。加粗的虚线指明函数 tree_walk 对树的遍历路径。表 A.3 给出了在完整的遍历过程中，遍历每个结点前后所调用的访问操作，并用序号指明调用顺序。此处假定非终结符 X 对应的两个访问操作 enter_X 和 exit_X 均有定义。

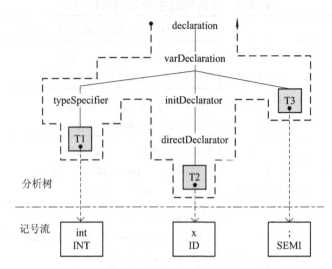

图 A.11　分析树及遍历过程示例

表 A.3　访问操作的调用序列示例

树结点	遍历结点前调用的操作	遍历结点后调用的操作
declaration	(1)　enterEveryNode (2)　enter_declaration	(28)　exit_declaration (29)　exitEveryNode
varDeclaration	(3)　enterEveryNode (4)　enter_varDeclaration	(26)　exit_varDeclaration (27)　exitEveryNode
typeSpecifier	(5)　enterEveryNode (6)　enter_typeSpecifier	(10)　exit_typeSpecifier (11)　exitEveryNode
T1	(7)　enterEveryNode (8)　visitTerminalNode	(9)　exitEveryNode
initDeclarator	(12)　enterEveryNode (13)　enter_initDeclarator	(21)　exit_initDeclarator (22)　exitEveryNode
directDeclarator	(14)　enterEveryNode (15)　enter_directDeclarator	(19)　exit_directDeclarator (20)　exitEveryNode
T2	(16)　enterEveryNode (17)　visitTerminalNode	(18)　exitEveryNode
T3	(23)　enterEveryNode (24)　visitTerminalNode	(25)　exitEveryNode

　　本节所述遍历器框架综合运用了"模板方法(template method)"和"监听器(listener)"两种软件设计模式,也借鉴了用于 XML 文档解析的 SAX 处理器和 ANTLR 中的相关机制。该框架解耦了分析树的遍历操作和访问操作,降低了应用层程序的实现难度。

A.5 符号表构建模块

以 A.4 节所述分析树及树遍历框架为依托，符号表构建模块采用语法制导翻译的方法完成符号表构建、名字解析、类型推理与检查等任务。本节依次给出 AMC 语言的作用域规则、符号表构建模块的任务要点、模块内部构成，以及主要工作过程。

A.5.1 作用域相关规则

AMC 语言遵守**静态作用域规则**和**最近嵌套规则**，有嵌套关系的作用域之间自然形成层次结构。函数体内允许嵌套复合语句和函数定义，每个作用域内均可声明若干名字。

除此之外，AMC 语言还定义了下列相关规则：

(1) 一个名字从其声明点开始，到其声明所在作用域结束点之间均起作用；

(2) 同一个作用域内不允许声明名字相同的两个或多个程序元素；

(3) 同一个作用域内可访问的任意一个名字不允许有二义性；

(4) 变量和嵌套函数必须遵守先定义后引用规则；

(5) 全局函数可以先定义后引用，也可以先引用后定义。对于先引用后定义的全局函数，在分析到其定义之前始终假定该函数返回整型值；

(6) 用于 goto 语句的标号可以先定义后引用，也可以先引用后定义。标号仅在定义它的函数体内起作用，嵌套函数内不允许引用外层函数定义的标号。

A.5.2 符号表构建模块的任务

AMCC 中采用符号表树来解决名字的作用域表示问题，也就是说，为每个作用域创建一个符号表，每个符号表都是符号表树上的一个结点，作用域之间的嵌套关系用符号表树中的父子关系表示。

在符号表构建阶段，AMCC 主要完成下列任务：

(1) 创建符号表：为每个作用域构造一个符号表，并按作用域嵌套关系构造符号表树；

(2) 创建符号表条目：遇到一个名字声明时为该名字创建一个符号表条目(也可简称为符号条目)，并将该条目登记到声明所在作用域的符号表；

(3) 名字解析：遇到一个名字引用时查找该名字的定义，并将名字引用与其定义(对应的符号表条目)关联起来；

(4) 类型推理：根据运算的语义、操作数的类型计算整个表达式的类型；

(5) 表达式类型检查：根据运算的语义和相关类型信息，检查操作数是否有效；

(6) 简单变量的初始式检查：检查初始式结构是否与变量类型一致。简单变量的初始式要么是一个数值字面量，要么其值是数值的表达式。

(7) 数组变量的初始式检查：检查初始式结构，其中的元素数量是否符合类型定义。数组变量初始式应为花括号包围的结构，且花括号嵌套形成的结构层次应与数组类型的维数对应。初始式中的元素数量可少于但不能多于类型定义中给出的元素数量，若数组第一维元素数量未给出且它不是函数形参时，还需通过分析初始式来推算第一维的元素数量。

A.5.3 符号表构建模块的构成

1．模块构成简介

AMCC 的符号表构建模块包括符号表构建器、符号表、符号表条目、符号表导出器等组件，图 A.12 采用 UML 类图形式说明了它们之间的关系。分析树是语法分析器的输出数据，也是符号表构建器的输入数据。为了便于确定符号表树中的父子关系，构建器内部使用一个栈(称为作用域栈)来跟踪作用域的嵌套关系。符号表导出器负责将符号表、符号表条目信息保存到指定文件。AMCC 中还设计了一个简易类型系统，它提供类型存储、简单的类型推理和类型检查功能。

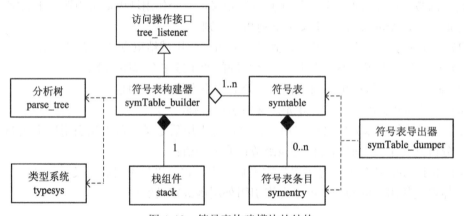

图 A.12　符号表构建模块的结构

2．符号表结构

AMC 语言中可体现作用域的语法结构包括翻译单元、函数定义、复合语句，它们在分析树上均对应一棵子树，其根结点分别用非终结符 translationUnit、funcDeclaration 和 compoundStatement 标注。图 A.13 所示的类型 t_symtable 定义了作用域符号表的结构，按被分析程序中作用域之间的嵌套关系，AMCC 将全部作用域的符号表组织为一棵树。

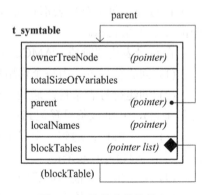

图 A.13　符号表的结构

对于一个特定作用域 S，其符号表中的字段 ownerTreeNode 指示 S 对应的树根结点，字段 localNames 指向一个哈希表，其中存储作用域 S 内直接声明的所有名字对应的符号表条目，字段 totalSizeOfVariables 表示在 S 内直接声明的全部变量所占用的存储空间大小之和，字段 parent 指向包围 S 的直接外层作用域的符号表。对于 S 直接包围的每一个复合语句形成的作用域，其符号表的地址均保存到列表字段 blockTables。

在 AMCC 的符号表树中，逆向链仅由字段 parent 表示，但正向链有两部分，一部分对应 blockTables 中的那些符号表，另一部分则包含在函数声明对应的符号条目中。

3. 符号条目结构

除了基本类型名之外，被分析源程序中声明的每一个名字均对应一个符号表条目，并存储在各自作用域的符号表中。

符号表条目的基本结构由图 A.14 所示的类型 t_symentry 定义。其中，definitionTreeNode 字段指向一个用标识符标注的分析树结点，且该结点对应的是名字定义而不是名字引用。考虑到在语义分析过程中对不同性质的名字所关注的信息不同，所以此处设计了联合体字段 content，它存在三种取值：

(1) 若 definitionTreeNode 指向的树结点对应的是一个函数名，则字段 funcInfo 有效，它指向类型为 t_func_symInfo 的对象。该对象存储函数条目的三项关键信息，其中表示函数类型的对象由字段 typePtr 指明，所有形参名及类型由列表字段 parameterList 指明，函数自己的符号表由字段 symTablePtr 指明。

(2) 若 definitionTreeNode 指向的树结点对应的是一个变量名，则字段 varInfo 有效，它指向类型为 t_var_symInfo 的对象。该对象存储变量条目的三项关键信息，其中表示变量类型的对象由字段 typePtr 指明，为变量分配的存储空间首地址由字段 offset 指明，表示变量初始式结构的分析树由字段 initializerTreeNode 指明。若字段 initializerTreeNode 为空则意味着变量定义中没有初始式，否则它所指向的树根结点一定用非终结符 initializer 标注。

(3) 若 definitionTreeNode 指向的树结点对应的是一个标号名，则字段 labelInfo 有效，它指向类型为 t_label_symInfo 的对象。该对象仅有一个字段 labeledStatementNode，指向一个用非终结符 labeledStatement 标注的分析树结点，以该结点为根的子树恰好表示标号定义及紧随其后的语句形成的结构。

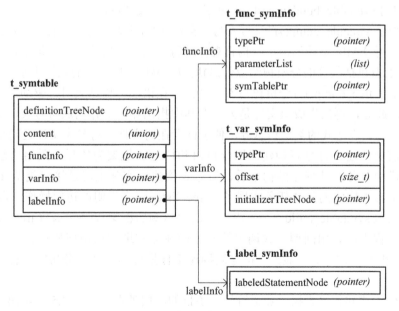

图 A.14 符号表条目的结构

4．简易的类型系统

为便于向中间代码生成阶段提供名字和表达式的类型信息，AMCC 设计了一个简易类型系统，它既提供类型推理和类型检查功能，也通过设立基本类型表和表达式类型表来提供类型存储功能，并采用适当的数据结构以实现快速存储和检索类型信息。

基本类型表用于存储全部变量类型和函数类型，概念上这是符号表的一部分。在符号表构建过程中只要遇到名字声明，就为其构造一个类型对象，并将该对象存储到基本类型表。基本类型表以哈希表为底层存储结构，以类型名为关键字，使得同一个类型仅被存储一份。基本类型的名称直接使用 int、double 和 void 等单词，数组类型的名称由元素类型、数组维数、每一维的元素数量合成后得到，函数类型的名称由返回值类型、所有形参的类型合成后得到。

表达式类型表用于存储各种形式、各个粒度的表达式之类型。因为所有类型对象都会被存储在基本类型表中，所以此处仅需保存指向类型对象的指针即可。表达式类型表实质上是树属性表 tree_map 的一个实例，其关键字是表达式对应的分析树结点，换句话说，该类型表就是以树结点为关键字的类型索引表，这些树结点均由 A.1.4 小节文法中给出的非终结符标注，以它们为根的子树均描述了某种结构的表达式。在推理表达式类型过程中，将表达式包含的每个结点及其类型对象的地址存储在表达式类型表中，以支持类型检查、中间代码生成过程中快速查找某个树结点对应的表达式类型。

A.5.4 构建符号表的过程说明

AMCC 驱动器执行以下步骤完成符号表构建任务：

(1) 调用 symtable_builder_new()创建符号表构建器对象，填写定义的访问操作。

(2) 调用 symtable_builder_run()，由符号表构建器完成该阶段的全部工作。

(3) 调用 symtable_builder_destroy()销毁符号表构建器对象。

(4) 调用 symtable_dump()将符号表写入指定文件(称为符号表文件)，该文件采用 XML 格式存储，用 XML 文档的树形结构直观体现符号表树的层次结构。每个符号表、符号条目的重要信息(包括关联的分析树结点信息)均以 XML 文档元素的属性表示。

(5) 调用 tree_dump()将分析树写入树文件。在语法分析结束时，驱动器将分析树写入了树文件，此处，再次生成该文件是为了在其中指出相关的作用域符号表信息、标识符的符号条目信息、表达式的类型信息等，便于读者在树文件、符号表文件之间交叉查阅。

正如前文所述，符号表构建器以分析树和树遍历框架为依托，采用语法制导翻译的方法完成模块任务。从程序结构来看，符号表构建器实际上就是接口类型 t_tree_listener 的子类，结合本模块的具体任务实现了 t_tree_listener 中声明的访问操作。在上述步骤(2)所调用的函数 symtable_builder_run 内部，调用树遍历框架提供的函数 tree_walk，后者在遍历树的过程中，采用回调方式调用符号表构建器实现的树访问操作，对它们的调用逻辑与 A.4.5 小节所述一致。显然，**符号表构建工作是伴随着遍历分析树过程执行的**，即语法制导的。

AMCC 中构建符号表树、登记符号表条目的高层处理流程与 4.5 节给出的翻译方案基本相同，但为了方便处理函数的递归调用、嵌套函数和函数形参，AMCC 进行了适当调整。

下面仅针对构建符号表过程中的三方面重要工作，简要介绍相关的访问操作设计。在该模块的实现中，所有访问操作对应的实现函数名均带有前缀"stb_"，本小节为方便读者和前文对比，叙述中均不出现该前缀。

1. 建立符号表树中的父子关系

在 AMC 语言中，可体现作用域的语法结构包括翻译单元、函数定义、复合语句，需要为这三种结构建立各自的符号表，并按三者的嵌套关系建立符号表之间的父子关系。为此，符号表构建器中设置一个作用域栈，同时针对这三种结构定义对应的访问操作。

1) 作用域栈

在分析的整个过程中，作用域栈用来跟踪从全局作用域到当前正在被分析的作用域之间的嵌套路径，该路径中包含的作用域和栈中元素一一对应。作用域栈的每个元素持有两项信息：

(1) 指向相应作用域符号表的指针。

(2) 直接包围相应作用域的外层函数信息。

第二项信息主要为支持嵌套函数而设立，对于全局作用域没有意义。

2) 翻译单元的访问操作

在表示输入的完整分析树中，其树根结点必然用开始符号 translationUnit 标记，因此遍历分析树一开始，树遍历框架调用 enter_translationUnit，当对整棵树遍历结束时，树遍历框架调用 exit_translationUnit。

函数 enter_translationUnit 创建根符号表，该符号表用于存储在全局作用域声明的名字，也是全局函数的符号表在符号表树中的父结点。该函数接着将该符号表放入作用域栈，这个栈元素将在函数 exit_translationUnit 执行后从栈中弹出。

当分析到一个全局函数的超前引用时，尚未遇到其定义，此时假定该函数返回整型值，并将该引用登记到一个链表中，最后在函数 exit_translationUnit 中对全局函数的超前引用进行解析。这里使用了"拉链/回填"技术。

3) 函数定义的访问操作

表示函数定义完整结构的分析树必然是以非终结符 funcDeclaration 标注的结点为根的子树，即包括函数头部和函数体。遍历此类子树的最开始时刻，树遍历框架调用访问操作 enter_functionDeclaration，当子树遍历结束时，树遍历框架调用 exit_functionDeclaration。

函数 enter_functionDeclaration 为当前正在被分析的函数创建其符号表，用于存储在该函数体中声明的名字和形参，接着将该符号表、当前函数信息放入作用域栈，这个栈元素将在函数 exit_functionDeclaration 执行后从栈中弹出。函数符号表的父结点可从作用域栈中获得，其孩子结点包括函数体中第一层复合语句的符号表，也包括函数体直接包围的嵌套函数的符号表。

对于先引用后定义的标号，当分析到其超前引用时，将该引用登记到一个链表中，最后在函数 exit_functionDeclaration 中对标号的超前引用进行解析。这里也使用了"拉链/回填"技术。

4) 复合语句的访问操作

表示一个复合语句结构的分析树必然是以非终结符 compoundStatement 标注的结点为

根的子树，在遍历此类子树的最开始时刻，树遍历框架调用 enter_compoundStatement，在子树遍历结束时，树遍历框架调用 exit_compoundStatement。

函数 enter_compoundStatement 为当前正在被分析的复合语句创建一个符号表，用于存储直接声明在该作用域中的名字，接着将该符号表、包围该语句的当前函数信息放入作用域栈，这个栈元素将在函数 exit_compoundStatement 执行后从栈中弹出。该符号表的父结点可从作用域栈中获得，其孩子结点包括该语句中直接包围的第一层复合语句的符号表，也包括直接包围的嵌套函数的符号表。

2. 创建符号表条目

AMC 语言中，有名字的程序实体包括基本类型、变量、函数、函数形参和标号等。对于语言内置的基本类型名，AMCC 在程序启动时即将它们登记到基本类型表，而对于其他四类名字，均要创建各自的符号表条目，并保存到声明它们的作用域符号表中，此处用到的符号表可通过作用域栈的栈顶元素得知。

(1) 当分析到一个标号定义时，树遍历框架调用函数 enter_labeledStatement 负责创建标号对应的符号表条目，并将其登记到所属函数的符号表中。

(2) 在分析全局变量定义、函数体内的局部变量定义过程中，为完成变量符号表条目的创建和登记，需要 exit_variableDeclaration、exit_initDeclarator、 exit_directDeclarator 这三个访问操作协同。主要的处理过程如下：

① 树遍历框架调用 exit_directDeclarator 以收集数组的维数和各维元素数量，并将这些信息临时登记到一个树属性表(记为 TA0)中，这些信息将被传递给函数 exit_variableDeclaration 和 exit_parameter 使用。

② 树遍历框架调用 exit_initDeclarator，它仅负责将属性表 TA0 中登记的数组信息向函数 exit_variableDeclaration 传递。

③ 树遍历框架调用 exit_variableDeclaration，它从属性表 TA0 中获得数组信息后，结合声明中的基本类型名，首先创建变量的类型对象，接着创建变量的符号表条目，并将之存储到当前作用域的符号表中。在此过程中，还将类型信息存储到表达式类型表中，以方便中间代码生成阶段获得对应结构的类型。

(3) 在分析函数定义的过程中，大体按以下步骤创建并登记符号表条目：

① 分析一个函数定义的最开始时刻，树遍历框架调用 enter_functionDeclaration，该函数创建当前函数的符号表并将其放入作用域栈中。

② 在分析每一个形参的过程中，树遍历框架调用 exit_parameter，该函数为形参创建对应的符号表条目，并将其登记到函数符号表中。此过程需要用到 exit_directDeclarator 收集的数组类型相关信息。

③ 当形参表分析结束后，树遍历框架调用函数 exit_parameterList，该函数根据返回值类型、所有形参类型来创建函数自己的类型，接着创建函数名对应的符号表条目，并将其登记在当前函数定义所在作用域的符号表中。

3. 解析名字引用

当分析到名字声明时，AMCC 会为其创建一个符号表条目，并将该条目保存到其作用域符号表。相应地，当遇到名字引用时，AMCC 需要进行名字解析，并将名字引用与名字定义进行关联，这是所有编译器和解释器中必须完成的重要事情。AMCC 中表示名字引用与定义关联的具体手段正如 A.4.4 小节所述，在名字引用对应的分析树结点内部用字段 terminal->symEntryPtr 指向该名字的符号表条目。下面仅说明解析名字引用的大致过程。

(1) 当分析到变量引用时，沿着符号表树上的逆向链、按最近嵌套规则查找其定义对应的符号表条目。若找到则将该引用和符号表条目进行关联，若找不到则报告错误并继续分析剩余输入。

(2) 当分析到函数调用时，沿着符号表树上的逆向链、按最近嵌套规则查找该函数定义对应的符号表条目。若找到则将该引用和符号表条目进行关联，若找不到则假定该函数返回整型值，并将该引用登记到一个链表中。最后，在将所有输入分析完毕时，由函数 exit_translationUnit 遍历链表，对其中记录的超前引用函数进行再次解析，若还找不到函数定义则报告错误并继续分析剩余输入。

(3) 当分析到标号引用时，仅在当前所在函数的符号表中查找该标号定义对应的符号表条目。若找到则将该引用和符号表条目进行关联，若找不到则先将该引用登记到一个链表中。最后，在将函数定义分析完毕时，由函数 exit_functionDeclaration 遍历链表，对其中记录的超前引用标号进行再次解析，若还找不到标号定义则报告错误并继续分析剩余输入。

A.6 中间代码生成模块

AMCC 采用语法制导翻译方法生成中间代码，本节指出中间代码生成模块的任务要点、模块内部构成，以及主要工作过程。

A.6.1 中间代码生成模块的任务

词法分析和语法分析阶段完成了对输入源程序的结构分析，符号表构建模块在构建符号表的同时也进行了语义分析和类型计算。鉴于此，中间代码生成阶段假定其输入不存在结构错误和静态语义错误。

中间代码生成阶段完成以下任务：

(1) 为输入程序中的每个函数生成对应的中间代码；

(2) 为全局变量生成初始化所需的中间代码；

(3) 在翻译布尔表达式和控制语句时，采用拉链/回填方法生成转向确定的中间代码；

(4) 以三地址码作为中间代码的表示形式，可将中间代码以便于阅读的形式写入指定文件，该文件称为中间代码文件。

A.6.2 中间代码生成模块的构成

中间代码生成模块的内部结构如图 A.15 所示，包括中间代码生成器、三地址码管理器、临时变量管理器、拉链回填器和三地址码导出器等重要组件，该模块的输入数据包括分析树、符号表和类型系统。

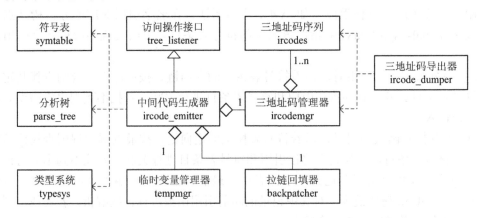

图 A.15　中间代码生成模块的结构

中间代码生成器实现了 tree_listener 接口约定的操作,以实现基于分析树遍历的语法制导翻译。它从符号表中获取变量、函数和标号的信息,从类型系统获取表达式的类型信息。临时变量管理器提供对编译生成的临时变量的创建和查询操作。拉链回填器的主要功能是记录转向尚不确定的 goto 代码,提供拉链和回填相关操作。三地址码管理器提供三地址码的存储、查询、更新等操作。以上这些组件的设计意图是降低中间代码生成器的复杂度,也降低相关程序单元之间的耦合程度。

A.6.3　中间代码生成的过程说明

AMCC 驱动器执行以下步骤完成中间代码生成任务:

(1) 调用 ircode_emitter_new()创建代码生成器对象。

(2) 调用 ircode_emitter_run(),由代码生成器对象完成该阶段的全部工作。

(3) 调用 ircode_emitter_destroy()销毁代码生成器对象。

(4) 调用 ircode_dump()将中间代码写入指定文件,该文件中采用易于阅读的形式给出完整的三地址码序列。

中间代码生成过程与构建符号表过程类似,也是以分析树及其遍历框架为依托,采用语法制导翻译方法完成其任务。从程序结构来看,中间代码生成器是接口类型 t_tree_listener 的子类,结合本模块的具体任务实现了 t_tree_listener 中声明的访问操作。在上述步骤(2)所调用的函数 ircode_emitter_run 内部,调用树遍历框架提供的函数 tree_walk,后者在遍历树的过程中,采用回调方式调用代码生成器实现的树访问操作,对它们的调用逻辑与 A.4.5 小节所述一致。

对可执行语句的翻译均以第 4 章给出的翻译方案为蓝本,但为了方便处理函数调用与返回、参数传递、变量初始化等,在具体实现时进行了适当调整和细化。具体细节请阅读 AMCC 的程序文档,下面仅指出 AMCC 生成的中间代码文件内容。

1. 中间代码文件的内容

一个 AMC 源文件若不为空且不存在语法和语义错误,则 AMCC 均为其生成中间代码,并写入到中间代码文件中。该文件以三地址码序列形式存储两类数据:

(1) 全局变量初始化所需的三地址码序列；

(2) 每个函数体对应的三地址码序列。

为了便于理解，生成的三地址码通常不考虑优化，输出文件中以注释形式对关键信息进行说明，也便于对应到源程序的相应结构。

2．全局变量的中间代码

按 AMC 语言约定，全局变量的缺省初始值为 0，但也允许指定初始值。无论哪种情况，均需要产生初始化所需的三地址码。对于简单变量的初始化，先输出计算初始值的三地址码(若该值需要计算)，然后是为该变量赋值的三地址码。对于数组变量，则生成为每个元素赋值的三地址码。

逻辑上，全局变量的初始化一般在执行其他函数前完成，且当其他函数均执行结束后才被销毁。

3．函数的中间代码

无论是全局函数，还是嵌套函数，均有对应的三地址码序列。一个函数的三地址码序列包括下列内容：

(1) 函数形参初始化对应的三地址码序列，在函数体的开始部分；

(2) 局部变量初始化对应的三地址码序列；

(3) 其他可执行语句对应的三地址码序列。

其中，后面两部分的出现次序与源程序结构保持一致，它们的执行逻辑与源程序等价。布尔表达式和控制语句对应的输出中，用 goto 语句实现控制流跳转。表示函数执行结束的 return 语句的出现数量一般与源程序保持一致，但对于没有返回值的函数，在其三地址码序列末尾总有一条 return 语句。

A.7　错误处理与恢复

在分析输入的过程中，若 AMCC 发现一个错误则在标准输出设备显示相应的错误信息，同时，也在日志文件中记录该错误。除此之外，还执行了一些错误恢复处理，以使得分析过程尽可能继续进行。一般而言，实施完善的错误恢复较为复杂，需要考虑诸多因素，再考虑到本附录的主题是展示一种分析输入的主体过程和所需关键构造，所以 AMCC 中仅演示个别简单的错误恢复手段，并不完善，也会有错误多报和漏报的现象。

A.7.1　词法分析的错误恢复策略

AMCC 在词法分析阶段可发现无效字符、未结束的块注释等词法错误。当遇到这些错误时，AMCC 会连续丢弃若干字符，直到遇到空白字符、回车符、换行符为止，并从此处开始继续识别下一个记号，或者遇到输入结束时立刻结束词法分析工作。

AMCC 也能识别 C 语言规定的，但 AMC 语言不使用的记号，如字符字面量、字符串字面量、AMC 语言未使用的那些 C 语言关键字等。对于这些输入，AMCC 丢弃它们后继续识别下一个记号。

A.7.2　语法分析的错误恢复

良好的语法错误恢复通常需要针对具体的文法和语法分析方法精心设计，即使采用最简单的"紧急恢复策略"，也需针对不同的输入结构设计各自的"同步记号集合"。

在自上而下的语法分析方法中，错误恢复一般要考虑 FIRST 集合，有时候还要考虑 FOLLOW 集合。有文献还提到可在每一步最左推导的前/后都实施错误预判或诊断，以避免不必要的冗余分析和潜在回溯。

目前，AMCC 采取的普遍策略是一旦诊断出语法错误则立刻停止编译过程，但在遇到数组元素数量缺失时、分析赋值表达式时采取了其他策略。

1. 数组元素数量缺失时

AMC 语言规定，在定义数组变量时，各维的元素数量均应给出，但若带有初始式则第一维的元素数量可省略，此时，AMCC 会根据初始式推算第一维的元素数量。

对于数组变量定义和作为函数形参的数组，当发现其第 2 维或后续各维的元素数量缺失时，AMCC 假设此处存在元素数量声明，在报告错误之后继续进行分析。

2. 分析赋值表达式时

在递归下降函数 RDF_assignmentExpression 的开始处，也就是分析赋值结构前，AMCC 先判断下一个终结符是否有效，并按需执行紧急错误恢复策略(此处仍是一个简单示例)。

根据 A.1.4 小节给出的文法可知，描述赋值结构的非终结符 assignmentExpression 的两个集合分别如下：

FIRST 集合　　　= ｛ ID，INT_LITERAL，REAL_LITERAL，

　　　　　　　　　　'+'，'-'，'!'，'('　　｝；

FOLLOW 集合 = ｛ ';'，','，')'，']' ｝；

因为 FIRST 集合不包含 ε，所以要对非终结符 assignmentExpression 进行最左推导时，下一个终结符必须是该 FIRST 集合的某个元素。若该条件不满足，则意味着下一个终结符是无效输入，AMCC 此时报告错误，并连续丢弃若干记号，直到两种情况出现：

(1) 当遇到一个属于 FIRST 集合的终结符时，按照 assignmentExpression 的产生式继续分析和进行最左推导；

(2) 当遇到一个属于 FOLLOW 集合的终结符时，返回到上一层调用点(例如，非终结符 expressionStatement、argumentList 的递归下降函数中)，并由其直接或间接上层调用者继续分析。这一点在 AMCC 中并没有落实。

A.7.3　语义分析过程中的错误恢复

对 AMC 源程序的语义分析包括符号表构建和中间代码生成两个阶段的工作。按照 AMCC 驱动器的执行逻辑，仅当前一阶段没有发现错误时，下一阶段才开始执行，所以鉴于构建符号表过程中已对输入程序进行了静态语义检查，中间代码生成阶段假定输入程序是正确的。

在构建符号表和语义检查过程中，AMCC 采取的错误恢复策略主要有：

(1) 当遇到变量名字引用时，若尚未遇到该变量定义，则报告错误后继续进行分析。

(2) 当遇到函数调用时，若尚未遇到该函数的定义，则：

① 假定该函数返回一个整数并继续分析(这是 AMC 语言规定的)；

② 对应地，此后遇到该函数定义时或以后的其他时刻，再验证这个假设是否成立。这个验证工作留给读者自行完成。

(3) 在数组定义中，若其第一维元素数量未给出且该数组没有初始式，则假定第一维元素数量为 1，并在报告错误后继续进行分析。

(4) 当发现一个运算的操作数无效时，假定该操作数的类型为整型并在报告错误后继续进行分析。如一个无返回值的函数调用作为加法运算的操作数，这是大部分程序设计语言不允许的。

(5) 对于其他语义错误，均在报告错误后继续进行分析。

A.8 附录 A 小结

在给出 AMC 语言规范的基础上，本附录介绍了作者自主研发的编译器前端 AMCC，重点陈述了其模块划分、各模块的内部结构和处理过程等方面的设计要点，最后指出其中采用的错误处理策略。

作者手工构造了 AMCC 的所有模块，未使用任何如 LEX/YACC 的自动生成工具，加之作者在实现过程中考虑因素较多(杂)，使得该程序并不简单。真正的编译器远比这个程序复杂，其结构、功能、特性等往往与多方面因素相关，如编译器开发人员所采用的程序设计语言及编程风格、被分析的语言特性、面向的需求等，任何因素的不同都会导致不同结构的编译器程序。

本附录是从实践角度对本书正文部分的有力补充，主要目的是帮助读者提高对编译器/解释器的感性认识，进而具备开发诸如语言识别、语言分析、语言翻译甚至如 LEX/YACC 等分析器自动生成工具的能力。

限于作者的水平，AMCC 的设计和实现当中难免存在欠妥之处，恳请读者批评指正，也希望读者能对其内部构造进行优化、完善和补充。

参 考 文 献

[1]　AHO A V, ULLMAN J D. The Theory of Parsing, Translation, and Compiling, Volume: Englewood Cliffs NJ: Parsing[M]. Englewood Cliffs NJ: Prentice Hall, 1972.

[2]　AHO A V, ULLMAN J D. The Theory of Parsing, Translation, and Compiling, Volume Ⅱ: Compiling[M]. Englewood Cliffs NJ: Prentice Hall, 1973.

[3]　AHO A V, SETHI R, Ullman J D. Compilers：Principles, Techniques, and Tools[M]. Boston: Addison-Wesley Logman Publishing Company, 1986.

[4]　AHO A V, LAM M S, SETHI R, etc. Compilers：Principles, Techniques, and Tools[M]. 2nd. Boston: Addison-Wesley Longman Publishing Company, 2007.

[5]　APPEL A W. 现代编译程序实现：Java 语言[M]. 2 版. 影印版. 北京：高等教育出版社，2003.

[6]　ALLEN R, KENNEDY K. 现代体系结构的优化编译器[M]. 张兆庆, 等译. 北京：机械工业出版社，中信出版社，2004.

[7]　WILHELM V R, MAURER D. Compiler Design[M]. Boston: Addison-Wesley Longman Publishing Company, 1995.

[8]　WATT D A. Programming Language Syntax and Semantics[M]. Englewood Cliffs NJ: Prentice Hall, 1991.

[9]　PITTMAN T, PETERS J. The Art of Compiler Design Theory and Practice[M]. Englewood Cliffs, NJ: Prentice Hall, 1992.

[10]　SCHREIER A T, FRIEDMAN H G J. Introduction to Compiler Construction With UNIX[M]. Englewood Cliffs NJ: Prentice Hall, 1985.

[11]　LEVINE J R, MASON T, BROWN D. LEX 与 YACC[M]. 2 版. 杨作梅, 等译. 北京：机械工业出版社，2003.

[12]　吕映芝，张素琴，蒋维杜. 编译原理. [M] 北京：清华大学出版社，1998.

[13]　陈火旺，刘春林，谭庆平，等. 程序设计语言编译原理[M]. 3 版. 北京：国防工业出版社，2000.

[14]　蒋立源，康慕宁. 编译原理[M]. 2 版. 西安：西北工业大学出版社，2001.

[15]　陈意云，张昱. 编译原理[M]. 3 版. 北京：高等教育出版社，2014.

[16]　王生原，董渊，张素琴，等. 编译原理[M]. 3 版. 北京：清华大学出版社，2015.

[17]　LOUDEN K C. 编译原理及实践[M]. 冯博琴, 等译. 北京：机械工业出版社，2000.

[18]　COOPER K B, TORCZON L. Engineering a Compiler[M]. 3rd. Burlington MA: Morgan Kaufmann, 2022.

[19]　PARR T. The Definitive ANTLR 4 Reference[M]. 2nd. Raleigh, NC: Pragmatic Bookshelf,

2013.

[20] WADE A W, KULKARNI P A, JANTZ M R. AOT vs. JIT: impact of profile data on code quality[C]. ACM SIGPLAN/SIGBED Conference on Languages, Compilers, and Tools for Embedded Systems (LCTES). ACM, 2017: 1-10.

[21] LATTNER C, AMINI M. MLIR: Scaling Compiler Infrastructure for Domain Specific Computation[C]. IEEE/ACM International Symposium on Code Generation and Optimization (CGO). IEEE, 2021: 2-14.

[22] PICHLER C, LI P. Hybrid Execution: Combining Ahead-of-Time and Just-in-Time Compilation[C]. ACM SIGPLAN International Workshop on Virtual Machines and Intermediate Languages (VMIL). ACM, 2023: 39-49.